北京理工大学“双一流”建设精品出版工程

电路和电子技术（上册）（第3版）：电路基础

Fundamentals of Electric Circuits

主　编 ◎ 郜志峰
副主编 ◎ 李燕民

北京理工大学出版社
BEIJING INSTITUTE OF TECHNOLOGY PRESS

内容简介

本书依据教育部高等学校教学指导委员会最新发布的《“电工学”课程教学基本要求》，根据多年的教学实践经验和教学改革的需求，在第 2 版的基础上，经过调整、精练、补充、修订而成。

本书涵盖了“电工学”课程中电路理论教学模块中的全部基本内容和全部可选内容。全书包含 6 章内容：电路的基本概念和基本定律；电路的分析方法；电路的暂态分析；正弦交流电路；三相交流电路；非正弦周期信号电路和双口网络。

本书可作为高等学校本科生“电工学”“电工和电子技术”“电路和电子技术”“电工技术与电子技术”“电工电子学”等课程的教材，或供相关专业选用，也可供有关的工程技术人员自学和参考。

图书在版编目（CIP）数据

电路和电子技术. 上册，电路基础 / 郜志峰主编. —3 版. —北京：北京理工大学出版社，2019.5（2021.12重印）

ISBN 978-7-5682-7021-2

Ⅰ. ①电… Ⅱ. ①郜… Ⅲ. ①电路理论–高等学校–教材②电子技术–高等学校–教材 Ⅳ. ①TM13②TN

中国版本图书馆 CIP 数据核字（2019）第 092601 号

出版发行 / 北京理工大学出版社有限责任公司
社　　址 / 北京市海淀区中关村南大街 5 号
邮　　编 / 100081
电　　话 / （010）68914775（总编室）
（010）82562903（教材售后服务热线）
（010）68944723（其他图书服务热线）
网　　址 / http://www.bitpress.com.cn
经　　销 / 全国各地新华书店
印　　刷 / 三河市华骏印务包装有限公司
开　　本 / 787 毫米×1092 毫米　1/16
印　　张 / 14
字　　数 / 329 千字
版　　次 / 2019 年 5 月第 3 版　2021 年12月第 4 次印刷
定　　价 / 46.00 元

责任编辑 / 陈莉华
文案编辑 / 陈莉华
责任校对 / 周瑞红
责任印制 / 李志强

图书出现印装质量问题，请拨打售后服务热线，本社负责调换

北京理工大学出版社
BEIJING INSTITUTE OF TECHNOLOGY PRESS

第3版前言

PREFACE

“电工学”课程是高等学校本科非电类专业的一门重要的技术基础课程，涵盖了电气工程和电子信息工程两大学科的最基本内容。随着高等教育的发展，为适应教育改革与发展的需要，中国高等学校电工学研究会对《“电工学”课程教学基本要求》进行了修订，并由教育部高等学校教学指导委员会发布。

“电工学”课程的教学内容包括理论教学部分和实践教学部分。理论教学部分包括电路理论、模拟电子技术、数字电子技术、电机与控制四个教学模块。实践教学部分包括电工测量等内容。由于高等学校各专业培养方案的不同，其对“电工学”教学内容的要求也不尽相同，教学基本要求确定电路理论、模拟电子技术、数字电子技术三个模块为基本教学模块，电机与控制为可选教学模块。每个教学模块中又分为基本内容和可选内容两大部分，供各高等学校根据专业培养方案，选择教学模块和教学内容组织课程，制定各自切实可行的教学大纲。由于历史沿革和各高等学校各专业选择的教学模块和内容的不同，“电工学”课程又有“电工和电子技术”“电路和电子技术”“电工技术与电子技术”“电工电子学”等不同的课程名称。

《电路和电子技术（上）》（第2版）出版以来，作为“电工学”课程中电路理论教学模块的基本教材已使用数年，从教学实际效果来看，该书在内容取材和组织上可适应高等学校“电工学”课程的教学基本需要。但是最新修订发布的《“电工学”课程教学基本要求》的电路理论教学模块部分增加了静电保护和电气防火、防爆等内容，第2版教材没有这方面的内容。

《电路和电子技术（上册）（第3版）：电路基础》依据高等学校教学指导委员会最新发布的《“电工学”课程教学基本要求》，根据多年的教学实践经验和教学改革的需求，在《电路和电子技术（上）》（第2版）的基础上，对教材的内容进行了整合、补充、修订，涵盖了“电工学”课程中电路理论教学模块中的全部基本内容和全部可选内容，以适应高等教育的发展对“电工学”课程的新要求。期望使课程内容与时俱进，知识面宽，实践性强，突显具有综合性的优势，为高等学校本科非电类专业的学生提供必要的电气工程和电子信息工程的基本知识，使学生具有分析和解决基本的技术问题的能力，使学生建立基本的工程意识，为学生进一步的专业学习和相关的研究、开发起到知识储备和促进作用。

参与本书编写修订的教师：郜志峰编写修订了第1章至第4章、第5章的5.1至5.3节、5.4.3和5.4.4、第6章的内容；李燕民编写了全部仿真习题；王勇编写了第5章的5.4.1和5.4.2。本书由郜志峰担任主编，负责全书的统稿工作。

北京理工大学信息与电子学院教师温照方、傅雄军、高玄怡、叶勤、谢民、马玲、孙林等老师在本书编写过程中，给予了很多支持和帮助，在本书的使用以及与实验教学的有机结合方面，提出了很多建设性意见。在此，表示衷心的感谢！

由于编者水平和能力有限，书中可能存在一些疏漏、错误或不严谨之处，敬请读者批评指正。

编　者

第2版前言

PREFACE

《电路和电子技术》（上）第1版经过六年的使用，随着电工和电子技术的发展、理论课学时的一再压缩，教材的有些内容已经不能很好地适应现在的教学要求，因此我们对第1版教材进行了修订。《电路和电子技术》（上）（第2版）[与《电机与控制》（第2版）配套]仍是为“电工电子技术”课程编写的教材。

《电路和电子技术》（上）（第2版）是按照教育部高等学校教学指导委员会2009年颁布的“电工学”课程教学基本要求，根据多年的教学实践经验和教学改革的需求，在《电路和电子技术》（上）第1版的基础上，经过调整、精练、补充、修订而成。我校的“电工电子技术”课程仍沿用电路基础—元件—线路—系统的总体框架，内容和篇幅与第1版基本相同，但力求将一些新器件、新技术反映在新版教材中。在第2版中做了以下几个方面的修订：

① 修订版在原来注重知识体系的基础性上，又进一步加强了应用性，精减了部分比较繁复的理论分析和概念性的叙述。例如适当简化了分立件放大电路的分析，删去了交流稳压电源和UPS电源简介，精简了A/D变换器内部电路的分析等。

② 结合本课程的特点，适当增加了一些较新的器件，如发光二极管、光敏二极管、光电隔离器等。增加了电子技术在实际中应用的例子，如利用光电二极管、运算放大器在CD–ROM的激光拾音器中实现光电信号的转换，并增加了仿真例子及结果等。

③ 修订版教材体现了一定的先进性。在原来引入EDA技术的基础上，提高起点，删去早期可编程逻辑器件的介绍，将原书中可编程逻辑器件的开发环境MAX+PLUSⅡ升级，改为Altera公司现在主推的QuartusⅡ。它所提供的开发设计的灵活性和高效性、丰富的图形界面，辅之以完整的、可即时访问的在线文档等，使学生能够轻松、愉快地掌握PLD的设计方法。

④ 注重提高学生学习的自主性。为了使学生更好地使用现在非常流行的Multisim仿真设计软件，以便更深刻地理解和掌握电工电子的基础知识，在本书各章安排的习题后增加了仿真的习题，而且不仅提出了要求，还给出了分析方法的提示。引导学生结合各章内容的特点，由浅入深地了解工作界面、元器件库、常用仪器仪表，并能够逐步掌握瞬态分析、交流分析、参数扫描分析、傅里叶分析等分析方法的应用。

参与本书编写的教师：郜志峰修订了第1、2章，编写了第3章和第4章1～3节；王勇编写了4.4节；李燕民编写了1～4章后面的仿真习题。本书由李燕民担任主编，负责全书的统稿工作。

在本书第1版被评为北京市精品教材的过程中，北京工商大学孙骆生教授、北京理工大学刘蕴陶教授认真审阅了本书，给出了很高的评价，并提出了许多中肯的意见和宝贵的建议，也为我们修订第 2 版教材提供了很多有益的启发。电工教研室的庄效桓、吴仲、许建华、高玄怡、叶勤等老师在本书编写过程中，给予了很多帮助，在本书的使用以及与实验教学的有机结合方面，提出了很多建设性意见。在此，一并表示衷心的感谢！

由于我们的水平和能力有限，加之编写时间较短，书中难免存在一些疏漏、错误或不严谨之处，恳请读者批评指正，以便今后加以改进。

编 者

第1版前言

PREFACE

《电路和电子技术》分为上、下两册，是按照教育部（前国家教育委员会）1995 年颁发的高等工业学校："电工技术（电工学Ⅰ）"和"电子技术（电工学Ⅱ）"两门课程的教学基本要求，根据作者多年的教学实践经验编写的。

"电工和电子技术"课程是面向高等工科学校本科生非电类专业开设的电类技术基础课。根据目前高等学校对学生进行全面素质教育的要求，这门课程的改革势在必行且至关重要。几年来，我们对"电工和电子技术"课程内容、体系、方法及手段进行了改革与实践，并取得了一定的成效。通过多年来的教学实践，尤其是近几年的教学改革和探索，我们按照新的课程体系，编写了《电路和电子技术》（与《电机与控制》配套），作为"电工和电子技术"课程的教材。

"电工和电子技术"课程的总体框架是：电路基础—元件—线路—系统。《电路和电子技术》教材在实现以上教学思想方面做了一些尝试，本教材的特点是：

① 打破了原"电工和电子技术"课程中电路、电子、电机与控制相对独立的格局，加强了电路、电子、电机与控制的内在联系，并突出了系统性。改变了通常将"电工和电子技术"课程分为"电工技术"和"电子技术"两大部分的做法，将电路基础部分的内容适当压缩，电子技术部分的内容提前，以便在电机和控制部分之后，能够增加系统的知识。我们将电工电子技术的新发展引入教学，如 CPLD 等新技术的基础知识，这是编写本套教材的宗旨。

②"电工和电子技术"课程的新体系体现了一定的基础性和先进性。使学生通过本课程的学习，能够具有较为宽厚的基础理论和基础知识，具有可持续发展和创新的能力。为此，我们在《电路和电子技术》教材中强调了课程内容的基础性，以元件—线路—系统为脉络，集中给出基本电子元件及特性，在介绍基本单元电路的基础上，适当给出一些应用实例，以培养学生对新技术的浓厚兴趣，引导他们积极主动地学习。

③ 新体系的课程内容注重培养学生分析问题和解决问题的能力、综合运用所学知识的能力以及工程实践能力。《电路和电子技术》教材中加入了元器件的选择和性能比较，并举出一些较为综合的系统实例，帮助学生了解电工技术和电子技术在工程实际中的应用。并注意将经典的电路及电子的基础理论与电子技术的最新发展相结合，用 EDA 的设计方法去设计组合逻辑电路和时序逻辑电路等。在第 12 章"PLD 技术及其应用"中，介绍了工程设计软件，使非电类学生具有一定的电子线路的设计能力。

④ 在选材和文字叙述上力求符合学生的认知规律，由浅入深、由简单到复杂、由基础知识到应用举例。本书配有丰富的例题和习题，并在书后给出了部分习题的参考答案。

《电路和电子技术》由北京理工大学信息科学技术学院的部分教师编写，其中，张振玲编写了第 1、2 章；郜志峰编写了第 3 章、第 4 章 1～3 节；王勇编写了 4.4 节，温照方编写了第 5、8、11 章；李燕民编写了 6、7、9、10 章；姜明编写了第 12 章。由李燕民担任主编，负责全书的统稿工作。

北京理工大学庄效桓副教授对本书进行了认真的、逐字逐句的审阅，并提出了许多宝贵的意见和建议。此外，北京理工大学信息学院电工教研室的各位老师在本书编写过程中，也给予了很大的帮助。在此，一并表示衷心的感谢！

由于我们的水平和能力有限，加之编写时间较为仓促，书中难免存在一些疏漏和错误之处，恳请读者批评指正，以便今后加以改进。

编　者

目 录
CONTENTS

第 1 章 电路的基本概念和基本定律……001
1.1 实际电路和电路模型……001
1.2 电流和电压的参考方向……002
1.2.1 参考方向……002
1.2.2 关联参考方向……003
1.3 电阻元件和欧姆定律……004
1.4 电功率的计算……005
1.5 电压源和电流源……008
1.5.1 电压源模型……008
1.5.2 电流源模型……009
1.6 基尔霍夫定律……009
1.6.1 基尔霍夫电流定律……010
1.6.2 基尔霍夫电压定律……011
1.7 电路中电位的概念及计算……013
1.8 电气设备的额定值和工作状态……016
习题……017
第 2 章 电路的分析方法……022
2.1 支路电流法……022
2.2 节点电位法……024
2.3 叠加定理……028
2.4 无源二端网络的等效变换……031
2.4.1 等效二端网络的概念……031
2.4.2 电阻串联和电阻并联电路的等效变换……031
2.4.3 电阻混联电路的等效变换……033
2.4.4 利用外加电源法求无源二端网络的等效电阻……035
2.5 电源模型的等效变换……036
2.6 戴维宁定理和诺顿定理……039
2.6.1 戴维宁定理……040
2.6.2 诺顿定理……044
2.7 含受控源电路的分析……045

2.7.1 受控源的类型和符号 …… 045
2.7.2 含受控源电路的分析 …… 046
2.8 电阻星形连接与三角形连接的等效变换 …… 050
2.8.1 电阻三角形连接等效变换为星形连接 …… 051
2.8.2 电阻星形连接等效变换为三角形连接 …… 051
2.9 非线性电阻电路的分析 …… 052
习题 …… 054
第3章 电路的暂态分析 …… 066
3.1 电容元件和电感元件 …… 067
3.1.1 电容元件 …… 067
3.1.2 电感元件 …… 068
3.2 换路定律与暂态过程初始值的确定 …… 070
3.2.1 电路产生暂态过程的原因 …… 070
3.2.2 换路定律 …… 071
3.2.3 暂态过程初始值的确定 …… 072
3.3 *RC* 电路的响应 …… 074
3.3.1 *RC* 电路的零输入响应 …… 074
3.3.2 *RC* 电路的零状态响应 …… 077
3.3.3 *RC* 电路的全响应 …… 080
3.4 *RL* 电路的响应 …… 083
3.4.1 *RL* 电路的零输入响应 …… 083
3.4.2 *RL* 电路的零状态响应 …… 084
3.4.3 *RL* 电路的全响应 …… 086
3.5 一阶电路暂态分析的三要素法 …… 087
3.6 *RC* 电路对矩形波激励的响应 …… 092
3.6.1 *RC* 微分电路 …… 093
3.6.2 *RC* 耦合电路 …… 094
3.6.3 *RC* 积分电路 …… 095
习题 …… 096
第4章 正弦交流电路 …… 106
4.1 正弦交流电的基本概念 …… 106
4.1.1 正弦交流电的三要素 …… 106
4.1.2 有效值 …… 108
4.1.3 相位差 …… 109
4.2 正弦交流电的相量表示法 …… 110
4.3 单一参数电路元件的交流电路 …… 114
4.3.1 电阻元件的交流电路 …… 114
4.3.2 电感元件的交流电路 …… 116
4.3.3 电容元件的交流电路 …… 118

4.3.4 相量模型……121
4.4 正弦交流电路的分析……123
4.4.1 基尔霍夫定律的相量形式……123
4.4.2 串联交流电路……124
4.4.3 并联交流电路……130
4.5 正弦交流电路的功率……134
4.5.1 瞬时功率……134
4.5.2 有功功率、无功功率和视在功率……135
4.5.3 功率因数的提高……138
4.6 交流电路的谐振……141
4.6.1 串联谐振……141
4.6.2 并联谐振……146
4.7 交流电路的频率特性……149
4.7.1 低通滤波电路……149
4.7.2 高通滤波电路……151
4.7.3 带通滤波电路……152
习题……154
第5章 三相交流电路……165
5.1 三相电源……165
5.1.1 三相正弦交流电的产生……165
5.1.2 三相电源的星形连接……166
5.1.3 三相电源的三角形连接……168
5.2 三相交流电路的分析……168
5.2.1 负载的连接……168
5.2.2 负载星形连接的三相电路……169
5.2.3 负载三角形连接的三相电路……173
5.3 三相电路的功率……175
5.3.1 一般三相电路的功率……175
5.3.2 对称三相电路的功率……175
5.4 安全用电和静电防护……177
5.4.1 触电方式和预防触电……177
5.4.2 电气设备的保护接地和保护接零……179
5.4.3 电气防火和防爆……181
5.4.4 静电的危害和防护……183
习题……186
第6章 非正弦周期信号电路和双口网络……193
6.1 非正弦周期信号电路……193
6.1.1 非正弦周期信号的分解……193
6.1.2 非正弦周期信号电路的谐波分析法……196

6.2 双口网络……198
6.2.1 双口网络及其端口条件……198
6.2.2 双口网络参数方程及其等效电路……199
习题……205
参考文献……208

第1章

电路的基本概念和基本定律

本章介绍电路的基本概念，电路的作用与组成，实际电路与电路模型，电压、电流的参考方向，电阻元件及其伏安特性。讨论电功率的计算，介绍电压源和电流源。阐述电路理论中的基本定律——欧姆定律和基尔霍夫定律，讨论电路中电位的概念及计算、电气设备和元器件的额定值。

1.1　实际电路和电路模型

实际电路是由各种电气部件（如电池、电阻器、电容器、电感器、半导体器件等）为完成某些特定的功能按一定方式连接起来的电流流过的全部通路。

电路的作用可归纳为两个方面，一方面是电能的传输与转换，如电力系统、照明系统的电路；另一方面是信息的传递与处理，如手机、数码相机、计算机中的电路。

电路的结构是多种多样的，组成电路的电气部件也是种类繁多，通常将电路中能将其他形式的能量（如机械能、化学能等）转换为电能的电气部件称为电源，而将由电能转换为其他形式能量的电气部件称为负载。电路的基本组成部分通常有电源、负载和连接导线。为了实现对电路的接通、切断和各种保护措施，电路中还需要有一些辅助部件，如开关、熔断器等。

在电路中，把推动电路工作的电源或信号源的电压或者电流称为激励，而把由于激励的作用在电路中所产生的电压或电流称为响应。

研究电路问题有两个方面：一是如何设计一个电路来达到某一特定要求；二是电路已经构成，如何分析计算电路中的电压、电流以及功率。前者属于电路设计范畴的内容，本书电路部分主要讨论后者，即电路分析的内容。

当电流流过实际的电气部件时，电能的消耗与电磁能往往同时存在。例如手电筒电路，当有电流通过灯泡时，灯泡不仅发热到白炽状态发光消耗电能，而且还会产生磁场，因而灯泡不仅具有电阻的作用，还兼有电感的性质；而电池两端的电压也只能当输出电流在某一范围内才近似为一定值，同时，导线上也有电压降。因此，如果直接分析一个由实际部件组成的电路将是十分复杂的。为便于电路的分析，可以设想用理想电路元件来近似表征实际部件。所谓理想电路元件，是指只显示单一电磁现象且可以用数学方法精确定义的电路元件。由于不可能制造出只具有单一性质的部件，所以理想电路元件是不存在的。但是在一定的条件下，可以用理想电路元件近似表征实际电路部件。如在手电筒电路中，电池的内阻与灯丝的电阻相比是很小的，若电池的内阻可以忽略不计，就可以把电池看作是能够提供恒定电压的理想

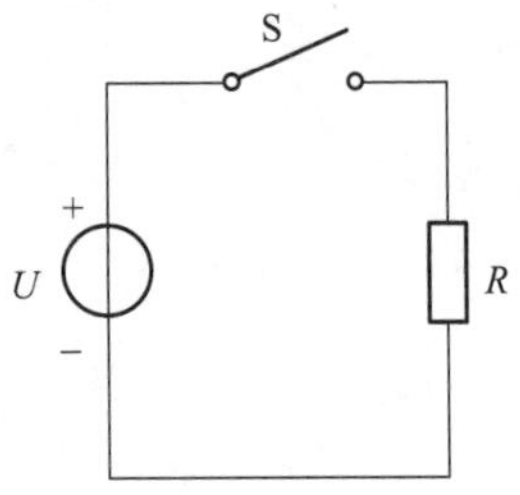

图 1.1　手电筒电路

电压源；在连接导线的电阻与灯丝的电阻相比可以忽略不计时，则可认为连接导线是没有内阻的理想导线；当灯丝被认为只是一个消耗电能的元件时，就可以用一个理想电阻元件来表示。这样，手电筒电路就可以用一个理想电压源、理想电阻元件、理想导线及开关组成的电路来表示，如图 1.1 所示。

由理想电路元件组成的电路称为电路模型。在一定条件下，电路模型能够表征实际电路表现出来的电磁现象，所以通过分析电路模型，就可以知道实际电路的性能。本书所研究的电路都是由理想电路元件构成的电路模型。

若电路中的电流和电压的大小与方向均不随时间变化，则称它们为恒定电流和恒定电压，分别用大写字母 I 和 U 表示，通常称为直流电流和直流电压。而通常用小写字母 i 和 u 来表示随时间变化的，任意波形的电流和电压。

1.2　电流和电压的参考方向

1.2.1　参考方向

电路中能量的传递与转换，不仅与电流、电压、电动势的大小有关，还与它们的方向有关。通常，电流的方向规定为正电荷运动的方向或负电荷运动的反方向；电压的方向规定为由高电位端指向低电位端，即电位降的方向；电动势的方向规定为由低电位端指向高电位端，即电位升的方向。这样规定的电流、电压、电动势的方向又称为实际方向或真实方向。

由于在分析复杂的直流电路时，人们很难预先判断出电路中电流、电压、电动势的实际方向，而在交流电路中，电流、电压、电动势的实际方向又随时间不断变化。为此，需要引入参考方向这一概念。

在分析计算电路时，电流、电压、电动势的参考方向可以任意假定，任意假定后，要在电路图中标示出电流、电压、电动势的参考方向。在确定参考方向后，做如下规定：当实际方向与参考方向相同时，电流、电压、电动势的数值取正值；反之，当实际方向与参考方向相反时，电流、电压、电动势的数值取负值。这样就可以利用电流、电压、电动势的正负值，结合电路图中标示的参考方向，来确定它们的实际方向。

在电路图中，电流的参考方向通常用箭头表示，如图 1.2（a）所示。电压或电动势的参考方向通常用符号"+""−"表示，"+"表示假定的高电位端，"−"表示假定的低电位端，如图 1.2（b）所示。电压的参考方向也可用双下标表示，如图 1.2（b），电压 U_{CD} 则表示该电压的参考方向为由 C 指向 D，即 C 点的参考极性对应为"+"，D 点的参考极性对应为"−"。对应图 1.2（b），则 $U_{CD}=U$；$U_{DC}=-U_{CD}=-U$。另外，电压或电动势的参考方向还可以用箭头表示。表示电压参考方向的箭头由高电位端"+"指向低电位端"−"；表示电源电动势参考方向的箭头由低电位端"−"指向高电位端"+"。

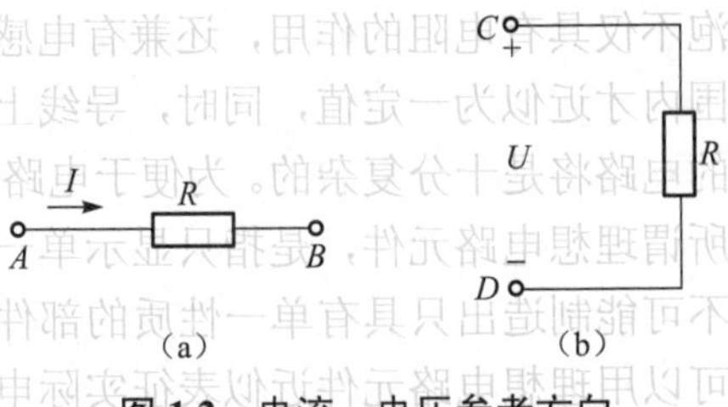

图 1.2　电流、电压参考方向

（a）电流参考方向；（b）电压参考方向

在图 1.2（a）中，箭头表示电流 I 的参考方向，假如其值为 1 A，则表示电流的参考方向与实际方向相同，即电流的实际方向也是由 A 流向 B。在图 1.2（b）中，已假定电压的参考方向由 C 指向 D，若当 $U=-2$ V 时，表明电压的实际方向与参考方向相反，即实际上 C 点电位比 D 点电位低 2 V。可见，如果离开了参考方向来谈电流、电压的正负值是没有意义的。电流、电压的参考方向也称为电流、电压的正方向。电压的参考方向也称为电压的参考极性。

电流、电压的参考方向原则上可以任意假定，但为了计算方便，在分析电路时，常采用关联参考方向。

1.2.2　关联参考方向

一个元件的电压、电流的参考方向可以分别任意假定。

如果假定流过元件的电流的参考方向是从标以电压的正极性的一端指向负极性的一端，即元件的电压的参考方向与电流的参考方向相同，则将元件电压、电流的这种参考方向称为关联参考方向，如图 1.3 所示。

如果假定流过元件的电流的参考方向是从标以电压的负极性的一端指向正极性的一端，即元件的电压的参考方向与电流的参考方向相反，则将元件电压、电流的这种参考方向称为非关联参考方向，如图 1.4 所示。

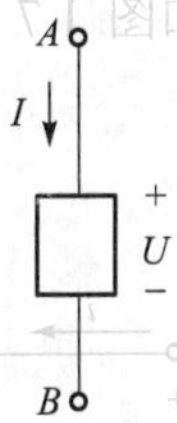

图 1.3　关联参考方向

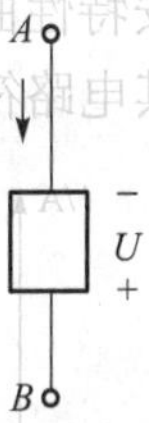

图 1.4　非关联参考方向

图 1.3 和图 1.4 中的方框代表任何二端电路元件，既可以是无源电路元件（如电阻、电容和电感），也可以是电源元件（如理想电压源、理想电流源）。

电路中某一部分电路，若只有两个端钮与外部电路相连接，那么由这一部分电路构成的整体称为二端网络，二端网络通常用一个如图 1.5 所示的方框 N 来表示。二端网络又称为一端口网络，也称为单口网络。两个端钮之间的电压 u 称为端口电压，电流 i 称为端口电流。

如果假定流过二端网络的电流的参考方向是从标以电压的正极性的一端经过二端网络流向负极性的一端，则将二端网络端口电压、电流的这种参考方向称为关联参考方向，如图 1.5（a）所示。

如果假定流过二端网络的电流的参考方向是从标以电压的负极性的一端经过二端网络流向正极性的一端，则将二端网络端口电压、电流的这种参考方向称为非关联参考方向。如图 1.5（b）所示。

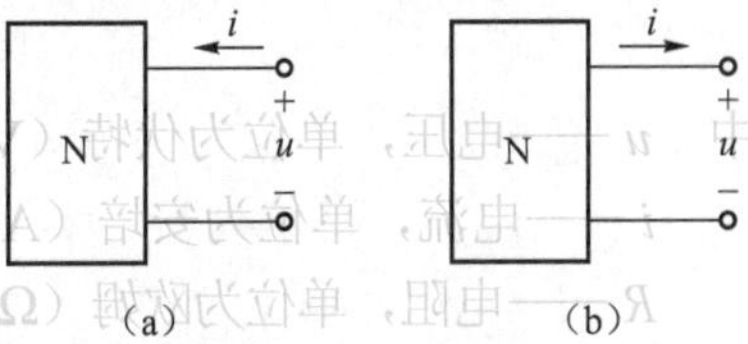

图 1.5　二端网络

（a）关联参考方向；（b）非关联参考方向

例 1.1　在图 1.6 中，已知 $R=5\ \Omega$，试判断电路中电压 U 和电流 I 是关联参考方向，还是非关联参考方向。

解　电压和电流是否是关联参考方向是针对某一个二端元件两端的电压和电流而言的，

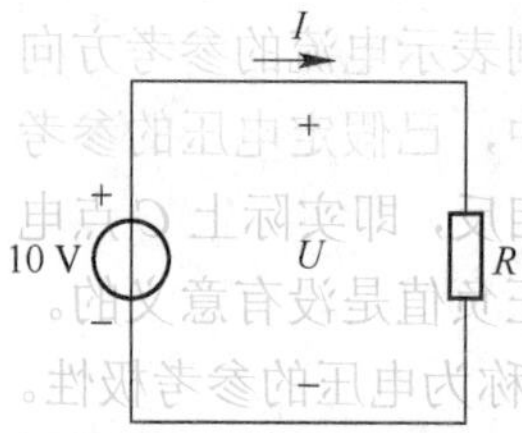

图 1.6　例 1.1 的电路图

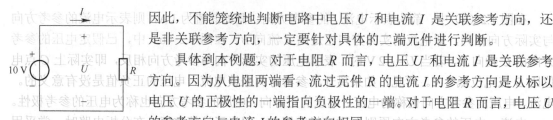

因此，不能笼统地判断电路中电压 U 和电流 I 是关联参考方向，还是非关联参考方向，一定要针对具体的二端元件进行判断。

具体到本例题，对于电阻 R 而言，电压 U 和电流 I 是关联参考方向。因为从电阻两端看，流过元件 R 的电流 I 的参考方向是从标以电压 U 的正极性的一端指向负极性的一端。对于电阻 R 而言，电压 U 的参考方向与电流 I 的参考方向相同。

对于电源而言，电压 U 和电流 I 是非关联参考方向，因为从电源两端看，电流 I 的参考方向是从标以电压 U 的负极性的一端指向正极性的一端的。对于电源而言，电压 U 的参考方向与电流 I 的参考方向相反。

1.3　电阻元件和欧姆定律

凡是对电流具有阻碍作用并把电能不可逆转地转换为其他形式的能量的二端元件称为电阻元件。

在电阻元件两端加上电压，则有电流通过。电阻元件两端的电压与通过它的电流之间的关系可在 u–i 平面上用一条曲线表示，该曲线称为电阻元件的伏安（V–A）特性曲线。

若电阻元件的伏安特性曲线通过坐标原点且为一条直线，如图 1.7 所示，则称该电阻元件为线性电阻元件。其电路符号如图 1.8 所示。

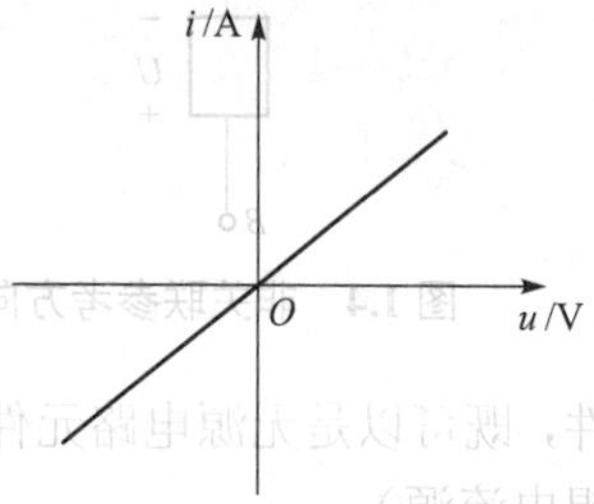

图 1.7　线性电阻元件的伏安特性曲线

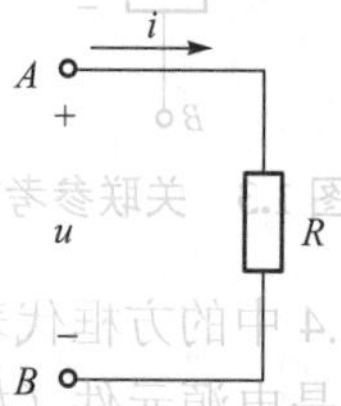

图 1.8　线性电阻元件的电路符号

线性电阻的特点是电阻值为一常数，与通过它的电流和作用在它两端电压的大小无关。

线性电阻中通过的电流与它两端的电压成正比，即遵循欧姆定律。当 u、i 取关联参考方向时（见图 1.8），欧姆定律的形式为

$$u = Ri \tag{1.1}$$

式中　u——电压，单位为伏特（V）；

i——电流，单位为安培（A）；

R——电阻，单位为欧姆（Ω）。阻值高的电阻可用 kΩ（10^3 Ω）或 MΩ（10^6Ω）为单位。

若令 $G = 1/R$，则式（1.1）可写成

$$i = Gu \tag{1.2}$$

式中　G——电阻元件的电导，单位为西门子（S）。

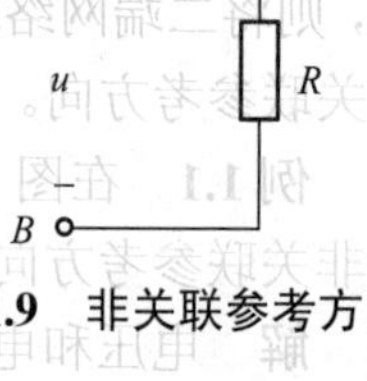

图 1.9　非关联参考方向

如图 1.9 所示，当电阻元件两端电压与电流参考方向相反，即电

压、电流为非关联参考方向时，欧姆定律的形式为

$$u = -Ri$$

或

$$i = -Gu$$

由式（1.1）可知电阻元件两端电压与通过它的电流总是同时存在并成比例，因此电阻元件被称为“无记忆”元件，即电阻元件中电流大小和方向只由同一时刻加于该电阻上的电压大小和方向所决定，而与该时刻以前的电流和电压无关。

若电阻的电压和电流为关联参考方向时（见图 1.8），将式（1.1）两边同乘以 i，得瞬时功率为

$$p = ui = Ri^2 = \frac{u^2}{R} \tag{1.3}$$

式中　p——瞬时功率，单位为瓦特（W）。

若电阻的电压和电流为非关联参考方向时（见图 1.9），瞬时功率为

$$p = -ui = Ri^2 = \frac{u^2}{R} \tag{1.4}$$

由于 p 与 i^2 或 u^2 成正比，故电阻上的瞬时功率 $p \geqslant 0$，这说明电阻元件是消耗电能的。在 0 到 T 这段时间内电阻消耗的电能为

$$w = \int_0^T p\mathrm{d}t = \int_0^T ui\mathrm{d}t \tag{1.5}$$

实际中用到的白炽灯、电阻炉、电阻器等，虽然它们的用途、结构各不相同，但在通常条件下，它们在电路中表现出的电特性却是相同的，即都具有阻碍电流通过的作用且只消耗电能，而且它们的伏安特性曲线都近似为通过坐标原点的一条直线。所以，它们均可用线性电阻元件作为模型，可以用欧姆定律表示它们的电压和电流之间的关系。

伏安特性曲线不是直线的电阻元件称为非线性电阻元件，其电路符号如图 1.10 所示。非线性电阻元件的电压与电流之间的关系不遵循欧姆定律，其阻值不是常数，阻值随着电阻两端电压或电流值的不同而变化。

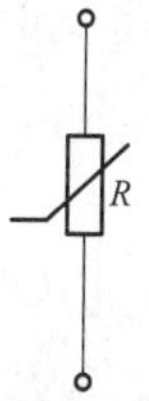

图 1.10　非线性电阻元件的电路符号

后面本书中凡未加说明的电阻元件均指线性电阻元件。

1.4　电功率的计算

当一段电路（可以由一个或多个元件组成，可以是电源，也可以是负载）两端的电压 u 和电流 i 取关联参考方向时，这段电路的功率 p 等于 u 与 i 的乘积，即

$$p = ui \tag{1.6}$$

依据式（1.6）计算功率，若计算得出 $p > 0$，则可判断出该段电路是消耗功率或吸收功率；若计算得出 $p < 0$，则可判断出该段电路是产生功率或提供功率。

得到这一判断是吸收功率还是提供功率的结论的原因如下：

① 当一段电路两端的电压和电流取关联参考方向，而功率又大于零时，因为 p 是 u 与 i

的乘积，所以，一种可能是电压、电流的实际方向均与参考方向相同，即都为正值；另一种可能是电压、电流实际方向均与参考方向相反，即都为负值，但无论是这两种可能情况中的哪一种，电压的实际方向与电流的实际方向肯定是相同的。这就说明正电荷通过该段电路时是由高电位端到低电位端，即失去了电能，所以说该段电路消耗了电能，或者是将电能储存起来，转变为其他形式的能量，故称之为吸收了电能。

② 当一段电路的电压、电流取关联参考方向，而功率又小于零时，说明这段电路的电压与电流的实际方向相反。也就是说，正电荷通过这段电路时，是由低电位端向高电位端移动的，因此正电荷获得了电能，表明在这段电路中外力克服电场力做功，因此说这段电路是提供功率或者说产生功率。

当一段电路（可以由一个或多个元件组成，可以是电源，也可以是负载）两端的电压 u 和电流 i 取非关联参考方向时，这段电路的功率 p 等于 u 与 i 的乘积的负值，即

$$p=-ui \tag{1.7}$$

同样，依据式（1.7）计算功率，若计算得出 $p>0$，则可判断出该段电路是消耗功率或吸收功率；若计算得出 $p<0$，则可判断出该段电路是产生功率或提供功率。

例 1.2 在图 1.6 中，已知 $I=2$ A，试分别求电源和电阻的功率，并指出是吸收功率还是提供功率。

解 因为对于电源而言，电压 U 和电流 I 是非关联参考方向，所以电源的功率

$$P=-UI=-10\times2=-20\ (\text{W})$$

因为 $P<0$，所以电源提供功率，提供了 20 W 功率

因为对于电阻而言，电压 U 和电流 I 是关联参考方向，所以电阻的功率

$$P_R=UI=10\times2=20\ (\text{W})$$

因为 $P_R>0$，所以电阻吸收功率，消耗了 20 W 功率。

此例题的电路十分简单，不用计算也可判断出电源提供功率，电阻消耗功率。但是，可以通过这样简单的电路来深刻理解关联参考方向的概念，掌握判断某一个元件是吸收功率还是提供功率的一般方法。

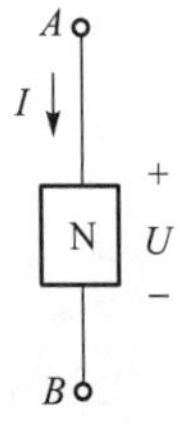

图 1.11　例 1.3 的图

例 1.3 在图 1.11 中，方框 N 表示电路的一部分或一个元件。N 两端的电压和电流参考方向如图中所示。在下列两种情况下求 N 的功率，并指出是吸收功率还是提供功率：

① $U=3$ V，$I=2$ A；

② $U=4$ V，$I=-1$ A。

解 在图 1.11 中，电压、电流为关联参考方向，故 $P=UI$。

① 当 $U=3$ V，$I=2$ A 时，N 的功率为

$$P=UI=3\times2=6\ (\text{W})$$

因为 $P>0$，所以 N 吸收功率，吸收了 6 W 功率。

② $U=4$ V，$I=-1$ A 时，N 的功率为

$$P=UI=4\times(-1)=-4\ (\text{W})$$

因为 $P<0$，所以 N 提供功率，提供了 4 W 功率。

例 1.4 在图 1.12 中，部分电路 N 的电压和电流的参考方向如图所示，为非关联参考方

向。在下列两种情况下求部分电路 N 的功率，并判断是吸收功率还是提供功率：

① $U=4\ \text{V}$，$I=2\ \text{A}$；

② $U=5\ \text{V}$，$I=-3\ \text{A}$。

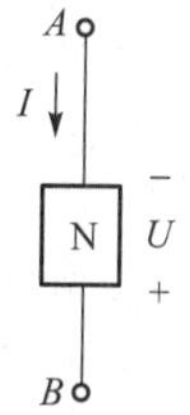

图 1.12　例 1.4 的图

解　在图 1.12 中，电压、电流为非关联参考方向，故 $P=-UI$。

① 当 $U=4\ \text{V}$，$I=2\ \text{A}$ 时，N 的功率为

$$P=-UI=-4\times2=-8\ (\text{W})$$

因为 $P<0$，所以 N 提供功率，提供了 8 W 功率。

② 当 $U=5\ \text{V}$，$I=-3\ \text{A}$ 时，N 的功率为

$$P=-UI=-5\times(-3)=15\ (\text{W})$$

因为 $P>0$，所以 N 吸收功率，吸收了 15 W 功率。

例 1.5　电路如图 1.13 所示，已知 $U_{S1}=40\ \text{V}$，$U_{S2}=10\ \text{V}$，$R_1=6\ \Omega$，$I=2\ \text{A}$。

① 分别求电源 U_{S1} 和电源 U_{S2} 的功率，并判断是提供功率还是吸收功率；

② 求电阻 R_2 的值和电压 U_{BA}。

解　① 在图 1.13 中，对电源 U_{S1} 而言，电压 U_{S1} 与电流 I 为非关联参考方向，故

$$P_{S1}=-U_{S1}I=-40\times2=-80\ (\text{W})$$

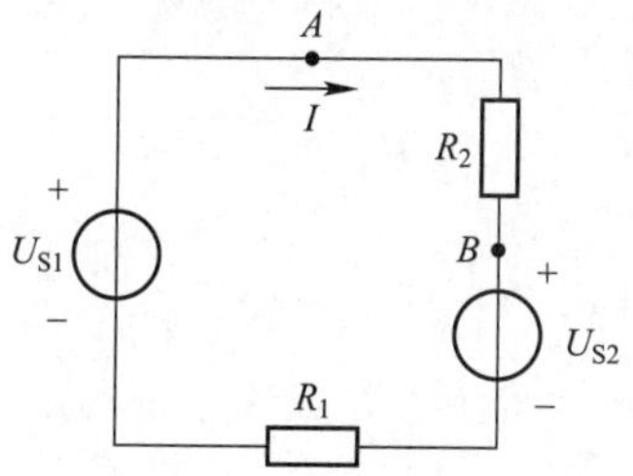

图 1.13　例 1.5 的电路图

因为 $P_{S1}<0$，所以电源 U_{S1} 提供功率，提供了 80 W 功率。

对电源 U_{S2} 而言，电压 U_{S2} 与电流 I 为关联参考方向，故

$$P_{S2}=U_{S2}I=10\times2=20\ (\text{W})$$

因为 $P_{S2}>0$，所以电源 U_{S2} 吸收功率，吸收了 20 W 功率。

在多电源的电路中，在一定情况下，有些电源不是提供电功率的，而是吸收功率的。例如给手机充电时，手机电池就在吸收储存电能。

② 只要流过电阻的电流不为零，电阻元件在电路中都是消耗功率的。

在图 1.13 中，电阻 R_1 的消耗功率为

$$P_{R1}=R_1I^2=6\times2^2=24\ (\text{W})$$

设电阻 R_2 的消耗功率为 P_{R2}，依据功率平衡关系（能量守恒）：

$$P_{R1}+P_{R2}+P_{S1}+P_{S2}=0$$

代入数据，得

$$P_{R2}=80-20-24=36\ (\text{W})$$

由 $P_{R2}=R_2I^2$，得 $R_2=9\ \Omega$。对于电阻 R_2 而言，电压 U_{BA} 与电流 I 为非关联参考方向，依据欧姆定律，得

$$U_{BA}=-R_2I=-9\times2=-18\ (\text{V})$$

对于图 1.5（a）所示的二端网络，由于电压 u 和电流 i 是关联参考方向，因此二端网络的瞬时功率为

$$p(t)=u(t)i(t) \tag{1.8}$$

对于图 1.5（b）所示的二端网络，由于电压 u 和电流 i 是非关联参考方向，因此二端网络的瞬时功率为

$$p(t)=-u(t)i(t) \tag{1.9}$$

同样，无论是依据式（1.8）还是依据式（1.9）计算功率，若计算得出某一时刻 $p>0$，则可判断出该时刻二端网络是吸收功率的；若计算得出某一时刻 $p<0$，则可判断出该时刻二端网络是提供功率的。无论二端网络内部的情况如何，也无论二端网络内部含有电源还是不含有电源。二端网络内部不含有电源并且还在提供功率的情况是由于二端网络内部含有储能元件——电容或电感。

1.5 电压源和电流源

从能量转换的角度进行分析，电路中存在着电能的产生以及电能的消耗、磁场能量的储存和电场能量的储存。理想电源元件是表征将其他形式能量转换为电能的理想电路元件。理想电阻元件表征电能的消耗，理想电感元件表征磁场能量的储存，理想电容元件表征电场能量的储存，这三种理想无源元件分别简称为电阻、电感和电容。

理想电源元件是由实际电源抽象而来的理想电路元件，当只考虑实际电源提供电能的作用，而其本身的功率损耗可以忽略不计时，这种电源便可以用一个理想电源元件来表示。理想电源元件包括理想电压源和理想电流源两种。

1.5.1 电压源模型

如果一个电压源接到任何外电路后，该电源两端的电压始终保持一个定值 U_S 或是一定的时间函数 $u_S(t)$，与通过它的电流大小无关，则称该电压源为理想电压源（当电源端电压为定值 U_S 时，也称为恒压源）。其电路符号如图 1.14 所示，u_S 为理想电压源的电压，“+”“−”号为其电压的参考极性。

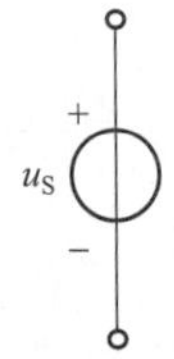

图 1.14 理想电压源电路符号

由理想电压源定义可知，它具有以下两个特点：

① 理想电压源的电压始终保持一个定值或是一定的时间函数，与通过它的电流的大小无关。

② 流过理想电压源的电流是由与之相连的外电路决定的。

电压 u_S 为常数 U_S 的理想电压源称为直流理想电压源(恒压源)，其伏安特性曲线如图 1.15 所示，在 $I-U$ 平面上它是一条与横坐标轴平行的直线，表明其端电压 U_S 与通过它的电流大小无关。根据与理想电压源相连的外电路的不同情况，流过理想电压源的电流可以是从 $-\infty$ 到 $+\infty$ 的任意值，相应地，理想电压源可以提供或者吸收任意值的功率。

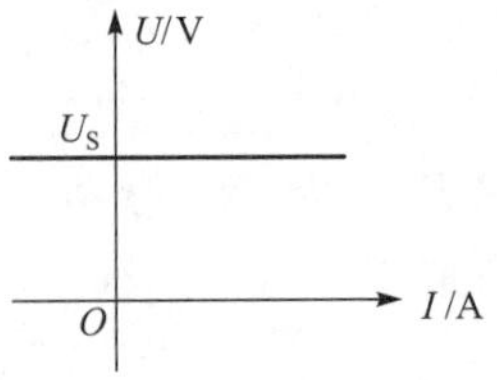

图 1.15 理想电压源的伏安特性曲线

理想电压源实际上并不存在，给出它的目的是建立实际电源的电路模型。一个实际电源，如电池，其端电压随着输出电流的增大而减小，伏安特性曲线如图 1.16 所示。实际电源既产生电能，本身又消耗电能，因此，可以用一个理想电压源与电阻串联的含源支路作为实际电源的电压源模型，如

图 1.17 所示，图中电阻 R_S 可称为实际电源的内阻。

一些实际电源，如稳压电源、新的电池等，由于其内阻很小，所以在一定电流范围内其端电压随电流变化不大，因此也可以用理想电压源作为它们的电路模型。

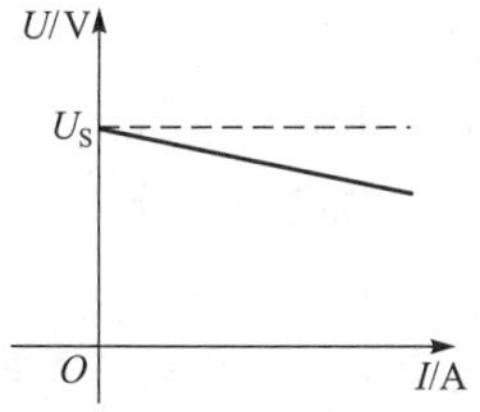

图 1.16　直流实际电源的伏安特性曲线

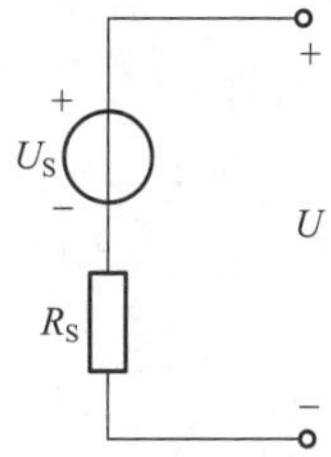

图 1.17　实际电源的电压源模型

1.5.2　电流源模型

如果一个电源接到任何外电路后，该电源流过的电流始终保持一个定值 I_S 或是一定的时间函数 $i_S(t)$，而与其两端电压的大小无关，则称该电源为理想电流源（当电源电流为定值 I_S 时，也称恒流源）。其电路符号如图 1.18 所示。图中 i_S 表示理想电流源的电流，箭头所指的方向为 i_S 的参考方向。

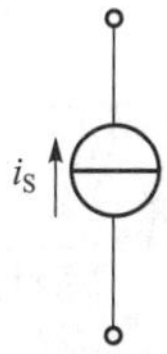

图 1.18　理想电流源的电路符号

理想电流源有以下两个特点：

① 理想电流源的电流始终是一个定值或是一定的时间函数，与它两端的电压无关。

② 理想电流源两端的电压是由与之相连的外电路决定的。

电流 i_S 为常数 I_S 的理想电流源称为直流理想电流源（恒流源），其伏安特性曲线如图 1.19 所示。

根据与理想电流源相连的外电路的不同情况，理想电流源两端的电压可以是从 $-\infty$ 到 $+\infty$ 的任意值。相应地，理想电流源可以提供或者吸收任意值的功率。

理想电流源实际上也是不存在的，但利用它可以构成实际电源的另一种电路模型，如图 1.20 所示，这个模型称为实际电源的电流源模型，其伏安特性曲线与图 1.16 相同。

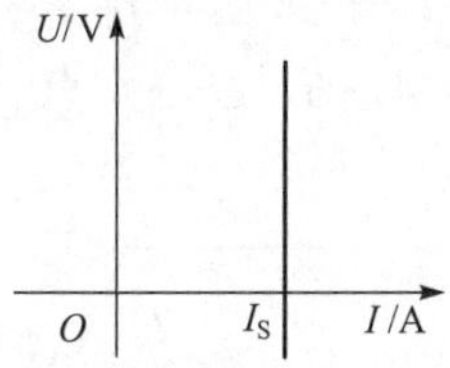

图 1.19　理想电流源的伏安特性曲线

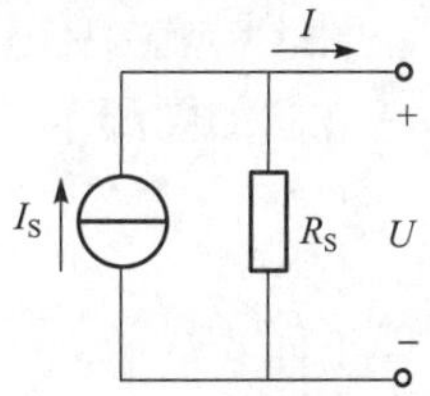

图 1.20　实际电源的电流源模型

1.6　基尔霍夫定律

基尔霍夫定律是电路理论的基本定律，为了便于学习，先以图 1.21 为例介绍电路中几个相关的名词术语。

支路——电路中由一个或多个元件串联组成的一段没有分支的电路称为支路。图 1.21 所示电路中有 *acb*、*ab* 和 *adb* 三条支路。其中 *acb*、*adb* 两条支路内含有电源，故称为含源支路；而 *ab* 支路内不含电源，称为无源支路。每一条支路中流过的电流称为支路电流。

节点——电路中三条或三条以上支路的连接点称为节点。在图 1.21 中有 *a* 和 *b* 两个节点。从图中可以看出，每一条支路都是连接在两个节点之间的。

回路——电路中任一闭合的路径称为回路。通常回路是由若干支路将一些节点连接起来构成的。在图 1.21 中有 *abca*、*adba* 和 *cadbc* 三个回路。最简单的电路是只有一个回路构成的电路，这种电路叫作单回路电路。

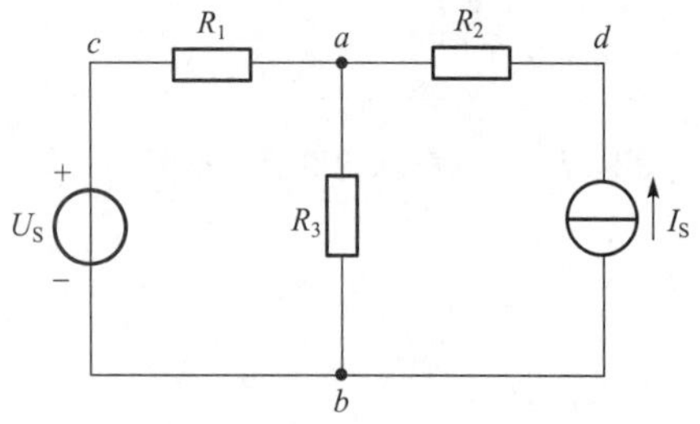

图 1.21　电路图

网孔——没有支路穿过的回路称为网孔。在图 1.21 中有 *abca* 和 *adba* 两个网孔。

网络——一般是指含元件较多、结构比较复杂的电路。实际上，在电路分析中，电路和网络这两个名词并无明显区别，一般可以混用。

基尔霍夫定律包含两个内容，其一是应用于节点的基尔霍夫电流定律，其二是应用于回路的基尔霍夫电压定律。

1.6.1　基尔霍夫电流定律

基尔霍夫电流定律（Kirchhoff's Current Law）简写为 KCL，确定了连接在同一节点上各支路电流之间的相互关系。它指出在任一时刻，流入一个节点的电流的总和等于从该节点流出的电流的总和。该定律是电流连续性原理的体现，即电路中任一点（包括节点）均不能堆积电荷。

图 1.22 所示电路是电路中的任意一个节点，各支路电流的参考方向如图所示。由 KCL 可以写出与该节点相连各支路电流的关系为

$$I_2 = I_1 + I_3 + I_4 \tag{1.10}$$

或将式（1.10）改写成

$$I_2 - I_1 - I_3 - I_4 = 0 \tag{1.11}$$

这样，KCL 又可叙述为：在任一时刻，流入节点的电流代数和等于零。即

$$\sum I = 0 \tag{1.12}$$

式（1.11）中假定流入节点的电流为正，流出节点的电流为负。

KCL 可以推广应用到电路中任意假设的封闭面。在图 1.23 所示封闭面所包围的电路中，若各支路电流的参考方向如图所示，根据 KCL，对节点 *A*、*B*、*C* 分别有

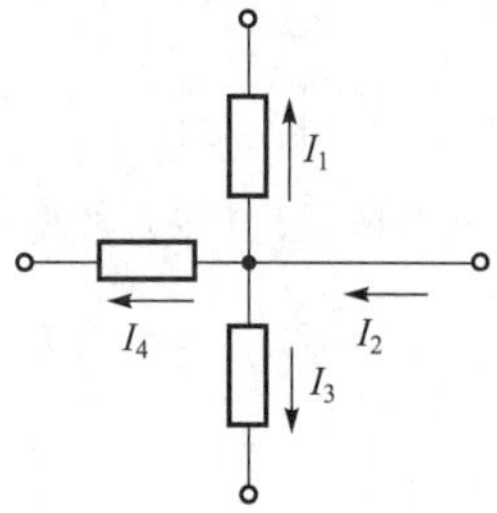

图 1.22　基尔霍夫电流定律

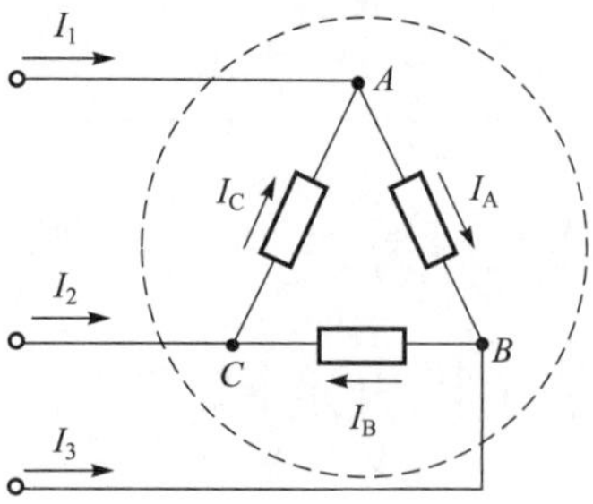

图 1.23　KCL 的推广应用

$$I_1=I_A-I_C$$

$$I_2=I_C-I_B$$

$$I_3=I_B-I_A$$

若将上面三式相加，可得

$$I_1+I_2+I_3=0$$

或

$$\sum I=0$$

可见，对于电路中任一封闭面，KCL 也是适用的。这是因为对于一个封闭面，电流也必须是连续的。

对于波形随时间任意变化的电流，基尔霍夫电流定律的表达式为

$$\sum i=0$$

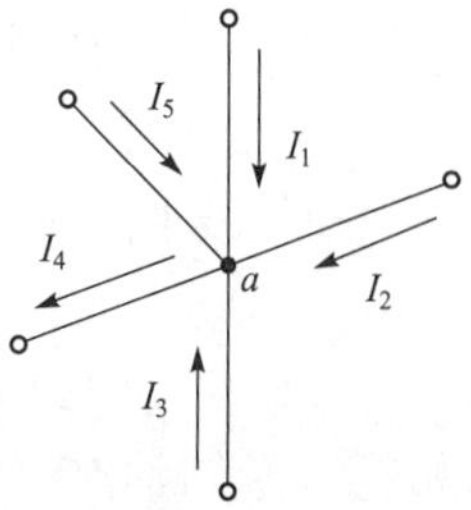

图 1.24　例 1.6 的图

例 1.6　在图 1.24 中，a 表示一复杂电路中的一个节点。若 $I_1=2$ A，$I_2=3$ A，$I_3=-4$ A，$I_4=-6$ A，求 $I_5=$？

解　在运用 KCL 时，首先标出所有支路电流的参考方向，否则无法对节点列写 KCL 方程式。对于未知电流，其参考方向可以任意假定。假定未知电流 I_5 的参考方向指向节点，则由 KCL 可以得出

$$I_5+I_1+I_2+I_3-I_4=0 \tag{1.13}$$

代入已知数据，可得

$$I_5+(2)+(3)+(-4)-(-6)=0 \tag{1.14}$$

解得

$$I_5=-7\text{（A）}$$

I_5 为负值，说明此支路电流的实际方向与参考方向相反。

从这个例题可以看出，在运用 KCL 对节点列写电流方程式时常常会遇到两套正负号。一是方程式各项前面的正负号，其正负取决于各支路电流的参考方向相对于节点的关系。如式（1.13）中，取流入节点的电流为正，则流出节点的电流为负。另一个是电流本身的正、负号，这是由电流的参考方向与实际方向是否相同所决定的。如式（1.14）中，括号内数字前的负号则表示该支路电流的参考方向与实际方向相反。这两套正负号在解题时不要混淆，以免产生错误。

1.6.2　基尔霍夫电压定律

基尔霍夫电压定律（Kirchhoff's Voltage Law）简写为 KVL，描述了电路里任一回路中各部分电压之间的相互关系。它指出在任一时刻，沿闭合回路绕行一周，各部分电压的代数和等于零。即

$$\sum U=0 \tag{1.15}$$

例如在图 1.25 所示闭合回路中，从 a 点出发，沿顺时针方向经过 b、c、d、e 绕行一周又回到 a 点。由 KVL 则有

$$U_1+U_2-E_1-U_3+E_2=0$$

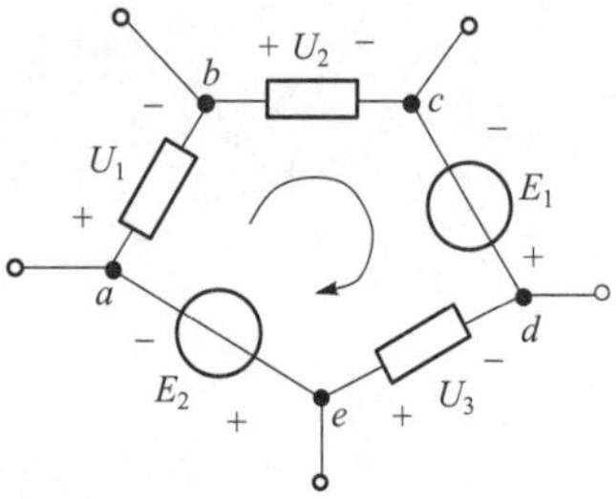

图 1.25　基尔霍夫电压定律

方程式中的符号是这样确定的：当元件两端电压的参考方向与回路绕行方向相同时取正号，反之则取负号。

KVL 是电位单值性的具体表现。假想一个电子从电路中任一节点出发，沿任意回路绕行一周又回到原出发点，因为一些支路电位降低，另一些支路电位升高，所以电子在绕行过程中在一些支路得到部分能量，在另一些支路失去部分能量，最后回到原出发点，电子得到与失去的能量的代数和为零。这就是说，沿任一闭合回路绕行一周，各部分电压的代数和等于零。

在线性电阻电路中，也常用 IR 来表示电阻上的电压降，而用电动势表示电位升，所以 KVL 又可以写成

$$\sum E = \sum IR \tag{1.16}$$

对于波形随时间任意变化的电压，基尔霍夫电压定律的表达式为

$$\sum u = 0$$

基尔霍夫定律是电路分析的基本定律，由于基尔霍夫电流定律（KCL）只是说明与节点相连的各支路电流的代数和应等于零，而基尔霍夫电压定律（KVL）只是说明沿闭合回路各部分电压的代数和应等于零。因此，无论电路是由什么元件组成，基尔霍夫定律均适用。这就说明，基尔霍夫定律的成立与电路由什么元件组成没有关系。基尔霍夫定律既适用于线性电路，也适用于非线性电路。而且，不论电路中各支路的电压和电流随时间按什么规律变化，在任一时刻，基尔霍夫定律都是成立的。

例 1.7　在图 1.26 所示电路中，每一方框代表一个二端元件或二端网络。若 $U_1=3$ V，$U_2=-2$ V，$U_3=4$ V，$U_4=-5$ V，$U_5=-8$ V，求 $U_6=?$

解　假定 U_6 的参考极性如图 1.26 所示。从 a 点出发沿回路顺时针方向绕行一周，由 KVL 可以得出

$$U_6+U_1+U_2-U_3-U_4+U_5=0 \tag{1.17}$$

代入已知数据，得

$$U_6+(3)+(-2)-(4)-(-5)+(-8)=0 \tag{1.18}$$

解得

$$U_6=6\text{（V）}$$

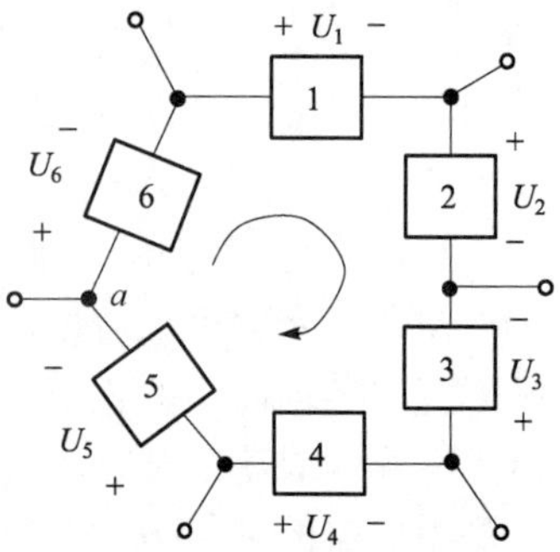

图 1.26　例 1.7 的图

本例说明，在运用 KVL 时与 KCL 一样，也涉及两套正负号。方程式中各项前面的正负号，其正、负取决于各元件电压的参考方向与所选回路绕行方向是否一致，若一致则取正号，反之则取负号，如式（1.17）所示。在把电压的数值代入时，每个电压本身还有正、负号，它表明该元件电压的参考方向与实际方向是否相同，相同则为正号，不相同则为负号，如式（1.18）括号中所示。

例 1.8　求图 1.27 中 A、B 两点之间的电压 U_{AB}。已知：$I=1$ A，$R_1=2\,\Omega$，$R_2=3\,\Omega$，$R_3=5\,\Omega$，$E=14$ V。

解　图 1.27 所示电路虽然不是闭合回路，但只要把 A、B 间的电压 U_{AB} 作为电阻或电源两端的电压考虑，就可以把它假想成一个闭合回路。当从 A 点出发按顺时针方向绕行一周，

根据 KVL 应有

$$U_1-E+U_2+U_3-U_{AB}=0$$

依据欧姆定律，若用电流 I 表示每个电阻上的电压，则有

$$IR_1-E+IR_2+IR_3=U_{AB}$$

代入已知数据，可得

$$U_{AB}=1\times2-14+1\times3+1\times5=-4\ (\mathrm{V})$$

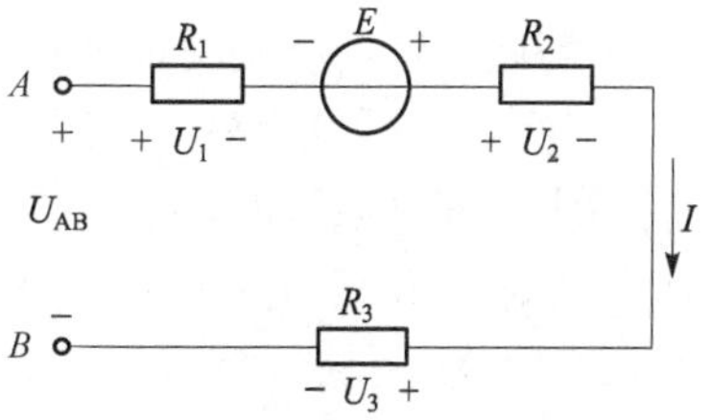

图 1.27　例 1.8 的电路

计算结果为负值，表明 A、B 两点之间电压 U_{AB} 的实际方向与参考方向相反，即 A 点电位比 B 点电位低 4 V。

由本例可以看出，KVL 不仅可以应用于闭合回路，也可以推广应用到任意假想的闭合回路。

1.7　电路中电位的概念及计算

在电路分析中，可选电路中的任意一点作为参考点，通常设参考点的电位为零。参考点，即电路中的零电位点，在电路图中通常用符号“⊥”表示，如图 1.28（a）中选择 d 点作为参考点。参考点常称为“地”，符号“⊥”也称为“接地”符号。所谓“接地”，并非真与大地相接。

电路中某一点的电位，等于该点到参考点的电压。如图 1.28（a）中，a 点的电位 $V_a=U_{ad}=U_{S1}$，b 点的电位 $V_b=U_{bd}$，c 点的电位 $V_c=U_{cd}=-U_{S2}$，d 点的电位 $V_d=0$。

电路中两点之间的电压等于两点的电位之差，因此，电压又被称为电位差。如图 1.28（a）中，a 点和 b 点之间的电压 $U_{ab}=V_a-V_b$，b 点和 c 点之间的电压 $U_{bc}=V_b-V_c$，a 点和 c 点之间的电压 $U_{ac}=V_a-V_c=U_{S1}+U_{S2}$。

在分析电路之前，电路中的参考点可以任意选取，但只能选择一点作为参考点。参考点一经选定，电路中其他各点的电位即是确定的值，此即电位的单值性。

在同一次电路分析过程中，只能选择一点作为参考点。在先后两次电路分析过程中，也可以先后两次选择电路中不同的点作为参考点，即电路中的零电位点。电路中某一点的电位，会因选取不同的参考点而数值不同。但是，电路中两点之间的电压，即电位差，是确定不变的，与先后选择哪一点作为参考点无关。

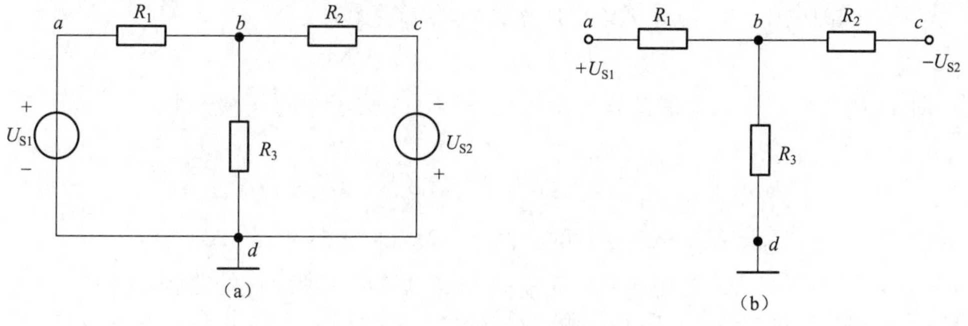

图 1.28　参考点与电位

（a）原电路；（b）简化电路

为使电路的绘制更加简便，电路图有时可采用另一种画法。这种画法的规定是：第一，确定参考点，即电路中的零电位点，在电路图中用“⊥”表示；第二，用标明电位的数值及极性代替理想电压源，并且省掉原理想电压源与参考点之间的连接线。按此规则，图 1.28（a）所示电路可改画为图 1.28（b）所示电路。

例 1.9 在图 1.29（a）所示电路中，$R_1=3\ \Omega$，$R_2=2\ \Omega$。① 求 A、B 和 C 点的电位 V_A、V_B 和 V_C；② 计算 B 点和 C 点之间的电压 U_{BC}。

解 ① 当看这种简化的电路不习惯时，可把它改画为图 1.29（b）。图 1.29（a）中，A 点是悬空的，B 点标示 -5 V，表示 B 点接 5 V 电压源的负极，而 5 V 电压源的正极接地。同理 C 点标示 $+10$ V，表示 C 点接 10 V 电压源的正极，而 10 V 电压源的负极接地。

图 1.29 是一个单回路电路，要计算 A 点的电位，首先要求出电路中的电流。设回路中电流 I 的参考方向如图 1.29（b）中所示，根据 KVL，有

$$I(R_1+R_2)-5-10=0$$

将已知数据代入，解得

$$I=3\ (\text{A})$$

电路中 A 点的电位，即 A 点到参考点的电压为

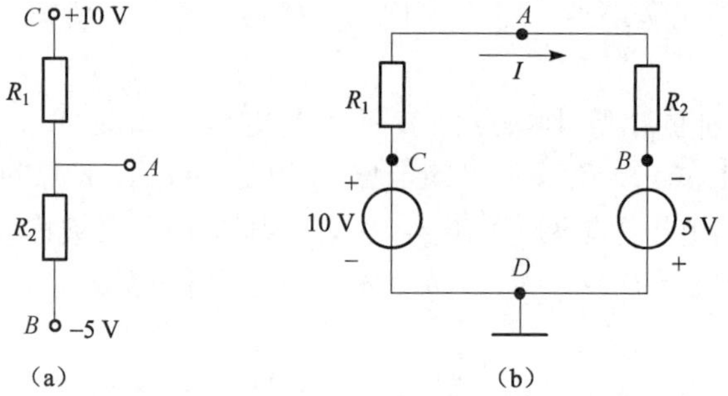

图 1.29 例 1.9 的电路

（a）简化的电路；（b）改画电路

$$V_A=U_{AD}=U_{AB}+U_{BD}=IR_2-5=3\times2-5=1\ (\text{V})$$

若从另一路径计算可得同样结果：

$$V_A=U_{AD}=U_{AC}+U_{CD}=-IR_1+10=-3\times3+10=1\ (\text{V})$$

可见，两点之间的电压 U_{AD} 与计算该电压所经过的路径无关。

$$V_B=-5\ (\text{V}),\qquad V_C=10\ (\text{V})$$

② 计算 B 点和 C 点之间的电压 U_{BC} 可用下列 3 个式子中的任意一个

$$U_{BC}=V_B-V_C=-5-10=-15\ (\text{V})$$

$$U_{BC}=U_{BD}+U_{DC}=V_B-V_C=-5-10=-15\ (\text{V})$$

$$U_{BC}=U_{BA}+U_{AC}=-IR_2-IR_1=-3\times2-3\times3=-15\ (\text{V})$$

再次说明，电路中两点之间的电压是一定的，与计算该电压所经过的路径无关。

例 1.10 在图 1.30 所示电路中，已知 $U_{S1}=12$ V，$U_{S2}=5$ V，$I_S=3$ A，$R_1=3\ \Omega$，$R_2=2\ \Omega$，$R_3=4\ \Omega$，$R_4=9\ \Omega$，$R_5=5\ \Omega$，$R_6=6\ \Omega$。① 求 I_1、I_2、I_3、I_4 和 I_5；② 求 a、b、c、d、e、f 和 g 点

电位；③ 计算电压 U_{bf}和 U_{gd}；④ 计算电流源两端的电压 U_{fg}。

解　① $I_1=U_{S1}/R_1=12/3=4$（A），因 $I_4=0$，故

$$I_2=I_3=U_{S1}/(R_2+R_3)=12/(2+4)=2\text{（A）}$$

$$I_5=-I_S=-3\text{（A）}$$

②

$$V_a=0\text{（V）},\ V_b=U_{S1}=12\text{（V）}$$

$$V_c=U_{ca}=I_3R_3=2\times4=8\text{（V）}$$

或

$$V_c=U_{ca}=U_{cb}+U_{ba}=-I_2R_2+U_{S1}=-2\times2+12=8\text{（V）}$$

$$V_d=U_{da}=U_{dc}+U_{ca}=-I_4R_4+V_c=0+8=8\text{（V）}$$

$$V_e=U_{ea}=U_{ed}+U_{da}=U_{S2}+V_d=5+8=13\text{（V）}$$

$$V_f=U_{fa}=U_{fe}+U_{ea}=-I_SR_6+V_e=-3\times6+13=-5\text{（V）}$$

$$V_g=U_{ga}=U_{ge}+U_{ea}=-I_5R_5+V_e=-(-3)\times5+13=28\text{（V）}$$

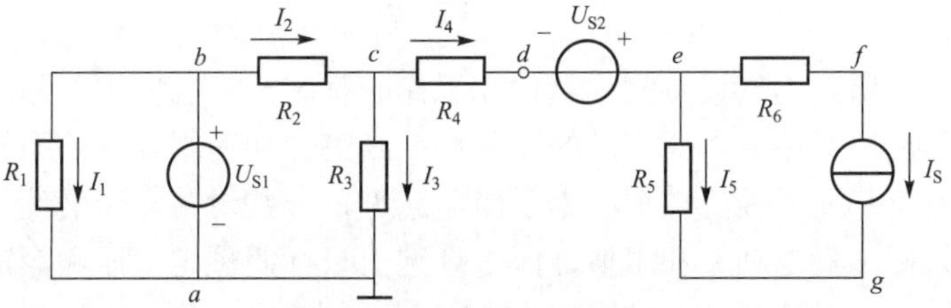

图 1.30　例 1.10 的电路

③ $U_{bf}=V_b-V_f=12-（-5）=17$（V）

或

$$U_{bf}=U_{bc}+U_{cd}+U_{de}+U_{ef}=I_2R_2+I_4R_4-U_{S2}+I_SR_6=2\times2+0-5+3\times6=17\text{（V）}$$

$$U_{gd}=V_g-V_d=28-8=20\text{（V）}$$

或

$$U_{gd}=U_{ge}+U_{ed}=-I_5R_5+U_{S2}=-（-3）\times5+5=20\text{（V）}$$

④ $U_{fg}=V_f-V_g=-5-28=-33$（V）

或

$$U_{fg}=U_{fe}+U_{eg}=-I_SR_6-I_SR_5=-3\times6-3\times5=-33\text{（V）}$$

例 1.11　在电路实验中，常用电位的概念检查电路的故障，有一实验电路如图 1.31 所示，接通电源后发现电流表指示为零。现用一电压表检查电路，若以 *a* 点为参考点，电压表负极接 *a*，正极分别触及 *b*、*c*、*d*、*e*、*f* 点时，电压表读数均为 15 V，试分析故障所在。

解　图 1.31 所示实验电路为一闭合单回路电路，接通电源后应有电流通过。若电流为零，说明或者电源有故障，或者电路有地方断开，即有元件脱焊或元件损坏而形成断路。

当以 *a* 点为参考点时，根据电路中某一点的电位就是该点到参考点的电压这一概念，可以判定 *b* 点的电位应为 15 V。测量结果是 $V_b=15$ V，说明电源无故障。

此电路中电流等于零，因此各电阻的电压应为零。测量结果是 *c*、*d*、*e*、*f* 点电位也为 15 V，说明 *b*、*c*、*d*、*e*、*f* 点等电位，*b* 与 *f* 之间没有断点，连线是完好的。

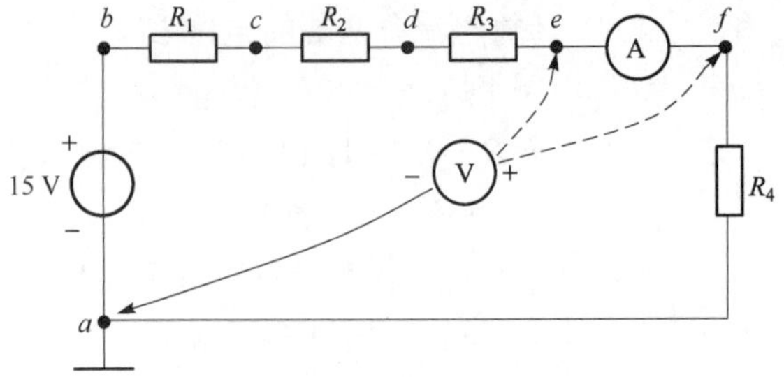

图 1.31　例 1.11 的电路

测量结果是 f 点电位为 15 V,则说明电阻 R_4 是断开的。因为此时 R_4 两端电压 U_{fa} 为 15 V,等于电源电压，而电流为零，说明 f 与 a 之间有断点，f 与 a 之间的电阻值是无穷大，R_4 如同一个断开的开关一样，当然故障也就在此。

1.8　电气设备的额定值和工作状态

在实际电路中，所有电气设备和元器件在工作时都有一定的使用限额，这种限额称为额定值。额定值是制造厂商综合考虑产品的可靠性、经济性和使用寿命等因素而制定的。它是使用者使用电气设备和元器件的依据。为了简便起见，一些设备和元器件上只标明部分额定值，如电阻器上只标出额定功率和阻值，而电灯泡上只标明额定电压和额定功率，其他额定值可通过计算得到。例如某灯泡上标明的 36 V、8 W 是指它的额定电压和额定功率，表明该灯泡在 36 V 电压下才能正常工作，这时消耗功率为 8 W，通过计算能求得该灯泡在 36 V 电压下流过的电流为

$$I_N = P_N / U_N = 8/36 = 0.22\text{（A）}$$

这便是其额定电流。额定值通常用带有下标“N”的字母表示，如额定电压和额定功率分别用 U_N 和 P_N 表示。

电气设备或元器件在工作时，如果使用值超过额定值较多，会使设备或元器件损伤，影响使用寿命，甚至烧毁；如果使用值低于额定值较多，则不能正常工作，有时也会造成设备的损坏，例如电压过低时，灯泡发光不足，电动机因拖不动机械负载而发热。因此，电气设备和元器件在使用值基本等于额定值时工作是最合理的，既保证能可靠工作，又保证有足够的使用寿命。

通常，当实际使用值等于额定值时，电气设备的工作状态称为额定状态（或满载）；当实际功率或电流大于额定值时，称电气设备处于过载（或超载）状态；当实际功率或电流比额定值小很多时，称电气设备处于轻载（或欠载）状态。

例 1.12　JWY−30 型晶体管稳压电源是一种带有两组输出电压为 0～30 V 分挡连续可调的直流稳压电源，其中一组的最大输出电流为 1 A，问该稳压电源的最大输出功率是多少？若将稳压电源的输出电压调至 30 V，让它分别与一个额定值为 1/8 W、100 Ω 的电阻 R_1 和一个额定值为 1 W、1 kΩ 的电阻 R_2 相连接，问在这两种情况下，稳压电源的输出功率为多少？

解　稳压电源最大输出功率 P_{max} 等于它的最大输出电流与最高输出电压之积

$$P_{max} = 30 \times 1 = 30\text{（W）}$$

在计算电源的输出功率之前，首先分析题目给出的电阻能否接在该电源上，否则计算结果是没有意义的。

由$U=\sqrt{PR}$可计算出每个电阻的额定电压，设 R_1 和 R_2 的额定电压分别为 U_{1N} 和 U_{2N}，则

$$U_{1N}=\sqrt{\frac{1}{8}\times 100}=11.18\text{（V）}$$

$$U_{2N}=\sqrt{1\times 1\,000}=31.6\text{（V）}$$

R_1 的额定电压为 11.18 V，不能接于输出电压调至 30 V 的稳压电源上。R_2 的额定电压大于 30 V，但能否接在该电源上，还要看接此电阻时是否超过电源允许的输出电流。通过计算可知，当 R_2 两端加 30 V 电压时，通过它的电流为 0.03 A，小于 1 A，所以不会使稳压电源过载运行，因此可接于该稳压电源上。

在此电路中，电源输出的功率就是电阻消耗的功率，所以要计算电源的输出功率，只要计算电阻消耗的功率即可。

当该稳压电源接电阻 R_2 时，输出功率

$$P_o=\frac{U^2}{R_2}=\frac{30^2}{1\,000}=0.9\text{（W）}$$

习题

1.1　题图 1.1 是由电源和负载元件构成的电路，若已知 $I_1=1$ A，$I_2=-2$ A，$I_3=3$ A，$U_1=2$ V，$U_2=-3$ V，请标出 I_1、I_2、I_3 和 U_1、U_2 的实际方向，并分别计算元件 1、2 的功率（指出是产生功率还是消耗功率）。

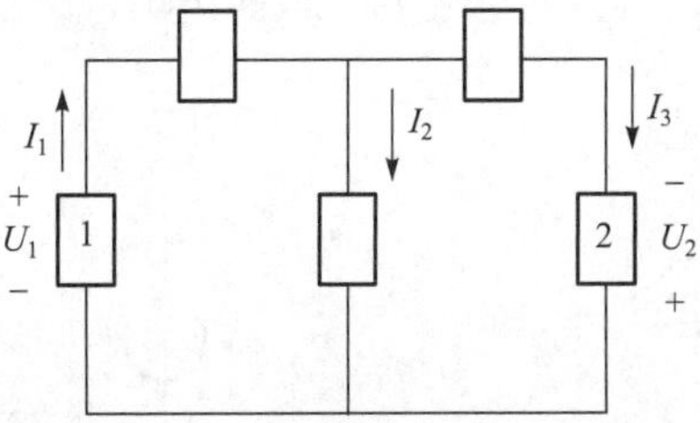

题图 1.1

1.2　在题图 1.2 中，若每个二端网络两端的电压 U 及通过它的电流 I 均为正值，问哪个二端网络提供功率，哪个二端网络吸收功率，为什么？

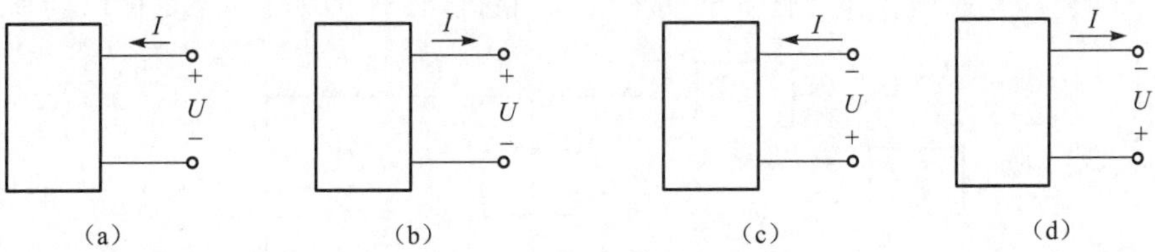

题图 1.2

1.3　如果人体最小电阻为 800 Ω，当通过人体的电流为 50 mA 时就会引起呼吸器官麻痹，

不能自主摆脱电源，试求人体所能承受的最大安全工作电压。

1.4 在题图 1.4 中，已知 $U_1=10\text{ V}$，求 $U_{ab}=?$

1.5 题图 1.5 是电位计的原理电路，箭头是电位计的滑动触头，R_0 是电位计的总电阻，沿长度 L 均匀分布。问在 $U_S=10\text{ V}$、滑动端分别移动到 a、b、c 三点时，输出电压 U_o 各等于多少伏？（b 是电位计的中点）

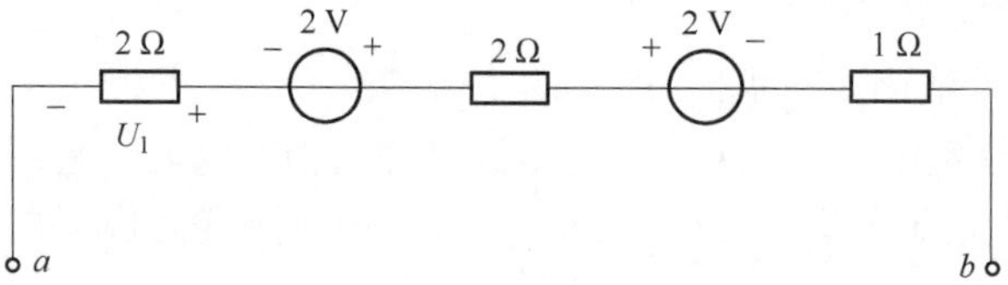

题图 1.4

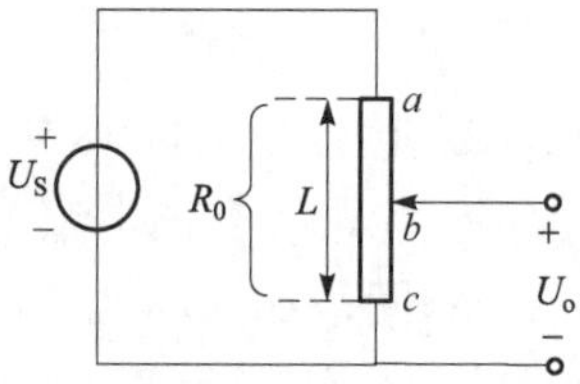

题图 1.5

1.6 电路如题图 1.6 所示。（1）计算电压 U；（2）计算电流 I。

1.7 电路如题图 1.7 所示。（1）求电压 U；（2）求 50 Ω电阻的功率。

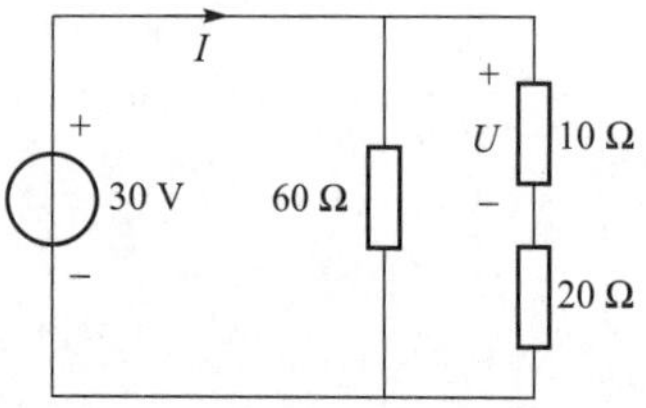

题图 1.6

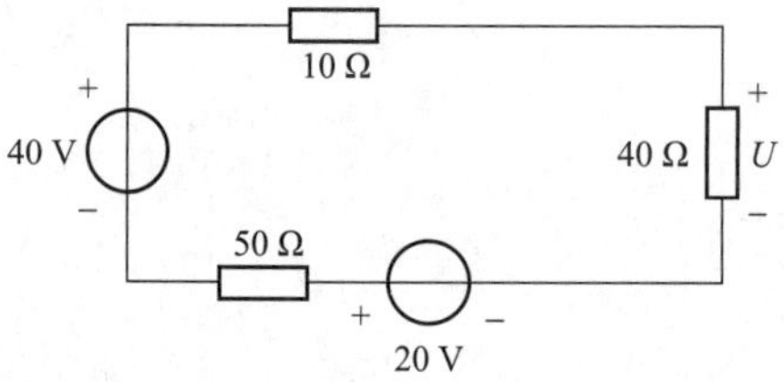

题图 1.7

1.8 电路如题图 1.8 所示。（1）求电流 I；（2）求电压 U_{ab}。

1.9 电路如题图 1.9 所示。（1）求电流 I；（2）求电压 U；（3）求 3 Ω电阻消耗的电功率。

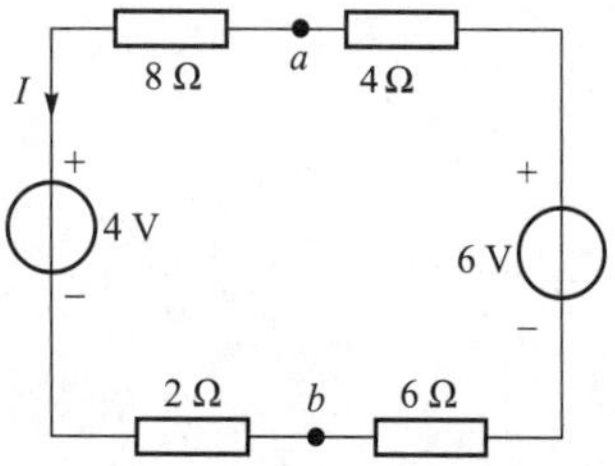

题图 1.8

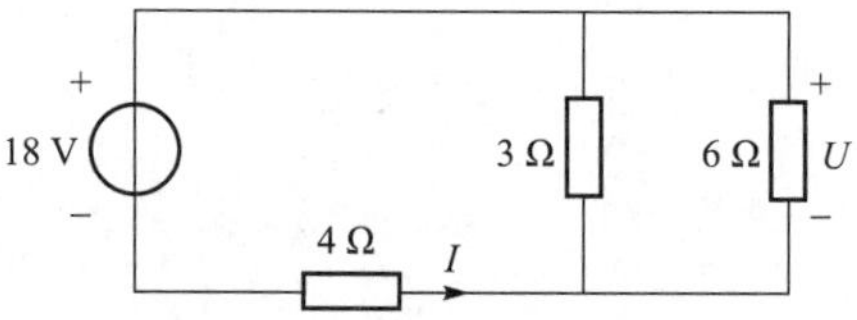

题图 1.9

1.10 题图 1.10 所示电路中，已知：$u_1=20\text{ V}$，$u_4=8\text{ V}$，$i_3=5\text{ A}$，$i_4=2\text{ A}$。（1）试求 i_1 和 u_2 的值；（2）计算元件 2 和元件 3 的功率，并判断它们是吸收功率还是提供功率。

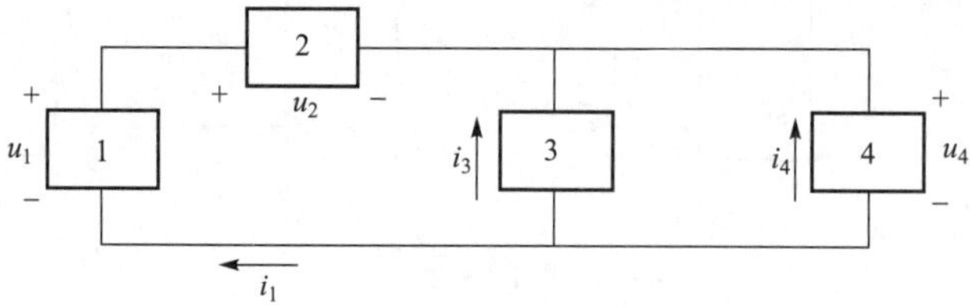

题图 1.10

1.11　电路如题图 1.11 所示，分别求理想电压源和理想电流源的功率，并判断它们是提供功率还是吸收功率。

1.12　在题图 1.12 所示电路中，已知：$U_S=4\text{ V}$，$I_S=2\text{ A}$，$R_1=4\ \Omega$，$R_2=5\ \Omega$。（1）求 I_1 和 I_2；（2）求恒压源 U_S 的功率，并说明恒压源是提供功率还是消耗功率。

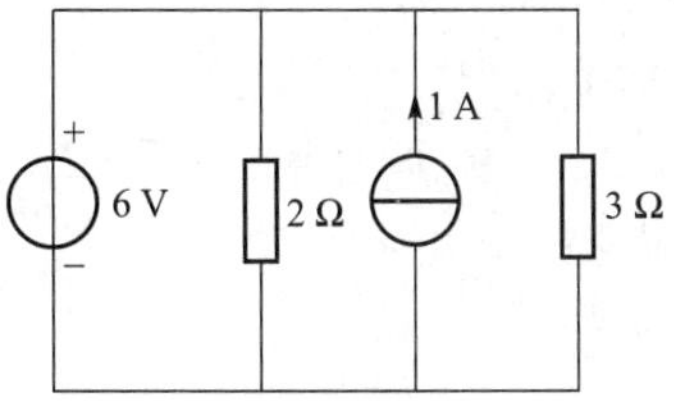

题图 1.11

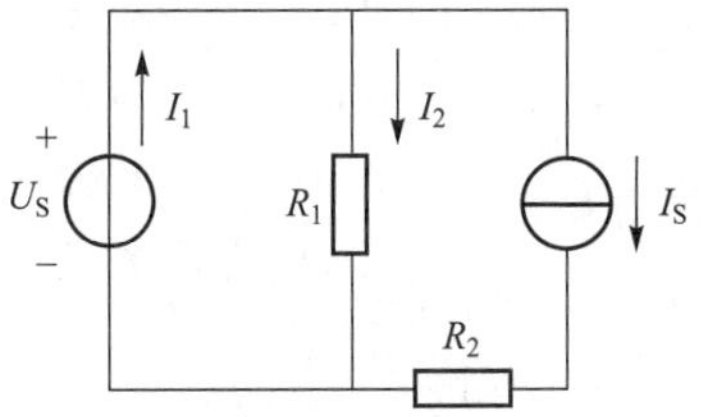

题图 1.12

1.13　题图 1.13（a）是某电路中的一个节点，与其相连的电流 i_1、i_2 的波形分别如题图 1.13（b）、（c）所示，画出 i_3 的波形。

1.14　计算题图 1.14 所示电路中各元件的功率。

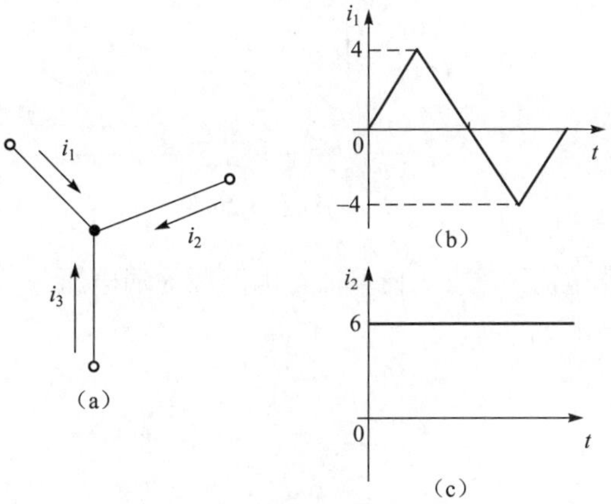

题图 1.13

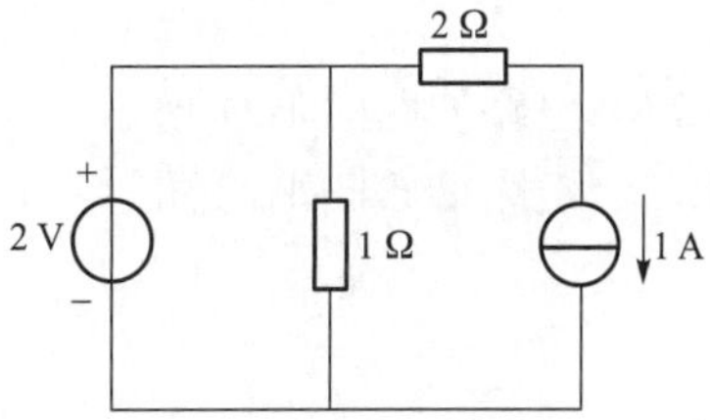

题图 1.14

1.15　写出题图 1.15 所示电路中节点 A 的 KCL 方程式和回路 I 的 KVL 方程式。

1.16　计算题图 1.16 所示电路中 U_{AB} 的值。

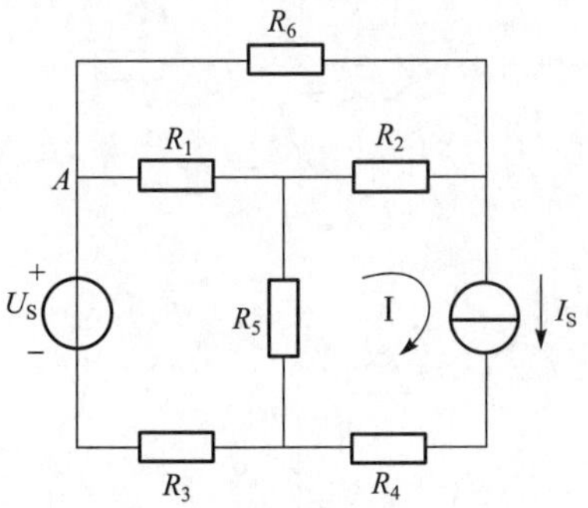

题图 1.15

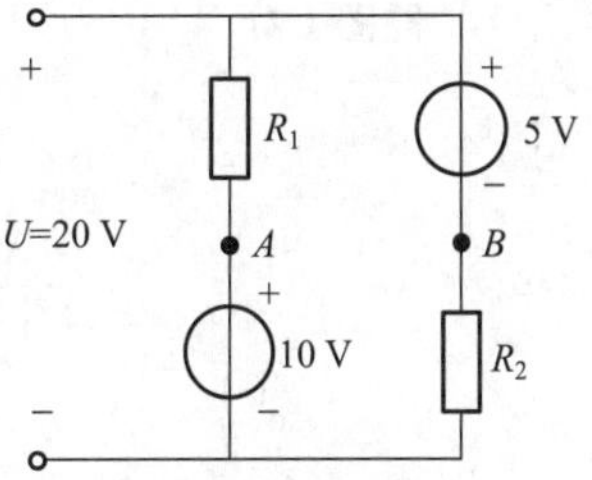

题图 1.16

1.17 已知一个电压源的电压等于 10 V，内阻为 1 Ω，分别计算当它外接负载电阻为 4 Ω和 1 Ω 两种情况时，负载所得到的功率。请问在电源电压和内阻一定时，负载为何值可获得最大功率。

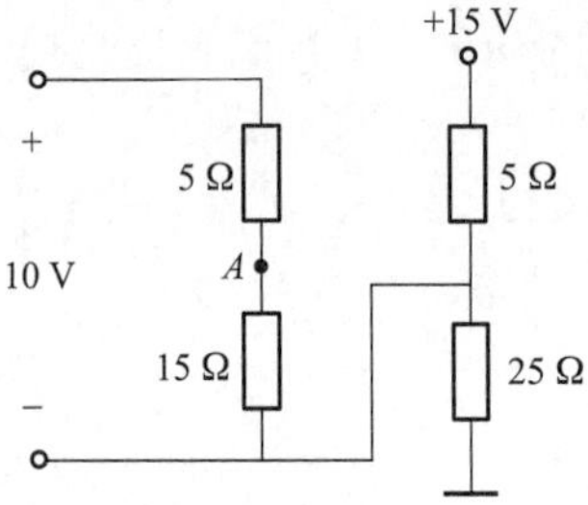

题图 1.18

1.18 求题图 1.18 所示电路中 A 点电位 V_A。

1.19 试求题图 1.19 所示电路中 A 点的电位 V_A。

1.20 电路如题图 1.20 所示。（1）求电压 U；（2）计算 6 A 电流源的功率，并判断是提供功率还是吸收功率。

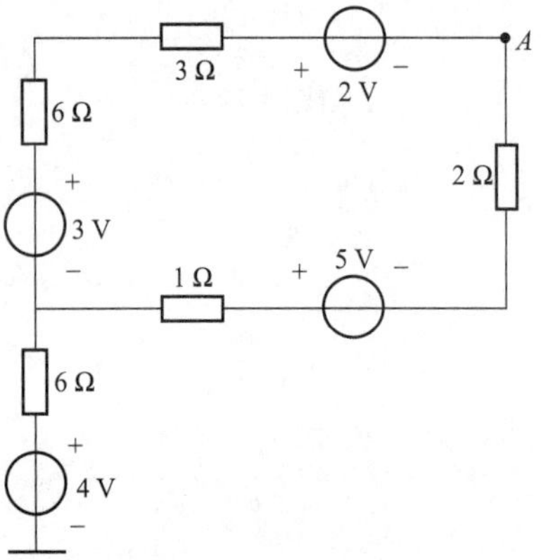

题图 1.19

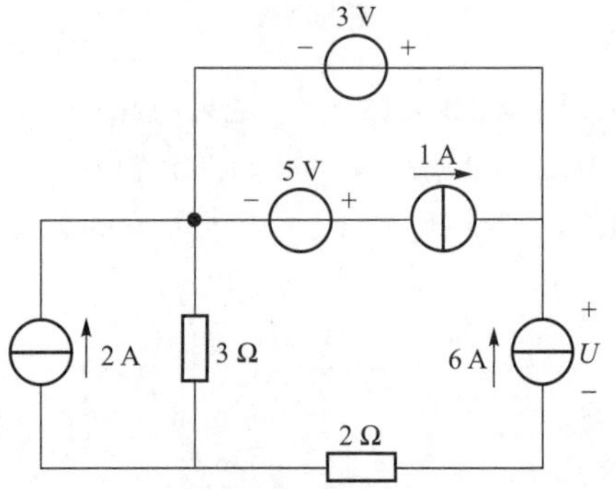

题图 1.20

1.21 电路如题图 1.21 所示。（1）试计算电流 I；（2）计算 4 A 电流源的端电压 U。

1.22 电路如题图 1.22 所示，求开路电压 U。

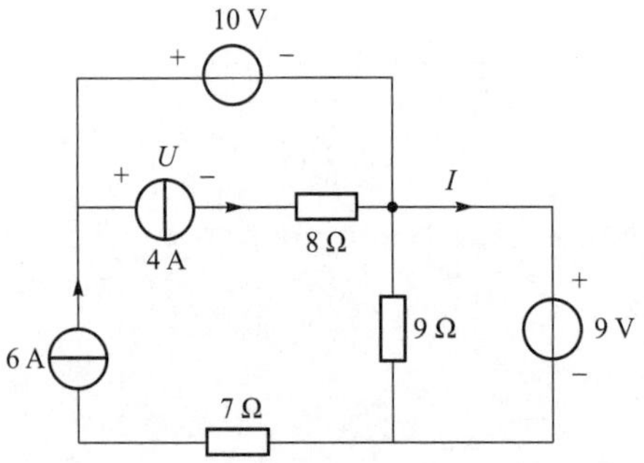

题图 1.21

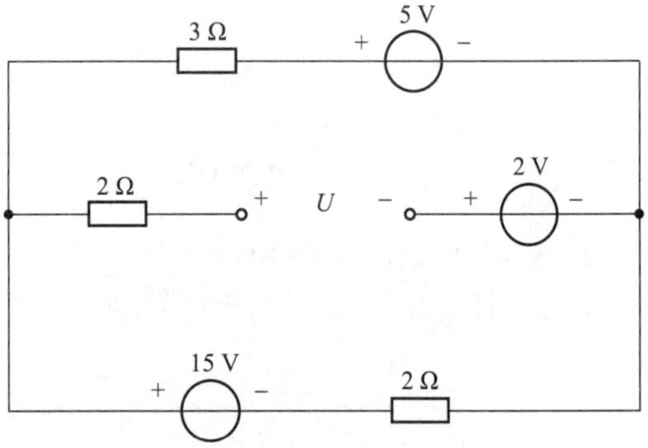

题图 1.22

1.23 电路如题图 1.23 所示，求开路电压 U_{AB}。

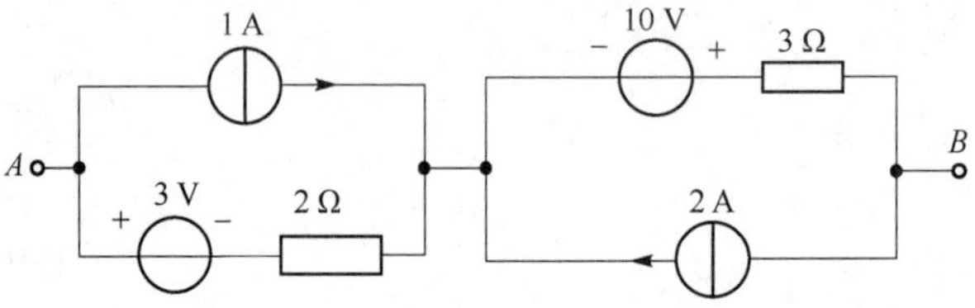

题图 1.23

1.24　电路如题图 1.24 所示，试求电压 U_1。

1.25　计算图 1.25 所示电路中的电流 I。

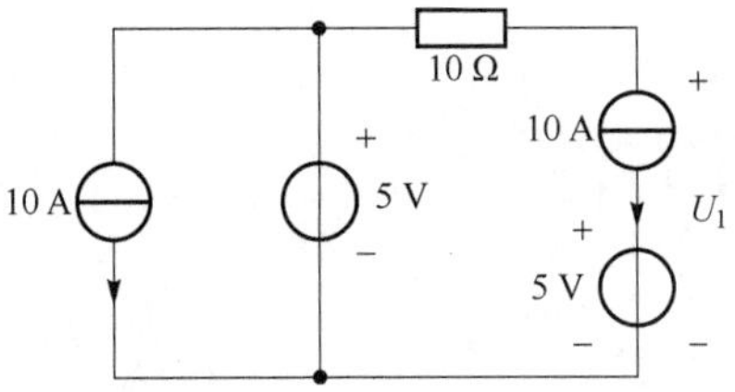

图 1.24

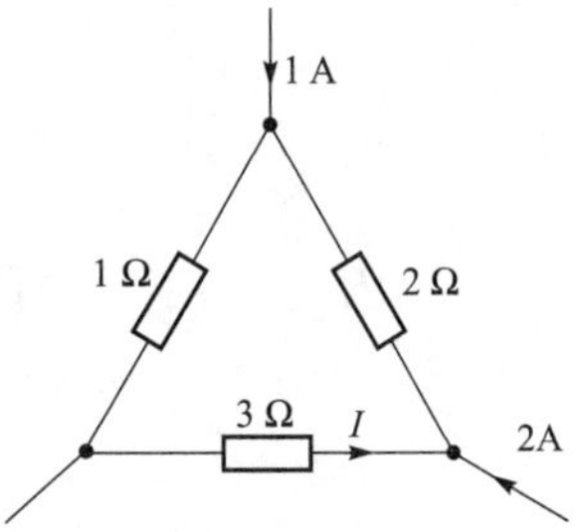

图 1.25

1.26　为了测定蓄电池的内阻，通常选用一个阻值合适的电阻 R，接成如题图 1.26 所示电路，使蓄电池工作在额定状态。合上开关 S，读出端电压 $U=48$ V；再把开关 S 打开，读出电压 $U_{开}=50.4$ V，如果图中 $R=10\ \Omega$，试求蓄电池的内阻 R_S 的值。

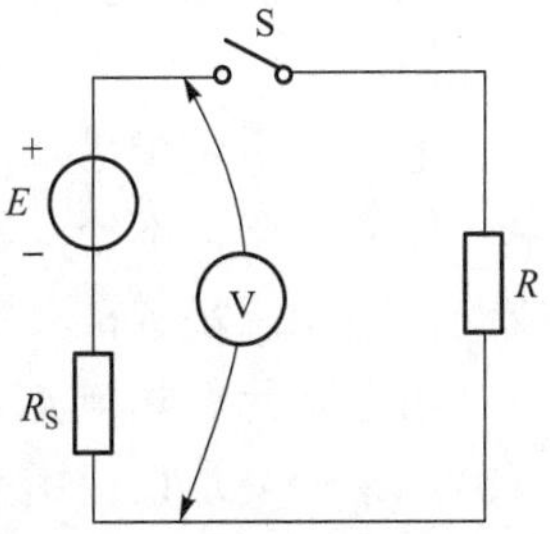

题图 1.26

1.27　有两只额定值分别为 1/8 W、1 kΩ 和 1/4 W、5.1 kΩ 的电阻，问使用时它们允许的最大电压和最大电流各为多少？若将它们串联使用，允许的最大电流是多少？并联使用时，允许的最大电压是多少？

1.28　一额定功率 $P=5.5$ kW，$U=110$ V，内阻 $R_i=0.2\ \Omega$ 的直流发电机。（1）当它在额定负载下运行时，通过发电机的电流是多少？（2）若不慎将发电机输出端短路，则短路电流是额定电流的多少倍？后果将如何？

第 2 章
电路的分析方法

本章讨论电路分析的基本方法和基本定理，主要有支路电流法、节点电位法、叠加定理、电路的等效变换、戴维宁定理和诺顿定理。介绍含受控源电路的分析和非线性电阻电路的分析。

电路分析是指已知电路的结构和元件的参数，分析计算电路中各处的电流、电压以及功率。任何电路，不论其结构如何复杂，都是由电路元件通过节点和回路以一定的连接方式组成的，因此，基尔霍夫定律和元件的伏安关系是分析电路的依据。

由电阻元件和电源元件构成的电路称为电阻电路。电阻电路基本的分析方法通常可分为三类，第一类是直接用基尔霍夫定律和欧姆定律列写节点电流方程和回路电压方程，解方程求出结果，这种方法称为电路分析的一般方法，本章要介绍的支路电流法和节点电位法即属于此类分析方法；第二类是基于叠加定理的叠加方法；第三类是用等效变换的方法进行分析，本章将分别介绍这些方法。

2.1　支路电流法

将支路电流作为待求量，运用基尔霍夫定律并结合欧姆定律列出电路方程，从而求解各支路电流的方法称为支路电流法。当各支路电流求出之后，电路中各元件的电压以及功率便不难求出。下面用图 2.1 所示电路，说明支路电流法的内容。

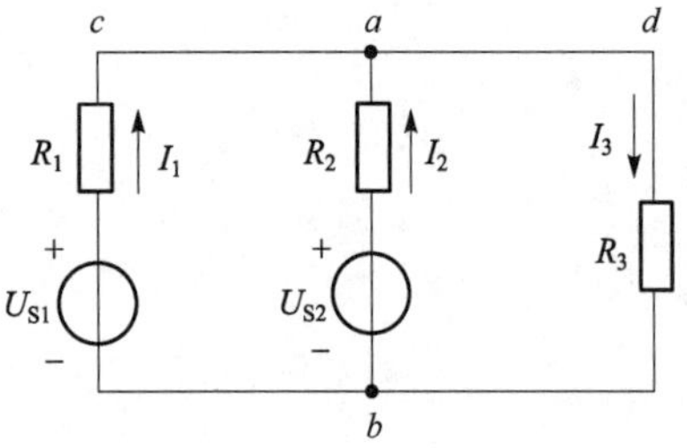

图 2.1　支路电流法

在图 2.1 所示电路中，若已知各元件参数，求各支路电流。

设各支路电流分别为 I_1、I_2、I_3，其参考方向如图 2.1 中所示。

运用 KCL 列方程式。图 2.1 电路有两个节点 a 和 b。若设流入节点的电流为正，流出节点的电流为负，则节点 a 的 KCL 方程式为

$$I_1+I_2-I_3=0 \tag{2.1}$$

节点 b 的 KCL 方程式为

$$-I_1-I_2+I_3=0 \tag{2.2}$$

式（2.1）与式（2.2）任意一个方程都可由另一个得到，所以它们中间有一个是不独立的。因此，对于有两个节点的电路，应用 KCL 只能得到一个独立方程。

可以证明，对于有 n 个节点的电路，应用 KCL 能且只能得到（$n-1$）个独立的电流方程。

下面介绍应用 KVL 并结合欧姆定律列写独立的回路电压方程式。

在图 2.1 中有 3 个回路，设顺时针方向为回路的绕行方向。回路 $abca$ 的 KVL 方程式为

$$-I_2R_2+U_{S2}-U_{S1}+I_1R_1=0 \tag{2.3}$$

回路 $adba$ 的 KVL 方程式为

$$I_3R_3-U_{S2}+I_2R_2=0 \tag{2.4}$$

回路 $adbca$ 的 KVL 方程式为

$$I_3R_3-U_{S1}+I_1R_1=0 \tag{2.5}$$

上面 3 个方程式中只有两个是独立的，因为任一个方程可由其他两个方程推导出来。例如式（2.5）可由式（2.3）和式（2.4）相加得到。

由以上分析可以看出，应用基尔霍夫定律所能得出的独立方程数，恰好等于支路电流数。把方程式（2.1）、式（2.3）、式（2.4）联立求解，即可得到图 2.1 所示电路的各支路电流 I_1、I_2 和 I_3。

综上所述，运用支路电流法求解电路，除了必须掌握基尔霍夫定律外，还要列出足够而且相互独立的 KCL 和 KVL 方程式，即它们不可能由其他电流方程或电压方程导出。

一个具有 b 条支路、n 个节点的电路，在所有支路电流均为未知数的情况下，应用支路电流法求解电路，需要列出 b 个相互独立的方程式。

对于有 n 个节点的电路，可以任意选取（$n-1$）个节点，用 KCL 列写（$n-1$）个节点电流方程式，这（$n-1$）个 KCL 方程式一定是相互独立的，因此，这（$n-1$）个节点又称为独立节点。

其余的 $b-$（$n-1$）个方程式需要运用 KVL 来列出。要保证所列出的 $b-$（$n-1$）个 KVL 方程是独立的，通常可采用两种方法：① 全部选取网孔列写 KVL 方程式，各方程式一定是相互独立的；② 在依次选取列写 KVL 方程式的回路时，每次所选的回路中至少有一条支路是已选回路所没有包含的支路，这样列写的 KVL 方程式一定是相互独立的。根据电路的情况，采用这两种方法中的任何一种即可，列写的各方程式一定是相互独立的。

例 2.1　在图 2.2 所示电路中，已知 $U_{S1}=5$ V，$U_{S2}=4$ V，$U_{S3}=8$ V，$R_1=2\ \Omega$，$R_2=R_3=10\ \Omega$，求各支路电流。

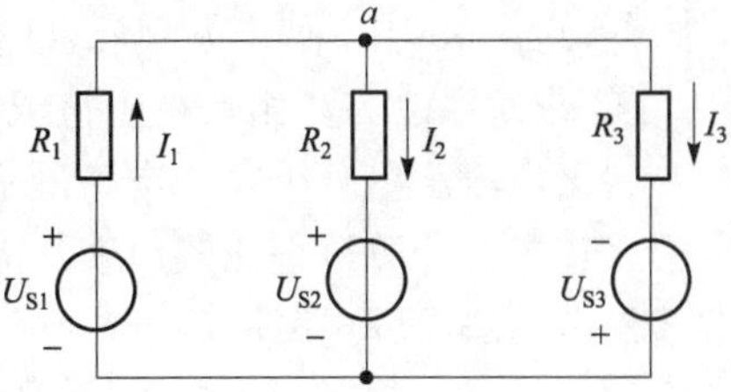

图 2.2　例 2.1 的电路

解　设各支路电流及其参考方向如图 2.2 中所示。

该电路有 3 条支路，有 3 个未知的支路电流 I_1、I_2 和 I_3，故需列写 3 个独立方程。

对节点 a 列 KCL 方程式，有

$$I_1-I_2-I_3=0 \tag{2.6}$$

以顺时针方向为回路绕行方向，对两个网孔分别列写 KVL 方程式，有

$$R_1I_1+R_2I_2+U_{S2}-U_{S1}=0 \tag{2.7}$$

$$R_3I_3-U_{S3}-U_{S2}-R_2I_2=0 \tag{2.8}$$

代入已知数据，用消元法或行列式求解式（2.6）、式（2.7）、式（2.8）的联立方程组，可得

$$I_1=1\text{（A）}$$
$$I_2=-0.1\text{（A）}$$
$$I_3=1.1\text{（A）}$$

例 2.2 在图 2.3 所示电路中，设已知各元件参数，试列出求解各支路电流所需的联立方程组。

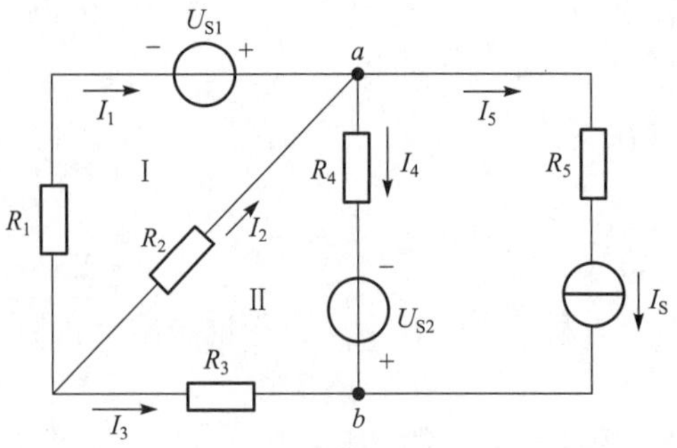

图 2.3　例 2.2 的电路

解 设各支路电流及其参考方向如图 2.3 中所示。在图示电路中，虽然有 5 条支路，但是其中一条是理想电流源与电阻的串联，由理想电流源的特性可知，该支路电流与理想电流源的电流相等，即 $I_5=I_S$。故共需列写 4 个独立方程即可。此电路中有 3 个节点，应用 KCL 可列出 2 个独立的节点电流方程。另外 2 个独立方程需要应用 KVL 列写。

应用 KCL，对节点 a 可写出节点电流方程为

$$I_1+I_2-I_4-I_S=0$$

对节点 b 可写出节点电流方程为

$$I_4+I_3+I_S=0$$

应用 KVL，对回路Ⅰ，可写出回路电压方程为

$$R_1I_1-U_{S1}-R_2I_2=0$$

对回路Ⅱ，可写出回路电压方程为

$$R_2I_2+R_4I_4-U_{S2}-R_3I_3=0$$

以上 4 个方程式即为本例题所求的联立方程组，若已知各个电路元件的参数，求解联立方程组，即可得出未知的 4 个支路电流。

综上所述，用支路电流法求解各支路电流，其步骤可归结为：

① 假定各支路电流的参考方向并在电路图中标出。

② 运用 KCL，列出（$n-1$）个节点电流方程式。

③ 运用 KVL，列出 $b-$（$n-1$）个回路电压方程式。

④ 求解联立方程组，得出待求的各支路电流。

支路电流法是分析复杂电路最基本的方法。但是，对于支路数较多的电路，需要列写的方程式较多，计算过程比较烦琐，因此，在电路支路数较多而节点较少时，常用下面所介绍的节点电位法求解电路。

2.2　节点电位法

电路中某一点的电位，等于该点到参考点的电压，通常设参考点的电位为零。电路中某一点的电位，会因选取不同的参考点而不等。电路中的任意一个节点均可作为参考点，参考点一经选定，电路中其他节点的电位即是确定的。

节点电位是指节点到参考节点的电压，又称为节点电压。例如在图 2.4 所示电路中，已知各电阻值和理想电压源的电压，若选节点 O 为参考节点，并设节点 A 和节点 B 的电位分别

为 V_A、V_B，则各支路电压均可用 V_A、V_B 表示。接在节点与参考节点之间的支路，其支路电压即为该节点电位，如 R_1 与 U_{S1} 串联支路和 R_3 支路，其支路电压即为 V_A；而接在两节点之间的支路，其支路电压则为两节点之间的电位差，如 R_4 支路，其支路电压为 V_A-V_B。可见各支路电压与节点电位具有固定且唯一的关系。因此，只要求得 V_A 和 V_B 的数值，即可确定各支路电压进而求出各支路电流。

下面以图 2.4 所示电路为例，介绍如何列写求解节点电位所需的方程式。

分析电路的基本依据仍然是基尔霍夫定律。由于沿任一回路的支路电压若以节点电位表示，其代数和恒等于零，如在图 2.4 中，R_3 支路和 R_1 与 U_{S1} 串联支路所组成的回路，两支路的电压均等于 V_A，其 KVL 方程为 $V_A-V_A=0$，即节点电位自动满足 KVL。所以，只能对除参考节点以外的节点列写 KCL 方程式。在图 2.4 中，设各支路电流的参考方向如图中所示，根据 KCL，节点 A 的电流方程为

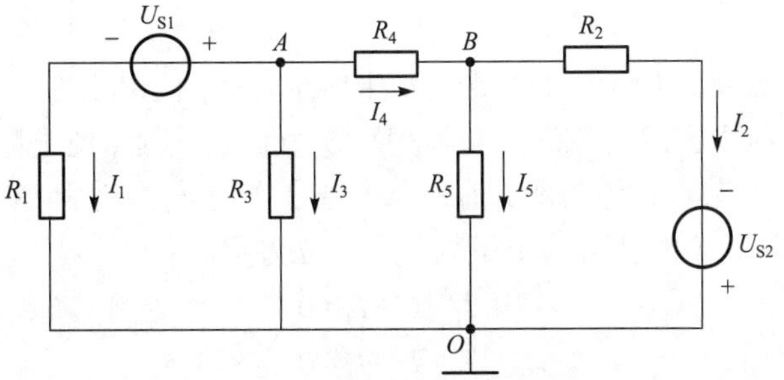

图 2.4　节点电压法

$$I_1+I_3+I_4=0 \tag{2.9}$$

节点 B 的电流方程为

$$I_5+I_2-I_4=0 \tag{2.10}$$

为了用节点电位表示各支路电流，可运用欧姆定律找出各支路电流与电压的关系，进而得到节点电位与支路电流的关系。

$$I_1=\frac{V_A-U_{S1}}{R_1}$$

$$I_2=\frac{V_B+U_{S2}}{R_2}$$

$$I_3=\frac{V_A}{R_3}$$

$$I_4=\frac{V_A-V_B}{R_4}$$

$$I_5=\frac{V_B}{R_5}$$

将以上各电流表达式分别代入式（2.9）和式（2.10）中，得

$$\frac{V_A-U_{S1}}{R_1}+\frac{V_A}{R_3}+\frac{V_A-V_B}{R_4}=0$$

$$\frac{V_B}{R_5}+\frac{V_B+U_{S2}}{R_2}-\frac{V_A-V_B}{R_4}=0$$

整理后可得

$$\left(\frac{1}{R_1}+\frac{1}{R_3}+\frac{1}{R_4}\right)V_A+\left(-\frac{1}{R_4}\right)V_B=\frac{U_{S1}}{R_1} \quad (2.11)$$

$$\left(-\frac{1}{R_4}\right)V_A+\left(\frac{1}{R_2}+\frac{1}{R_4}+\frac{1}{R_5}\right)V_B=-\frac{U_{S2}}{R_2} \quad (2.12)$$

以上两个方程式相互独立，且只有 V_A、V_B 两个待求量，因此联立可求得唯一一组解。求出各节点电位之后，即可确定各支路电压和支路电流。这种以节点电位为待求量分析电路的方法称为节点电位法，或称为节点电压法。

例 2.3 在图 2.4 所示电路中，设已知各元件参数，试用支路电流法列出求解各支路电流所需的联立方程组。

解 设各支路电流及其参考方向如图 2.4 中所示。在图示电路中，有 5 条支路，每个支路电流都是未知的，应用支路电流法，共需列写 5 个独立方程。此电路中有 3 个节点，应用 KCL 可列出 2 个独立的节点电流方程。另外 3 个独立方程需要应用 KVL 列写回路电压方程。选择 A、B 两个节点和三个网孔可列出下列 5 个独立方程。

$$I_1+I_3+I_4=0$$

$$I_5+I_2-I_4=0$$

$$R_1I_1-R_3I_3+U_{S1}=0$$

$$R_3I_3-R_5I_5-R_4I_4=0$$

$$R_5I_5-R_2I_2+U_{S2}=0$$

图 2.4 所示电路支路数较多，有 5 条支路。节点较少，有 3 个节点，即有 2 个独立节点。如选用支路电流法，需要列写 5 个独立方程，方程数较多，计算过程烦琐。如选用节点电位法，仅需要列写 2 个独立方程，即式（2.11）和式（2.12），方程数较少。因此，在电路支路数较多而节点较少时，可用节点电位法求解电路。

例 2.4 在图 2.5 所示电路中，已知：$U_{S1}=5\ \text{V}$，$U_{S2}=8\ \text{V}$，$I_S=0.4\ \text{A}$，$R_1=2\ \Omega$，$R_2=R_3=10\ \Omega$，$R_4=5\ \Omega$。① 用支路电流法求各支路电流和节点 A 的电位；② 用节点电位法求节点 A 的电位和各支路电流。

解 ① 用支路电流法。

在图 2.5 所示电路中，设各支路电流的参考方向如图中所示，选节点 O 为参考点。电路中，虽然有 4 条支路，但是其中一条是理想电流源与电阻的串联，由理想电流源的特性可知，该支路电流与理想电流源的电流相等，即 $I_4=I_S=0.4\ \text{A}$。共有 3 个未知电流，列写 3 个独立方程即可。此电路中有 2 个节点，应用 KCL 可列出 1 个独立的节点电流方程，另外 2 个独立方程需要应用 KVL 列写。

选择节点 A 和不含电流源的 2 个网孔可列出下列 3 个独立方程。

$$I_1+I_2-I_3-I_4=0$$

$$R_1I_1+U_{S1}+U_{S2}-R_2I_2=0$$

$$R_2I_2-U_{S2}+R_3I_3=0$$

将 $I_4=I_S=0.4$ A，$U_{S1}=5$ V，$U_{S2}=8$ V，$R_1=2\ \Omega$，$R_2=R_3=10\ \Omega$代入上面 3 个方程，解方程，得 $I_1=-1$ A，$I_2=1.1$ A，$I_3=-0.3$ A。

节点 A 的电位为

$$V_A=U_{AO}=-R_3I_3=-10\times(-0.3)=3\ (\text{V})$$

② 用节点电位法。

在图 2.5 所示电路中，对节点 A 列写 KCL 方程为

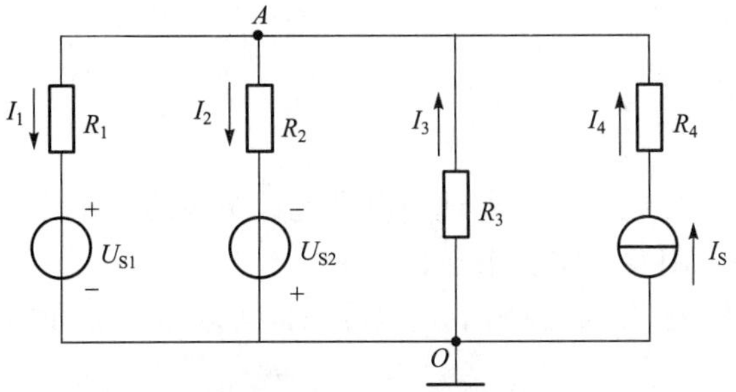

图 2.5　例 2.4 的电路

$$I_1+I_2-I_3-I_4=0$$

由于

$$I_1=\frac{V_A-U_{S1}}{R_1}$$

$$I_2=\frac{V_A+U_{S2}}{R_2}$$

$$I_3=\frac{-V_A}{R_3}$$

$$I_4=I_S=0.4\ (\text{A})$$

整理后，得

$$V_A=\frac{\dfrac{U_{S1}}{R_1}-\dfrac{U_{S2}}{R_2}+I_S}{\dfrac{1}{R_1}+\dfrac{1}{R_2}+\dfrac{1}{R_3}} \tag{2.13}$$

式（2.13）是计算两个节点电路的一般表达式，也称为弥尔曼定理。式（2.13）中分母各项总为正，它们是与节点相连的各电导之和；分子各项中，当电压源的电压与节点电位的参考方向相同时取正号，反之，则取负号。当节点间有电流源支路存在时，式中要包含此项：当电流源电流的参考方向指向节点时取正号，反之则取负号。与电流源串联的电阻，如图 2.5 所示电路中的电阻 R_4，对节点电位值没有影响，所以这种电阻在分母中不出现。

代入数据，可得节点 A 电位为

$$V_A=3\ (\text{V})$$

由此可计算出各支路电流为

$$I_1=\frac{3-5}{2}=-1\text{（A）}$$

$$I_2=\frac{3+8}{10}=1.1\text{（A）}$$

$$I_3=\frac{-3}{10}=-0.3\text{（A）}$$

$$I_4=I_S=0.4\text{（A）}$$

2.3 叠加定理

由线性电路元件（线性电阻等）和理想电源元件组成的电路称为线性电路，它所具有的重要性质之一是叠加性，用叠加定理来描述。

如在图 2.6 所示线性电路中，应用节点电位法，可求得节点 A 的电位为

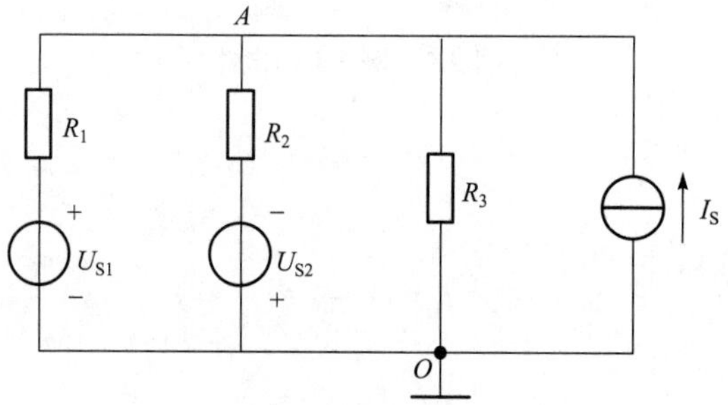

图 2.6 线性电路

$$V_A=\frac{\dfrac{U_{S1}}{R_1}-\dfrac{U_{S2}}{R_2}+I_S}{\dfrac{1}{R_1}+\dfrac{1}{R_2}+\dfrac{1}{R_3}} \tag{2.14}$$

若令

$$D=\frac{1}{R_1}+\frac{1}{R_2}+\frac{1}{R_3}$$

代入式（2.14），得

$$V_A=\frac{1}{DR_1}U_{S1}+\frac{-1}{DR_2}U_{S2}+\frac{1}{D}I_S$$

上式表明节点 A 的电位是由 U_{S1}、U_{S2}、I_S 分别单独作用在该节点所产生的电位的代数和，可表示为 $V_A=K_1U_{S1}+K_2U_{S2}+K_3I_S$。对于具有 n 个电源的任一线性电路，某一支路的电流（或电压）Y 也可以应用电路分析方法得到类似的结果，可表示为 $Y=K_1X_{S1}+K_2X_{S2}+K_3X_{S3}+\cdots+K_nX_{Sn}$，式中 X_{Si} 是第 i 个电源的电压（或电流）。

叠加定理可表述为：在多个电源共同作用的线性电路中，某一支路的电流（或电压）等于每个电源单独作用时在这一支路所产生的电流（或电压）的代数和。

在应用叠加定理时，所谓每个电源单独作用是指某一电源作用时，其他电源都不作用，即其他电源的参数应视为零值。

对于理想电压源而言，不作用时，参数视为零值，即 $U_S=0$ V，在电路图上应将其用短路代替。相当于将不考虑其作用的理想电压源从电路中移除后，在原接电源处接一个短路线。

对于理想电流源而言，不作用时，参数视为零值，即 $I_S=0$ A，在电路图上应将其用开路代替。相当于将不考虑其作用的理想电流源从电路中移除后，在原接电源处开路。

除去不考虑其作用的电源后，电路的其余结构保持不变，即除了不作用的电源被除去外，其他所有元件的连接方式和参数均不改变，只剩下考虑起作用的电源保留在电路中。

叠加定理只适用于线性电路，不适用于非线性电路。另外，在线性电路中应用叠加定理，也只限于电路中的电压的叠加计算或是电流的叠加计算，因为电压和电流与理想电压源的电压或理想电流源的电流是一次函数关系。而电路中的功率不是电压、电流的一次函数，因此，功率不能直接进行叠加计算。

例 2.5　在图 2.7（a）所示电路中，$R_1=R_2=2\ \Omega$，$U_S=4$ V，$I_S=3$ A。用叠加定理求流过 R_2 支路的电流，并计算 R_2 所消耗的功率。

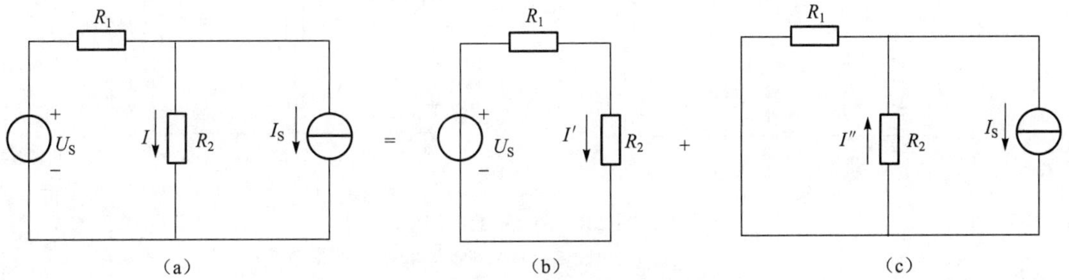

图 2.7　例 2.5 的电路

（a）原电路；（b）U_S 单独作用时电路；（c）I_S 单独作用时电路

解　设流过 R_2 支路的电流为 I，其参考方向如图 2.7（a）所示。

先计算 U_S 单独作用时在 R_2 支路上所产生的电流 I'。为此应把恒流源 I_S 开路，见图 2.7（b）。这是一个单回路电路，由 KVL 可得

$$I'=\frac{U_S}{R_1+R_2}=\frac{4}{2+2}=1\ (\text{A})$$

再计算 I_S 单独作用时在 R_2 支路上所产生的电流 I''。为此，应把恒压源 U_S 用短路线代替，而把与恒压源串联的电阻 R_1 保留在电路中，见图 2.7（c）。

$$I''=\frac{1}{2}I_S=\frac{1}{2}\times 3=1.5\ (\text{A})$$

最后计算两个电源共同作用在 R_2 支路上所产生的电流 I。按图 2.7（a）中所设参考方向，应为

$$I=I'-I''=1-1.5=-0.5\ (\text{A})$$

注意：在最后叠加时，每个电源单独作用时所产生的电流参考方向与所有电源共同作用时所产生的电流参考方向相同者取正值，反之，则应取负值。

R_2 电阻所消耗的功率为

$$P_{R2} = I^2 R_2 = (-0.5)^2 \times 2 = 0.5\ (\mathrm{W})$$

如果直接用叠加的方法计算 R_2 的功率，将得出

$$P'_{R2} = (I')^2 R_2 + (I'')^2 R_2 = 1^2 \times 2 + (-1.5)^2 \times 2 = 6.5\ (\mathrm{W})$$

显然，这一结果是错误的，原因是丢掉了以下推导式中的交叉项。

$$P_{R2} = I^2 R_2 = (I' - I'')^2 R_2 = I'^2 R_2 + I''^2 R_2 - 2I'I''R_2$$

需要说明的一点是，实际电源在使用时是不允许短路的。

例 2.6 一直流发电机 $E=300$ V，内阻 $R_S=1\ \Omega$，作用在电阻电路中，如图 2.8（a）所示。由于某种原因，E 突然升高到 330 V，求电压 U_o 的变化量 ΔU_o。

解 发电机的电动势由 300 V 升高到 330 V，相当于有一个 30 V 的电源作用于电路，而电压 U_o 变化的大小正是 30 V 电源所产生的，故求 U_o 的变化量可在图 2.8（b）中得到。

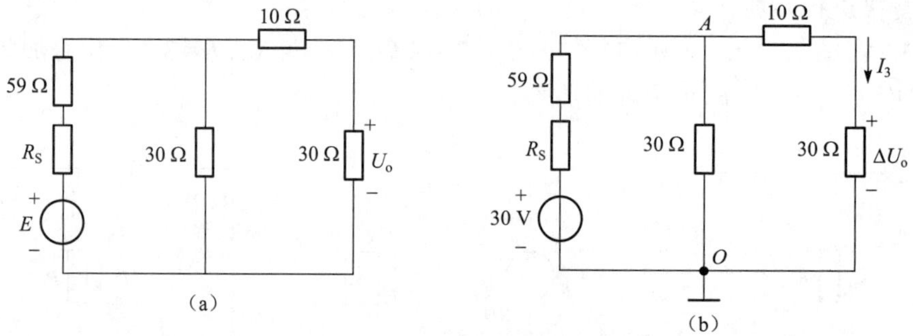

图 2.8 例 2.6 的电路

（a）原电路；（b）计算电路

在图 2.8（b）中，选 O 为参考点，则

$$V_A = \frac{\dfrac{30}{59+1}}{\dfrac{1}{59+1} + \dfrac{1}{30} + \dfrac{1}{10+30}} = \frac{20}{3}\ (\mathrm{V})$$

设流过 10 Ω 与 30 Ω 串联支路的电流为 I_3，则

$$I_3 = \frac{V_A}{30+10} = \frac{\dfrac{20}{3}}{40} = \frac{1}{6}\ (\mathrm{A})$$

根据欧姆定律，得

$$\Delta U_o = I_3 \times 30 = \frac{1}{6} \times 30 = 5\ (\mathrm{V})$$

当发电机的电动势由 300 V 升高到 330 V 时，U_o 增加了 5 V。

从以上分析可以看出，应用叠加定理计算线性电路时，由于每次计算只考虑一个理想电源单独作用的电路，因此使电路结构得以简化。但是，当电路中作用的电源较多时，计算就显得过于烦琐，所以只有在某些场合，如例 2.6 或对于具有某些特殊结构的电路应用叠加定理分析计算才比较简单。

叠加性是分析与计算线性问题的普遍规律。叠加定理是线性电路的重要定理之一，在分

析非正弦周期性交流电路和电路的暂态分析时都将用到。

2.4　无源二端网络的等效变换

运用等效变换的方法对电路进行分析，首先要把电路进行等效变换，然后再应用电路的基本定律求解，从而使某些电路的计算得以简化。因此，对于什么是等效、对谁等效以及等效变换的条件都要在学习中不断加深理解。

本节首先介绍等效二端网络的概念，然后通过对电阻串联、电阻并联的等效变换加深对二端网络等效概念的理解，并介绍无源二端网络等效电阻的一般求法。

2.4.1　等效二端网络的概念

电路中某一部分电路，若只有两个端钮与外部电路相连接，那么由这一部分电路构成的整体称为二端网络，又称为一端口网络或称为单口网络。根据二端网络内部是否含有电源，又分为含源二端网络和无源二端网络。在图 2.9（a）中，电阻 R_2、R_3、R_4 这部分电路可以看成是一个无源二端网络，而在图 2.9（b）中，虚线框内是一个含源二端网络。

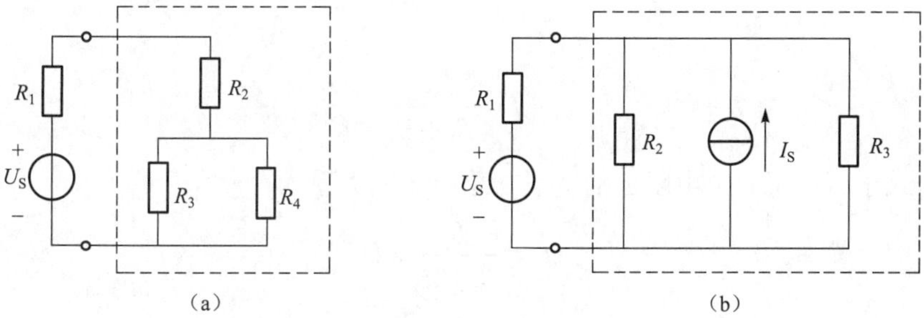

图 2.9　二端网络

（a）无源二端网络；（b）含源二端网络

通常用一个如图 2.10 所示的方框 N 来表示二端网络。

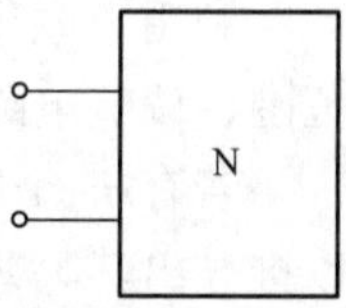

图 2.10　二端网络

一个二端网络可能只由一个二端元件构成，如一个电阻或一个理想电压源，也可能是一个非常复杂的电路。像每一个元件有自己的电压电流关系（伏安特性）一样，每一个二端网络在端钮上也有自己的电压电流关系或称伏安关系。

如果有两个二端网络 N_1、N_2，不论这两个二端网络的内部有多么的不同，只要二者端钮上的伏安关系完全相同，则称这两个二端网络 N_1 和 N_2 是等效的。所谓等效，是指对二端网络以外的电路等效，即对于任意一个电源或电路，接到 N_1 上与接到 N_2 上没有任何区别，它们端钮上的电压相等，电流也相等。但对于二端网络的内部，通常是不等效的。

2.4.2　电阻串联和电阻并联电路的等效变换

设有两个无源二端网络 N_1 和 N_2。N_1 由电阻 R_1 和 R_2 串联组成，N_2 由一个电阻 R 组成，分别如图 2.11（a）、（b）所示。

根据 KVL 及欧姆定律，二端网络 N_1 端钮上的电压、电流关系为

$$U=(R_1+R_2)I \tag{2.15}$$

N_2 端钮上的电压、电流关系为

$$U=RI \tag{2.16}$$

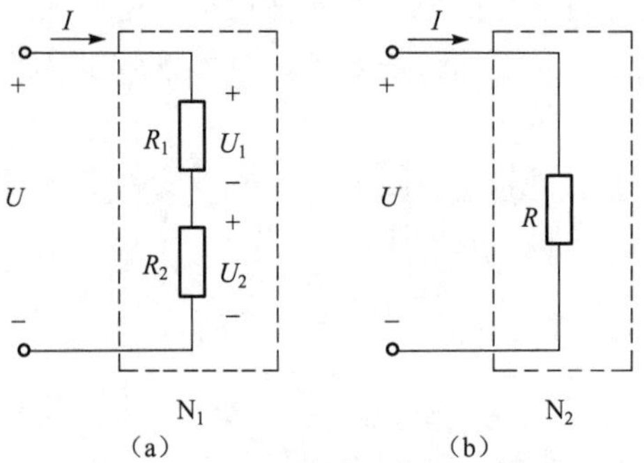

图 2.11　电阻串联及其等效电路

（a）原电路；（b）等效电路

根据二端网络等效的定义，若 N_1 与 N_2 是等效的，则它们端钮上的伏安关系应完全相同。由式（2.15）和式（2.16）可知，只要 $R=R_1+R_2$，N_1 和 N_2 的伏安关系就完全相同，即两个网络等效。称 $R=R_1+R_2$ 为二端网络 N_1 和 N_2 等效变换的条件，或称电阻 R 是 R_1、R_2 串联电路的等效电阻。

若有 n 个电阻串联，则其等效电阻

$$R=R_1+R_2+\cdots+R_n \tag{2.17}$$

在图 2.11（a）中，由欧姆定律可知

$$U_1=R_1I$$
$$U_2=R_2I$$

而

$$I=\frac{U}{R_1+R_2}$$

由以上 3 个式子可得每一个电阻上的电压与总电压的关系为

$$U_1=\frac{R_1}{R_1+R_2}\times U \tag{2.18}$$

$$U_2=\frac{R_2}{R_1+R_2}\times U \tag{2.19}$$

式（2.18）、式（2.19）是常用的两个串联电阻的分压公式。

利用串联电阻的分压原理，可以扩大电压表的测量范围、调节电路的输出电压等。

若有 n 个电阻并联，根据二端网络等效的定义，可以推导出其等效电阻 R 的公式为

$$\frac{1}{R}=\frac{1}{R_1}+\frac{1}{R_2}+\cdots+\frac{1}{R_n} \tag{2.20}$$

或用电导表示

$$G=G_1+G_2+\cdots+G_n \tag{2.21}$$

若有两个电阻 R_1 和 R_2 并联，如图 2.12 所示，其等效电阻 R 为

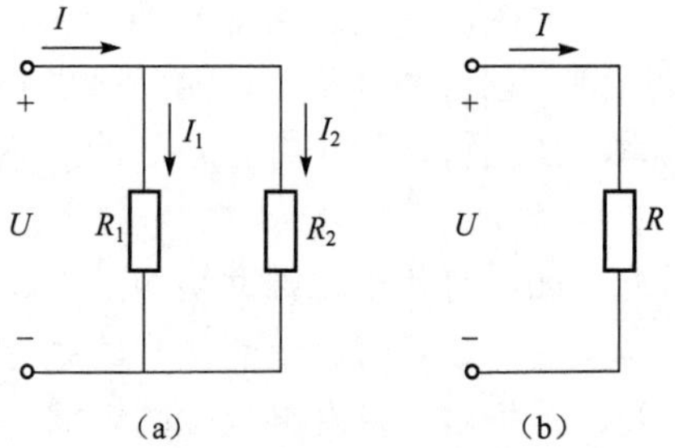

图 2.12　电阻并联及其等效电路

（a）原电路；（b）等效电路

$$R=\frac{R_1\times R_2}{R_1+R_2} \tag{2.22}$$

每一支路电流与总电流的关系为

$$I_1 = \frac{R_2}{R_1 + R_2} \times I \tag{2.23}$$

$$I_2 = \frac{R_1}{R_1 + R_2} \times I \tag{2.24}$$

式（2.23）、式（2.24）是常用的两个并联电阻的分流公式。利用并联电阻分流的原理，可以扩大电流表的测量范围。

两个并联电阻的分流公式如用电导表示，则为

$$I_1 = \frac{G_1}{G_1 + G_2} \times I$$

$$I_2 = \frac{G_2}{G_1 + G_2} \times I$$

2.4.3　电阻混联电路的等效变换

既有电阻串联又有电阻并联的电路叫作电阻混联电路。

混联电路的等效电阻可以直接应用等效串联电阻公式和等效并联电阻公式求得，计算电压、电流可应用串联电阻分压公式和并联电阻分流公式。下面举例说明混联电路的等效变换及其计算。

例 2.7　图 2.13 所示的是直流电动机的一种调速电路。它由 4 个固定电阻组成，利用几个开关的闭合和断开，可以得到多种阻值。设 4 个电阻的阻值都是 1 Ω，试求当开关 S_2、S_3 和 S_5 闭合，其他开关打开时，a、b 两点间的等效电阻 R_{ab}。

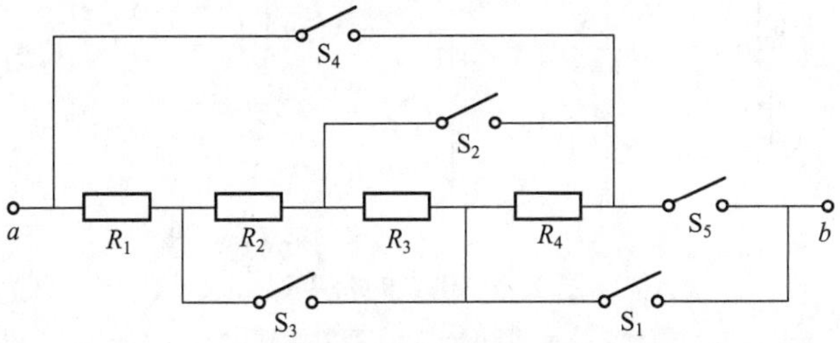

图 2.13　例 2.7 的图

解　求混联电路的等效电阻，可以在不改变各元件的连接关系的前提下，改动原电路图中元件的位置，以便看清电阻的连接方式。为此，可先在原电路上用符号标出各连接点，然后再改画电路。

本例所示电路，当开关 S_2、S_3 和 S_5 闭合，其他开关打开时，电路可改画为如图 2.14（a）所示。

先在图 2.14（a）中用字母标出各连接点 A、B、C、D，然后从 a 点（或 b 点）开始，改画电路，可得图 2.14（b），则有

$$R_{ab} = R_1 + (R_2 /\!/ R_3 /\!/ R_4) = 1 + \frac{1}{3} = 1.33(\Omega)$$

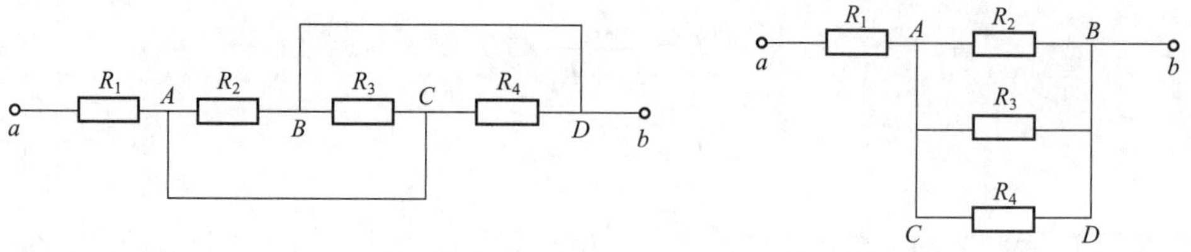

（a）　　（b）

图 2.14　例 2.7 的解答

（a）开关 S_2、S_3 和 S_5 闭合；（b）改画的电路

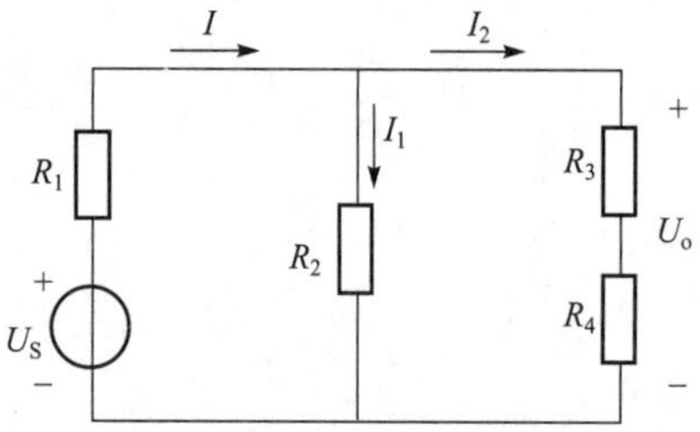

图 2.15　例 2.8 的电路

例 2.8　在图2.15所示电路中，已知$R_1=16\ \Omega$，$R_2=6\ \Omega$，$R_3=4\ \Omega$，$R_4=8\ \Omega$，$U_S=20\ \text{V}$。求 U_o 和各支路电流。

解　图 2.15 所示电路是一个电阻混联的电路，因此可用电阻串、并联的方法，将原电路按图 2.16 的顺序化简为单回路电路。

在图 2.16（a）中

$$R_{34}=R_3+R_4=12\ (\Omega)$$

在图 2.16（b）中

$$R_{234}=\frac{R_2\times R_{34}}{R_2+R_{34}}=\frac{6\times 12}{6+12}=4\ (\Omega)$$

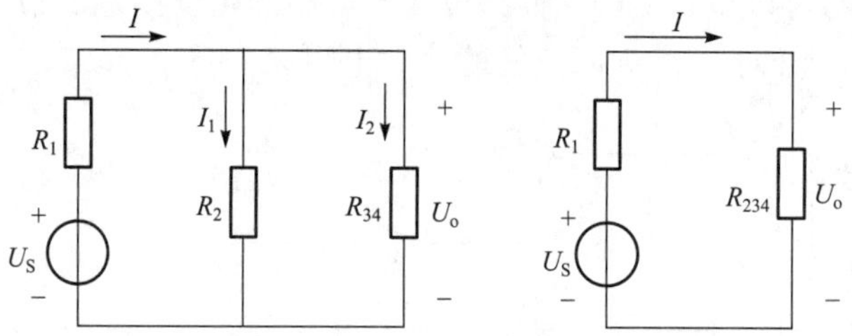

（a）　　（b）

图 2.16　例 2.8 的解答

（a）求 R_{34} 的电路；（b）求 R_{234} 的电路

由串联电阻的分压公式，有

$$U_o=U_S\frac{R_{234}}{R_1+R_{234}}=20\times\frac{4}{16+4}=4\ (\text{V})$$

总电流

$$I=\frac{U_S}{R_1+R_{234}}=\frac{20}{16+4}=1\ (\text{A})$$

求出总电流后，再返回图 2.16（a）中求各支路电流。由电阻并联的分流公式可得

$$I_1=I\frac{R_{34}}{R_2+R_{34}}=1\times\frac{12}{6+12}=\frac{2}{3}\ (\text{A})$$

由 KCL，可得

$$I_2 = I - I_1 = 1 - \frac{2}{3} = \frac{1}{3}\text{（A）}$$

通常将可以用电阻串、并联等效变换为单回路的电路称为简单电路。对于简单电路，不论看起来如何复杂，一般只要从远离电源端开始，顺序向电源端进行电阻等效变换，就可以把电路变成单回路电路，进而求出总电流。然后逆着原来化简的顺序，返回到各电路图中，即可得到所需的解答。

2.4.4　利用外加电源法求无源二端网络的等效电阻

在无源二端网络内部不是由电阻的串、并、混联组成的电路，或者不知网络内部结构的情况下，若需要求其端口上的等效电阻，可用外加电源法，即在无源二端网络 N_0 的 a、b 两端外加电压 U，见图 2.17（a），测量或计算端口的电流 I，由于对无源二端网络 N_0 而言，U 与 I 是关联参考方向，所以 U 与 I 之比就是无源二端网络 N_0 的等效电阻。即

$$R_{ab} = \frac{U}{I} \tag{2.25}$$

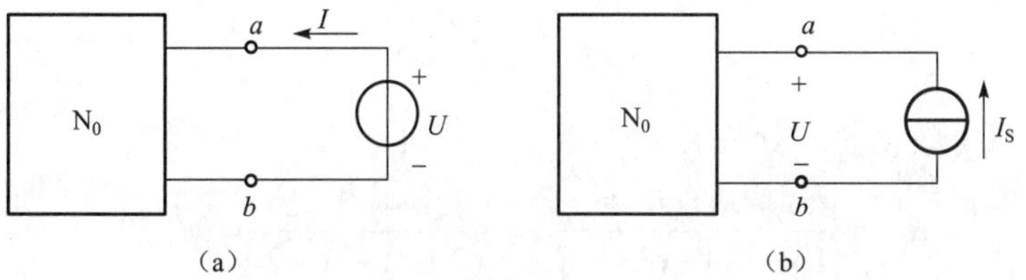

图 2.17　外加电源法求无源二端网络的等效电阻

（a）外加电压源；（b）外加电流源

当然也可以在无源二端网络 N_0 的 a、b 两端外加一理想电流源，如图 2.17（b）所示，计算或测量 a、b 两点之间的电压。由于对无源二端网络 N_0 而言，U 与 I_S 是关联参考方向，所以 U 与 I_S 之比也是无源二端网络 N_0 的等效电阻。

$$R_{ab} = \frac{U}{I_S} \tag{2.26}$$

例 2.9　利用外加电源法求图 2.18（a）所示电路的等效电阻 R_{ab}。已知 $R_1=2\ \Omega$，$R_2=4\ \Omega$，$R_3=1\ \Omega$，$R_4=2\ \Omega$。

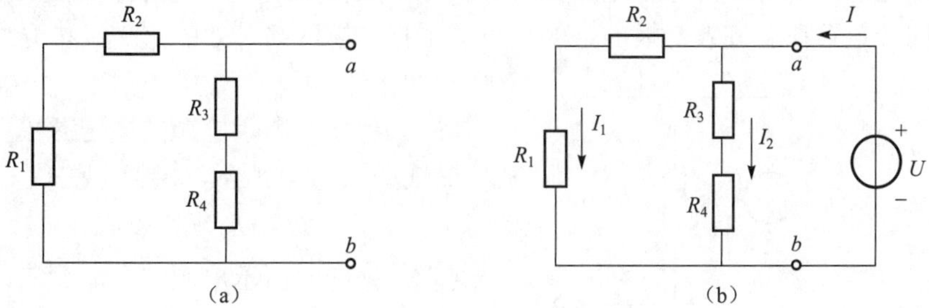

图 2.18　例 2.9 的电路

（a）原电路；（b）外加一电压源电路

解 图2.18（a）所示电路是一个电阻混联电路，求等效电阻 R_{ab} 不必用外加电源的方法即可得到解答。本例只是利用这个简单电路来说明用式（2.25）求等效电阻的方法。

在图2.18（a）中 a、b 两端外加一电压源，如图2.18（b）所示，假定各支路电流的参考方向如图中所示。

计算图2.18（b）中电流 I。根据KCL，有

$$I=I_1+I_2$$

而

$$I_1=\frac{U}{R_1+R_2}=\frac{U}{2+4}=\frac{U}{6}$$

$$I_2=\frac{U}{R_3+R_4}=\frac{U}{1+2}=\frac{U}{3}$$

所以

$$I=\frac{U}{6}+\frac{U}{3}=\frac{U}{2}$$

$$R_{ab}=\frac{U}{I}=2（\Omega）$$

若用电阻串、并联等效化简的方法求 R_{ab}，得

$$R_{ab}=\frac{(R_1+R_2)(R_3+R_4)}{(R_1+R_2)+(R_3+R_4)}=\frac{(2+4)(1+2)}{(2+4)+(1+2)}=2（\Omega）$$

两种计算方法所得计算结果完全相同。

2.5 电源模型的等效变换

一个实际电源，可以用一个理想电压源与电阻的串联支路作为模型，即电压源模型，如图2.19（a）所示；也可以用一个理想电流源和电阻的并联电路作为模型，即电流源模型，如图2.19（b）所示。在分析电路时，仅仅关心电源对电路的作用，而用哪种模型来表征电源是无关紧要的。但是运用等效的概念，将电源的两种模型进行等效变换，有时却可以使某些电路的分析计算得以简化。

一个实际电源，既可以用一个电压源模型表征，又可以用一个电流源模型表征，这两种电源模型之间一定存在着等效变换的条件。下面根据二端网络等效的定义，推导电源模型等效变换的条件。

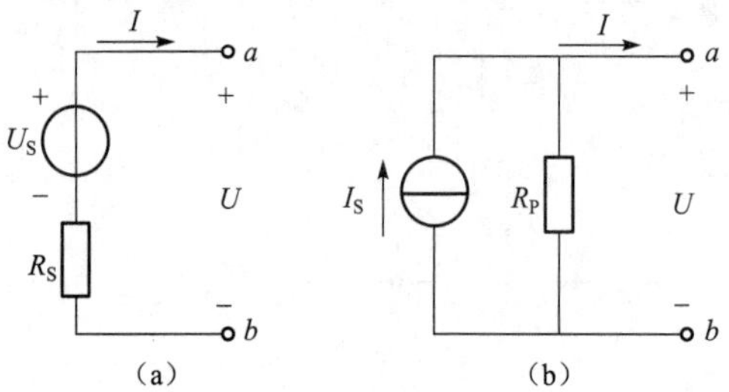

（a）（b）

图2.19 电源模型的等效变换

（a）原电路；（b）等效电路

图2.19（a）所示电源的电压源模型，其伏安特性曲线如图2.20所示，端钮上的伏安关系为

$$U=U_S-IR_S \tag{2.27}$$

图2.19（b）所示电源的电流源模型，其伏安特性曲线如图2.21所示，端钮上的伏安关系为

$$I=I_S-\frac{U}{R_P}$$

即

$$U = I_S R_P - I R_P \tag{2.28}$$

比较式（2.27）和式（2.28），可知只要

$$U_S = I_S R_P, \quad R_S = R_P$$

或者

$$I_S = U_S / R_S, \quad R_S = R_P$$

则图 2.19（a）和图 2.19（b）所示电源模型端钮上的伏安关系就会完全相同，所以图 2.20 和图 2.21 所示的伏安特性曲线就会完全重合。因此，在这样的条件下，电压源模型与电流源模型是等效的。若实际电源的电压源模型的参数为 U_S 和 R_S，则其等效的电流源模型的参数为 $I_S = U_S / R_S$，并联电阻 R_P 的大小与 R_S 相等；若实际电源的电流源模型的参数为 I_S 和 R_P，则其等效的电压源模型的参数为 $U_S = I_S R_P$，串联电阻 R_S 的大小应与 R_P 相等。

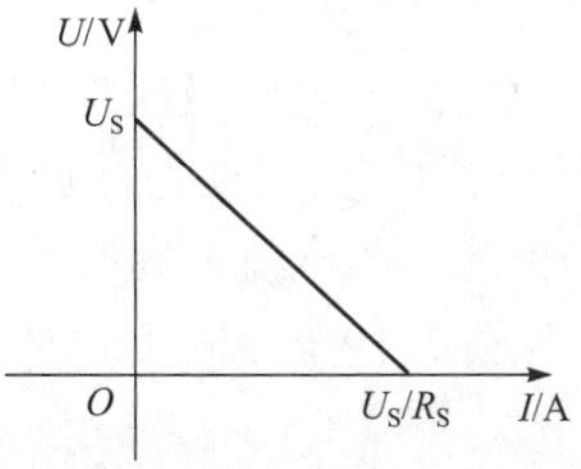

图 2.20　电压源的伏安特性曲线

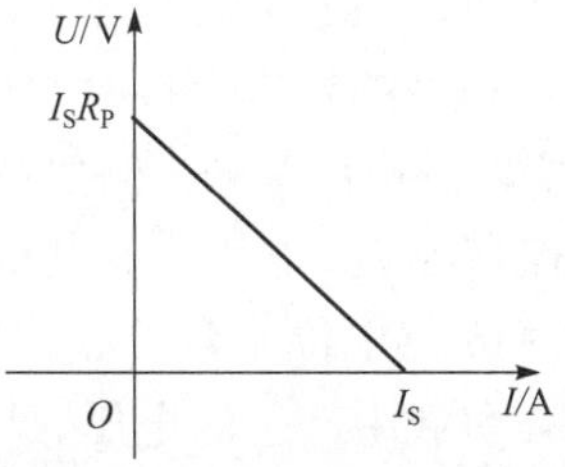

图 2.21　电流源的伏安特性曲线

由等效电路的概念可知，电源模型的等效变换只是对外电路等效，对于电源内部它们是没有等效关系的。例如在图 2.19（a）中，当电压源模型外接电路开路时，其电流 I 为零，所以电阻 R_S 消耗的功率也为零。然而在图 2.19（b）所示电流源模型中，当外接电路开路时，电流 I 为零，但电阻 R_P 中仍有电流 I_S 通过，所以电阻 R_P 仍消耗功率。因此，在分析电源内部的问题时，仍要回到原电路去寻求解答。

上述电源模型的等效变换可以推广为理想电压源和电阻串联的电路等效变换为理想电流源和电阻并联的电路，或者推广为理想电流源和电阻并联的电路等效变换为理想电压源和电阻串联的电路，电路中的电阻并不局限于电源的内阻。

根据理想电压源和理想电流源的性质，在某一时刻，理想电压源的电压是一个确定值，而理想电流源的电流是一个确定值，两者的伏安关系曲线只能相交，而不可能重合。因此，依据等效电路的概念，理想电压源与理想电流源之间不能进行等效变换。

例 2.10　将图 2.22（a）所示电路等效变换为恒流源与电阻并联的电路，将图 2.22（b）所示电路等效变换为恒压源与电阻串联的电路。

解　将图 2.22（a）电路等效变换为恒流源与电阻并联的电路，其中恒流源的电流为

$$I_S = \frac{U_S}{R_S} = \frac{5}{5} = 1(\mathrm{A})$$

与恒流源并联的电阻

$$R_P = R_S = 5\ (\Omega)$$

根据图 2.22（a）中恒压源的极性可知，I_S 的方向应从上向下，等效的恒流源与电阻并联

的电路如图 2.23（a）所示。

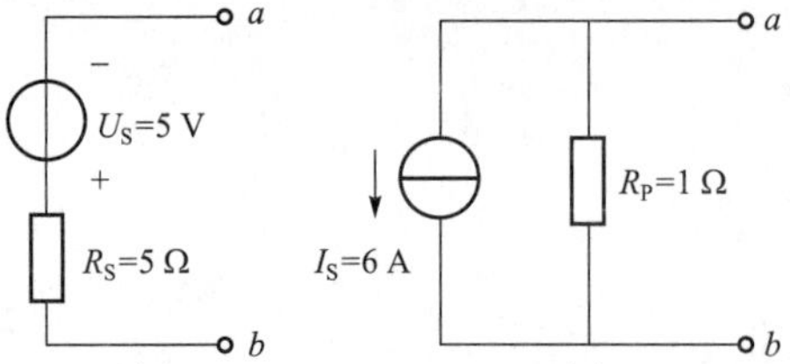

（a）　　（b）

图 2.22　例 2.10 的电路

（a）恒压源与电阻串联的电路；（b）恒流源与电阻并联的电路

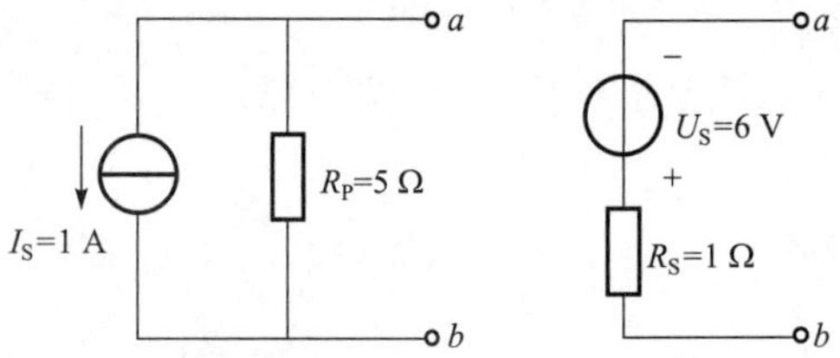

（a）　　（b）

图 2.23　例 2.10 的解答

（a）图 2.22（a）的等效电路；（b）图 2.22（b）的等效电路

将图 2.22（b）等效变换为恒压源与电阻串联电路，其中恒压源的电压为

$$U_S = I_S R_S = 6\times 1 = 6\text{（V）}$$

其极性为下正上负，1 Ω 电阻与恒压源串联，如图 2.23（b）所示。

在进行电源模型的等效变换时，必须注意变换前后恒压源的电压极性与恒流源的电流方向，以保证它们对外电路等效。例如在图 2.22（a）中恒压源的电压极性为上负下正，开路时，*b* 点电位比 *a* 点高 5 V，则其等效电路图 2.23（a）中的恒流源的电流方向必须是由上向下，这样，在开路时 *b* 点电位才高于 *a* 点电位 5 V。当两电路外接任一相同负载时，可保证变换前后两个电路在负载中产生的电压、电流相等。

例 2.11　电路如图 2.24 所示，分别求出图 2.24（a）、（b）电路中流过 1 Ω 电阻和 2 Ω 电阻的电流。

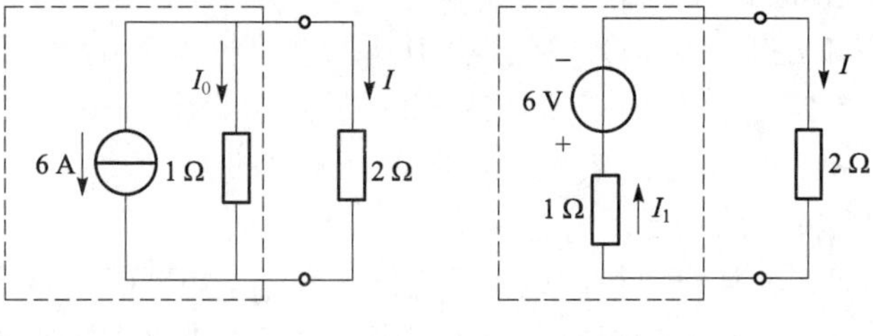

（a）　　（b）

图 2.24　例 2.11 的电路

解　在图 2.24（a）所示电路中，由并联电阻的分流公式可知，流过 2 Ω电阻的电流为

$$I = -6\times\frac{1}{2+1} = -2\text{（A）}$$

由 KCL，可得流过 1 Ω 电阻的电流为

$$I_0 = -6-(-2) = -4\text{（A）}$$

在图 2.24（b）所示电路中，流过 1 Ω 和 2 Ω 电阻的电流相等

$$I = I_1 = \frac{-6}{2+1} = -2\text{（A）}$$

根据电源模型等效变换的条件，可知图 2.24（a）、（b）两个电路中虚线框内的二端网络是等效的，等效是对外部电路等效，因此对 2 Ω电阻的作用相同。但是两个电路中流过 1 Ω

电阻的电流不同，说明两个二端网络等效仅仅是对外电路等效，对二端网络内部是不等效的。

例 2.12 电路如图 2.25 所示，求 3 Ω 支路的电流。

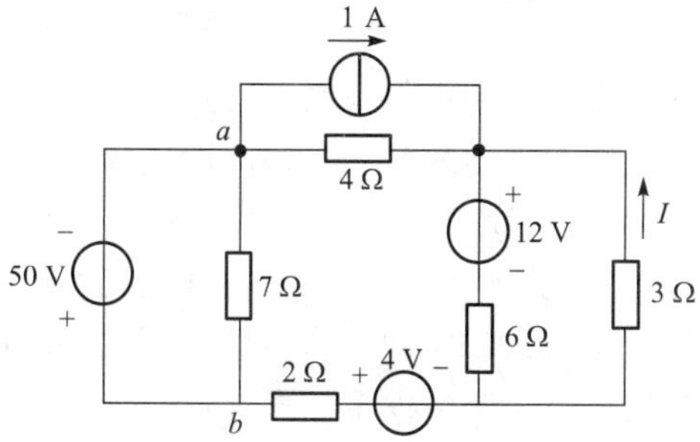

图 2.25 例 2.12 的电路

解 图 2.25 所示电路是一个复杂电路，但经过电源模型的等效变换之后，可以化为简单电路。

题目要求 3 Ω 支路的电流，由于等效变换仅对外电路而言，故在化简过程中，必须保留此支路，即把该支路作为外电路保留不动。

首先化简 50 V 恒压源与 7 Ω 电阻并联电路。根据恒压源的性质，图 2.25 中 b、a 两端的电压始终为 50 V，7 Ω 电阻存在与否不能改变恒压源端钮上的电压、电流关系，所以这一并联电路对外的等效电路仍是一个 50 V 的恒压源。由此可见，与恒压源并联的电阻在进行等效变换时应该开路去除。

再将 1 A 恒流源与 4 Ω 并联的电路等效变换为 4 V 恒压源与 4 Ω 电阻串联，得图 2.26（a）。按图 2.26（b）、（c）所示的过程，逐步化简为图 2.26（d），由此得

$$I = 5 \times \frac{3}{3+3} = 2.5\text{（A）}$$

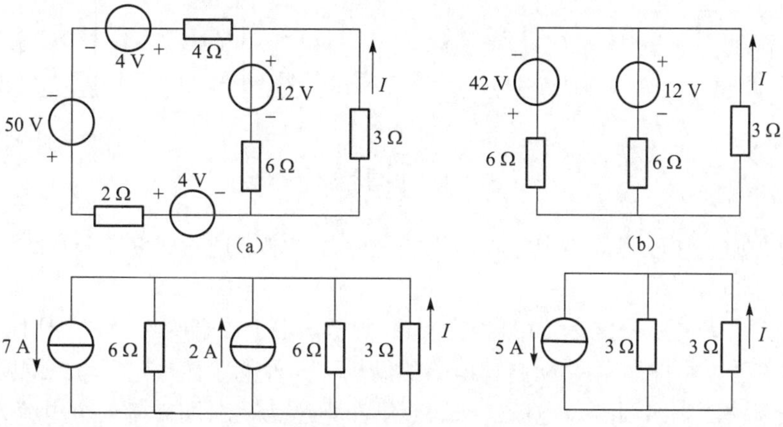

图 2.26 例 2.12 的解答

从以上例题看出，通过电源模型的等效变换，可以把一个由含源串、并联支路组成的含源二端网络等效化简为一个恒流源与电阻并联的电路，也可以把这个含源二端网络等效化简为一个恒压源和电阻串联的电路，从而使电路的分析得以简化。

2.6 戴维宁定理和诺顿定理

实际工作中，常常遇到只需要研究复杂电路中某一特定支路的问题，若用前面介绍的电路分析方法求解，计算过程将是比较烦琐的。但是，如果先把这一支路的两端断开，就出现两个端钮，从这两个端钮看去，电路中除去这一支路的其余部分是一个线性含源二端网络，

该含源二端网络对这一支路起着电源的作用，因此，可以将该含源二端网络等效化简为一个理想电压源与电阻串联的支路，即电压源模型；或者将该含源二端网络等效化简为一个理想电流源与电阻并联的电路，即电流源模型。经过这样的等效变换之后，再将断开的支路与等效电源模型相接，原电路将变成一个单回路的简单电路，因此可简化电路的计算。

将线性含源二端网络等效化简为理想电压源与电阻串联的电路称为戴维宁等效电路，其依据是戴维宁定理；将线性含源二端网络等效化简为理想电流源与电阻并联的电路称为诺顿等效电路，其依据是诺顿定理。这两个定理又可统称为等效电源定理。

2.6.1 戴维宁定理

戴维宁定理（Thevenin's theorem）指出：任意线性含源二端网络 N，就其端钮 a、b 而言，都可以用一个理想电压源与电阻串联的电路等效代替，如图 2.27（a）所示。其中理想电压源的电压等于含源二端网络的开路电压 U_{OC}，如图 2.27（b）所示；串联电阻 R_0 等于含源二端网络中所有电源都不作用时从 a、b 端钮看进去的等效电阻，如图 2.27（c）所示。

理想电压源 U_{OC} 与电阻 R_0 串联的电路称为含源二端网络的戴维宁等效电路，其中串联电阻 R_0 称为戴维宁等效电阻。

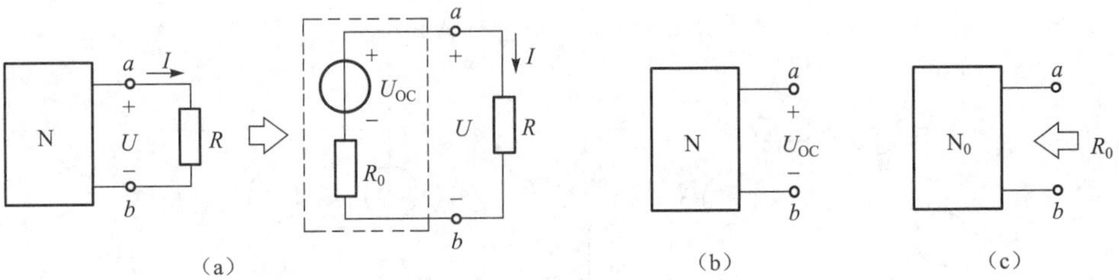

图 2.27 戴维宁定理

可以应用叠加定理证明戴维宁定理。为了证明戴维宁定理的成立，需要讨论端口电压 U 与端口电流 I 之间的关系。

设一个线性含源二端网络 N 如图 2.28（a）所示，由于二端网络 N 的端口电压 U 与端口电流 I 之间的关系只由二端网络 N 内部电路的结构和元件的参数决定，与二端网络 N 的端口外部接的电路无关。为了用端口电流 I 来表示端口电压 U，在端口接一个电流为 I 的理想电流源，如图 2.28（b）所示。根据叠加定理，端口电压 U 可以看作由端口内部所有独立电源作用所产生的电压 U_1 和外施电流源单独作用产生的电压 U_2 的叠加，即 $U=U_1+U_2$。

如图 2.28（c）所示，外施电流源不作用，即端口开路、$I=0$ 时，由端口内部所有独立电源作用所产生的电压 U_1 就是端口开路电压，即 $U_1=U_{OC}$。

如图 2.28（d）所示，N_0 是含源二端网络 N 内部所有独立电源都不作用时对应的无源二端网络，设无源二端网络 N_0 的等效电阻为 R_0，则外施电流源单独作用产生的电压 $U_2=R_0I$。

根据叠加定理，有

$$U=U_1+U_2=U_{OC}+R_0I$$

因此，无论二端网络 N 内部结构如何，端口电压 U 与端口电流 I 之间的关系都可以表示为 $U=U_{OC}+R_0I$ 的形式，即可以将线性二端网络 N 等效为一个电压源 U_{OC} 和一个电阻 R_0 相串联的电路，如图 2.27（a）所示。这样，就证明了戴维宁定理。由证明过程可知，戴维宁定理也适用于线性无源二端网络，不含有独立电源的线性无源二端网络的开路电压 U_{OC} 等于 0，线性无源二端网络的等效电阻即是戴维宁等效电阻 R_0。

由于证明戴维宁定理应用了只适用于线性电路的叠加定理，因此，戴维宁定理只适用于线性二端网络，不适用于非线性二端网络。

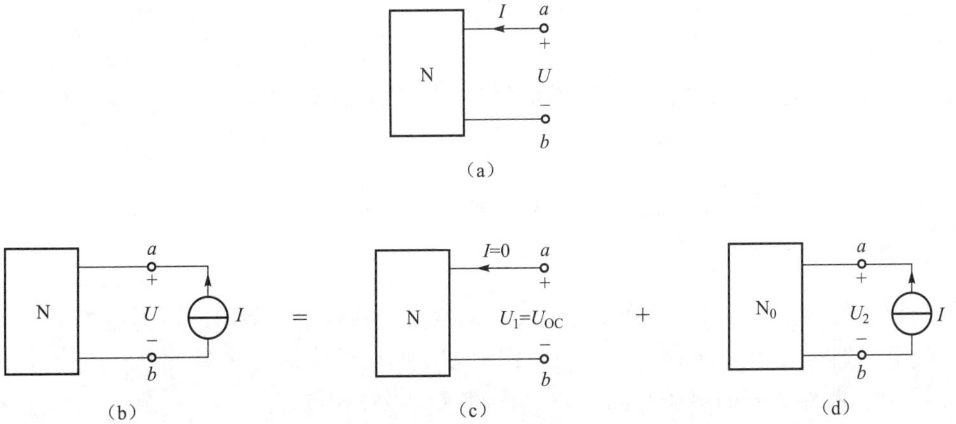

图 2.28　戴维宁定理的证明

戴维宁定理论述的是线性二端网络如何等效化简的问题，对二端网络端口以外接的电路没有任何要求，即外电路可以是一个二端元件，也可以是一个二端网络。外电路可以是线性电路，也可以是非线性电路。

例 2.13　在图 2.29 所示电路中，已知 $U_{S1}=8\ \text{V}$，$U_{S2}=2\ \text{V}$，$R_1=R_2=6\ \Omega$，$R_3=R_4=2\ \Omega$，$I_S=4\ \text{A}$。用戴维宁定理求负载电阻 R_L 分别为 3 Ω 和 13 Ω 时的电流 I_L 以及 R_L 所消耗的功率。

解　用戴维宁定理求电路中某一支路的电流，先把这一支路与原电路断开，再求这一支路以外的含源二端网络的戴维宁等效电路的 U_{OC} 和 R_0，最后把这一支路与二端网络的戴维宁等效电路连接起来，在此电路上求得待求支路的电流。因此，用戴维宁定理求解电路的关键是如何求线性含源二端网络的戴维宁等效电路。

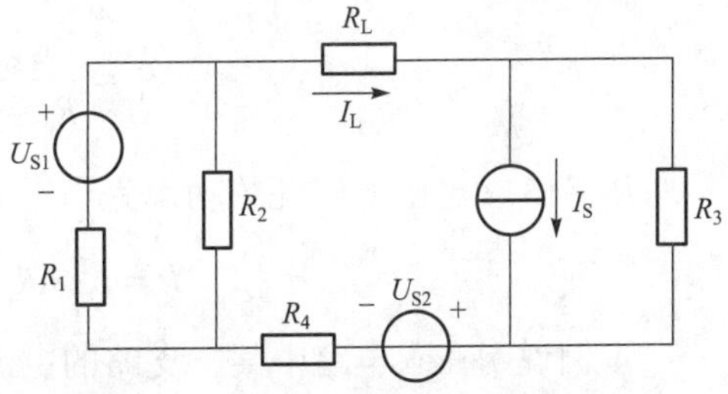

图 2.29　例 2.13 的电路

（1）求 U_{OC}

断开 R_L 支路，得到含源二端网络如图 2.30（a）所示。这是一个由两个单回路经电阻 R_4 和恒压源 U_{S2} 串联组成的电路，a、b 两点间的电压即为 U_{OC}。

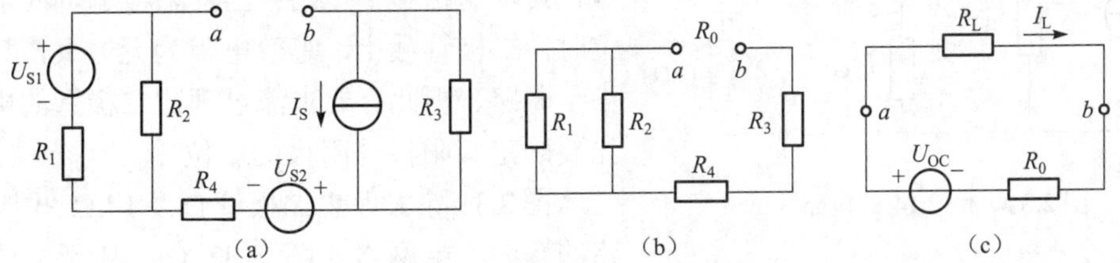

图 2.30　例 2.13 的解答过程

根据 KCL，电阻 R_4 和恒压源 U_{S2} 串联支路的电流为零，由此，U_{OC} 为

$$U_{OC}=U_{ab}=U_{S1}\times\frac{R_2}{R_1+R_2}-U_{S2}+I_S R_3$$
$$=8\times\frac{6}{6+6}-2+4\times2=10\text{（V）}$$

（2）求 R_0

把图 2.30（a）电路中的恒压源用短路线代替、恒流源开路，得到无源二端网络如图 2.30（b）所示。

$$R_0=R_{ab}=(R_1//R_2)+R_3+R_4=\frac{6\times6}{6+6}+2+2=7\text{（}\Omega\text{）}$$

（3）求 I_L

根据求得的 U_{OC} 和 R_0，得到线性含源二端网络的戴维宁等效电路，再连接上断开的 R_L 支路，得电路如图 2.30（c）所示。注意，图中 U_{OC} 的极性应保证在图 2.30（c）中 a、b 两点开路时，a、b 两点之间的电压与图 2.30（a）中 U_{ab} 极性相同。

当 $R_L=3\ \Omega$ 时

$$I_L=\frac{U_{OC}}{R_0+R_L}=\frac{10}{7+3}=1\text{（A）}$$

$R_L=3\ \Omega$ 电阻所消耗的功率为

$$P=I_L^2\times R_L=1^2\times3=3\text{（W）}$$

当 $R_L=13\ \Omega$ 时

$$I_L=\frac{U_{OC}}{R_0+R_L}=\frac{10}{7+13}=0.5\text{（A）}$$

$R_L=13\ \Omega$ 电阻所消耗的功率为

$$P=I_L^2\times R_L=0.5^2\times13=3.25\text{（W）}$$

本例说明在求电路中某一支路的电流、电压时，尤其是当该支路的元件或参数发生变化时，用戴维宁定理计算将十分简便。

例 2.14 求图 2.31 所示电路中流过理想二极管 D 的电流 I_D。

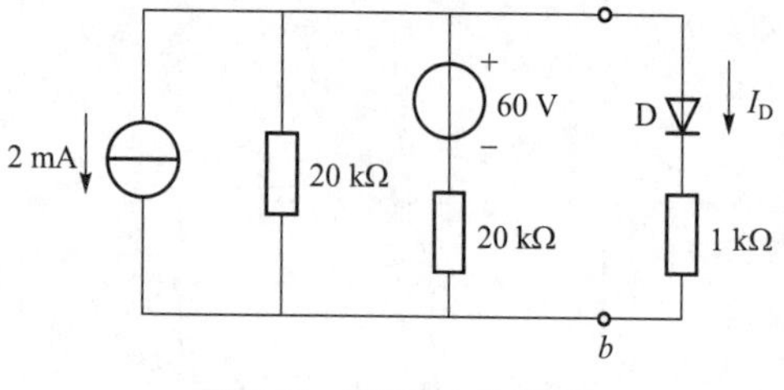

图 2.31 例 2.14 的电路

解 理想二极管 D 是一个非线性元件，当其阳极电位高于阴极电位时，二极管导通，等效电阻为零，其两端相当于短路；当其阳极电位低于阴极电位时，二极管截止，等效电阻为无穷大，其两端相当于断路。因此，要求流过理想二极管的电流，首先要确定其阳极与阴极的电位。

图 2.31 除去理想二极管 D 及 1 kΩ 电阻串联支路的含源二端网络如图 2.32（a）所示，该二端网络的开路电压可用节点电位法求得：

$$U_{\mathrm{OC}}=U_{\mathrm{ab}}=\frac{-2+\dfrac{60}{20}}{\dfrac{1}{20}+\dfrac{1}{20}}=10\text{（V）}$$

由此可知，二极管 D 阳极电位高于阴极电位，所以二极管 D 导通，其两端相当于短路。

求图 2.32（a）所有电源都不作用时由 a、b 两端看进去的等效电阻：

$$R_0=R_{\mathrm{ab}}=20\,//\,20=10\text{（k}\Omega\text{）}$$

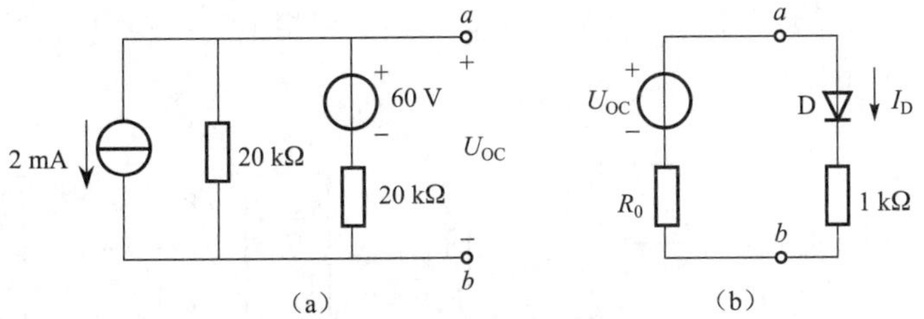

图 2.32　例 2.14 的解答过程

将图 2.32（a）电路的戴维宁等效电路与二极管 D 和 1 kΩ 电阻串联支路连接起来，得电路图 2.32（b）。显然

$$I_{\mathrm{D}}=\frac{U_{\mathrm{OC}}}{R_0+1}=\frac{10}{10+1}=0.91\text{（mA）}$$

所以流过二极管 D 的电流是 0.91 mA。

求除源二端网络的等效电阻 R_0，常用的方法有以下 3 种：

一是等效变换法。将线性含源二端网络中的理想电压源用短路线代替、理想电流源开路，得到无源二端网络后，用电阻串联、并联及电阻混联的等效变换的方法求出等效电阻 R_0；

二是外加电源法。将线性含源二端网络中的理想电压源用短路线代替、理想电流源开路，得到无源二端网络后，用外加电源的方法，见式（2.25）和式（2.26），求出等效电阻 R_0；

三是用含源二端网络的开路电压除以端口的短路电流计算等效电阻 R_0。在图 2.33（a）所示电路中，显然

$$R_0=\frac{U_{\mathrm{OC}}}{I_{\mathrm{SC}}}\tag{2.29}$$

式（2.29）中 U_{OC} 为含源二端网络的开路电压、I_{SC} 为含源二端网络的短路电流，分别如图 2.33（b）、（c）所示。

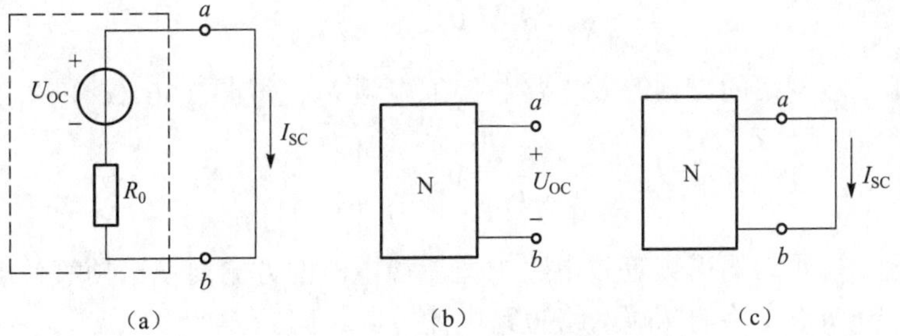

图 2.33　用开路电压除以短路电流求取 R_0

U_{OC} 和 I_{SC} 可以通过计算或实验的方法获得。通常在不知二端网络内部结构或不能通过电阻的等效变换求得 R_0 时，才采用第二种或第三种方法求其等效电阻。

2.6.2　诺顿定理

诺顿定理（Norton's theorem）指出：任何一个线性含源二端网络都可以等效化简为一个理想电流源与电阻并联的电路，如图 2.34（a）所示。其中理想电流源的电流等于含源二端网络 N 的短路电流 I_{SC}，见图 2.34（b），而与理想电流源并联的电阻 R_0 等于含源二端网络除源后由 a、b 端看进去的等效电阻 R_{ab}，见图 2.34（c）。理想电流源与电阻并联的电路称为含源二端网络的诺顿等效电路。

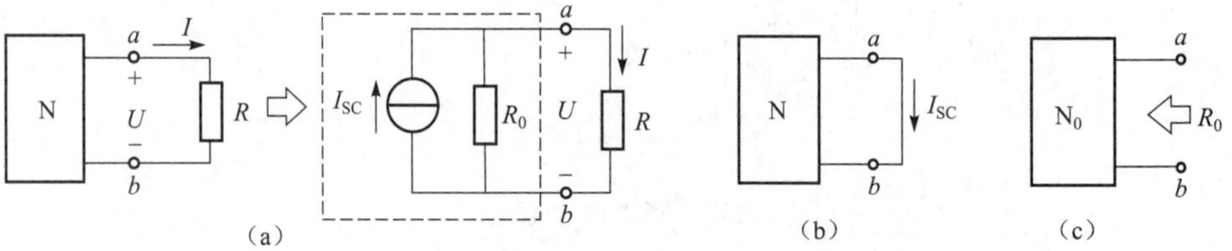

图 2.34　诺顿定理

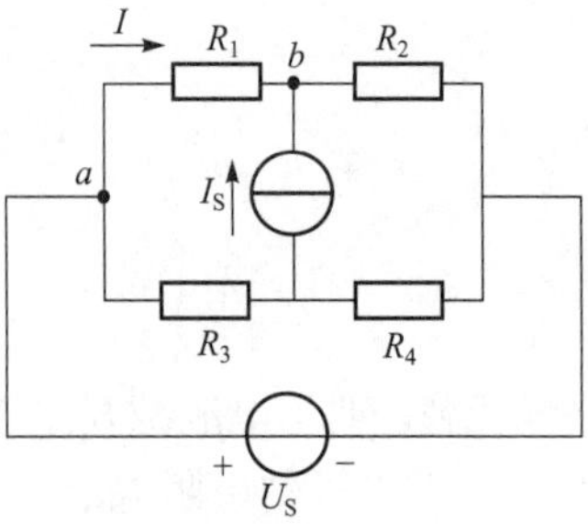

图 2.35　例 2.15 电路图

由戴维宁定理，再应用电源模型的等效变换，可以推出诺顿定理。

例 2.15　在图 2.35 所示电路中，已知 R_1=1 Ω，R_2=4 Ω，R_3=6 Ω，R_4=2 Ω，I_S=2 A，U_S=10 V。用诺顿定理求流过 R_1 的电流 I。

解　用诺顿定理求解电路中某一支路的电流，首先要求出原电路除这一支路以外的含源二端网络的诺顿等效电路。

在图 2.35 所示电路中，从 a、b 两点断开 R_1 支路，将含源二端网络端口 a、b 短路，得到如图 2.36（a）所示电路。

求短路电流 I_{SC}，在图 2.36（a）中，I_{SC} 可以看成为 U_S 单独作用产生的电流 I'_{SC} 与 I_S 单独作用产生的电流 I''_{SC} 的叠加，显然

$$I_{SC}=I'_{SC}+I''_{SC}=\frac{U_S}{R_2}-I_S=\frac{10}{4}-2=0.5\text{（A）}$$

求 R_0，将拟化简的含源二端网络中恒压源短路、恒流源开路，得图 2.36（b），由此图可知

$$R_0=R_{ab}=R_2=4\text{（Ω）}$$

将求得含源二端网络的诺顿等效电路连接上电阻 R_1，得图 2.36（c），R_1 支路的电流 I 为

$$I=I_{SC}\times\frac{R_0}{R_0+R_1}=0.5\times\frac{4}{4+1}=0.4\text{（A）}$$

注意：含源二端网络的诺顿等效电路中恒流源电流的方向要使诺顿等效电路短路电流的方向与原电路断开所求支路的二端网络短路电流方向相同。

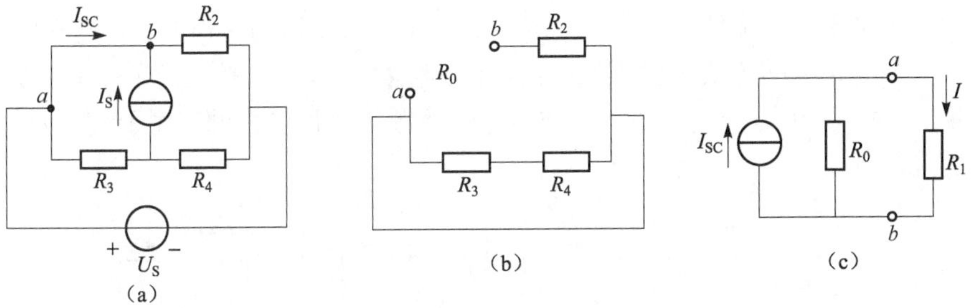

图 2.36　例 2.15 的解答过程

2.7　含受控源电路的分析

前面所介绍的理想电压源和理想电流源都是独立电源，简称独立源。所谓独立电源，就是理想电压源的电压或理想电流源的电流不受外电路的控制而独立存在。但是用独立电源与理想无源元件（电阻、电感和电容）的组合还不能表征某些实际部件的工作性能。例如晶体三极管工作在放大状态时所具有的电流放大功能就是一例，晶体三极管在此工作状态下，集电极电流 i_c 受基极电流 i_b 的控制，在一定范围内，其关系为 $i_c = \beta i_b$，且 β 近似为常数。可见 i_c 的大小由 i_b 的大小决定，在电路中表现为一条支路的电流受另一支路电流的控制。显然，用前面所介绍过的理想电路元件或它们的组合不能表征具有放大功能的电气部件。为此，在电路理论中又提出了另一种理想电路元件——受控源。

2.7.1　受控源的类型和符号

受控源表示电路中一条支路受控于另一支路的作用。由于受控量可以是电压，也可以是电流，因此有受控电压源和受控电流源；又因为控制量可以是电压，也可以是电流，所以就有电压控制电压源 VCVS（Voltage Controlled Voltage Source）、电流控制电压源 CCVS（Current Controlled Voltage Source）、电压控制电流源 VCCS（Voltage Controlled Current Source）和电流控制电流源 CCCS（Current Controlled Current Source）四种受控源，其电路符号如图 2.37 所示。

受控源是双口元件（属于四端元件），两个加控制量的端钮是输入端，受控支路的两个端钮是输出端。控制支路和受控支路可以有直接电的联系，也可以没有电的联系。

图 2.37 中受控源的参数 μ、r、g、β 的物理意义如下：

$\mu = \dfrac{U_2}{U_1}$　电压控制电压源的电压放大系数

$r = \dfrac{U_2}{I_1}$　电流控制电压源的转移电阻

$g = \dfrac{I_2}{U_1}$　电压控制电流源的转移电导

$\beta = \dfrac{I_2}{I_1}$　电流控制电流源的电流放大系数

由于参数 r 是不同侧端钮上的电压与电流的比值，所以称为转移电阻，单位是欧姆（Ω）；参数 g 是不同侧端钮上的电流与电压的比值，称为转移电导，单位是西门子(S)。参数 μ 和 β 是无量纲的量。比例系数 μ、r、g、β 为常数时，受控源是线性受控源，属于线性元件。本书只讨论线性受控源。

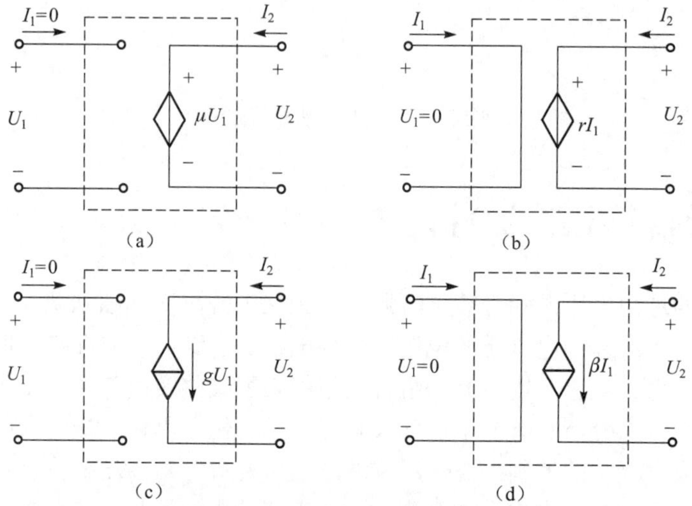

图 2.37　理想受控源的符号

（a）VCVS；（b）CCVS；（c）VCCS；（d）CCCS

以上介绍的是理想受控源，即对于控制支路，其理想情况是只存在一个控制变量（电压或电流）。例如电流控制的受控源，在控制支路只存在电流一个控制变量，电压为零，这样其输入端的电阻必然也为零；而对于受控支路，其理想情况为向外电路提供的受控量仅由控制量来决定，所以理想受控源像理想电压源和理想电流源一样，受控电压源的输出端电阻为零，而受控电流源的输出端电阻为无限大。在非理想的情况下，受控源的输入端电阻和输出端电阻均为有限值。

2.7.2　含受控源电路的分析

用前面介绍的电路分析方法同样可以分析、计算含有受控源的电路，但是在分析问题时要特别注意受控源和独立源的异同。二者的相同点：受控源的受控支路可以向电路提供电压和电流，因此在应用基尔霍夫定律时，应将它与独立源同等对待。二者的不同点：独立源所提供的电压或电流为一给定值，不受电路中其他支路的电压或电流的影响，在电路中起“激励”的作用，在它的作用下，电路中才能产生电压和电流。而受控源的输出电压或输出电流受到电路中其他支路电流或电压控制，当控制电压或控制电流为零时，受控源的输出电压或输出电流亦为零。所以受控源仅是反映电路中某一处的电压或电流受另一支路的电压或电流控制这一现象而已，它本身不起“激励”的作用。

电压控制的受控源的控制量是开路电压；电流控制的受控源的控制量是短路电流。为简便起见，在电路图中出现的受控源，一般只标出控制量并在受控支路的菱形符号旁边标明控制关系，而不专门画出其两个端口。分析含有受控源的电路需要具体注意之处，将在下列各例题中说明。

例 2.16　在图 2.38 所示电路中，已知 $R_1=R_2=3\ \Omega$，$R_3=6\ \Omega$，$U_S=1$ V。用支路电流法求各支路电流。

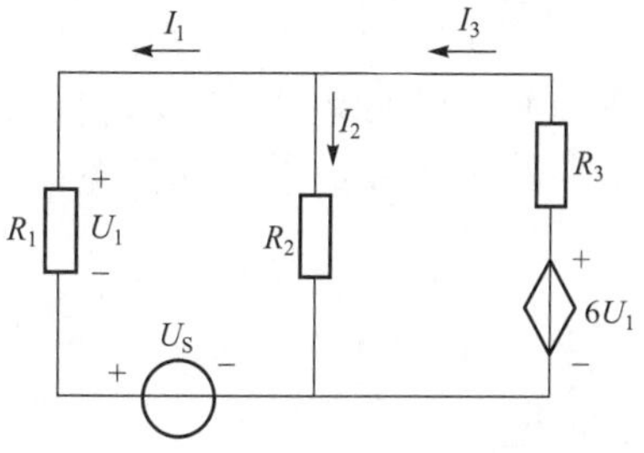

图 2.38　例 2.16 的电路

解　用支路电流法求解含有受控源的电路，在用基尔霍夫定律列写方程式时，将受控源与独立源同等对待，除必要的独立方程式之外，还需列出控制量与未知电流之间的关系式。

设各支路电流及其参考方向如图 2.38 所示。

根据基尔霍夫定律列写方程式如下：

$$I_1+I_2-I_3=0 \tag{2.30}$$

$$I_2R_2-U_S-I_1R_1=0 \tag{2.31}$$

$$-I_3R_3+6U_1-I_2R_2=0 \tag{2.32}$$

控制量与未知电流之间的关系式为

$$U_1=I_1R_1 \tag{2.33}$$

解上述联立方程并代入已知数据，可得

$$I_1=1\text{（A）}$$

$$I_2=\frac{7}{3}\text{（A）}$$

$$I_3=\frac{4}{3}\text{（A）}$$

例 2.17　电路如图 2.39（a）所示，试用叠加定理求 2 Ω 支路的电流 I。

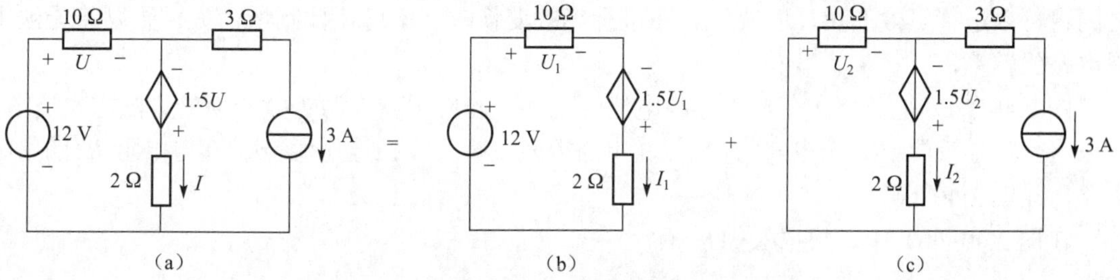

图 2.39　例 2.17 的图

解　用叠加定理可以分析含有受控源的电路，在考虑每个独立源单独在电路中作用时，要注意以下两点：第一，受控源要保留在电路中；第二，由于每个电源单独作用时可能引起受控源控制量的变化，此时受控量要随之改变。

图 2.39（a）电路中 12 V 恒压源单独作用时，3 A 恒流源支路应断路，而受控源应保留在电路中，如图 2.39（b）所示。图 2.39（b）中受控源控制量为 U_1，受控量亦随之变为 $1.5U_1$。

图 2.39（b）是一个单回路电路，由 KVL 可得

$$-1.5U_1+2I_1-12+U_1=0$$

将 $U_1=10\,I_1$ 代入上式，解得

$$I_1=-4\text{（A）}$$

当 3 A 恒流源单独作用时，12 V 恒压源应为零值，故在电路图上把它用短路线代替，但受控源仍要保留在电路中，得图 2.39(c)，该图中受控源控制量为 U_2，受控量亦随之变为 $1.5U_2$。

对图 2.39（c）左边回路列 KVL 方程式，有

$$U_2-1.5U_2+2I_2=0$$

把 $U_2=10\ (I_2+3)$ 代入上式，解得

$$I_2=-5\ (\text{A})$$

由叠加定理，图 2.39（a）中 2 Ω支路的电流

$$I=I_1+I_2=(-4)+(-5)=-9\ (\text{A})$$

例 2.18 在图 2.40（a）所示电路中，已知 $R_1=4\ \Omega$，$R_2=6\ \Omega$，$g=10\ \text{S}$，$U=460\ \text{V}$，求电流 I。

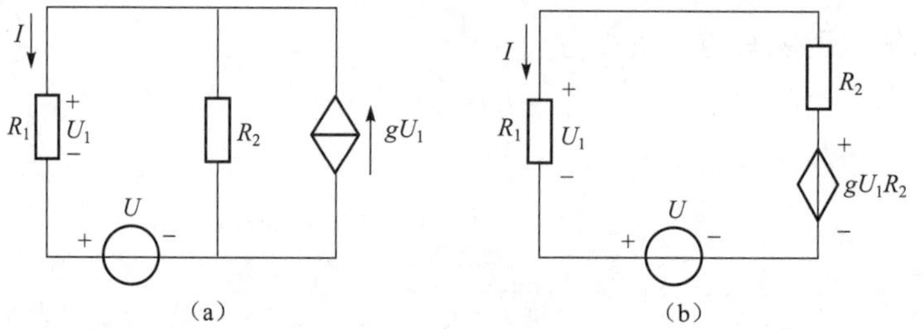

图 2.40 例 2.18 的图

解 运用等效变换也可以化简某些含有受控源的电路。像恒压源与电阻的串联和恒流源与电阻的并联可以进行等效变换一样，受控电流源与电阻的并联和受控电压源与电阻的串联之间也可以进行等效变换，但要注意在进行等效变换时，不可让控制量消失，否则将无法求得电路的解答。

图 2.40（a）是一个含有电压控制电流源电路，若应用受控源等效变换的方法求电流 I，可以将受控电流源 gU_1 与电阻 R_2 的并联电路等效变换为受控电压源 gR_2U_1 与电阻 R_2 的串联电路，见图 2.40（b）。

在图 2.40（b）中，根据 KVL，有

$$gR_2U_1-U-R_1I-R_2I=0$$

将 $U_1=R_1I=4I$ 代入上式，再代入已知数据，得

$$10\times6\times4I-460-4I-6I=0$$

$$I=2\ (\text{A})$$

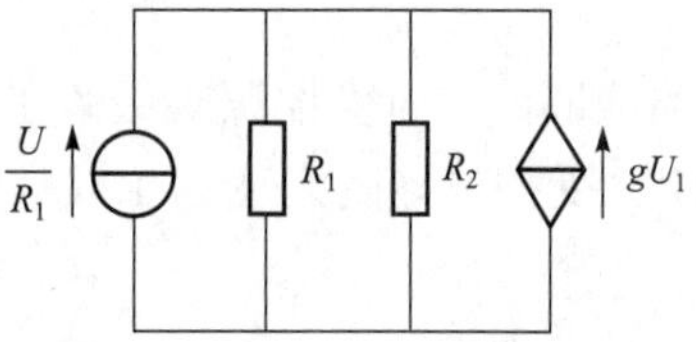

图 2.41 图 2.40（a）的等效变换

需要强调的是，受控源在进行等效变换时，一定不要把控制量变换掉。如在图 2.40（a）电路中，若首先把恒压源 U 与 R_1 串联支路等效变换为恒流源与电阻的并联，如图 2.41 所示。在图 2.41 电路中，电阻 R_1 两端电压与图 2.40（a）中 R_1 两端的电压 U_1 不是同一个电压，在图 2.41 电路中控制量 U_1 不再存在。因此作电源模型等效变换时，不能把受控源控制支路与其他电路进行等效变换，以免控制量消失而导致电路的计算无法得到正确的解答。

例 2.19 用戴维宁定理求图 2.42 所示电路中 1 Ω 电阻两端的电压 U。

解　用戴维宁定理分析含有受控源的电路，要把同一个受控源的控制支路与受控支路一起放在含源二端网络的内部或者把它们一起作为拟被化简的含源二端网络的外电路，但控制量可以是含源二端网络端钮上的电压或电流。

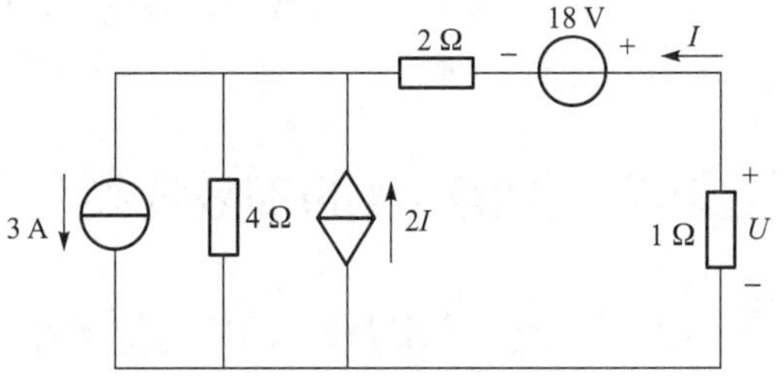

图 2.42　例 2.19 的图

图 2.42 电路除 1 Ω 电阻以外的含源二端网络如图 2.43（a）所示。控制支路电流用 I_1 表示，受控电流源电流亦相应改变为 $2I_1$。

首先求 U_{OC}，在图 2.43（a）电路中，因为控制量 $I_1=0$，所以受控量 $2I_1=0$，则

$$U_{OC}=18-3\times4=6\text{（V）}$$

其次求等效电阻 R_0，在求含有受控源的二端网络的等效电阻时，可以先让含源二端网络内所有独立源都不作用，但受控源要保留在电路中，把含源二端网络先变换为对应的含有受控源的无源二端网络，然后，可采用“外加电源法求无源二端网络的等效电阻”的方法求 R_0。

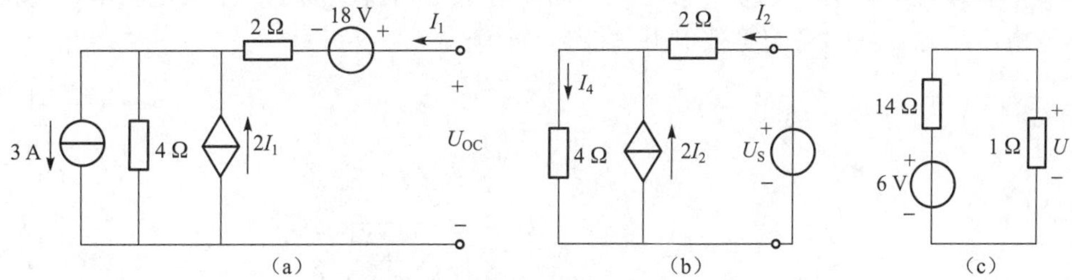

图 2.43　例 2.19 的解答过程

将图 2.43（a）所示二端网络内恒压源短路、恒流源开路，受控源保留在电路中，在端钮上外加一恒压源 U_S，受控源控制支路电流用 I_2 表示，则受控电流源亦相应为 $2I_2$，见图 2.43（b）。

根据 KCL，4 Ω 支路的电流

$$I_4=I_2+2I_2$$

对图 2.43（b）外围回路列 KVL 方程，有

$$U_S=2I_2+4I_4=2I_2+4（I_2+2I_2）=14I_2$$

则

$$R_0=\frac{U_S}{I_2}=\frac{14I_2}{I_2}=14\text{（Ω）}$$

注意：对于图 2.43（a）所示的二端网络，求 R_0 时，如果将受控源和独立源一样看待，视为零值，即将受控电流源 $2I_1$ 开路，就会得出 $R_0=2+4=6$ Ω的错误结论。

图 2.43（a）所示含源二端网络的戴维宁等效电路为 6 V 恒压源与 14 Ω 电阻的串联电路，

再连接上断开的 1 Ω 电阻，得图 2.43（c）。则

$$U = \frac{6}{14+1} \times 1 = 0.4\text{（V）}$$

本题求等效电阻 R_0 时，也可采用“含源二端网络的开路电压除以短路电流等于除源后的无源二端网络等效电阻 R_0”的方法进行计算。

2.8 电阻星形连接与三角形连接的等效变换

3 个电阻的一端连接在一起，另一端分别接在电路的其他 3 个端钮上，电阻的这种连接方式称为星形连接（Y 连接），又称为 T 形连接，如图 2.44（a）所示；若将 3 个电阻分别接在每两个端钮之间，使这 3 个电阻构成三角形，电阻的这种连接方式称为三角形连接（△连接），又称为 Π 形连接，见图 2.44（b）。

与二端网络不同，电阻的星形连接或三角形连接都有 3 个端钮，所以称它们为三端网络。电阻的这种连接方式在二端网络内部很常见，图 2.45（a）所示二端网络就是一例。在图 2.45（a）中，二端网络中的 5 个电阻 R_{12}、R_{23}、R_{31}、R_4、R_5 既不是并联也不是串联，不能用电阻串联、并联及混联的等效变换方法求该无源二端网络的等效电阻。可以用外加电源的方法求该无源二端网络的等效电阻，但是求其等效电阻的计算量是比较大的。如果将三角形连接的电阻 R_{12}、R_{23}、R_{31} 构成的三端网络等效变换成星形连接的电阻 R_1、R_2、R_3 构成的三端网络，如图 2.45（b）所示，这样一来，无源二端网络的等效电路就变成了一个由电阻串、并联构成的简单电路，无源二端网络的等效电阻就很容易计算了。

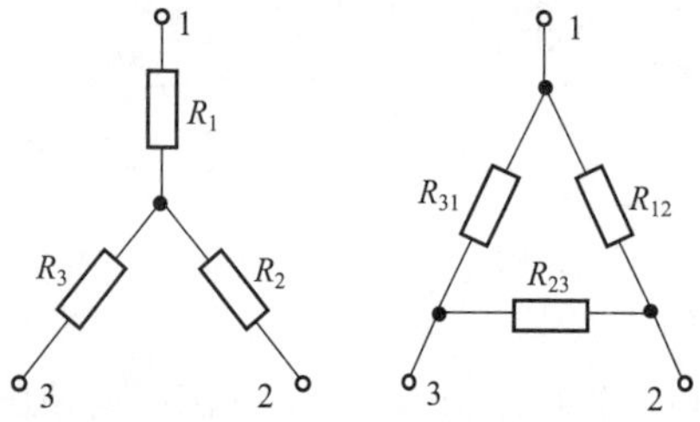

（a）　　（b）

图 2.44　电阻的 Y 连接与△连接

（a）Y 连接；（b）△连接

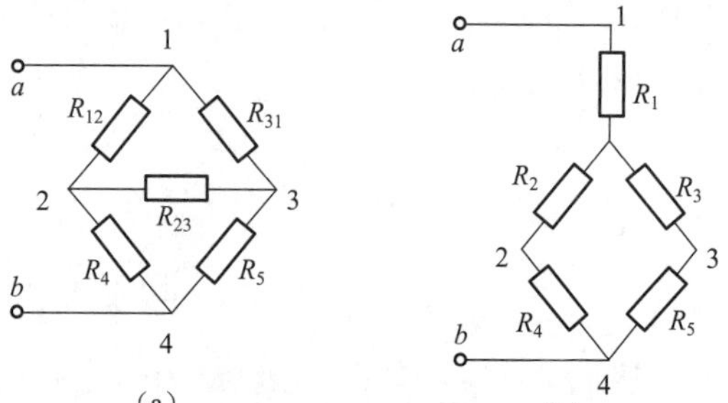

（a）　　（b）

图 2.45　电路等效

（a）原电路；（b）等效变换电路

下面介绍如何确定变换后 3 个电阻的阻值，即推导电阻△连接与 Y 连接的等效变换条件。

根据等效电路的概念，图 2.44（a）和图 2.44（b）的两个三端网络若等效，则它们对应的端钮之间的电压、电流关系应完全相同。因此，从对应的端钮看进去的等效电阻必然相等。若当 3 端开路时，从图 2.44（a）中的 1、2 两端看进去，其等效电阻为 R_1+R_2；从图 2.44（b）中的 1、2 两端看入，其等效电阻为 R_{23} 与 R_{31} 串联后和电阻 R_{12} 并联，即

$$R_1 + R_2 = \frac{R_{12}(R_{23}+R_{31})}{R_{12}+R_{23}+R_{31}} \tag{2.34}$$

若当 1 端开路时，有

$$R_2 + R_3 = \frac{R_{23}(R_{31} + R_{12})}{R_{12} + R_{23} + R_{31}} \tag{2.35}$$

若当 2 端开路时，有

$$R_3 + R_1 = \frac{R_{31}(R_{12} + R_{23})}{R_{12} + R_{23} + R_{31}} \tag{2.36}$$

2.8.1　电阻三角形连接等效变换为星形连接

若已知图 2.44（b）中的 R_{12}、R_{23}、R_{31}，求图 2.44（a）中的电阻 R_1、R_2、R_3。

将式（2.34）～式（2.36）相加，其和除以 2，得

$$R_1 + R_2 + R_3 = \frac{R_{12}R_{23} + R_{23}R_{31} + R_{31}R_{12}}{R_{12} + R_{23} + R_{31}} \tag{2.37}$$

用式（2.37）分别减去式（2.35）、式（2.36）、式（2.34），可得

$$R_1 = \frac{R_{31}R_{12}}{R_{12} + R_{23} + R_{31}} \tag{2.38a}$$

$$R_2 = \frac{R_{12}R_{23}}{R_{12} + R_{23} + R_{31}} \tag{2.38b}$$

$$R_3 = \frac{R_{23}R_{31}}{R_{12} + R_{23} + R_{31}} \tag{2.38c}$$

式（2.38）是电阻△连接等效变换为 Y 连接的计算公式。结合图 2.44 可以看出，它们的一般表达式可叙述为

$$\text{Y 电阻} = \frac{\text{△连接相邻两电阻的乘积}}{\text{△连接三个电阻之和}}$$

由式（2.38）可知，若三角形连接的三个电阻相等，则变换后星形连接的三个电阻也相等，而且星形连接的每一个电阻是三角形连接的每一个电阻的三分之一。即在图 2.44（b）中，若

$$R_{12} = R_{23} = R_{31} = R$$

则在图 2.44（a）中，有

$$R_1 = R_2 = R_3 = R/3$$

2.8.2　电阻星形连接等效变换为三角形连接

若已知图 2.44（a）中的 3 个电阻 R_1、R_2、R_3，求图 2.44（b）中三角形连接的电阻 R_{12}、R_{23} 和 R_{31}。

将式（2.38）依次取两式相乘后求其和，化简得

$$R_1R_2 + R_2R_3 + R_3R_1 = \frac{R_{12}R_{23}R_{31}}{R_{12} + R_{23} + R_{31}} \tag{2.39}$$

用式（2.39）分别除以式（2.38c）、式（2.38a）、式（2.38b），可得

$$R_{12}=\frac{R_1R_2+R_2R_3+R_3R_1}{R_3} \tag{2.40a}$$

$$R_{23}=\frac{R_1R_2+R_2R_3+R_3R_1}{R_1} \tag{2.40b}$$

$$R_{31}=\frac{R_1R_2+R_2R_3+R_3R_1}{R_2} \tag{2.40c}$$

式（2.40）是电阻Y连接等效变换为△连接的计算公式。结合图2.44可以看出，电阻Y连接等效变换为△连接的一般表达式为

$$\triangle\text{电阻}=\frac{\text{Y连接相邻两电阻乘积之和}}{\text{Y连接对面的电阻}}$$

如果星形连接的3个电阻相等，则等效变换后三角形连接的3个电阻也相等，而且三角形连接的每一个电阻是星形连接的每一个电阻的3倍。即在图2.44中，若

$$R_1=R_2=R_3=R$$

则有

$$R_{12}=R_{23}=R_{31}=3R$$

电阻Y连接与△连接之间的等效变换，在等效概念上与电阻串联、并联的等效变换相同，即变换前后端钮上电压、电流关系应完全一致。但是，多个电阻串、并联，均可用一个等效电阻代替，而电阻Y连接与△连接之间的等效变换，只是电阻连接形式及阻值的变化，其电阻个数是不变的。

2.9 非线性电阻电路的分析

含有非线性电阻的电路为非线性电路，前面介绍的线性电路的分析方法（欧姆定律、叠加定理、戴维宁定理和诺顿定理）已不再适用。但是，对于非线性电路的分析，基尔霍夫定律仍然是适用的。通常，可用图解法分析计算含有非线性电阻的电路。

对于只含有一个非线性电阻元件R的电路，可以把除非线性电阻以外的线性含源二端网络用戴维宁定理等效化简为一个理想电压源与电阻串联的支路，如图2.46所示。若已知非线性电阻R的伏安特性曲线，便可根据基尔霍夫定律和欧姆定律，用图解法求得非线性电阻R两端的电压及流过R的电流。

图2.46中非线性电阻R的伏安特性曲线$I=f(U)$如图2.47所示。

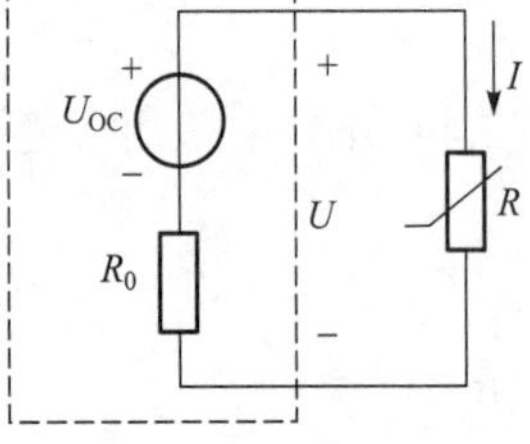

图2.46　非线性电阻电路

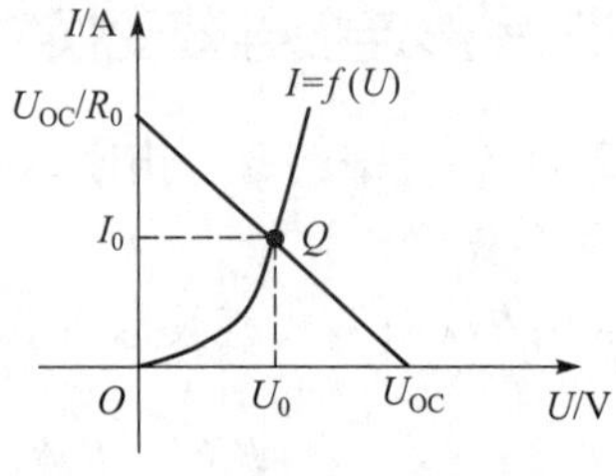

图2.47　非线性电阻电路的图解法

在图 2.46 所示电路中，根据基尔霍夫定律和欧姆定律，有

$$U = U_{OC} - IR_0$$

即

$$I = -\frac{1}{R_0}U + \frac{U_{OC}}{R_0} \tag{2.41}$$

式（2.41）是线性含源二端网络的伏安关系，在 U、I 平面上是一条斜率为 $-1/R_0$ 的直线，它在横轴的截距为 U_{OC}，在纵轴的截距为 U_{OC}/R_0，如图 2.47 所示。这一直线与非线性电阻 R 的伏安特性曲线的交点 Q（U_0，I_0）既满足了线性含源二端网络的伏安关系，又满足了 R 的伏安特性曲线，因此 Q 点的坐标值 U_0、I_0 即是所求的解。通常将 Q 点称为工作点，图中直线称为负载线。

例 2.20　在图 2.48（a）所示电路中，已知 $E=2.4\ \text{V}$，$R_1=R_2=40\ \Omega$，$R_3=100\ \Omega$，二极管 D 的正向伏安特性曲线如图 2.48（b）所示。求流过二极管 D 中的电流 I 及其两端的电压 U 以及电阻 R_2 中的电流 I_2。

解　将图 2.48（a）中二极管 D 断开，得线性含源二端网络如图 2.49（a）所示，将该二端网络的戴维宁等效电路接上二极管 D，得图 2.49（b），其中

$$E_1 = \frac{E}{R_1+R_2}\times R_2 = \frac{2.4}{40+40}\times 40 = 1.2\text{（V）}$$

$$R_0 = R_3 + \frac{R_1\times R_2}{R_1+R_2} = 100 + \frac{40\times 40}{40+40} = 120\text{（}\Omega\text{）}$$

对于图 2.49（b），有

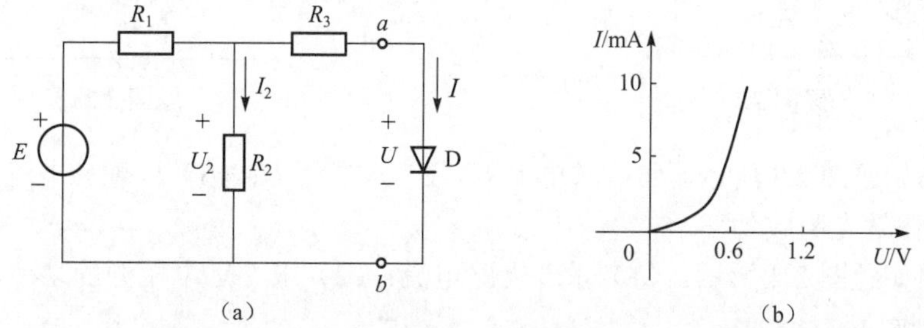

（a）　　　　　　　　（b）

图 2.48　例 2.20 的电路图和二极管的正向伏安特性曲线

$$U = E_1 - IR_0$$

在图 2.48（b）中作该直线，其横轴截距为 1.2 V，纵轴截距为 10 mA，如图 2.50 所示。此直线与二极管 D 的伏安特性曲线交于 Q 点，由此可得二极管 D 中的电流

$$I = 5\text{（mA）}$$

二极管 D 两端的电压

$$U = 0.6\text{（V）}$$

要求流过电阻 R_2 中的电流，需返回图 2.48（a）所示电路中，由 KVL 知电阻 R_2 两端的电压为

$$U_2 = IR_3 + U = 5\times 10^{-3}\times 100 + 0.6 = 1.1\text{（V）}$$

则

$$I=\frac{U_2}{R_2}=\frac{1.1}{40}=27.5\text{（mA）}$$

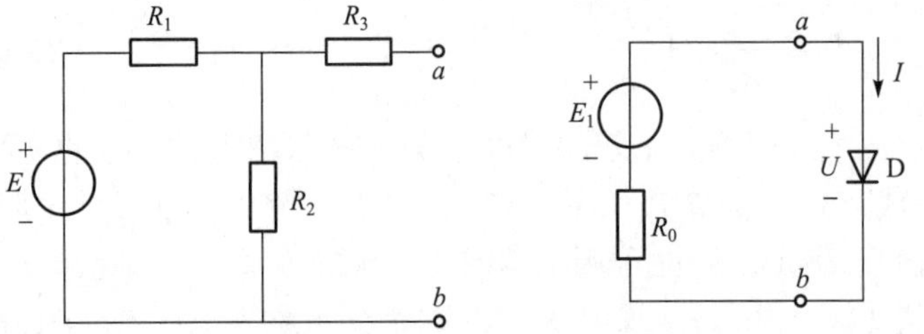

（a）　　　　　　（b）

图 2.49　例 2.20 的解答过程

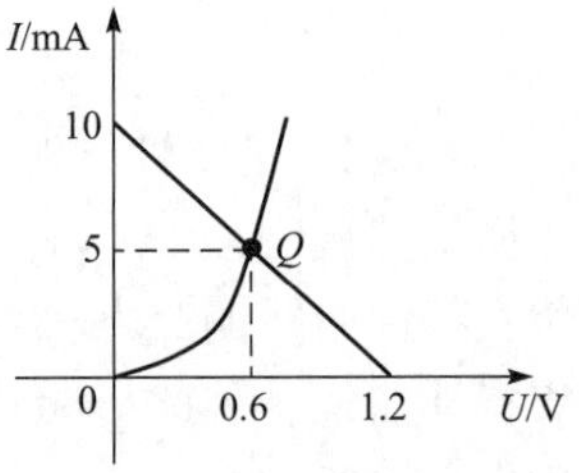

图 2.50　非线性电路的图解法

习题

2.1　电路如题图 2.1 所示，求电流 I。

2.2　电路如题图 2.2 所示，求各支路的电流。

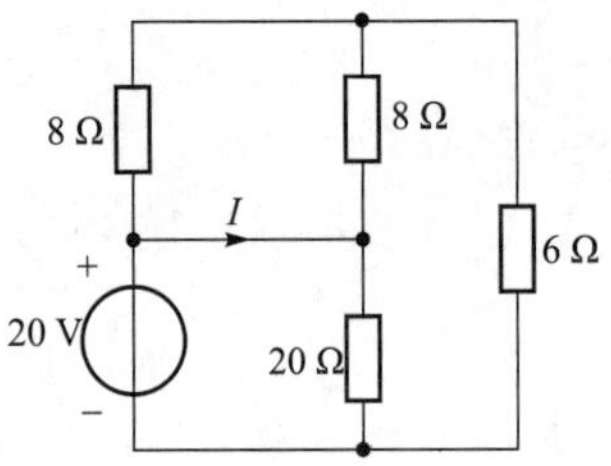

题图 2.1

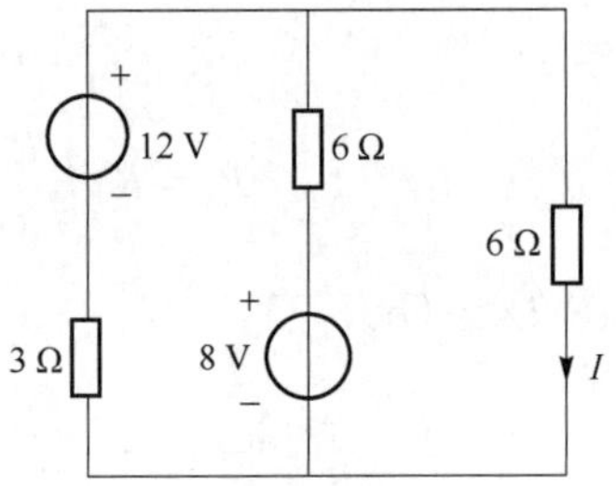

题图 2.2

2.3　电路如题图 2.3 所示。（1）求电流 I；（2）求电压 U；（3）求理想电流源的功率，并判断是提供功率还是吸收功率。

2.4　电路如题图 2.4 所示。（1）求各支路电流；（2）求 7 V 电压源的功率，并判断是产生功率还是吸收功率。

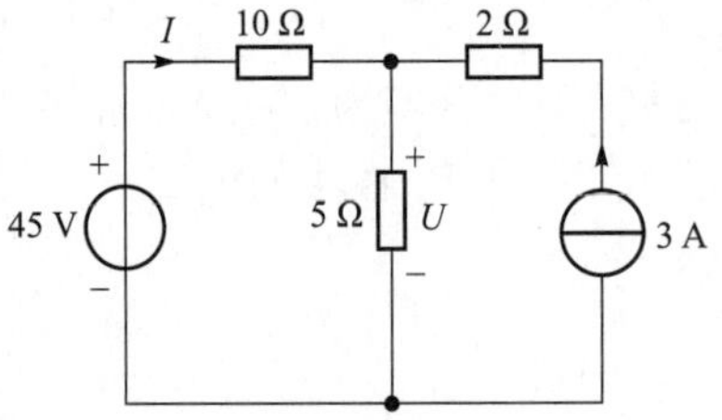

题图 2.3

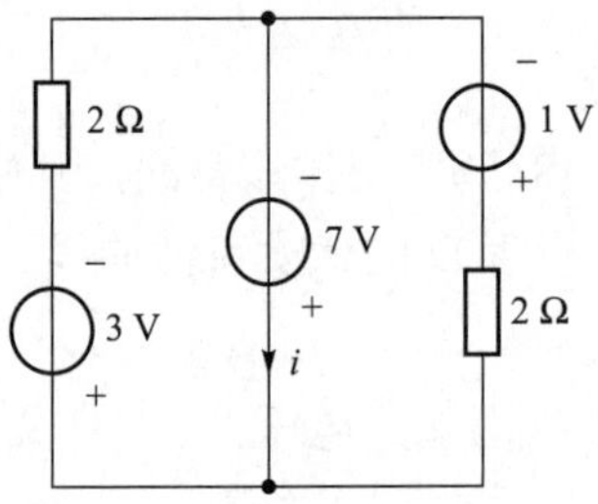

题图 2.4

2.5　电路如题图 2.5 所示，求各支路电流。

2.6　电路如题图 2.6 所示。（1）计算电流 I；（2）计算电压 U。

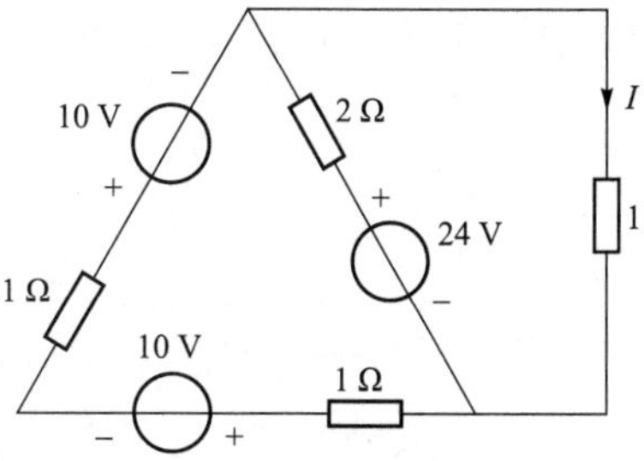

题图 2.5

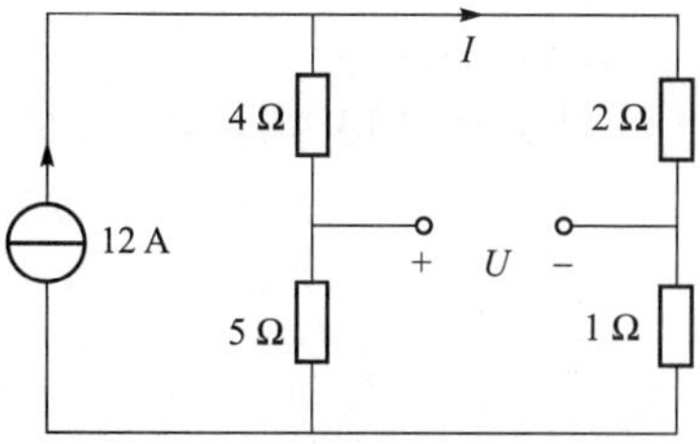

题图 2.6

2.7　求题图 2.7 所示电路中的电流 I。

2.8　电路如题图 2.8 所示。（1）求电流 I；（2）求电压 U；（3）求 8 Ω电阻的功率。

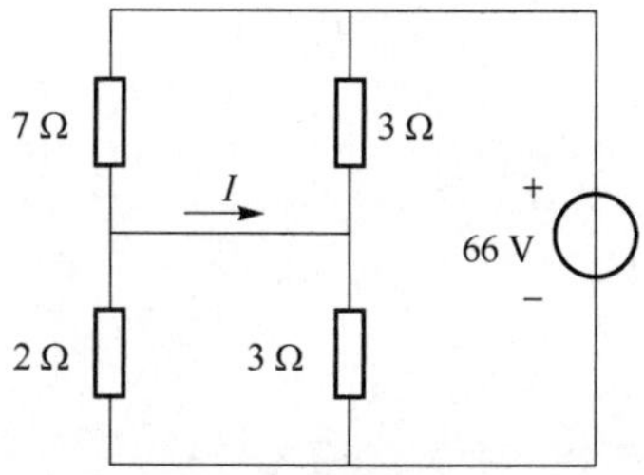

题图 2.7

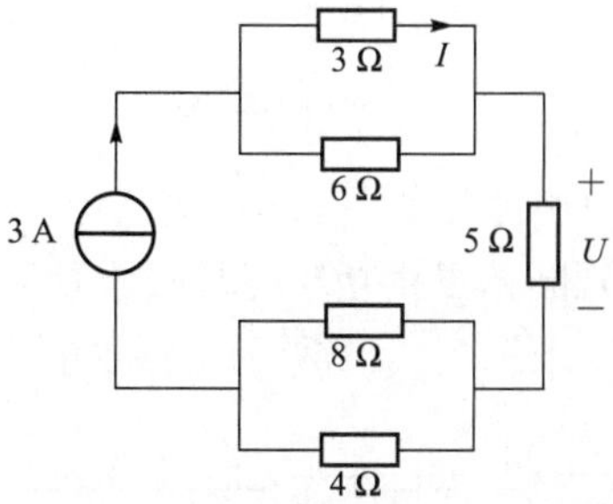

题图 2.8

2.9　电路如题图 2.9 所示，试求电路中的电流 I 和电压 U。

2.10　电路如题图 2.10 所示，已知 U_S 的值保持不变，当 $I_S=6$ A 时，测得 $I=7$ A。试求：（1）U_S 的值是多少？（2）若 $I_S=0$ 时，I 的值是多少？（3）若 $I_S=12$ A 时，I 的值是多少？

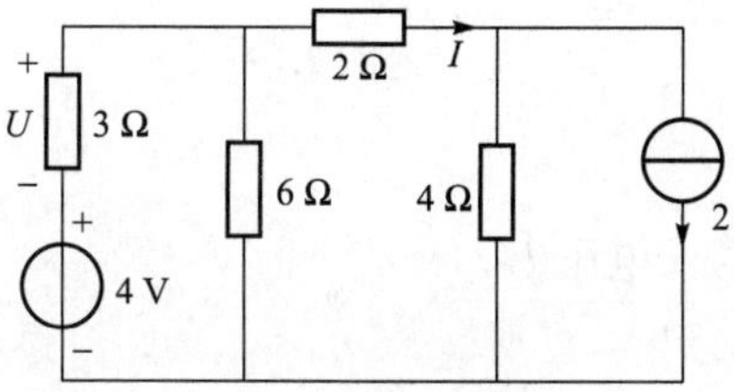

题图 2.9

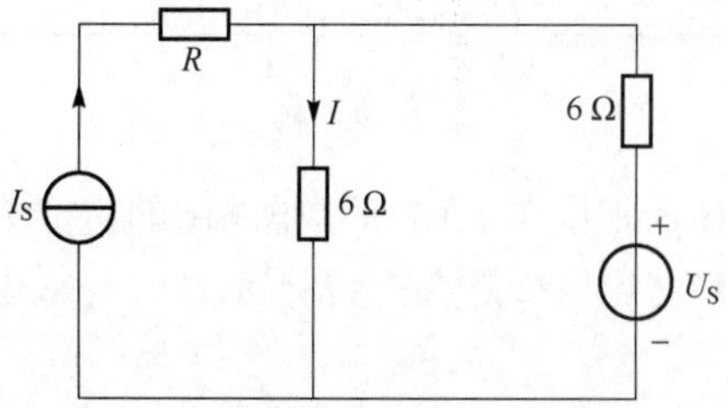

题图 2.10

2.11　电路如题图 2.11 所示，已知 $R_L = 12$ kΩ，求各支路电流。

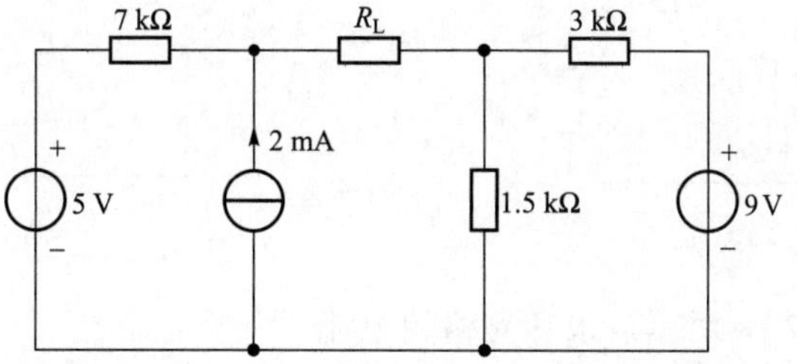

题图 2.11

2.12 电路如题图 2.12 所示。（1）求电流 I；（2）求 90 V 电压源的功率 P，并判断是提供功率还是吸收功率。

2.13 求题图 2.13 所示电路中的电压 U。

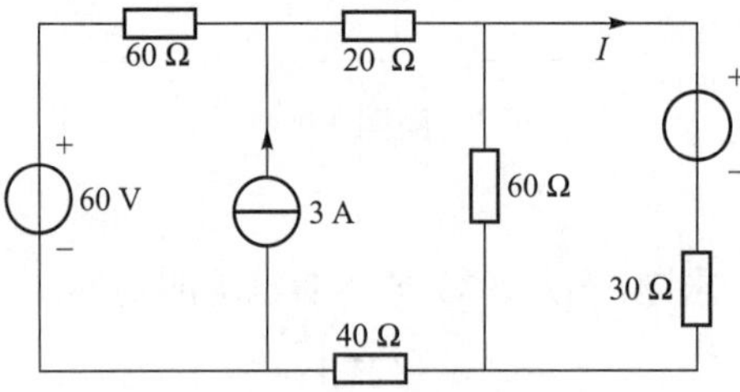

题图 2.12

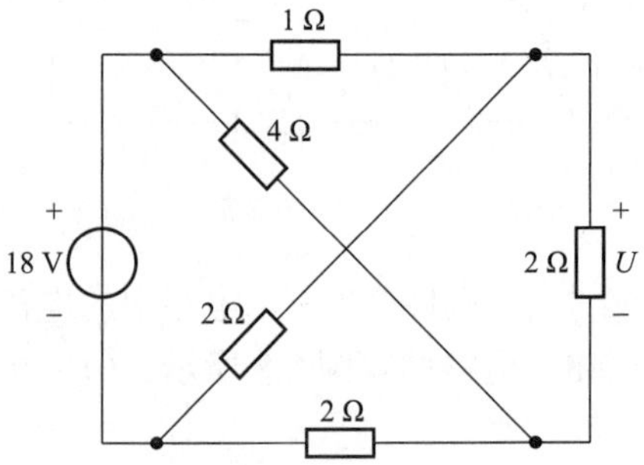

题图 2.13

2.14 电路如题图 2.14 所示。（1）求电流 I_1；（2）求电流 I_2；（3）求 100 V 电压源的功率 P，并判断是提供功率还是吸收功率。

2.15 求题图 2.15 所示电路中的电流 I。

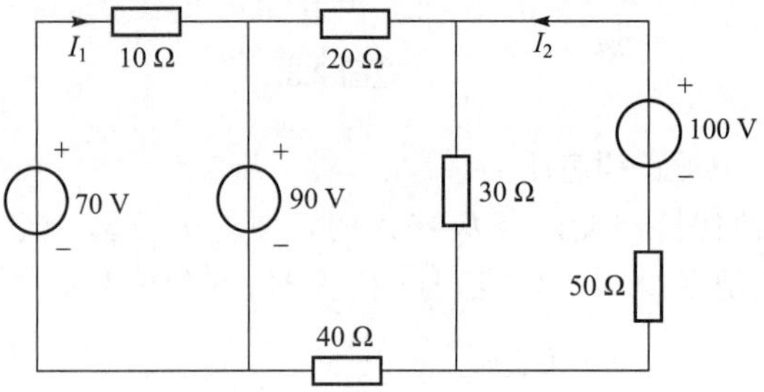

题图 2.14

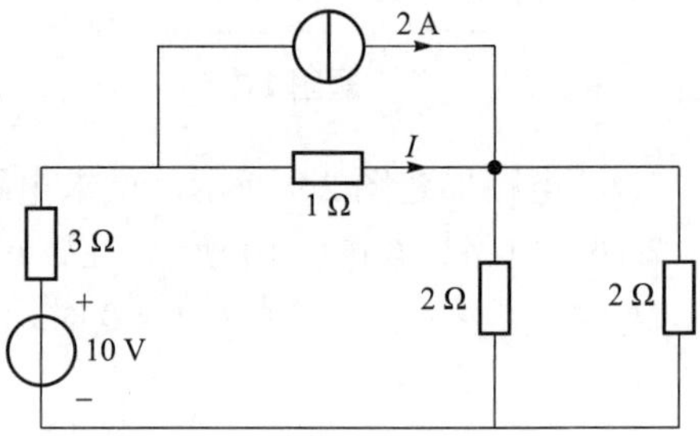

题图 2.15

2.16 求题图 2.16 所示电路中的电流 I。

2.17 电路如题图 2.17 所示。（1）求电流 I；（2）求电压 U。

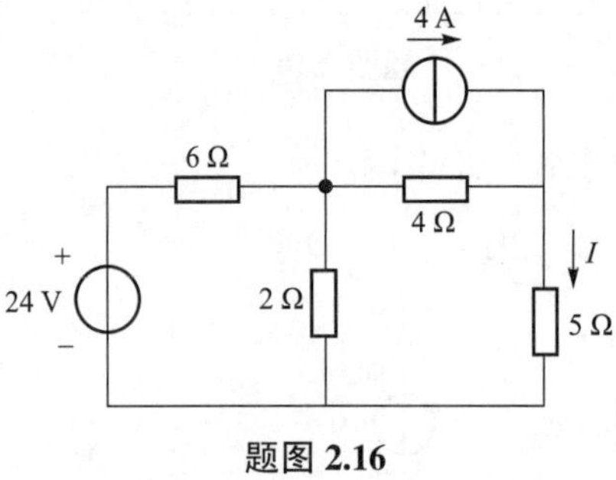

题图 2.16

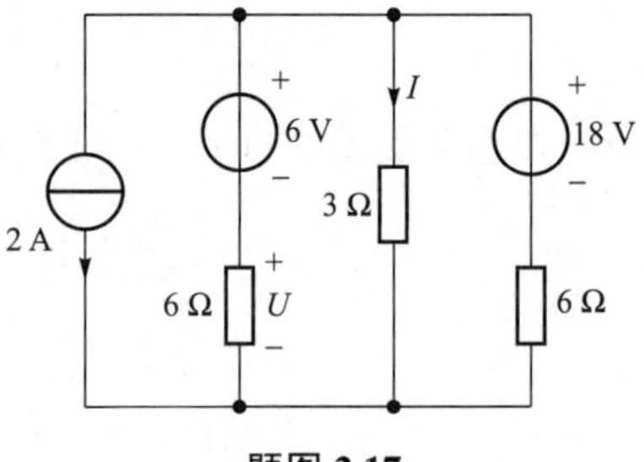

题图 2.17

2.18 电路如题图 2.18 所示，求各支路的电流。

2.19 电路如题图 2.19 所示，求电压 U。

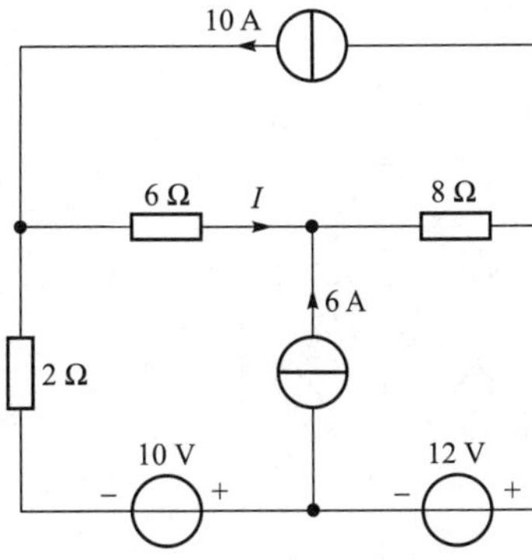

题图 2.18

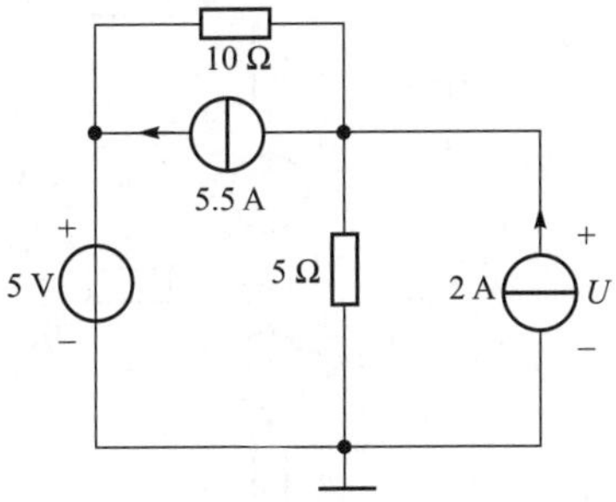

题图 2.19

2.20　电路如题图 2.20 所示，已知 $R_1=6\ \Omega$，$R_2=4\ \Omega$，$R_3=2\ \Omega$，$R_4=2\ \Omega$，$I_S=6\ A$，$U_S=9\ V$，试求各支路电流。

2.21　电路如题图 2.21 所示。（1）求电流 I；（2）求电压源 E_1 的功率，并指出是提供功率还是吸收功率。

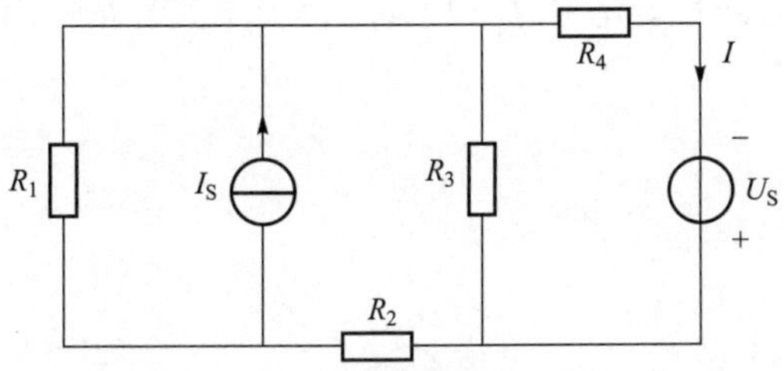

题图 2.20

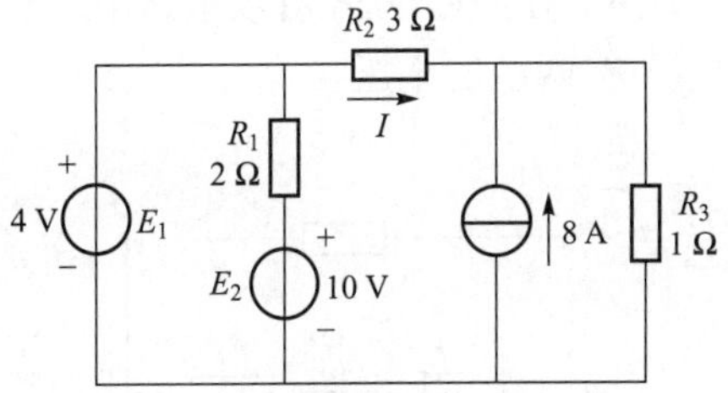

题图 2.21

2.22　在题图 2.22 所示电路中，已知 $U_{S1}=U_{S2}=20\ V$，$U_{S3}=40\ V$，$R_1=R_2=10\ \Omega$，$R_3=15\ \Omega$，试用支路电流法求各支路电流。

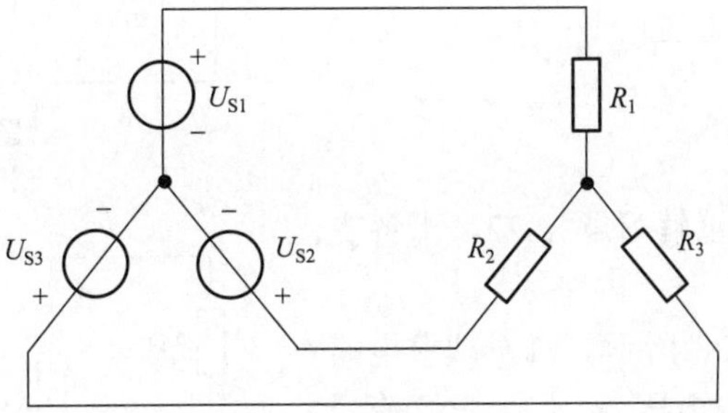

题图 2.22

2.23　题图 2.23 是双发电机的三线制供电示意图，已知图中 $U_{S1}=U_{S2}=234\ V$，$U_1=220\ V$，$U_2=227\ V$，$R_1=R_3=0.02\ \Omega$，$R_2=0.04\ \Omega$，$R_{i1}=R_{i2}=0.04\ \Omega$。试用支路电流法计算各支路电流 I_1、I_2 和 I_3。

2.24　设题图 2.24 所示电路中各元件参数均为已知。试用支路电流法列出求各支路电流的联立方程组。

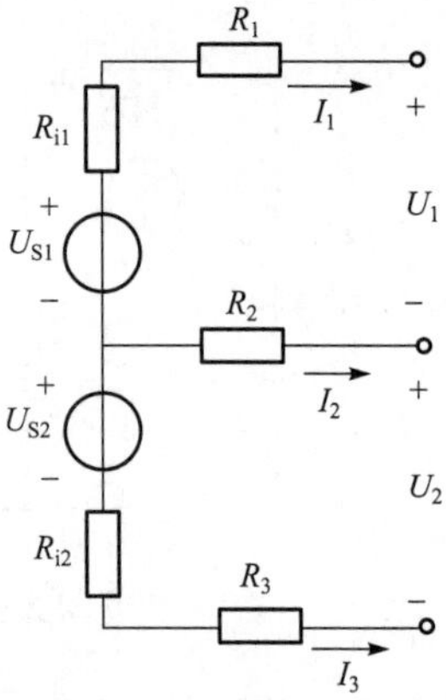

题图 2.23

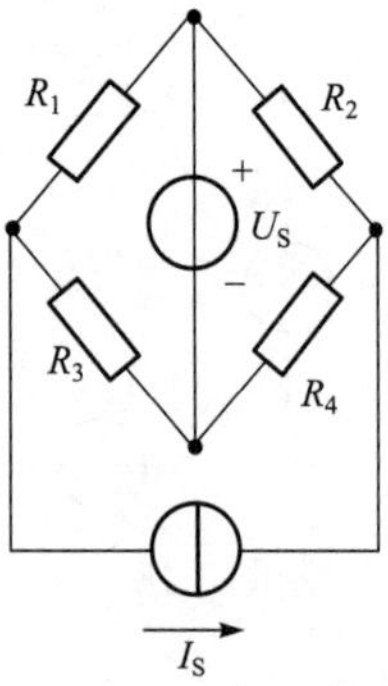

题图 2.24

2.25 在题图 2.25 所示电路中，已知各元件的参数。设 d 为参考点，列出求解节点电位的联立方程组。

2.26 在题图 2.26 所示电路中，已知 $U_{S1}=U_{S2}=U_{S3}=6\ \text{V}$，$I_S=12\ \text{A}$，$R_1=R_2=2\ \Omega$，$R_3=1\ \Omega$，求电阻 R_3 两端的电压。

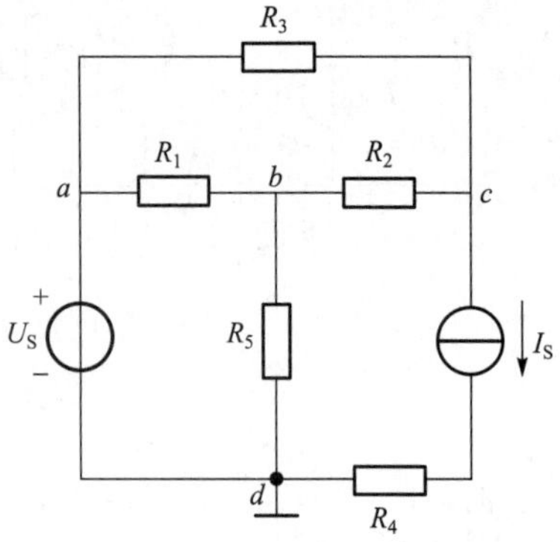

题图 2.25

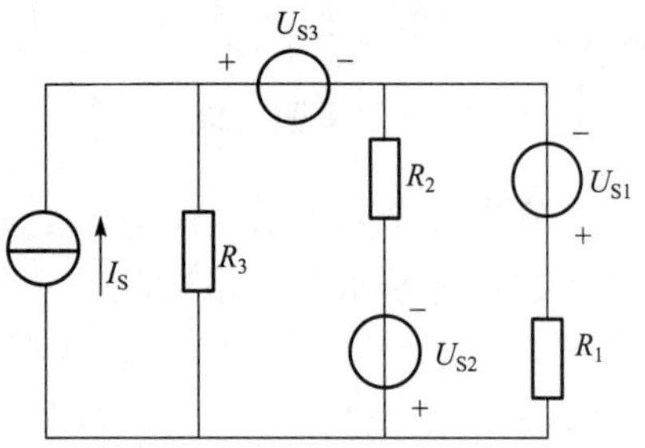

题图 2.26

2.27 用节点电位法重解习题 2.22，求各支路电流。

2.28 电路如题图 2.28 所示。（1）试求电路中电流 I；（2）试求电路中电压 U；（3）求恒流源的功率，并说明恒流源是提供功率还是吸收功率。

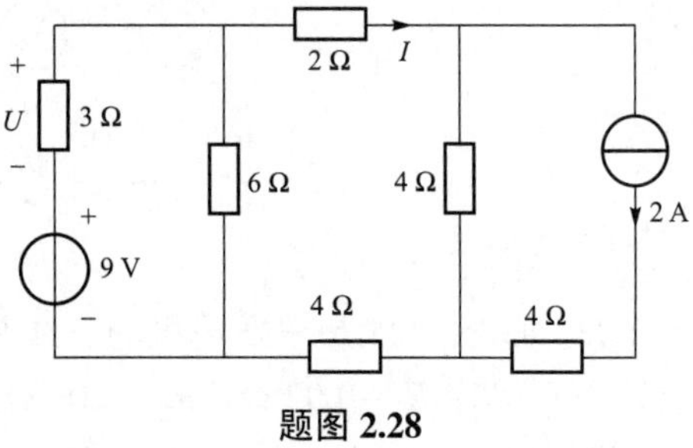

题图 2.28

2.29 在题图 2.29（a）所示电路中，已知 $I_3=0.1\ \text{A}$，$R_1=R_2=20\ \Omega$，$R_3=50\ \Omega$。若 R_3 支路中再加入恒压源 $U_S=6\ \text{V}$，如题图 2.29（b）所示，求该电路中的电流 I_3'。

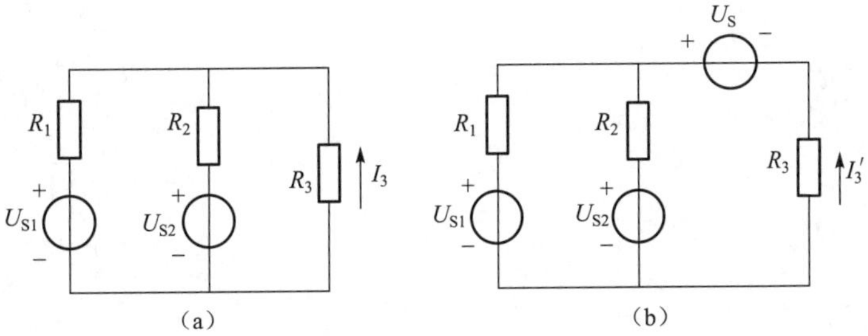

题图 2.29

2.30　电路如题图 2.30 所示。（1）用叠加定理求电路中的电流 I；（2）求理想电流源的功率，并判断是提供功率还是吸收功率。

2.31　用叠加定理求题图 2.31 所示电路中的电流 I。

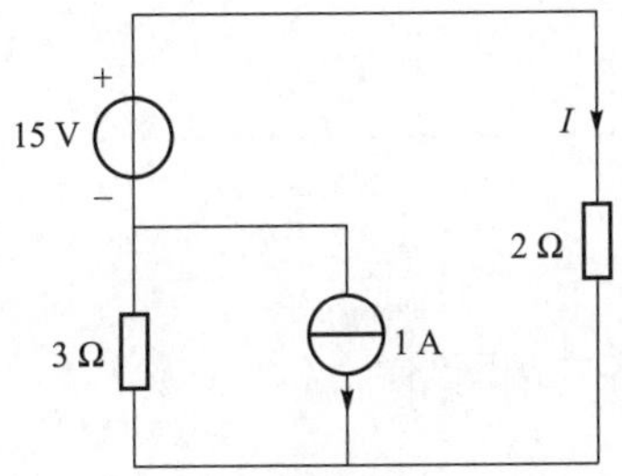

题图 2.30

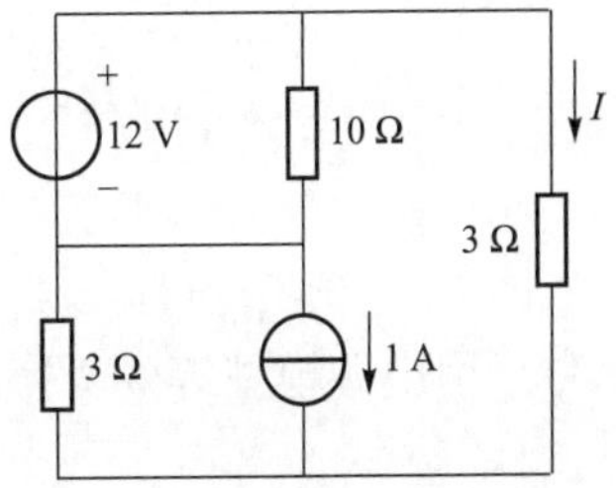

题图 2.31

2.32　电路如题图 2.32 所示，试用叠加定理求电压 U。

2.33　用叠加定理计算题图 2.33 所示电路 6 Ω 支路的电流。

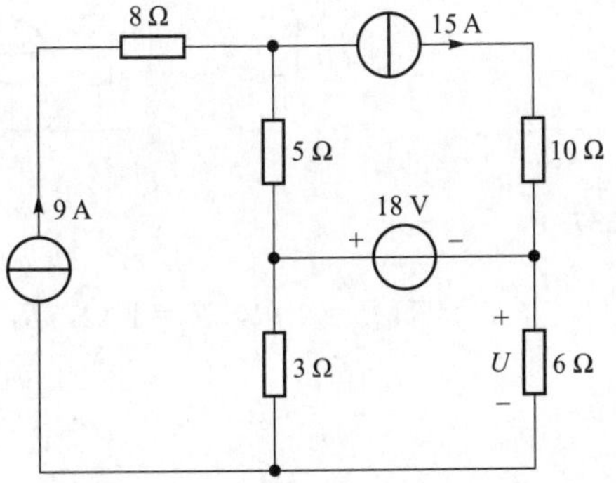

题图 2.32

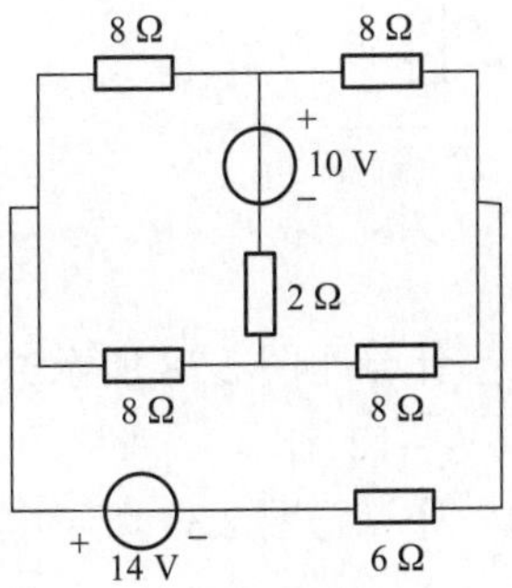

题图 2.33

2.34　在题图 2.34 所示电路中，已知 $R_1=R_2=R_3=R_4=200\ \Omega$，$R_5=400\ \Omega$，试求开关 S 打开和闭合时 a、b 之间的等效电阻 R_{ab}。

2.35　已知在题图 2.35 所示电路中，$R_1=20\ \Omega$，$R_2=10\ \Omega$，$R_3=40\ \Omega$，$R_4=20\ \Omega$，试求 a、b 之间的等效电阻 R_{ab}。

2.36　试将题图 2.36 所示各二端网络等效变换为最简单的形式。

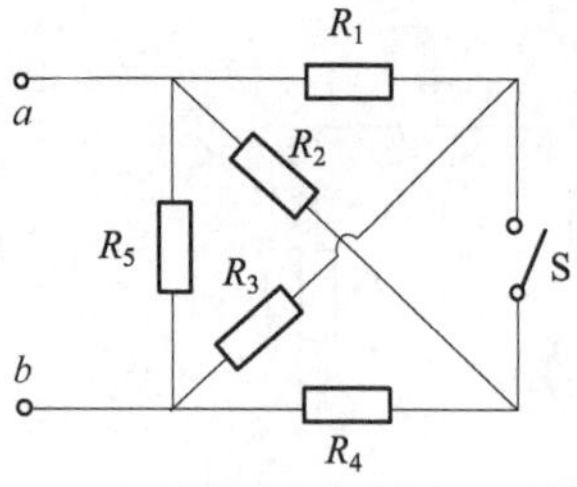

题图 2.34

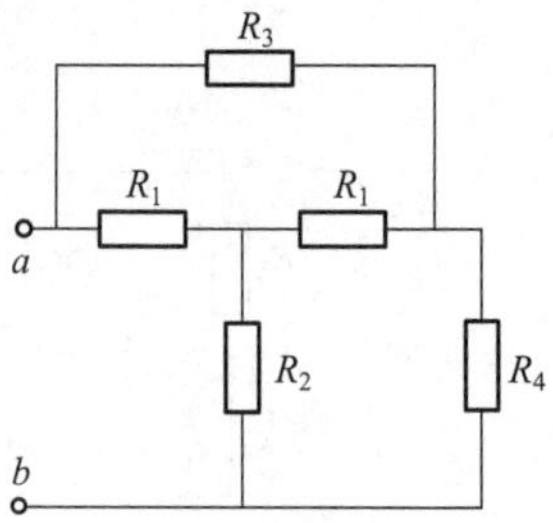

题图 2.35

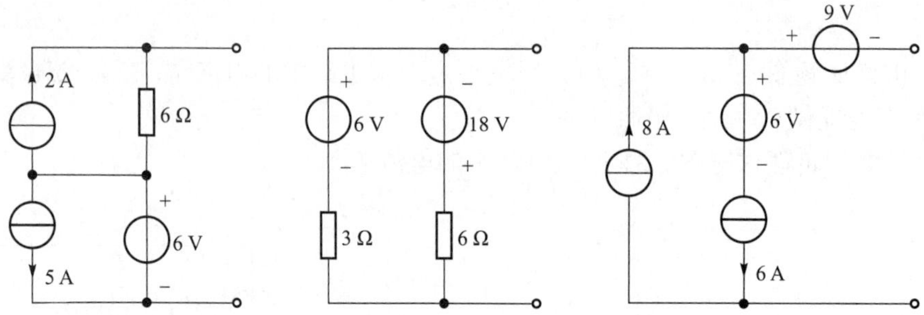

（a）（b）（c）

题图 2.36

2.37 用电源模型等效变换的方法化简题图 2.37 所示各二端网络。

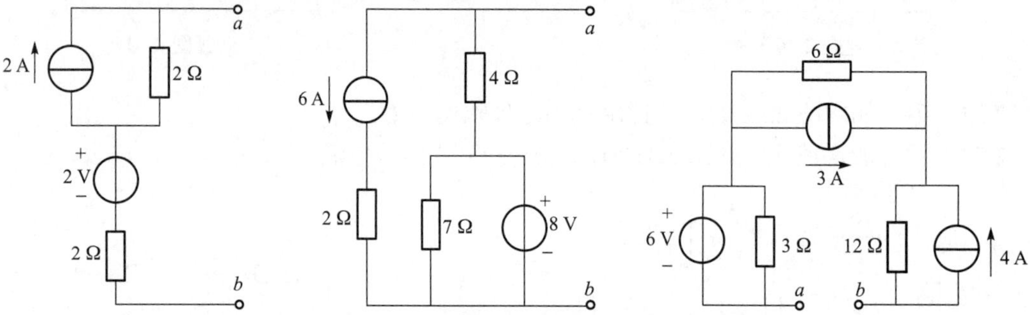

（a）（b）（c）

题图 2.37

2.38 计算题图 2.38 所示电路中 R_L 所消耗的功率。已知 $R_1=4\ \Omega$，$R_2=1\ \Omega$，$R_L=3\ \Omega$，$U_S=8\ V$，$I_S=12\ A$。

2.39 计算题图 2.39 所示电路中的电流 I。

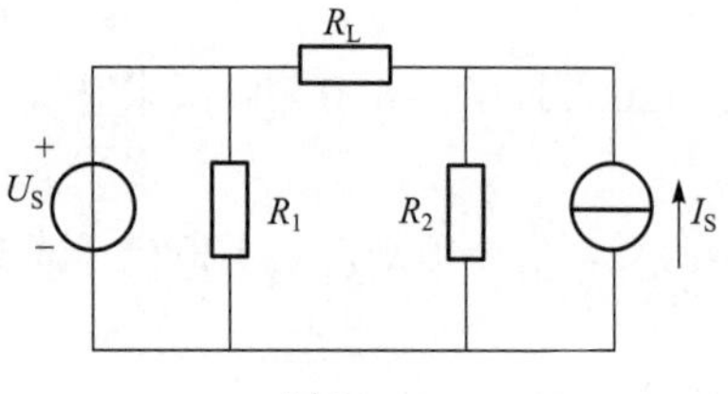

题图 2.38

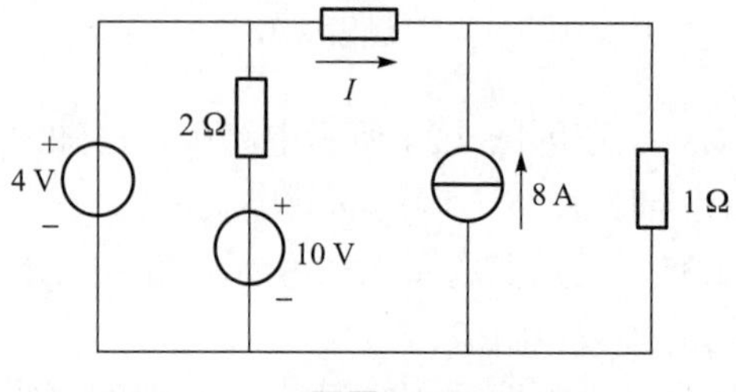

题图 2.39

2.40　电路如题图 2.40 所示，求电流 I 和 4 A 恒流源的功率。

2.41　若将题图 2.41（a）所示电路等效变换为题图 2.41（b）所示电路，试求电压 U_{OC} 和电阻 R_0。

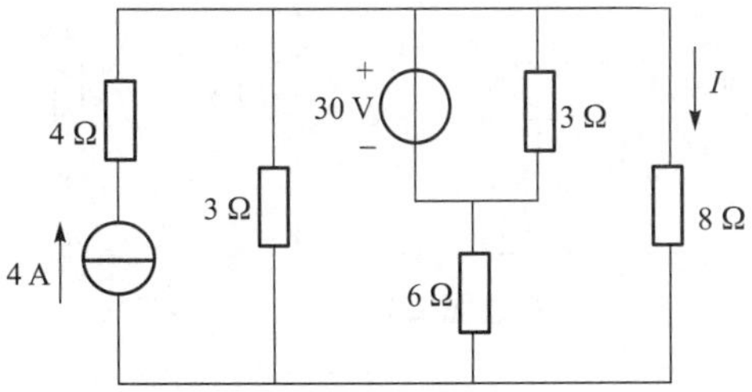

题图 2.40

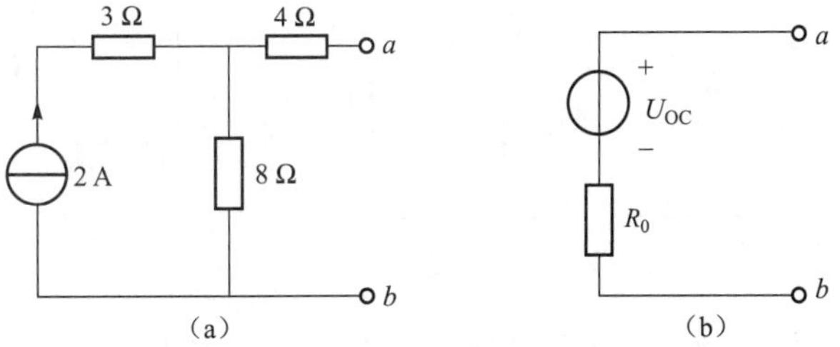

题图 2.41

2.42　若将题图 2.42（a）所示电路等效变换为题图 2.42（b）所示电路，试求电压 U_{OC} 和电阻 R_0。

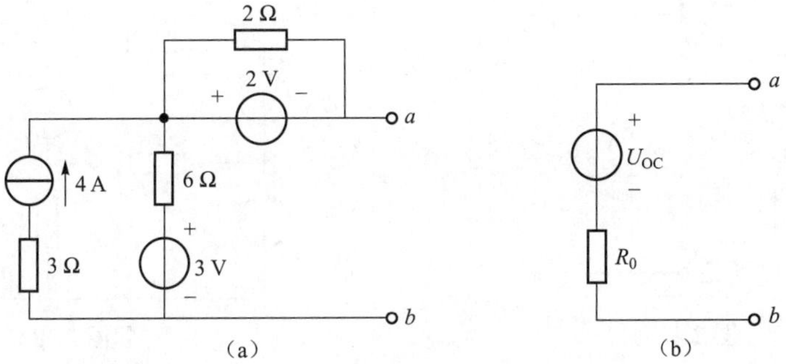

题图 2.42

2.43　含源二端网络如题图 2.43 所示，试求端口开路电压 U_{OC} 和戴维宁等效电阻 R_0，并画出其戴维宁等效电路。

2.44　含源二端网络如题图 2.44 所示，试求端口短路电流 I_{SC} 和等效电阻 R_0，并画出其诺顿等效电路。

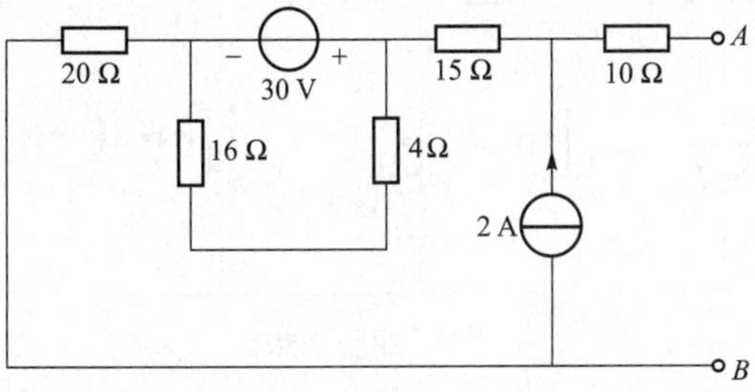

题图 2.43

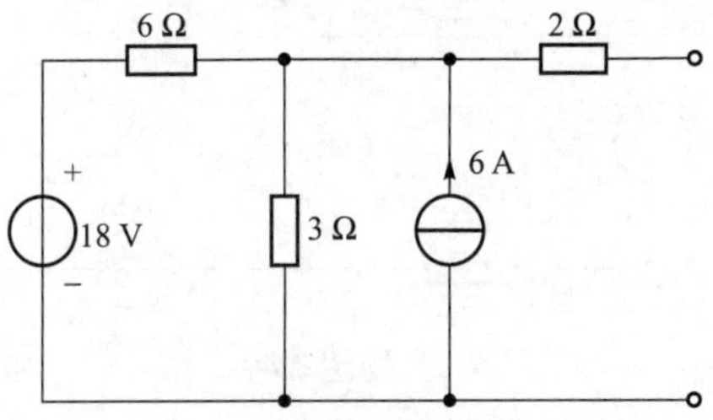

题图 2.44

2.45　二端网络如题图 2.45 所示，试求端口开路电压 U 和戴维宁等效电阻 R_0，并画出其戴维宁等效电路。

2.46　电路如题图 2.46 所示。（1）当负载电阻 $R_L = 10\ \Omega$时，求 R_L 消耗的功率；（2）当

负载电阻 R_L 为何值时，它消耗的功率最大，并求此时的最大功率 P_{max}。

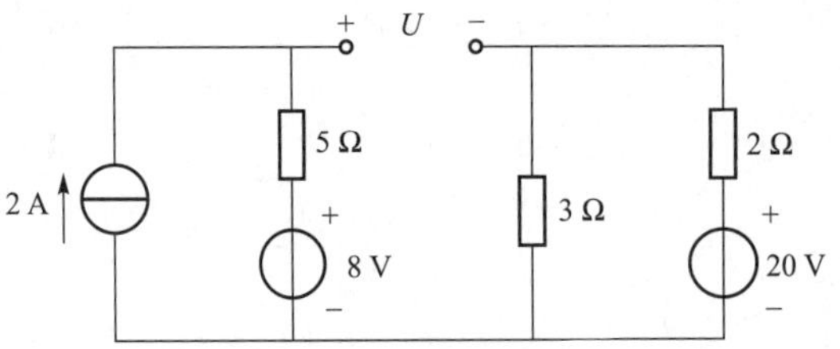

题图 2.45

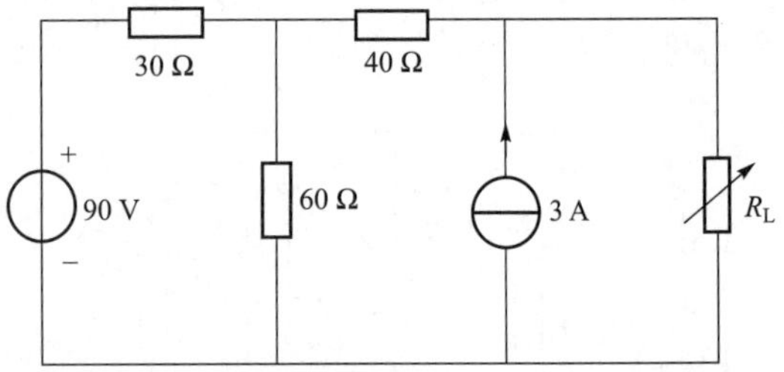

题图 2.46

2.47　电路如题图 2.47 所示。(1) 求当 $R_L = 2\ \Omega$时，流过 R_L 的电流；(2) 求当 R_L 为何值时，R_L 消耗的功率最大，并求此最大功率 P_{max}。

2.48　电路如题图 2.48 所示。(1) 当可变电阻 R_L 为 7 Ω时，求 R_L 两端的电压；(2) 当电阻 R_L 为何值时，它消耗的功率最大，求此时的最大功率 P_{max}。

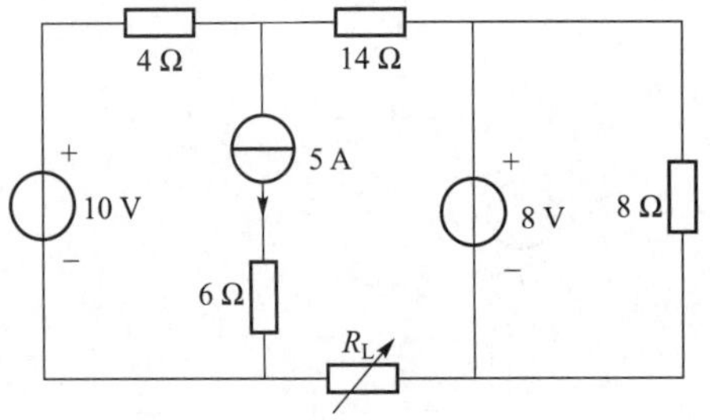

图 2.47

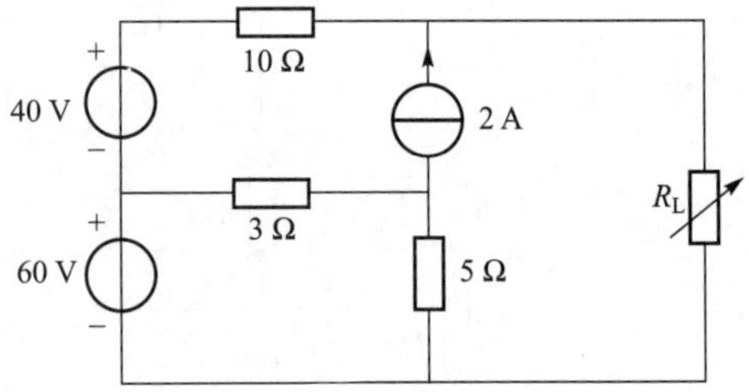

题图 2.48

2.49　电路如题图 2.49 所示。试求：(1) 当负载电阻 R_L 为何值时，它消耗的功率最大；(2) 此时的最大功率 P_{max}。

2.50　电路如题图 2.50 所示，用戴维宁定理求电流 I。

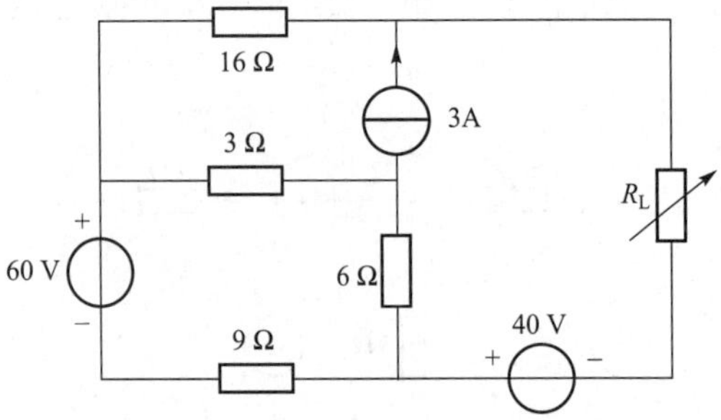

题图 2.49

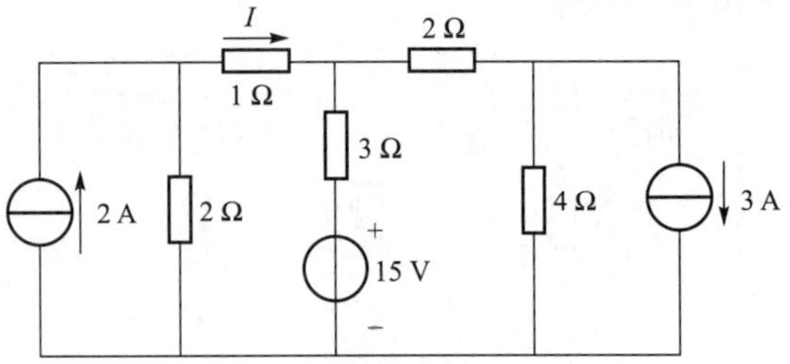

题图 2.50

2.51　电路如题图 2.51 所示，试问 R_L 取何值时可获得最大功率，并求此最大功率。

2.52　电路如题图 2.52 所示。(1) 若负载 $R_L = 40\ k\Omega$，求 R_L 获得的功率 P_L；(2) 若负载 R_L 可变，要使 R_L 获得最大功率，R_L 应为何值？并求 R_L 获得的最大功率 P_{Lmax}。

2.53　计算题图 2.53 所示电路中当开关 S 打开和闭合时的电流 I。

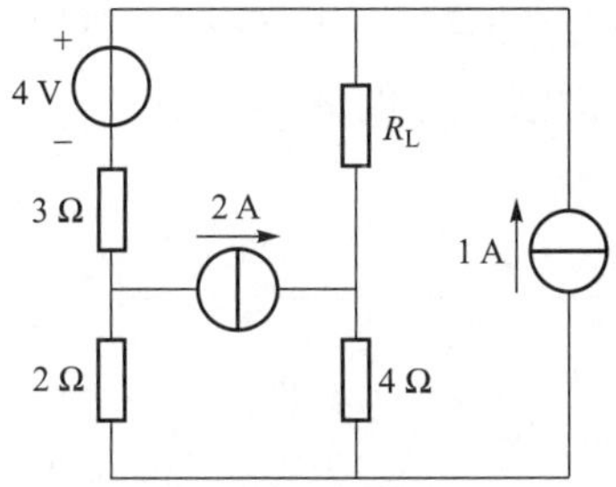

题图 2.51

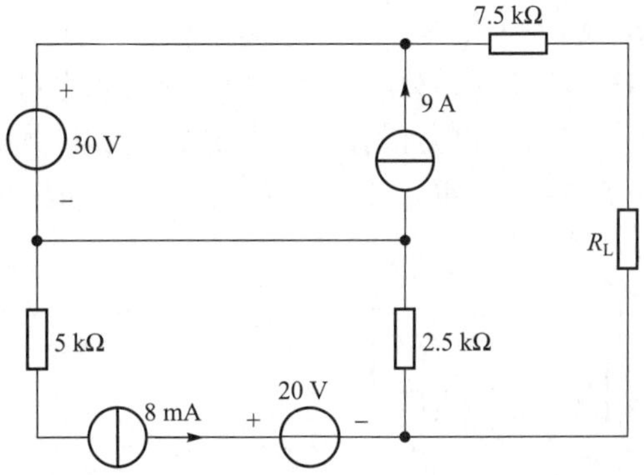

题图 2.52

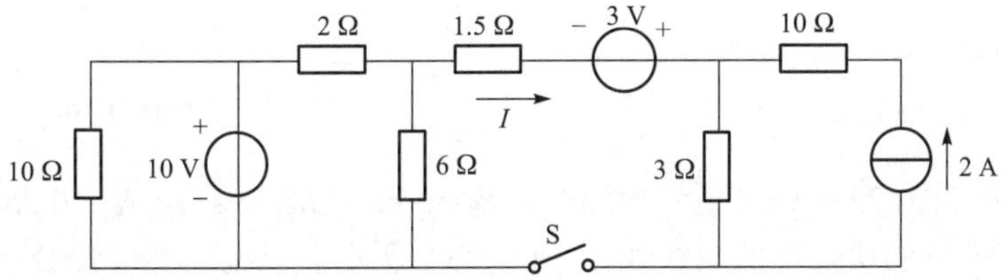

题图 2.53

2.54　用戴维宁定理求题图 2.54 所示电路中 A、B 两点间的电压 U_{AB}。

2.55　求题图 2.55 所示电路中流过 3 Ω 电阻的电流 I。

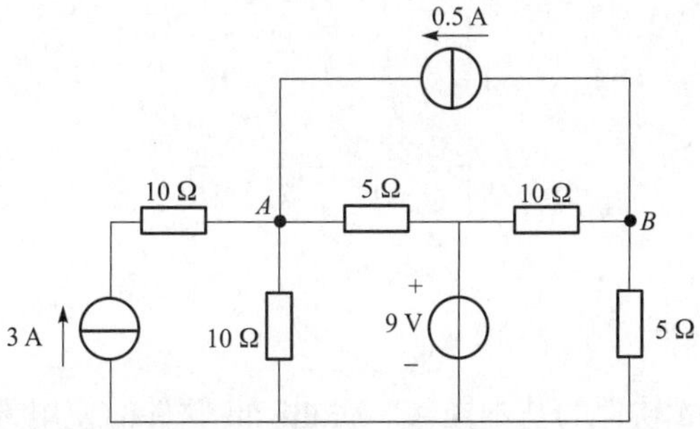

题图 2.54

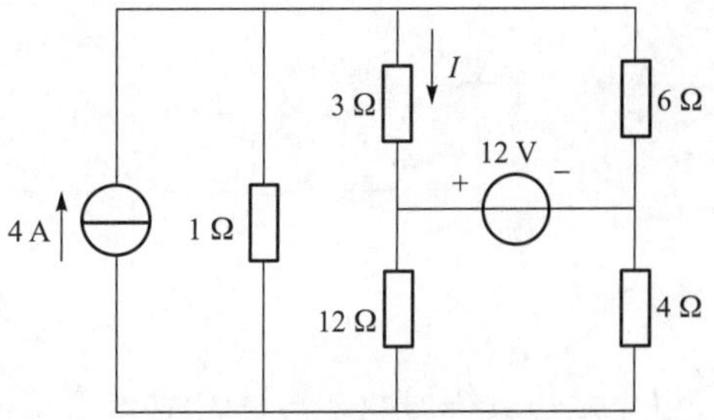

题图 2.55

2.56　电路如题图 2.56 所示，已知线性含源二端网络 N 的电压电流关系为 $u=5i+8$，试求电压 u 和电流 i_1。

2.57　电路如题图 2.57 所示。(1) 计算电流 i；(2) 计算电压 u；(3) 计算受控源的功率，并判断是提供功率还是吸收功率。

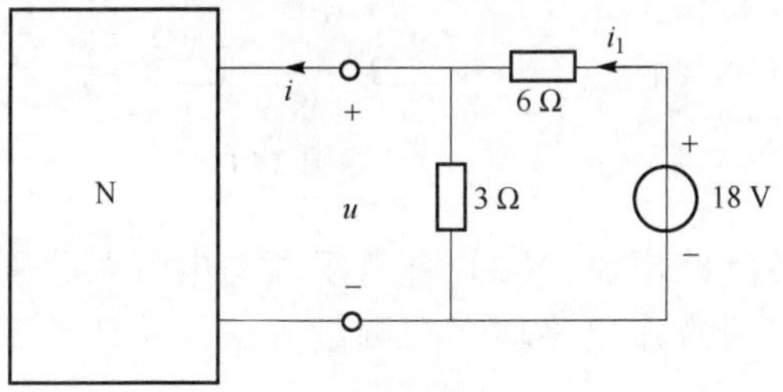

题图 2.56

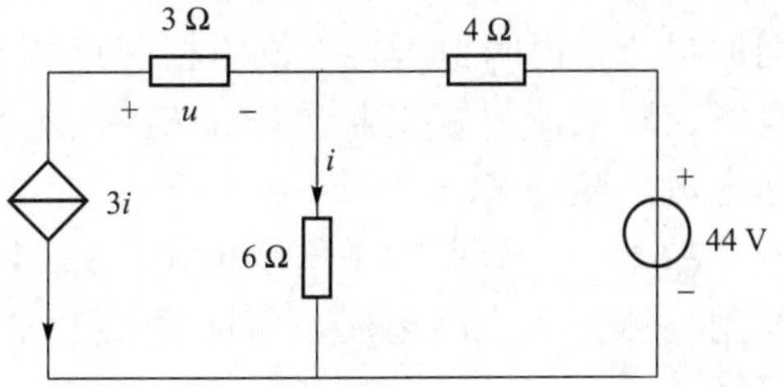

题图 2.57

2.58 题图 2.58 是在某一转速下运转的直流电动机的电路模型。已知 $U=220$ V，$R_a=1$ Ω，$R_b=200$ Ω。若 $R_c=20$ Ω，$r=200$ Ω，求输入电流 I 和输入功率 P。

2.59 题图 2.59 是晶体管共发射极接法的微变等效电路。若 $r_{be}=1$ kΩ，$R_C=3$ kΩ，$R_L=6$ kΩ，$R_E=50$ Ω，$\beta=40$。求当输入电压 $U_i=1$ mV 时，输出电压 U_o 的值。

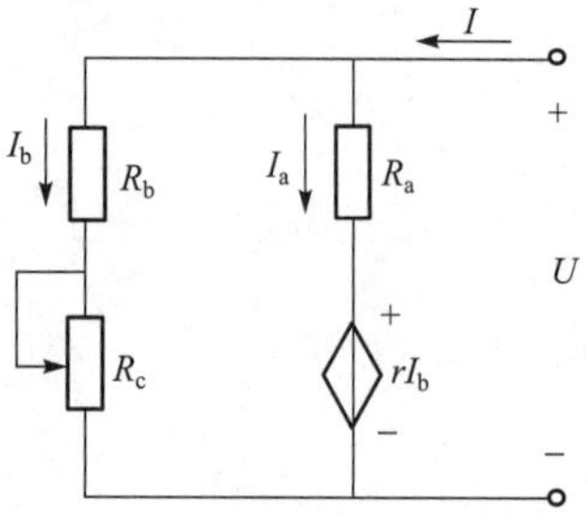

题图 2.58

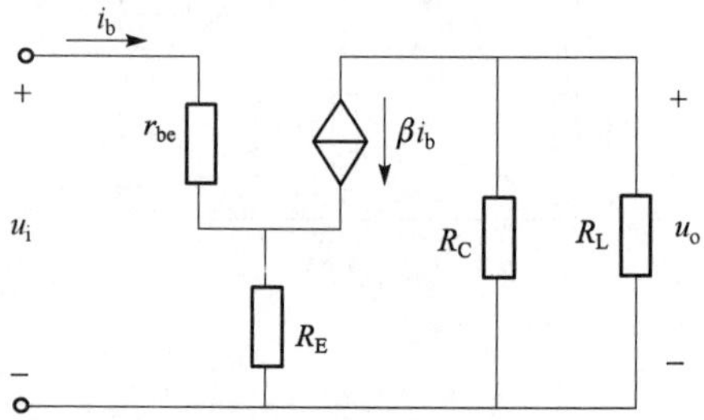

题图 2.59

2.60 已知在题图 2.60（a）所示电路中，$R_1=3$ kΩ，$R_2=1$ kΩ，$R_3=0.25$ kΩ，$U_{S1}=5$ V，$U_{S2}=1$ V，二极管 D 的伏安特性曲线如图 2.60（b）所示。求流过二极管 D 中的电流 I_D 和其两端电压 U_D 的数值。

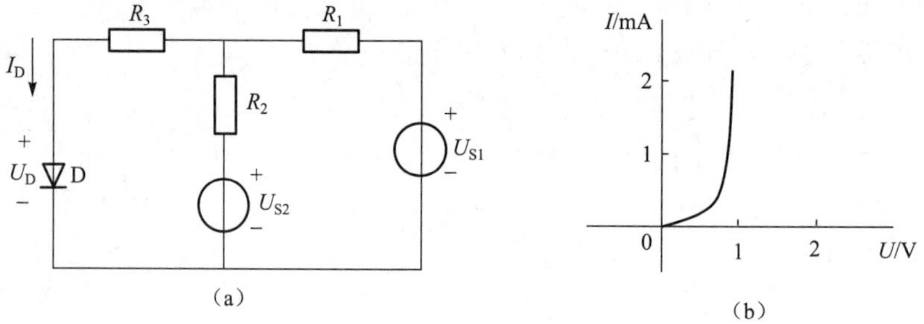

题图 2.60

以下是仿真练习题。其目的是熟悉 Multisim 软件的基本操作。Multisim 软件的使用方法请参阅《电工和电子技术实验教程》附录 E。

2.61 在 Multisim 仿真软件的工作界面中，按题图 2.61 的电路，从相应元件库调出电源和各电阻，设定参数并连接电路。另调出电压表、电流表若干。要求：（1）以 f 点作为参考点，测量其他各点电位；再以 c 点作为参考点，测量其他各点电位；（2）测量任意两点之间的电压，说明电压与电位的相同点与不同点；（3）测量各支路电流，修改电源参数 $E_2=-10$ V，再测量各支路电流，验证 KCL。

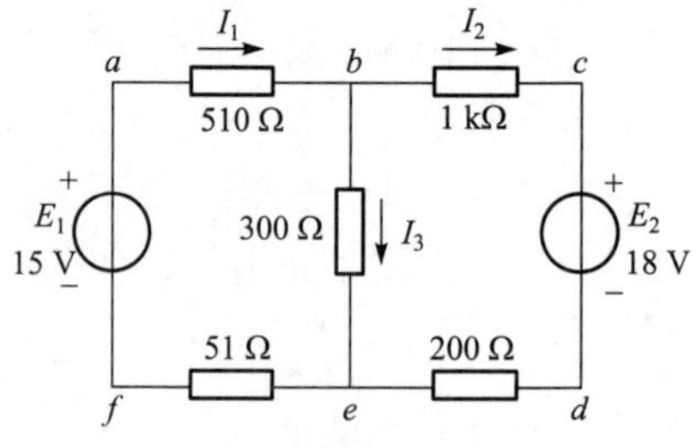

题图 2.61

2.62 在题图 2.62 所示电路中：（1）测量各支路电流；（2）令电压源与电流源分别作用，测量各支路电流，验证叠加定理；（3）练习直流电路功率的测量方法，验证功率平衡关系。

2.63　对题图 2.55 所示电路进行仿真，要求分别采用戴维宁定理和直接测量的方法求得电流 I，并对两种方法所得结果进行比较。求戴维宁等效电路内阻时，建议使用 3 种方法：（1）欧姆表测量法；（2）外加电源法；（3）开路电压除以短路电流法。

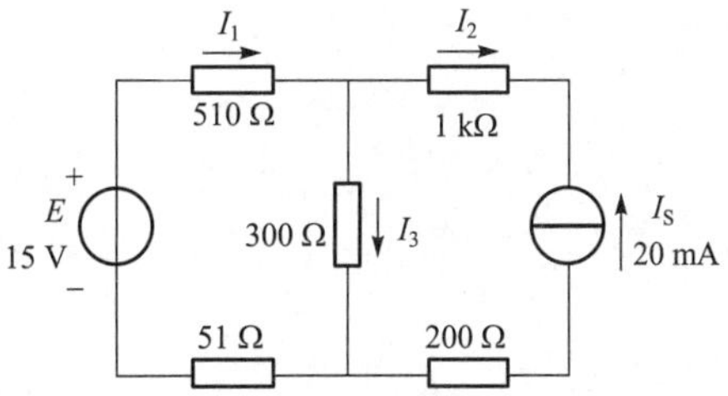

题图 2.62

第3章

电路的暂态分析

本书的前两章讨论了电阻电路的分析方法，电阻电路是用代数方程来描述的。如果外施的激励源（电压源或电流源）为常量，那么，在激励作用到电路的瞬间，电阻电路的响应（电压和电流）也立即为相应的常量。电阻电路在任一时刻的响应大小只由同一时刻的激励大小所决定，与之前加在电路上的激励的大小无关，因此，电阻电路是“无记忆的”。

实际上，许多实际电路不能只用电阻元件和电源元件来构成电路模型。它们的电路模型往往不可避免地要包含电容元件和电感元件。电容和电感元件都能够储存能量，称为储能元件。这两种元件的电压电流关系都涉及对电流、电压的微分或积分，因此又称为动态元件。

含有动态元件的电路称为动态电路，动态电路是用微分方程来描述的。动态电路在任一时刻的响应大小不仅与同一时刻的激励大小有关，还与之前加在电路上的激励的大小或动态元件的储能有关，因此，动态电路是“有记忆的”。

电路中元件参数的改变或电路结构的改变称为换路，如果换路将导致动态元件储存能量的变化，这种变化通常不能在瞬间完成，需要一段时间历程，这一时间历程称为动态电路的过渡过程，也称为暂态过程。

电路中的过渡过程是相对于稳定状态（简称稳态）而言的。所谓稳定状态，是指电路中当激励为恒定量或按某种周期规律变化时，电路中的响应也是恒定量或按激励的周期规律变化。例如直流电路的稳态，其响应是不随时间变化的某一恒定值；而正弦交流电路的稳态，其响应是与激励同频率的幅值不变的正弦量。电路中某一开关的闭合或打开、电源电压（或电流）幅值或波形的变化、电路元件参数或连接方式的改变（这些统称为换路），都可能使电路中的响应发生变化，使它们从原来的稳定状态变化到新的稳定状态。一般来说，如果换路将导致动态元件储存能量的变化，这种变化是不能瞬间完成的，需要一段时间。在这段时间内电路处于过渡过程状态。在过渡过程中，响应暂时处于随时变化的不稳定状态，因此相对于稳定状态而言，过渡过程称为电路的暂态，对过渡过程的研究称为电路的暂态分析。

实际中过渡过程可能很短，比如只有几秒甚至若干微秒或更短，但是，电路暂态过程所产生的作用和影响在某些情况下却是不可忽视的。例如某些电路在开关接通或断开的瞬间会产生过电压或过电流现象，从而使电气设备或器件遭受损害。但在有些系统内，由于电子技术和控制技术的需要，电路经常工作在暂态过程之中。因此，研究电路暂态过程的目的是认识电路中客观存在的这种物理现象，并掌握其变化规律。在实际电路中有时要充分利用电路暂态过程的特性，有时则必须防止或消除它所产生的危害。

在动态电路的分析中，激励和响应都表示为时间 t 的函数，采用微分方程求解电路和分析电路的方法，称为时域分析方法。只含一个动态元件的电路是用一阶微分方程来描述的，故称这种电路为一阶电路。

本章将介绍电容元件、电感元件的基本特征，导出这两种理想电路元件的电压与电流的关系式，给出电容、电感储能的表达式。讨论一阶 *RC* 电路和一阶 *RL* 电路在直流激励下的暂态过程，介绍零输入响应、零状态响应和全响应的概念，分析响应随时间的变化规律，并介绍一阶电路暂态分析的三要素法，讨论 *RC* 电路对矩形波激励的响应。

3.1　电容元件和电感元件

3.1.1　电容元件

电路中凡是有电荷聚集的场合，在其周围就会产生电场。电容元件是储存电场能量的元件。电容元件简称电容，它储存电场能量的特性用电容 C 这一参数表示。电容元件的电路符号如图 3.1 所示。

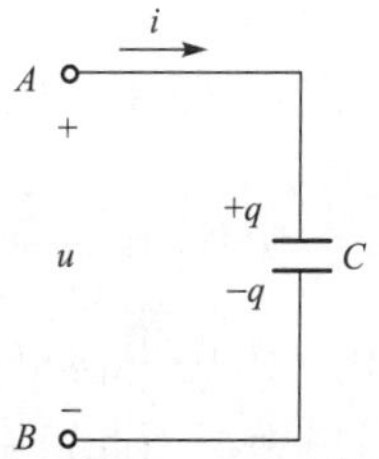

图 3.1　电容元件电路符号

图 3.1 中 $+q$ 和 $-q$ 是电容极板上的电荷，电容电压的参考方向如图 3.1 所示，则 q 与 u 之间有如下关系

$$C=\frac{q}{u} \tag{3.1}$$

式中比值 C 是一个大于零的数值，称为电容元件的电容量，亦称为电容。当 q 的单位用库仑（C），u 的单位用伏特（V）时，则 C 的单位为法拉（F），简称法。由于实际电容元件的电容量数值很小，常用微法（μF）或皮法（pF）作单位。

$$1\ \text{F}=10^{6}\ \mu\text{F}=10^{12}\ \text{pF}$$

电容量 C 为常数的电容元件称为线性电容元件。电容量 C 不为常数的电容元件称为非线性电容元件。本书未加说明的电容均指线性电容元件。

图 3.1 中，电容的电压 u 和电流 i 取关联参考方向，当 u 发生变化时，电容极板上的电荷量相应发生变化，则在与电容极板相连的导线中将出现电流

$$i=\frac{\mathrm{d}q}{\mathrm{d}t}$$

将式（3.1）代入上式，得

$$i=C\frac{\mathrm{d}u}{\mathrm{d}t} \tag{3.2}$$

式（3.2）表明，在某一时刻流过电容的电流正比于电容两端电压的变化率，而与该时刻电容两端电压的大小无关。电容两端的电压的变化率越大，则电流也越大，所以称电容是动态元件。在直流电路中，由于电容两端的电压是恒定不变的，所以电流为零，这时电容相当于开路，即电容有隔断直流的作用。

式（3.2）是电容电压 u 和电流 i 为关联参考方向时，电容电压和电流的基本关系式，此关系式十分重要。其对于电容电路的重要程度等同于电阻电路的欧姆定律 $u=Ri$（即电阻电压和电流的基本关系式）。

当电容的电压 u 和电流 i 为非关联参考方向时，电容电压和电流的基本关系式为

$$i=-C\frac{\mathrm{d}u}{\mathrm{d}t}$$

当电容的电压 u 和电流 i 为关联参考方向时，如果将式（3.2）两边对时间积分，可以得到用电容的电流表示电容电压的表达式，即

$$u=\frac{1}{C}\int_{-\infty}^{t}i\mathrm{d}t=\frac{1}{C}\int_{-\infty}^{0}i\mathrm{d}t+\frac{1}{C}\int_{0}^{t}i\mathrm{d}t=u(0)+\frac{1}{C}\int_{0}^{t}i\mathrm{d}t \tag{3.3}$$

式（3.3）说明任一时刻电容中的电压与初始电压 $u(0)$ 以及从 0 到 t 所有时刻的电流值有关，所以称电容为“有记忆”的元件。

当电容的电压和电流为关联参考方向时（见图 3.1），电容元件的瞬时功率为

$$p=ui=Cu\frac{\mathrm{d}u}{\mathrm{d}t} \tag{3.4}$$

由式（3.4）可知，当 u 的绝对值增大时，则 $u\frac{\mathrm{d}u}{\mathrm{d}t}>0$，$p>0$，说明在此期间电容从外部输入电功率，电场能量增加，即电容将电能转换为电场能；当 u 的绝对值减小时，则 $u\frac{\mathrm{d}u}{\mathrm{d}t}<0$，$p<0$，说明在此期间电容向外部输出电功率，电场能量减少，即电容将电场能量转换为电能输送出去。由此可知，当电容上存在交变电压时，电容储存电场能量的过程是可逆的能量转换过程。

任一时刻 t 储存于电容元件中的电场能量，等于从 $-\infty$ 至该时刻瞬时功率 p 的积分，即

$$w=\int_{-\infty}^{t}p\mathrm{d}t=\int_{-\infty}^{t}ui\mathrm{d}t=C\int_{-\infty}^{t}u\frac{\mathrm{d}u}{\mathrm{d}t}\mathrm{d}t$$

若电容两端的电压是由 0 变化到 t 时刻的 u，则

$$w=\int_{-\infty}^{t}p\mathrm{d}t=C\int_{0}^{u}u\mathrm{d}u=\frac{1}{2}Cu^2 \tag{3.5}$$

可见，电容元件任一时刻储存的电场能量仅与其参数 C 和电压在该时刻的值有关。上式中若 C 的单位用法拉（F），u 的单位用伏特（V），w 的单位则为焦耳（J）。

如果忽略实际电容器的漏电现象，则可用理想电容元件作为电容器的模型。否则，则要将理想电容元件与理想电阻元件的并联作为实际电容器的模型。

3.1.2 电感元件

电感元件是储存磁场能量的电路元件，简称电感，它储存磁场能量的特性用电感 L 这一参数表示。

图 3.2 中，在线圈两端加电压 u，线圈中将有电流 i 通过。线圈的电压 u 和电流 i 为关联参考方向，设线圈的匝数为 N，电流通过线圈产生的磁通为 Φ，则乘积

$$\psi=N\Phi$$

称为线圈的磁链。由于 Φ 和 ψ 都是由线圈本身的电流产生的，故称为自感磁通和自感磁链。若磁通的参考方向与电流的参考方向符合右手螺旋定则，则

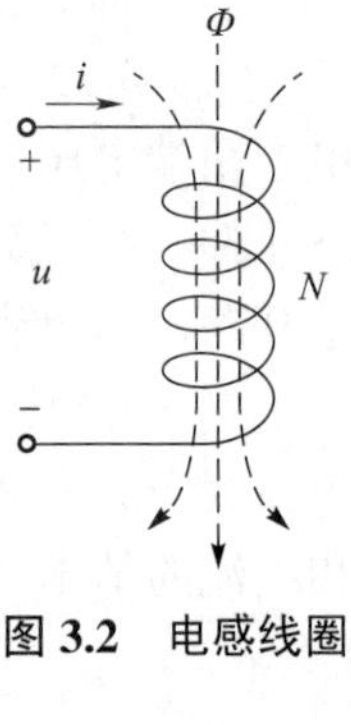

图 3.2 电感线圈

磁链与电流的比值称为电感线圈的电感，即

$$L=\frac{\psi}{i} \tag{3.6}$$

式中若ψ 的单位用韦伯（Wb），i 的单位用安培（A），则电感 L 的单位为亨利（H）。

电感 L 为常数的电感元件称为线性电感元件，其电路符号如图 3.3 所示。电感 L 不为常数的电感元件称为非线性电感元件。电感元件也简称为电感，“电感”一词既代表元件，也代表其参数值。本书未加说明的电感均指线性电感元件。

当通过电感的电流发生变化时，磁链ψ也要发生变化，根据电磁感应定律，电感元件中将会产生感应电动势 e。楞次定律指出，感应电动势 e 总是阻碍磁通的变化。如果电流的参考方向与磁通的参考方向符合右手螺旋定则，而感应电动势的参考方向与磁通的参考方向也符合右手螺旋定则，则电流的参考方向与感应电动势的参考方向一致（电动势的参考方向是由“－”端指向“＋”端），如图 3.3 所示，感应电动势 e 的表达式为

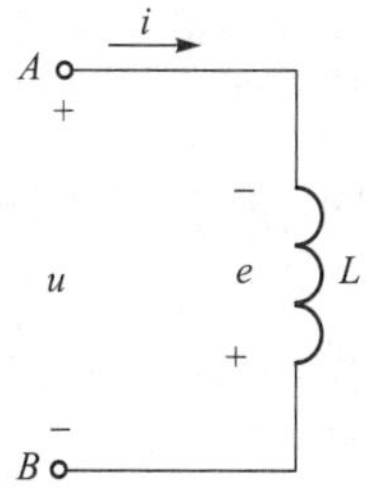

图 3.3　电感元件电路符号

$$e=-\frac{\mathrm{d}\psi}{\mathrm{d}t}=-L\frac{\mathrm{d}i}{\mathrm{d}t} \tag{3.7}$$

由上式可以计算出感应电动势 e 的大小，根据 e 的正、负值并结合其参考方向，可以确定感应电动势的实际方向。例如在某一瞬间，电流 i 为正值且在增大，由式（3.7）可知 e 为负值，表明其实际方向与参考方向相反，也就是说此时感应电动势 e 阻碍电流 i 增大。

在图 3.3 中，有

$$u=-e$$

将式（3.7）代入上式，可得到电感电压与电流的关系为

$$u=L\frac{\mathrm{d}i}{\mathrm{d}t} \tag{3.8}$$

式（3.8）表明某一时刻电感两端电压与电流的变化率成正比，而与该时刻电感中电流的大小无关，故也称电感元件为动态元件。在直流电路中，由于电流变化率为零，所以电感两端电压等于零，故在直流电路中可将电感看成是一条短路线。

式（3.8）是电感电压 u 和电流 i 为关联参考方向时，电感电压和电流的基本关系式，此关系式十分重要。其对于电感电路的重要程度也等同于电阻电路的欧姆定律 $u=Ri$（即电阻电压和电流的基本关系式）。

当电感的电压 u 和电流 i 为非关联参考方向时，电感电压和电流的基本关系式为

$$u=-L\frac{\mathrm{d}i}{\mathrm{d}t}$$

当电感的电压 u 和电流 i 为关联参考方向时，如果用电感电压 u 表示电感电流 i，可以将式（3.8）两边对时间积分。电压对时间的积分具有磁通的量纲（韦伯 Wb），积分起始时间应从负无穷大开始，即

$$i=\frac{1}{L}\int_{-\infty}^{t}u\mathrm{d}t=\frac{1}{L}\int_{-\infty}^{0}u\mathrm{d}t+\frac{1}{L}\int_{0}^{t}u\mathrm{d}t=i(0)+\frac{1}{L}\int_{0}^{t}u\mathrm{d}t \tag{3.9}$$

式（3.9）说明任一时刻电感中的电流与初始电流 $i(0)$以及从 0 到 t 所有时刻的电压值有关，所以也称电感为“有记忆”的元件。

当电感的电压和电流为关联参考方向时（见图 3.3），电感元件的瞬时功率为

$$p = ui = Li\frac{\mathrm{d}i}{\mathrm{d}t} \tag{3.10}$$

上式中只要 i 的绝对值增大时，则 $i\frac{\mathrm{d}i}{\mathrm{d}t} > 0$，$p>0$，说明在此期间电感从外部输入电功率，磁场能量增加，即电感将电能转换为磁场能；当 i 的绝对值减小时，则 $i\frac{\mathrm{d}i}{\mathrm{d}t} < 0$，$p<0$，说明在此期间电感向外部输出电功率，磁场能量减少，即电感将磁场能量转换为电能输送出去。由此可知，当电感中有交变电流通过时，电感储存磁场能量的过程是可逆的能量转换过程。

任一瞬间 t 储存于电感元件中的磁场能量，应等于瞬时功率从 $-\infty$ 至该时刻的积分，即

$$w = \int_{-\infty}^{t} p\mathrm{d}t = \int_{-\infty}^{t} ui\mathrm{d}t = L\int_{-\infty}^{t} i\frac{\mathrm{d}i}{\mathrm{d}t}\mathrm{d}t$$

若电感中的电流是由 0 变化到 t 时刻的 i，则

$$w = \int_{-\infty}^{t} p\mathrm{d}t = L\int_{0}^{i} i\mathrm{d}i = \frac{1}{2}Li^2 \tag{3.11}$$

可见，电感元件某一时刻储存的磁场能量仅与其参数 L 和该时刻的电流值有关。上式中若 L 的单位用亨利（H），i 的单位用安培（A），则 w 的单位为焦耳（J）。

实际的电感线圈当有电流通过时，不仅具有储存磁场能量的特征，而且还会消耗电能。如果导线电阻很小，消耗的电能与储存的磁场能量相比小得多时，就可以将理想电感元件作为实际电感线圈的模型。否则，需要将理想电感元件与理想电阻元件的串联电路作为实际电感线圈的模型。

3.2 换路定律与暂态过程初始值的确定

3.2.1 电路产生暂态过程的原因

在图 3.4 所示电路中，电源电压为 U_S，开关 S 闭合前电感电流为 0，电感无初始储能，当 S 闭合后，电路中各部分电压、电流从 S 闭合后的初始值逐渐变化到稳态值。即电流 i 和 u_R 分别由初始值 0 逐渐增长到稳态值 U_S/R 和 U_S，而 u_L 则由初始值 U_S 逐渐衰减到稳态值 0。

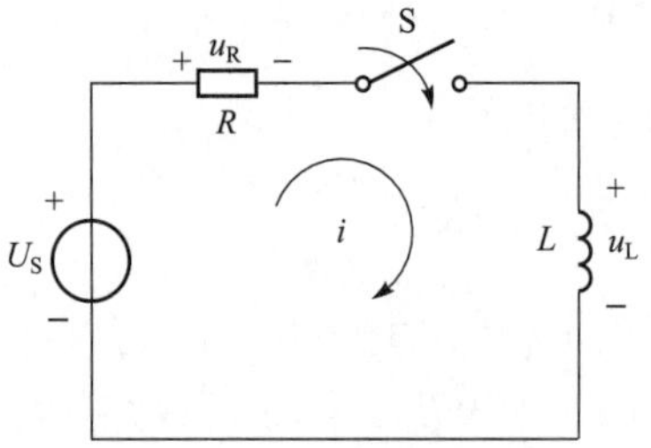

图 3.4　电感元件接入直流电源

又如图 3.5 所示电路中，若电容 C 在开关 S 闭合前无初始储能，则当 S 闭合后，电容两端的电压 u_C 也是由初始值 0 逐渐增长到稳态值 U_S 的。

而在图 3.6 所示电路中，当开关 S 闭合时，电路中各支路的电流和各个电阻两端的电压均由 S 闭合前的零值跃变到 S 闭合后的数值，也就是说该电路在换路后不出现暂态过程。

为什么图 3.4 和图 3.5 所示电路在换路后出现暂态过程，而图 3.6 所示电路换路后不出现暂态过程呢？其原因是图 3.6 电路中无储能元件，而图 3.4 和图 3.5 中分别有储能元件电感和电容。

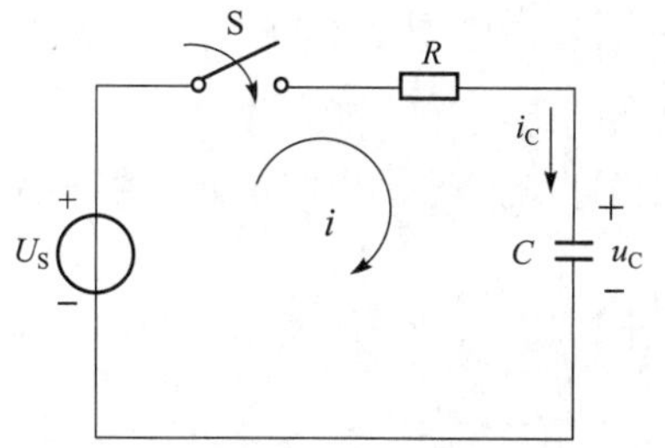

图 3.5　电容元件接入直流电源

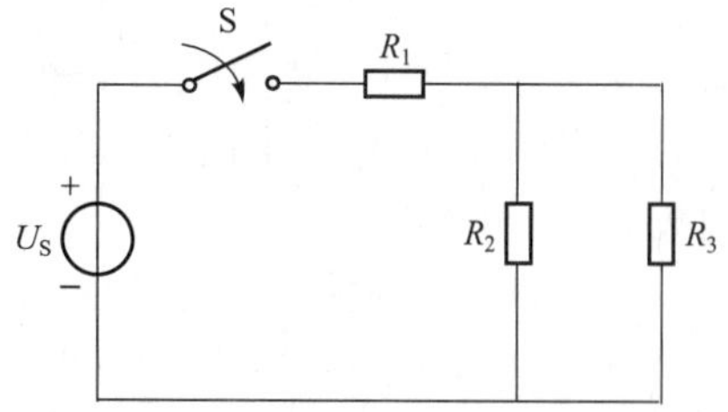

图 3.6　电阻元件接入直流电源

再观察图 3.7 所示电路，若两个电路在开关 S 闭合前均已达到稳态。当开关闭合后两电路的电压和电流都没有过渡过程。其原因是两电路中储能元件电感和电容在换路前后没有发生能量变化。由此可知，电路产生暂态过程的实质是储能元件的能量在换路时不能跃变。电路的换路作用是产生暂态过程的外因，而产生暂态过程的内因则是电路中储能元件在换路前后发生能量的变化。综上所述，电路产生暂态过程的必要条件是：

（1）电路中含有储能元件；
（2）电路要发生换路；
（3）换路前后，储能元件中的储能发生变化。

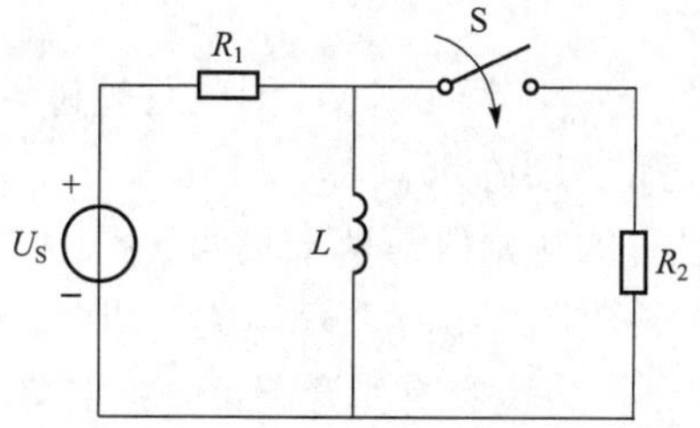

（a）

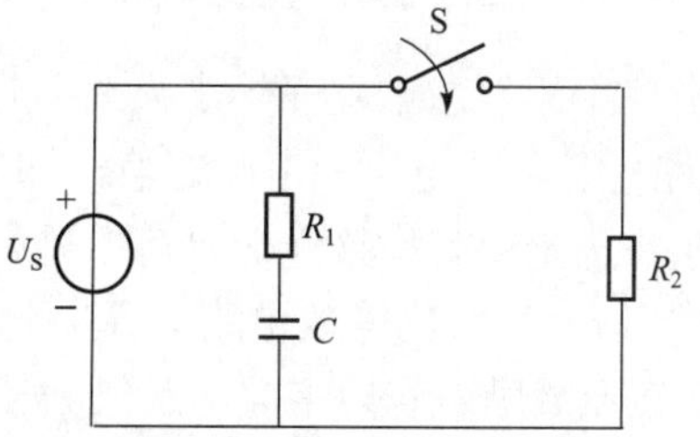

（b）

图 3.7　含有储能元件的电路

3.2.2　换路定律

换路瞬间储能元件的能量不能跃变，即电容元件的储能 $w_C = \frac{1}{2}Cu_C^2$ 和电感元件的储能 $w_L = \frac{1}{2}Li_L^2$ 不能跃变，在电路中具体表现为换路瞬间电容的电压 u_C 和电感的电流 i_L 不能跃变，这个结论称为换路定律。

反之，可以设想，如果在换路瞬间电容的电压 u_C 能够发生跃变，则电容的储能 $w_C = \frac{1}{2}Cu_C^2$ 就发生跃变，电容的电流 $i_C = C\frac{du_C}{dt}$ 将为无穷大值，这就意味着电源需要提供无穷大的功率。

然而，实际电源只能提供有限的功率，所以在换路瞬间电容的电压 u_C 不能发生跃变。

同样，可以设想，如果在换路瞬间电感的电流 i_L 能够发生跃变，则电感的储能 $w_L=\frac{1}{2}Li_L^2$ 就发生跃变，电感的电压 $u_L=L\frac{di_L}{dt}$ 将为无穷大值，这也意味着电源需要提供无穷大的功率。然而，实际电源只能提供有限的功率，所以在换路瞬间电感的电流 i_L 不能发生跃变。

换路定律表明，电容上的电压 u_C 和电感中的电流 i_L 在换路瞬间等于换路前那一瞬间所具有的数值，不能够跃变。

换路定律用数学关系式表示时，通常以换路时刻作为计时起点，用 0_- 表示换路前的那一瞬间，用 0_+ 表示换路后的那一瞬间，对电容元件有

$$u_C(0_+)=u_C(0_-) \tag{3.12}$$

对电感元件则有

$$i_L(0_+)=i_L(0_-) \tag{3.13}$$

换路定律只是说明换路瞬间电容电压 u_C 和电感电流 i_L 不能跃变，但是，在换路瞬间，其他电量都是可以跃变的，包括电容电流、电感电压、电阻电流和电阻电压都是可以跃变的。在动态电路中，电容电压决定电容的储能，电感电流决定电感的储能，电容电压和电感电流这两个电量称为状态变量，具有特殊性，在换路瞬间状态变量不能跃变。其他电量称为非状态变量，非状态变量包括电容电流、电感电压、电阻电流和电阻电压等。在换路瞬间非状态变量都可以跃变。

3.2.3 暂态过程初始值的确定

由于电路中的暂态过程开始于换路后瞬间，即开始于 $t=0_+$ 时，因此首先讨论如何确定 $t=0_+$ 时电路中各部分电压和电流之值，即暂态过程的初始值。

用基尔霍夫定律和换路定律，可以确定暂态过程的初始值，其步骤如下：

（1）作出 $t=0_-$ 时的等效电路，并在此等效电路中求出 $u_C(0_-)$ 和 $i_L(0_-)$。在作 $t=0_-$ 等效电路时，在直流激励下若换路前电路已处于稳态，则可将电容看作开路，而将电感看作短路。

（2）作出 $t=0_+$ 时的等效电路。在画 $t=0_+$ 的等效电路时，根据换路定律，若 $u_C(0_-)=0$、$i_L(0_-)=0$，则将电容视为短路，而将电感视为开路；若 $u_C(0_-)\neq 0$、$i_L(0_-)\neq 0$，则将电容用电压数值和极性都与 $u_C(0_-)$ 相同的恒压源等效代替，而电感用电流数值和方向都与 $i_L(0_-)$ 相同的恒流源等效代替。

（3）在 $t=0_+$ 的等效电路中，求出待求电压和电流的初始值。

例 3.1 电路如图 3.8 所示，$t=0$ 时将 S 闭合，已知开关闭合前电容和电感均无储能，试求开关闭合瞬间电路中各电压、电流的初始值。

解 由已知条件知电感和电容均无初始储能，即

$$u_C(0_-)=0，\ i_L(0_-)=0$$

作 $t=0_+$ 的等效电路，根据换路定律，有

$$u_C(0_+)=u_C(0_-)=0$$
$$i_L(0_+)=i_L(0_-)=0$$

因此，在 $t=0_+$ 这一瞬间电容相当于短路，电感相当于开路，故 $t=0_+$ 时的等效电路如图

3.9 所示。

在 $t=0_+$ 的等效电路中，可求出各电压、电流的初始值为

$$i_L(0_+)=0$$

$$i_C(0_+)=i_1(0_+)=\frac{U_S}{R_1}$$

因为 $i_L(0_+)=0$，所以 $u_2(0_+)=0$。又因为 $u_C(0_+)=0$，故 $u_L(0_+)=u_1(0_+)=U_S$。

开关闭合后，电路中各电压和电流的暂态过程将分别由以上初始值开始。

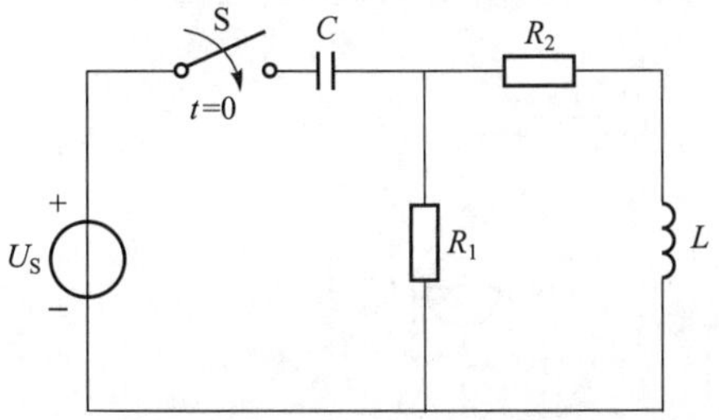

图 3.8　例 3.1 的电路图

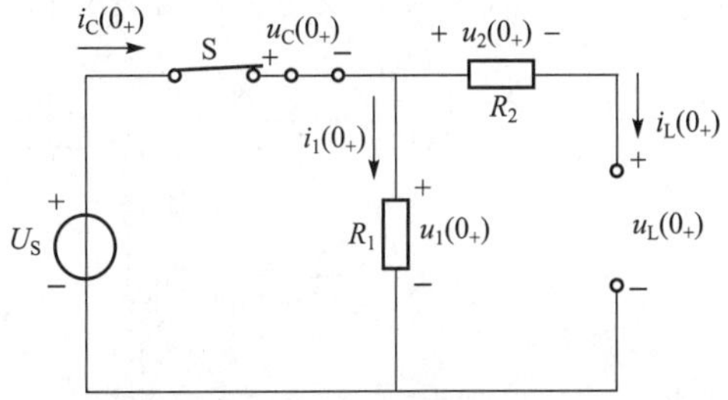

图 3.9　$t=0_+$ 时的等效电路

例 3.2　电路如图 3.10 所示，已知 $I_S=4$ A，$R_1=R_2=R_4=R_5=2\ \Omega$，$R_3=1\ \Omega$，在打开开关 S 以前电路已处于稳态。若 $t=0$ 时将 S 打开，求电容和电感的电压、电流初始值。

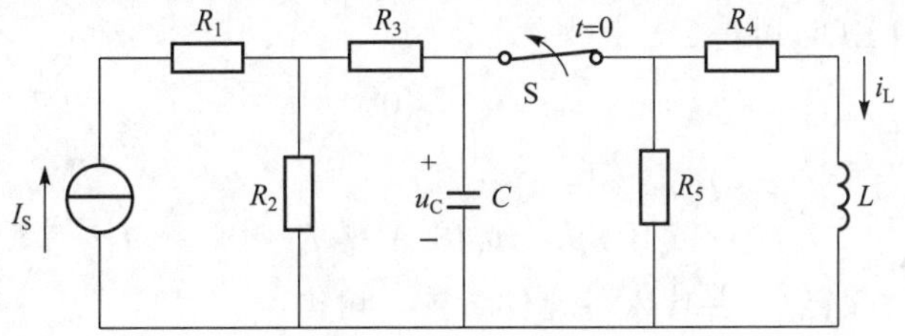

图 3.10　例 3.2 的电路图

解　（1）先求换路前 $u_C(0_-)$和 $i_L(0_-)$。

由已知条件可知，换路前电路已处于稳态，则电容相当于开路，电感相当于短路。$t=0_-$时的等效电路如图 3.11 所示，由此图可求出

$$i_L(0_-)=I_S\times\frac{R_2}{R_2+\left(R_3+\frac{R_4\times R_5}{R_4+R_5}\right)}\times\frac{R_5}{R_4+R_5}=4\times\frac{2}{2+\left(1+\frac{2\times2}{2+2}\right)}\times\frac{2}{2+2}=1\ (\text{A})$$

$$u_C(0_-)=i_L(0_-)R_4=1\times2=2\ (\text{V})$$

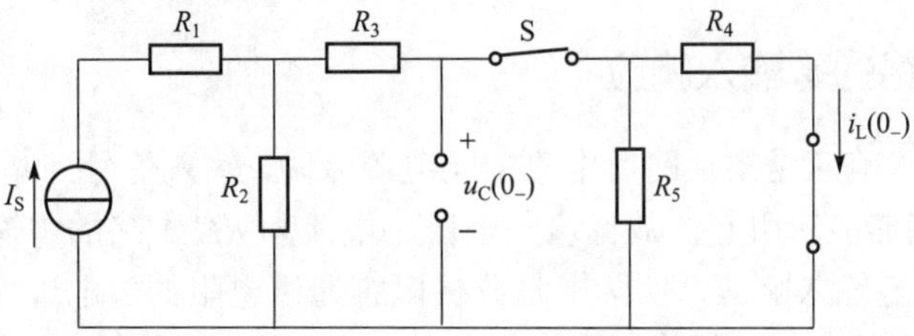

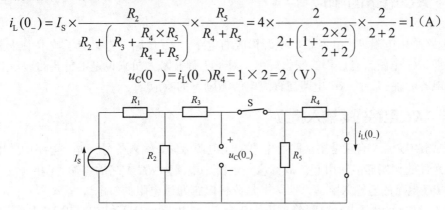

图 3.11　例 3.2 中 $t=0_-$ 时的等效电路

根据换路定律，在换路瞬间只有电容的电压和电感的电流不发生变化，而电路中其他电压和电流换路前瞬间与换路后瞬间是否相等，要通过对 $t=0_+$ 的等效电路进行分析计算才能得出结论，故在 $t=0_-$ 的等效电路中，只需求出 $i_L(0_-)$和 $u_C(0_-)$。

（2）作出 $t=0_+$ 的等效电路。

根据换路定律，有

$$u_C(0_+)=u_C(0_-)=2\text{（V）}$$

$$i_L(0_+)=i_L(0_-)=1\text{（A）}$$

在 $t=0_+$ 时电容等效为 2 V 的恒压源，电感等效为 1 A 的恒流源，如图 3.12 所示。

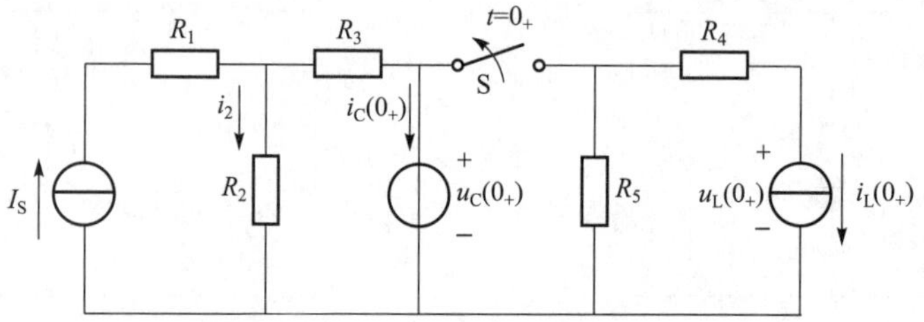

图 3.12　例 3.2 中 $t=0_+$ 时的等效电路

（3）在 $t=0_+$ 的等效电路中，可求得其他待求的各电压、电流的初始值。

$$u_L(0_+)=-i_L(0_+)(R_4+R_5)=-1\times(2+2)=-4\text{（V）}$$

在图 3.12 中，由 KCL 可得

$$i_2=I_S-i_C(0_+) \tag{3.14}$$

由 KVL 可得

$$i_C(0_+)R_3+u_C(0_+)-i_2 R_2=0 \tag{3.15}$$

将式（3.14）代入式（3.15），并代入各元件参数，可得

$$i_C(0_+)=2\text{（A）}$$

以上解答说明，在换路瞬间 u_C 和 i_L 不能跃变，而电容的电流和电感的电压却是可以跃变的。

3.3　*RC* 电路的响应

RC 电路是由电阻 *R*、电容 *C* 和电源构成的电路。*RC* 电路是电工电子技术中经常用到的电路，掌握 *RC* 电路暂态过程的变化规律，对于工程技术人员来说是很重要的。本节讨论只含有一个电容元件的一阶 *RC* 电路在直流电源激励下的响应。

3.3.1　*RC* 电路的零输入响应

RC 电路的零输入响应是指换路后电路中无电源激励，输入信号为零，电路中的电压、电流由电容元件的初始储能所引起，故称这些电压、电流为 *RC* 电路的零输入响应。

分析 *RC* 电路的零输入响应，实际上是分析电容通过电阻的放电过程。

在图 3.13（a）电路中，换路前，开关 S 合在 *a*，电路已处于稳态，电容电压 $u_C=U_0$。在

$t=0$ 时将开关 S 合向 b，换路后电容开始放电。在放电过程中，储存在电容中的能量在电路中形成电流，经过电阻逐渐将电场能量转变为热能消耗掉，最终电路中的电压、电流都将变为零。下面从数学角度阐述 RC 电路的零输入响应。

图 3.13（a）电路换路后，在图示电压、电流参考方向的前提下，电路的 KVL 电压方程为

$$u_R+u_C=0$$

即

$$Ri+u_C=0$$

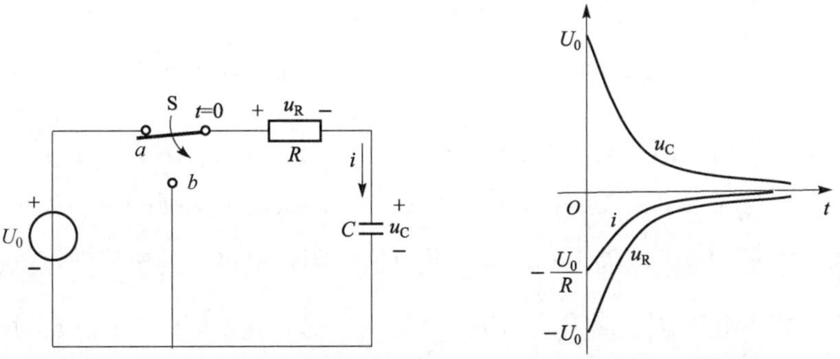

（a）　　　　　　　　　　　　　　　（b）

图 3.13　*RC* 电路的零输入响应

（a）RC 零输入响应电路；（b）u_C、u_R、i 随时间变化曲线

将 $i=C\dfrac{\mathrm{d}u_C}{\mathrm{d}t}$ 代入上式，得

$$RC\frac{\mathrm{d}u_C}{\mathrm{d}t}+u_C=0 \tag{3.16}$$

此式当 R 和 C 都是常数时为一阶线性齐次微分方程。由高等数学知，其通解形式为

$$u_C=Ae^{st}$$

将其代入式（3.16），得

$$RCsAe^{st}+Ae^{st}=0$$

则上式齐次微分方程的特征方程为

$$RCs+1=0$$

特征方程的根为

$$s=-\frac{1}{RC}$$

将上式代入式（3.16）的通解，得

$$u_C=Ae^{-\frac{t}{RC}} \tag{3.17}$$

换路前，$u_C(0_-)=U_0$。根据换路定律，有

$$u_C(0_+)=u_C(0_-)=U_0$$

代入式（3.17），可求出积分常数 $A=U_0$。至此，得出电路换路后电容电压的变化规律为

$$u_C = U_0 e^{-\frac{t}{RC}} \tag{3.18}$$

u_C 由初始值 U_0 按指数规律衰减而最终趋于零。

由 $i = C\dfrac{du_C}{dt}$，可得电路中电流为

$$i = -C\frac{U_0}{RC}e^{-\frac{t}{RC}} = -\frac{U_0}{R}e^{-\frac{t}{RC}} \tag{3.19}$$

电阻两端的电压为

$$u_R = iR = -U_0 e^{-\frac{t}{RC}} \tag{3.20}$$

上面三式在 $t > 0$ 时成立。此后凡不加说明，电路中电压和电流的暂态过程均系随时间变化的规律。

从式（3.18）、式（3.19）和式（3.20）可以看出，电压 u_C、u_R 和电流 i 都是以同样的指数规律变化的。这是因为电路的特征方程及特征方程的根仅由电路的结构和元件的参数来决定，而与所选择的变量无关。因为 $s = -\dfrac{1}{RC}$ 是负值，所以电路中的电压和电流都按指数规律衰减，最后趋于零。电压 u_C、u_R 和电流 i 随时间变化的曲线，如图 3.13（b）所示。

令 $\tau=RC$，若 R 的单位是欧姆（ Ω），C 的单位是法拉（F），则 τ 的单位是秒（s），称 τ 为电路的时间常数。

引入时间常数后，u_C 可表示为

$$u_C = U_0 e^{-\frac{t}{\tau}}$$

当 $t = \tau$ 时，电容电压为

$$u_C(\tau) = U_0 e^{-1} = 36.8\,\%\,U_0$$

也就是说时间常数是指函数衰减到初始值的 0.368 倍时所需的时间。

理论上讲，电路暂态过程只有当 $t \to \infty$ 时，指数函数才衰减到零，电路才到达新的稳定状态。但是，由于指数函数开始衰减很快，而后逐渐缓慢，如表 3.1 所示。

表 3.1　$e^{-\frac{t}{\tau}}$ 随时间而衰减

t	τ	2τ	3τ	4τ	5τ	6τ
$e^{-\frac{t}{\tau}}$	e^{-1}	e^{-2}	e^{-3}	e^{-4}	e^{-5}	e^{-6}
$\dfrac{u_C(t)}{U_0}$	0.368	0.135	0.050	0.018	0.007	0.002

由表 3.1 可以看出，实际上经过 5τ 后，函数值就衰减到初始值的 0.7%，因此即认为电路已达到稳定状态。

时间常数的大小反映了暂态过程进展的快慢。对 RC 串联电路来说，时间常数 $\tau=RC$，显然，τ 越大，电路的暂态过程就越长。这是因为当 U_0 一定时，C 越大，电路储存的电场能量

越多；而当 R 越大，电路中电荷移动的阻力越大，放电电流越小，则单位时间内消耗的能量越小，这些都使放电时间加长。三个不同时间常数的 RC 电路随时间变化的曲线如图 3.14 所示。在图 3.14 中，可以通过 u_C 初始值 U_0 的点作三条 u_C 随时间变化的曲线的切线与时间轴相交，三个交点在时间轴上所对应的时间，即分别为电路的三个时间常数 τ_1、τ_2 和 τ_3，这是求电路时间常数的又一种方法。

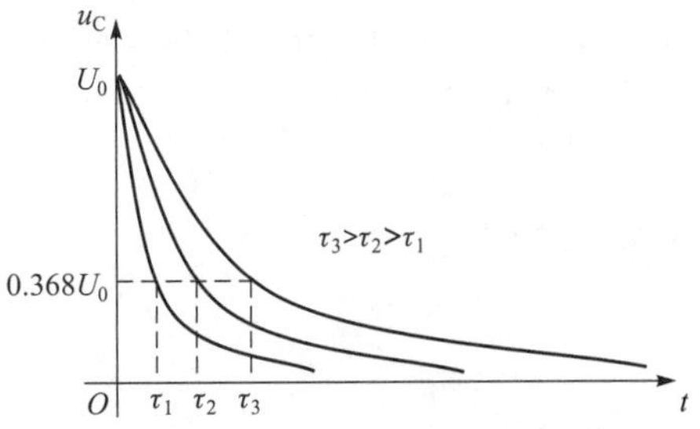

图 3.14　不同 τ 值下的 u_C 曲线

若 RC 电路中电阻、电容的数值是未知的，则可用实验的方法测出电路的时间常数。具体做法是：先将电容充电到 U_0，然后经 RC 电路放电，记下电容电压由 U_0 衰减到 $0.368\ U_0$ 所需时间，该时间即为待求 RC 电路的时间常数。

3.3.2　*RC* 电路的零状态响应

RC 电路零状态响应是指电容元件的初始储能为零，电路中的电压、电流是由外加激励引起的，称这种电路为零状态电路，其电压、电流的响应为零状态响应。由于零状态响应是在外施激励下的响应，故它与激励形式有关。下面将讨论在恒定直流激励下的一阶 RC 电路的零状态响应。

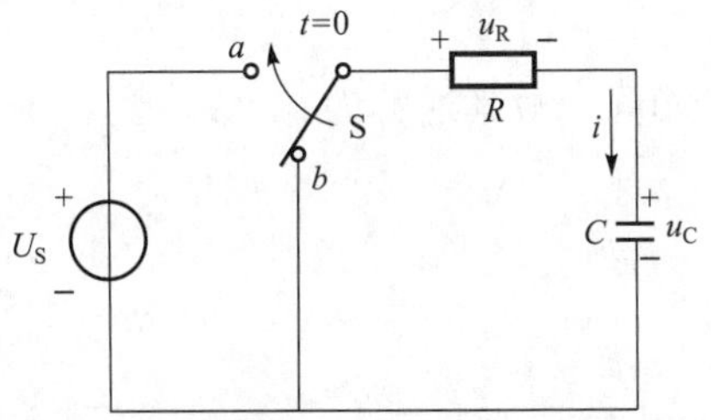

图 3.15　恒定直流激励 *RC* 零状态响应电路

假设图 3.15 中 RC 电路在直流电源 U_S 激励下，$u_C(0_-)=0$，在 $t=0$ 时开关 S 由 b 合向 a。由于 $u_C(0_+)=u_C(0_-)=0$，故电路中的响应是零状态响应。分析 RC 电路在恒定直流激励下的零状态响应，也就是分析电容的充电过程。

在图 3.15 中，换路后，根据 KVL，有

$$u_R+u_C=U_S \tag{3.21}$$

在 $t=0_+$ 时，

$$u_C(0_+)=0$$
$$u_R(0_+)=U_S$$

电路中的充电电流 $i(0_+)=\dfrac{u_R}{R}=\dfrac{U_S}{R}$ 为最大值。由 $i=C\dfrac{\mathrm{d}u_C}{\mathrm{d}t}$ 可知，此时电容两端电压的变化率 $\left.\dfrac{\mathrm{d}u_C}{\mathrm{d}t}\right|_{t=0_+}=\dfrac{1}{C}\cdot\dfrac{U_S}{R}$ 亦为最大值，所以电容电压将由初始值零随时间增长，即电流通过电阻向电容充电。u_R 和 i 将随时间增长而逐渐减小。当充电到 $u_C=U_S$ 时，u_R 和 i 都将等于零，至此，充电过程结束，电路进入新的稳定状态。

下面从数学角度进一步研究电路中电压和电流随时间变化的规律。

将 $i=C\dfrac{\mathrm{d}u_C}{\mathrm{d}t}$，$iR=u_R$ 代入式（3.21）得

$$RC\frac{\mathrm{d}u_C}{\mathrm{d}t}+u_C=U_S \tag{3.22}$$

上式是一阶线性非齐次微分方程。它的完全解由其特解（u_C'）和相应的齐次微分方程的通解（u_C''）所组成，即

$$u_C = u_C' + u_C''$$

特解u_C'应满足

$$RC\frac{\mathrm{d}u_C'}{\mathrm{d}t} + u_C' = U_S \tag{3.23}$$

而通解u_C''应满足

$$RC\frac{\mathrm{d}u_C''}{\mathrm{d}t} + u_C'' = 0 \tag{3.24}$$

由于电路中的过渡过程终归要结束而进入新的稳定状态，因此可取电路到达稳态时的解作为方程的特解，故把特解又称为电路的稳态解或稳态分量。

在图3.15所示电路中，激励为恒定直流电源，当电路进入稳态时，电路中电流为零，电容相当于开路，它两端的电压u_C等于电源电压U_S，即电容电压的稳态解为

$$u_C' = U_S$$

显然，此解满足式（3.23）。

式（3.24）是一阶线性齐次微分方程，与式（3.16）相同，故其通解为

$$u_C'' = Ae^{st}$$

由前面分析知$s = -\frac{1}{RC} = -\frac{1}{\tau}$，所以

$$u_C'' = Ae^{-\frac{t}{\tau}}$$

由于s为负值，因此u_C''将随时间的增长而趋于零，它是电路处于过渡状态期间存在的一个分量，故将u_C''称为电路的暂态解或是暂态分量。

于是式（3.22）的完全解为

$$u_C = u_C' + u_C'' = U_S + Ae^{-\frac{t}{\tau}}$$

积分常数A可由初始条件确定。换路时$u_C(0_-)=0$，故有

$$u_C(0_+) = u_C(0_-) = 0$$

则在$t=0$时，有

$$0 = U_S + Ae^{-\frac{t}{\tau}}$$

可得

$$A = -U_S$$

至此，求得式（3.22）的完全解为

$$u_C = U_S - U_S e^{-\frac{t}{\tau}} = U_S\left(1 - e^{-\frac{t}{\tau}}\right) \tag{3.25}$$

当$t=\tau$时

$$u_C = U_S(1 - e^{-1}) = 0.632U_S$$

充电电流 i 为

$$i = C\frac{\mathrm{d}u_C}{\mathrm{d}t} = C\frac{\mathrm{d}}{\mathrm{d}t}\left[U_S\left(1-\mathrm{e}^{-\frac{t}{\tau}}\right)\right]$$

$$= \frac{U_S}{R}\mathrm{e}^{-\frac{t}{\tau}} \tag{3.26}$$

电阻电压为

$$u_R = iR = U_S\mathrm{e}^{-\frac{t}{\tau}} \tag{3.27}$$

u_C、u_R 和 i 随时间变化的曲线分别如图 3.16 和图 3.17 所示。

从以上分析可以看出，恒定直流激励下的零状态响应，只有电容两端的电压由初始值零按指数规律增长趋于稳态值，而电路中其他部分的电压、电流则要根据基尔霍夫定律具体分析。

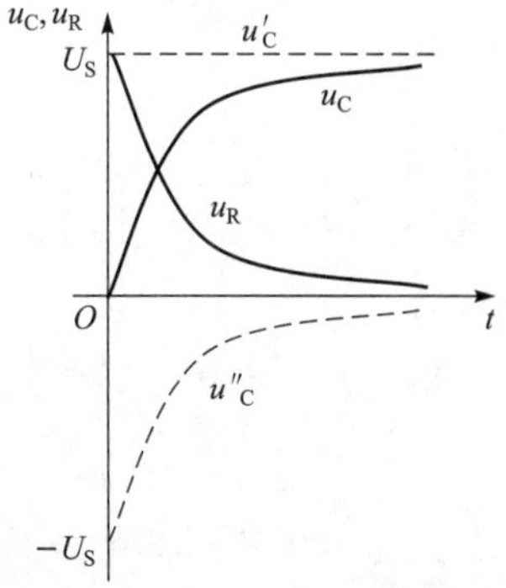

图 3.16　电压 u_C、u_R 随时间变化曲线

例 3.3　在图 3.18 所示电路中，已知恒流源 $I_S = 10$ A，$R = 5\ \Omega$，$C = 2$ F，$u_C(0_-) = 0$，开关 S 在 $t = 0$ 时打开。试求：① 电路的时间常数 τ；② 电容上的电压 u_C 和电流 i_C；③ 最大充电电流；④ 画出 u_C 和 i_C 随时间变化的曲线；⑤ 计算经过多少时间后，$u_C = 43.25$ V。

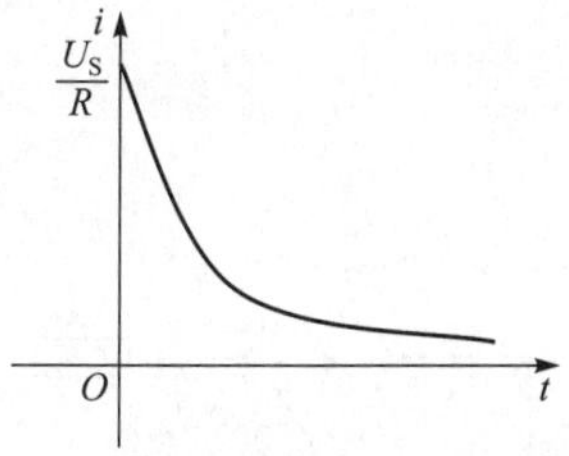

图 3.17　电流 i 随时间变化曲线

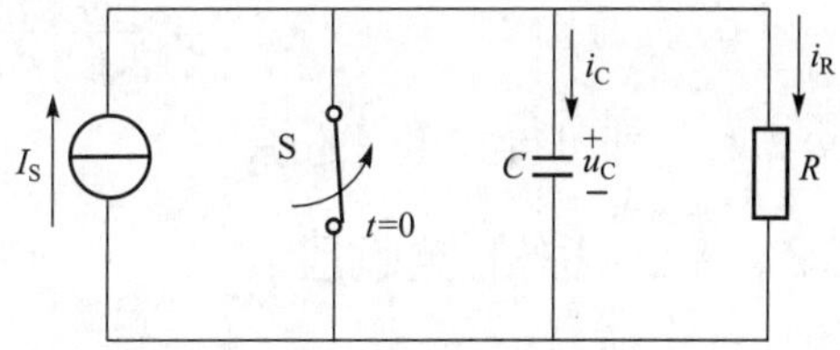

图 3.18　例 3.3 的图

解一　在图 3.18 所示电路中，在 $t<0$ 时电流源被开关 S 短路。在 $t=0$ 时，开关打开，换路后的等效电路如图 3.19（a）所示。其中

$$U_S = I_S R = 10 \times 5 = 50\ (\mathrm{V})$$

$$R_0 = R = 5\ (\Omega)$$

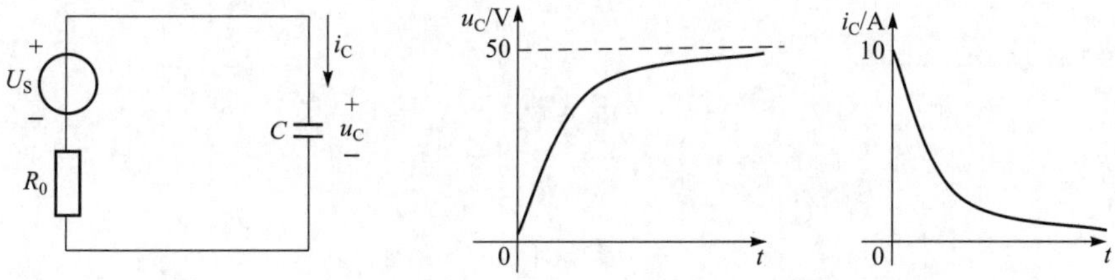

（a）　（b）

图 3.19　例 3.3 的解答

由于 $u_C(0_+)=u_C(0_-)=0$，故本例为恒定直流激励下 RC 电路的零状态响应。

① 电路的时间常数为

$$\tau=R_0C=5\times 2=10\ (\text{s})$$

② 由式（3.25），可得

$$u_C=U_S\left(1-e^{-\frac{t}{\tau}}\right)=50(1-e^{-0.1t})\ \text{V}$$

由式（3.26），可得

$$i_C=10e^{-0.1t}\ \text{A}$$

③ 最大充电电流

$$i_{Cmax}=i_C(0_+)=10\ (\text{A})$$

④ u_C 和 i_C 随时间变化曲线如图 3.19（b）所示。

⑤ 设经过 t 秒，$u_C=43.25$ V，代入 u_C 的零状态响应表达式，有

$$43.25=50\ (1-e^{-0.1t})$$

解之，得

$$t=20\ (\text{s})$$

解二 求解本例也可直接列出换路后的 KCL 方程式

$$i_C+i_R=I_S$$

将 $i_C=C\dfrac{du_C}{dt}$、$i_R=\dfrac{u_C}{R}$ 代入上式，得

$$C\frac{du_C}{dt}+\frac{1}{R}u_C=I_S$$

解此微分方程，即可得到相同的解。

3.3.3 *RC* 电路的全响应

RC 电路的全响应是指外加电源激励和电容初始电压均不为零时的响应。

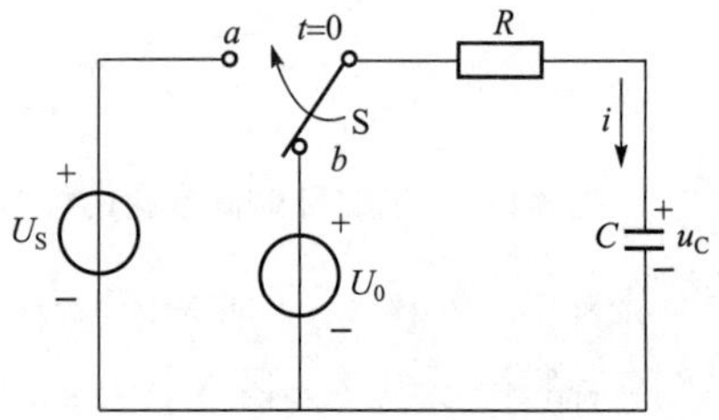

图 3.20 *RC* 全响应电路

设在图 3.20 所示电路中，开关 S 在 $t=0$ 时由 b 合向 a 前，电容电压 $u_C(0_-)=U_0$。

电路换路后的电压方程式与式（3.22）相同，即

$$RC\frac{du_C}{dt}+u_C=U_S$$

其稳态解仍然是

$$u_C'=U_S$$

暂态解为

$$u_C''=Ae^{-\frac{t}{\tau}}$$

电容电压的完全解为

$$u_C=u_C'+u_C''=U_S+Ae^{-\frac{t}{\tau}}$$

由于 $u_C(0_-)=U_0$，根据换路定律有

$$u_C(0_+)=u_C(0_-)=U_0 \tag{3.28}$$

为满足初始条件，要求在 $t=0$ 时

$$u_C(0)=u_C'(0)+u_C''(0)$$

即

$$U_0=U_S+A\mathrm{e}^{-\frac{0}{\tau}}$$

因此

$$A=U_0-U_S$$

故得全响应为

$$u_C=u_C'+u_C''=U_S+(U_0-U_S)\mathrm{e}^{-\frac{t}{\tau}} \tag{3.29}$$

电路中电流为

$$\begin{aligned} i&=C\frac{\mathrm{d}u_C}{\mathrm{d}t}=C\frac{\mathrm{d}}{\mathrm{d}t}\left[U_S+(U_0-U_S)\mathrm{e}^{-\frac{t}{\tau}}\right] \\ &=\frac{U_S-U_0}{R}\mathrm{e}^{-\frac{t}{\tau}} \end{aligned} \tag{3.30}$$

式中，$\tau=RC$。

当 $U_S=U_1>U_0$ 时，换路后 $i>0$，电容充电，电容电压从 U_0 开始按指数规律增长到稳态值 U_1。

当 $U_S=U_2<U_0$ 时，换路后 $i<0$，说明电流的实际方向与图 3.20 中 i 的参考方向相反，电容放电，电容电压从 U_0 开始按指数规律衰减到稳态值 U_2。

当 $U_S=U_3=U_0$ 时，换路后 $i=0$，说明电路中无暂态过程产生，其原因是换路前后电容的电场能量没有发生变化。

上述三种情况下电容电压 u_C 随时间变化的曲线分别如图 3.21 中①②③三条曲线所示。

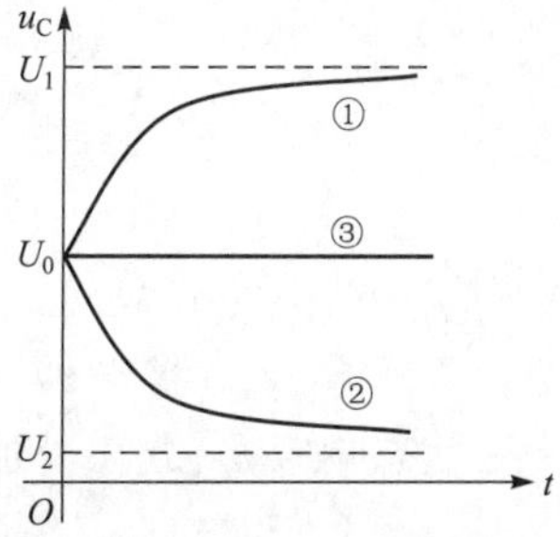

图 3.21　不同条件下全响应波形

以上介绍的是用经典法分析电路中的暂态过程，即根据外加激励通过求解电路的微分方程从而得出电路的响应。用此方法分析电路的暂态过程，全响应可表示为

全响应 = 稳态分量 + 暂态分量

由于外加激励要求产生与之相应的响应，所以稳态分量的大小和变化规律与电源有关，故又称稳态分量为强制分量；暂态分量仅存在于电路过渡过程期间，它起着调整过渡过程初始值与稳态值之间差距的作用，它的变化规律与电源无关，所以又称它为自由分量。暂态分量是按指数规律衰减的，但是它的大小与初始值和稳态值之差有关。当电路中储能元件的能量增长或衰减到某一稳态值时，电路的过渡过程随即终止，暂态分量也将趋于零。

把式（3.29）稍加整理，可得到

$$u_C = U_0 e^{-\frac{t}{\tau}} + U_S\left(1 - e^{-\frac{t}{\tau}}\right) \tag{3.31}$$

式（3.31）中的第一项为图 3.20 电路当 $U_S=0$ 时的响应，即零输入响应；而式（3.31）中的第二项是图 3.20 电路中 $u_C(0_-)=0$ 时的响应，即零状态响应。所以又可以用零输入响应与零状态响应之和表示电路的全响应。即

全响应＝零输入响应＋零状态响应

将电路的全响应分解为零输入响应与零状态响应的叠加，是着眼于电路的因果关系；而将电路分解为稳态分量与暂态分量的叠加则是着重说明含有储能元件的电路，换路后通常要经过一段过渡状态才能进入新的稳定状态。

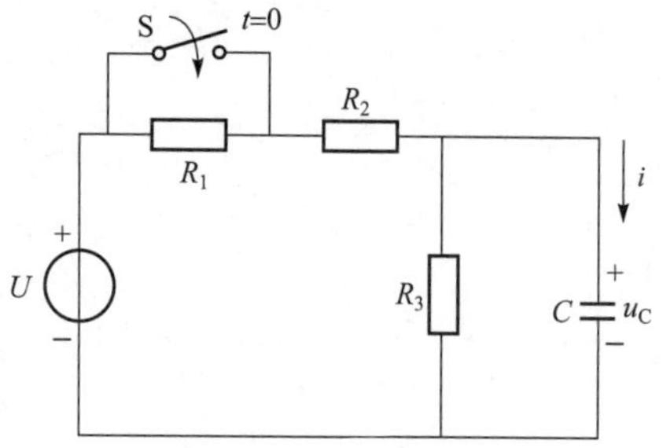

图 3.22　例 3.4 电路

例 3.4　在图 3.22 所示电路中，开关 S 闭合前电路已达到稳态。已知：$U=10$ V，$R_1=R_2=R_3=10\ \Omega$，$C=100\ \mu$F，在 $t=0$ 时将开关 S 闭合。求 $t>0$ 时电容电压 u_C 和电流 i，并画出 u_C 和 i 的波形图。

解　① 图 3.22 中 S 闭合前电路已处于稳态，所以电容 C 相当于开路。

$$u_C(0_-) = U\frac{R_3}{R_1+R_2+R_3} = 10\times\frac{10}{10+10+10} = \frac{10}{3}\ (\text{V})$$

在图 3.22 所示电路中，将开关 S 闭合后，除电容 C 以外的含源二端网络用戴维宁等效电路代替，得图 3.23（a），其中

$$U_S = U\frac{R_3}{R_2+R_3} = 10\times\frac{10}{10+10} = 5\ (\text{V})$$

$$R_0 = R_2 // R_3 = \frac{10\times 10}{10+10} = 5\ (\Omega)$$

用叠加法求 u_C，有

全响应＝零状态响应＋零输入响应

其中零状态响应 u_{C1} 是由外加激励引起的，电容电压将由零向稳态值 U_S 按指数规律增长，即

$$u_{C1} = U_S\left(1-e^{-\frac{t}{\tau}}\right) = 5\left(1-e^{-\frac{t}{\tau}}\right)\ (\text{V})$$

零输入响应 u_{C2} 是由电容初始储能引起的，电容电压将由初始值向零按指数规律衰减，即

$$u_{C2} = u_C(0_+)\,e^{-\frac{t}{\tau}}$$

由换路定律知 $u_C(0_+) = u_C(0_-) = \frac{10}{3}$ V，代入上式，得

$$u_{C2} = \frac{10}{3}e^{-\frac{t}{\tau}}\ (\text{V})$$

时间常数

$$\tau = R_0 C = 5\times 100\times 10^{-6} = 5\times 10^{-4}\ (\text{s})$$

全响应为

$$u_C=u_{C1}+u_{C2}$$
$$=5\left(1-e^{-\frac{t}{\tau}}\right)+\frac{10}{3}e^{-\frac{t}{\tau}}=5-\frac{5}{3}e^{-2\,000\,t}\ (V)$$

② $$i=C\frac{du_C}{dt}=C\,\frac{d}{dt}\left(5-\frac{5}{3}e^{-2\,000\,t}\right)=\frac{1}{3}e^{-2\,000\,t}\ (V)$$

③ u_C 和 i 随时间变化的曲线如图 3.23（b）所示。

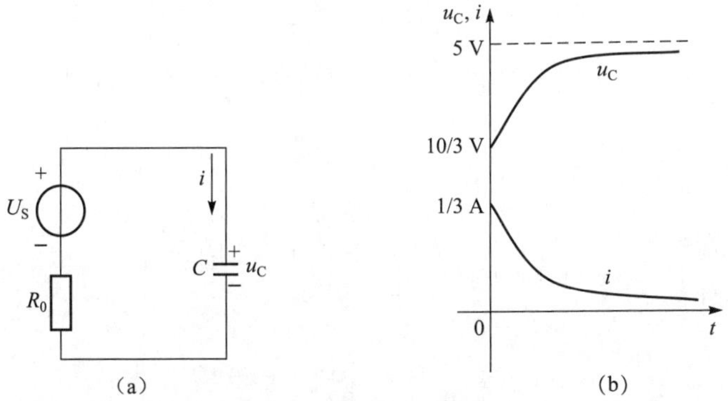

图 3.23　例 3.4 的解答

3.4　*RL* 电路的响应

用经典法分析 *RL* 电路的响应与分析 *RC* 电路的响应相类似。下面分别介绍 *RL* 电路的零输入响应、零状态响应和全响应。

3.4.1　*RL* 电路的零输入响应

在图 3.24 所示电路中，开关 S 打开前电路已达到稳定状态，此时电感相当于短路，电感中的电流为

$$i_L(0_-)=\frac{U_S}{R}=I_0$$

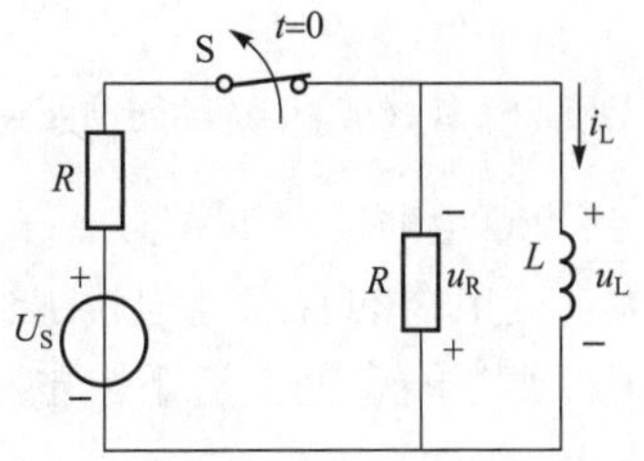

图 3.24　*RL* 零输入响应电路

开关 S 在 $t=0$ 时打开，由换路定律，有

$$i_L(0_+)=i_L(0_-)=I_0$$

根据 KVL，换路后电路的电压方程式为

$$u_L+u_R=0$$

把 $u_L=L\frac{di_L}{dt}$、$u_R=i_LR$ 代入上式，即得电路的微分方程

$$L\frac{di_L}{dt}+Ri_L=0 \tag{3.32}$$

式（3.32）为一阶线性齐次微分方程，由高等数学知，其通解形式为

$$i_L = A e^{st}$$

特征方程为

$$Ls + R = 0$$

故特征根

$$s = -\frac{R}{L}$$

为满足初始条件 $i_L(0_+)=I_0$，则积分常数 $A=I_0$。因而，电流为

$$i_L = A e^{st} = I_0 e^{-\frac{R}{L}t} = I_0 e^{-\frac{t}{\tau}} \tag{3.33}$$

式中，$\tau=L/R$，称 τ 为 RL 电路的时间常数。当 L 的单位用亨利（H），R 的单位用欧姆（Ω）时，则 τ 的单位为秒（s）。

电阻上的电压为

$$u_R = i_L R = RI_0 e^{-\frac{t}{\tau}} = U_S e^{-\frac{t}{\tau}} \tag{3.34}$$

电感上的电压为

$$u_L = L\frac{di_L}{dt} = -RI_0 e^{-\frac{t}{\tau}} = -U_S e^{-\frac{t}{\tau}} \tag{3.35}$$

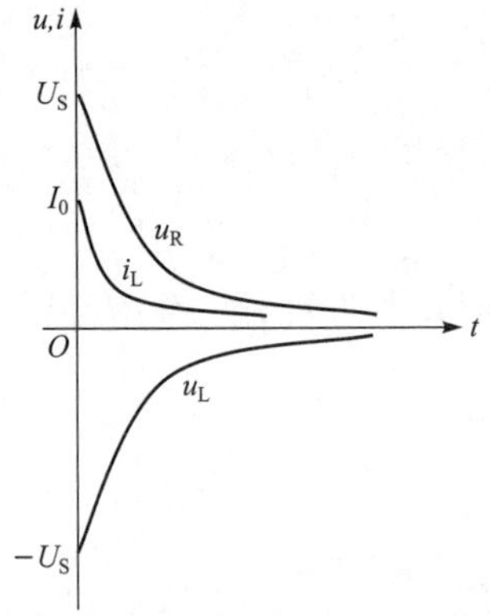

图 3.25　i_L、u_L 和 u_R 随时间变化的曲线

电流 i_L 与电压 u_L、u_R 随时间变化的曲线如图 3.25 所示。

图 3.24 所示电路，换路后外加激励为零，电路的响应是由电感的初始储能产生的，是零输入响应。因此，在 $t>0$ 以后，流过电感中的电流和它两端电压以及电阻的电压均按同一指数规律变化，其绝对值均随时间逐渐衰减。当 $t\to\infty$ 时，过渡过程结束，电路中的电流、电阻和电感的电压均为零。

RL 电路中电流和电压随时间衰减的过程，实质上是电感所储存的磁场能量被电阻转换为热能逐渐消耗掉的过程。

RL 电路的时间常数 $\tau=L/R$，它与 L 成正比，与 R 成反比。当 L 越大、R 越小时，τ 越大，则电路的暂态过程就越长。这是由于 L 越大，在一定的电流下，磁场能量越大；而 R 越小，则在一定的电流下，电阻消耗的功率越小，耗尽相同能量所用的时间也就越长。

3.4.2　*RL* 电路的零状态响应

图 3.26 所示电路中，开关 S 由 b 合向 a 之前，电感中的电流为零，即 $i_L(0_-)=0$。$t=0$ 时，将开关由 b 合向 a。

电路换路后，根据 KVL，可得电路的微分方程

$$L\frac{di_L}{dt} + Ri_L = U_S \tag{3.36}$$

上式是一阶线性非齐次微分方程。按照经典法它的完全解由其特解（i'_L）和相应的齐次微分方程的通解（i''_L）两部分构成，即

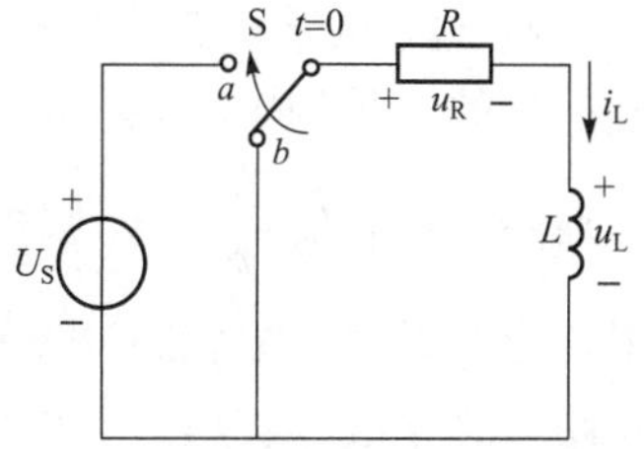

图 3.26　*RL* 零状态响应电路

$$i_L = i'_L + i''_L$$

其中

$$i'_L = i_L(\infty) = \frac{U_S}{R}$$

$$i''_L = A e^{-\frac{t}{\tau}}$$

式中，$\tau = \frac{L}{R}$，是图 3.26 所示电路的时间常数。因此，电感电流为

$$i_L = \frac{U_S}{R} + A e^{-\frac{t}{\tau}}$$

根据换路定律，$i_L(0_+) = i_L(0_-) = 0$。在 $t = 0$ 时，有

$$0 = \frac{U_S}{R} + A$$

得

$$A = -\frac{U_S}{R}$$

所以电感电流为

$$i_L = \frac{U_S}{R} - \frac{U_S}{R} e^{-\frac{t}{\tau}} = \frac{U_S}{R}\left(1 - e^{-\frac{t}{\tau}}\right) \tag{3.37}$$

电感两端的电压为

$$u_L = L\frac{di_L}{dt} = U_S e^{-\frac{t}{\tau}} \tag{3.38}$$

电阻电压为

$$u_R = Ri_L = U_S\left(1 - e^{-\frac{t}{\tau}}\right) \tag{3.39}$$

图 3.27 中画出了 i_L、u_L 和 u_R 随时间变化的曲线。

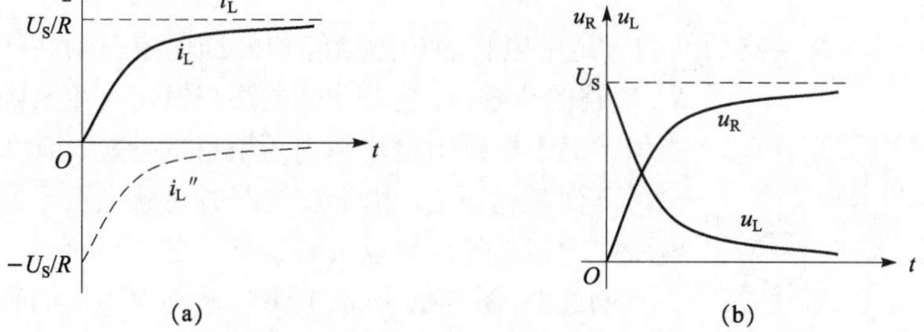

图 3.27　i_L、u_L 和 u_R 随时间变化的曲线

图 3.26 所示电路，换路后，电感的初始储能为零，处于零状态，电路的响应是由外加激励产生的，故为零状态响应。在此电路中，电感的电流由初始值 $i_L(0_+)=0$ 按指数规律增长，最后趋于稳态值 $\dfrac{U_S}{R}$；u_L 则由换路前的零值跃变到 U_S 以后，立即按指数规律衰减，最后趋于零。也就是说，零状态 *RL* 电路与恒定电压接通时，电感元件相当于由开始断路逐渐演变成短路，这个过程实质上是电感元件储存磁场能量的过程。

3.4.3 *RL* 电路的全响应

在图 3.28 所示电路中，若开关 S 闭合前电路已处于稳态，电感中的电流为

$$i_L(0_-)=\frac{U_S}{2R}=I_0$$

电路换路后的微分方程为

$$L\frac{di_L}{dt}+Ri_L=U_S$$

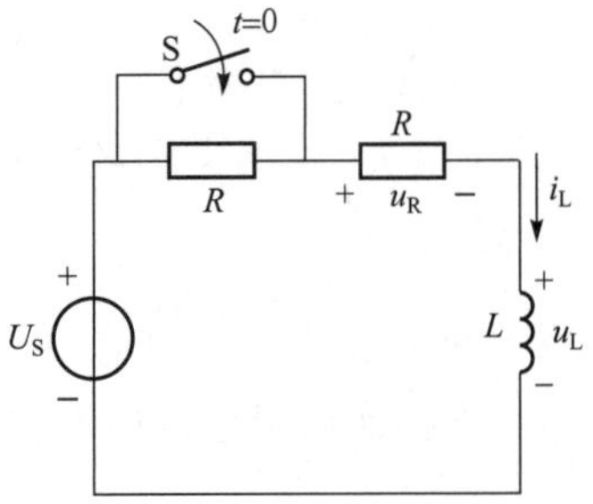

图 3.28 *RL* 全响应电路

显然，上式与式（3.36）完全一样，因此其解的形式也应相同，即

$$i_L=i_L'+i_L''=\frac{U_S}{R}+Ae^{-\frac{t}{\tau}}$$

由换路定律，得

$$i_L(0_+)=i_L(0_-)=I_0$$

积分常数

$$A=I_0-\frac{U_S}{R}$$

所以，电路中的电流为

$$i_L=\frac{U_S}{R}+\left(I_0-\frac{U_S}{R}\right)e^{-\frac{t}{\tau}} \tag{3.40}$$

电感电压为

$$u_L=L\frac{di_L}{dt}=(U_S-RI_0)e^{-\frac{t}{\tau}} \tag{3.41}$$

图 3.28 所示电路换路后的响应是由电感的初始储能和外加恒定激励共同产生的，故为 *RL* 电路的全响应。它与 *RC* 电路在恒定直流激励下的全响应相类似，对于电路中电流和电压解答的分析，此处从略。

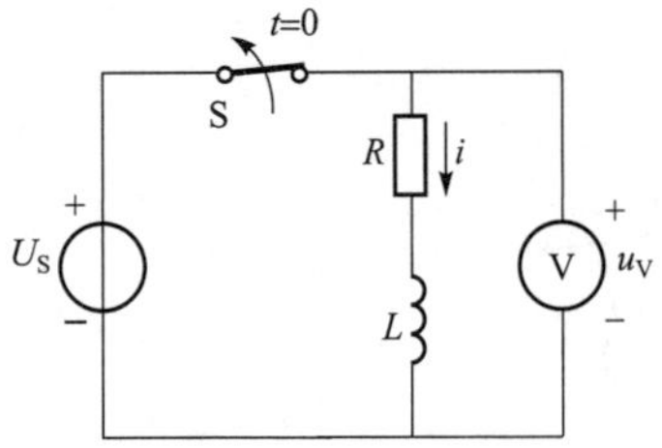

图 3.29 例 3.5 的电路图

下面举例说明，由于在换路时电感电流不能突变而在实际电路中所带来的问题以及解决问题的方法。

例 3.5 图 3.29 所示电路为他励电动机的激磁回路的电路模型。设电阻 $R=80\ \Omega$，$L=1.5$ H，电源电压 $U_S=40$ V，电压表量程为 50 V，内阻 $R_V=50\ \text{k}\Omega$。开关 S 在未打开前电路已处

于稳定状态，在 $t=0$ 时打开 S。求：① S 打开后 RL 电路的时间常数；② S 打开后电流 i 和电压表两端的电压 u_V；③ 开关 S 刚打开时，电压表所承受的电压。

解　① 时间常数为：

$$\tau=\frac{L}{R+R_V}=\frac{1.5}{80+50\times10^3}=0.03\text{（ms）}$$

② 开关打开前电路已处于稳态，在恒定直流激励下，电感相当于短路，故

$$i(0_-)=\frac{U_S}{R}=\frac{40}{80}=0.5\text{（A）}$$

由换路定律知

$$i(0_+)=i(0_-)=0.5\text{（A）}$$

开关 S 打开后，RL 电路为零输入电路，其响应由初始值按指数规律衰减，所以电流为

$$i=i(0_+)\mathrm{e}^{-\frac{t}{\tau}}=0.5\mathrm{e}^{-\frac{t}{0.03\times10^{-3}}}=0.5\mathrm{e}^{-3.3\times10^4t}\text{（A）}$$

电压表两端的电压

$$u_V=-iR_V=-0.5\mathrm{e}^{-3.3\times10^4t}\times50\times10^3=-25\times10^3\mathrm{e}^{-3.3\times10^4t}\text{（V）}$$

③ 开关 S 打开时，电压表所承受的电压也就是 $t=0$ 时刻电压表两端的电压，即

$$u_V=-25\times10^3\text{（V）}$$

由以上分析、计算可以看出，在换路瞬间，由于电感的电流不能跃变，而电压表的内阻又远大于电感线圈的电阻 R，所以在电压表两端出现很高的电压，该电压绝对值等于 $\frac{R_V}{R}U_S$，它远大于直流电源电压 U_S。此时，电压表可能因承受不了这一电压而损坏；另外，此时开关 S 也承受很高的电压，使触头之间产生电弧，可能会将触头烧坏，还可能危及操作人员的人身安全。因此，若电路中接有电压表或其他测量仪器时，在切断电感电流前，应使它们脱离电路，以免产生过电压而损坏仪器设备。

为了防止电感线圈和直流电源断开时造成的高电压，还可以采用并联接入二极管的方法，见图 3.30。由于二极管正向电阻很小，反向电阻很大，当电路正常工作时，二极管处于反向接法，对电路工作无影响。当开关打开时，感应电动势的方向和电流方向相同，即图 3.30 电路中 B 点电位高于 A 点电位，此时二极管为正向接法，给电流 i 提供了一条通路，其实质是电感中所储存的磁场能量通过电阻转换为热能消耗掉，从而避免因换路而产生过电压现象。

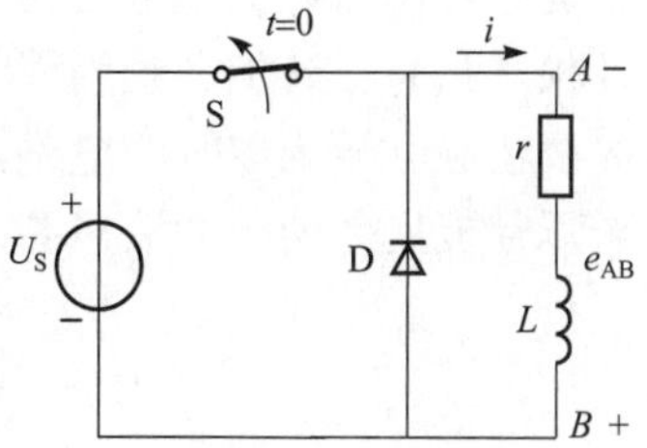

图 3.30　接入续流二极管

3.5　一阶电路暂态分析的三要素法

前面讨论的一阶 RC 电路和 RL 电路是电工电子技术中经常遇到的电路，虽已讲解了求解电路全响应的一般方法，即经典法，但是在实际工作中往往不要求计算出全响应的分量——稳态分量和暂态分量或是零输入响应分量和零状态响应分量，而是要求直接计算出全响应的

结果。因此，本节介绍一种工程上更实用、更快捷的分析一阶电路在恒定直流激励下全响应的方法，即三要素法。

如果用 $f(t)$ 表示一阶电路在恒定直流激励下待求的电压或电流，它的初始值用 $f(0_+)$ 表示、稳态值用 $f(\infty)$ 表示，电路的时间常数用 τ 表示，则一阶电路中电压或电流的完全解可表示为

$$f(t)=f(\infty)+A\mathrm{e}^{-\frac{t}{\tau}} \tag{3.42}$$

当激励为恒定直流时，式（3.42）中稳态分量 $f(\infty)$ 为直流量。

暂态分量 $A\mathrm{e}^{-\frac{t}{\tau}}$ 按指数规律衰减，其衰减的快慢由电路的时间常数决定。由于电路是一个整体，在一个回路中，各部分电压要受到基尔霍夫电压定律的约束，而与节点相连的各条支路的电流要遵循基尔霍夫电流定律。因此，电路中不可能出现某一部分电压或电流进入稳定状态，而另一部分电压或电流仍处于过渡状态，也就是说，同一电路中各部分电压或电流在换路后，暂态分量衰减的快慢是相同的，即它们应具有同一时间常数。

积分系数 A 与响应的初始值有关，当 $t=0_+$ 时，有

$$f(0_+)=f(\infty)+A\mathrm{e}^{-\frac{0}{\tau}}$$

所以积分常数 A 可表示为

$$A=f(0_+)-f(\infty)$$

代入式（3.42），即可求得一阶电路暂态过程的完全解为

$$f(t)=f(\infty)+[f(0_+)-f(\infty)]\,\mathrm{e}^{-\frac{t}{\tau}} \tag{3.43}$$

式（3.43）为求解一阶线性电路全响应的三要素法的一般公式。

电路暂态过程初始值和稳态值的求法，前面已经详细讨论过。对于单回路 RC 电路和 RL 电路的时间常数则分别为 $\tau=RC$ 和 $\tau=L/R$。下面介绍如何求多回路一阶电路的时间常数。

由 RC 电路和 RL 电路稳态分析的讨论知道，电路的时间常数仅与电路的结构和元件的参数有关，而与外加电源无关。这是因为 $\tau=-1/s$，而 s 是一阶电路对应的齐次微分方程的特征根，只有在外加激励为零时，电路的微分方程才是齐次的。因此求电路的时间常数，可首先画出独立源为零时的电路，如将图 3.31（a）所示电路改画成图 3.31（b），然后在该电路中，求以储能元件两端为端口的二端网络的等效电阻 R_0，即可求出换路后电路的时间常数为

$$\tau=R_0C=\left(R_2+\frac{R_1R_3}{R_1+R_3}\right)C$$

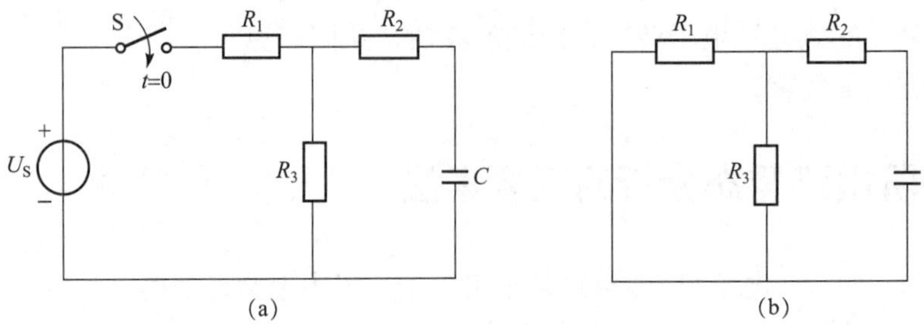

图 3.31　电路时间常数的求法

求一阶电路的时间常数的一般方法如下：

① 求时间常数，一定要在换路以后的电路中求，不能在换路前的电路中求。因为过渡过程发生在换路后的电路，时间常数是换路后电路的时间常数，不是换路前的电路的时间常数。

② 将换路后的电路中的动态元件（电容或电感）断开移除，剩下的电路就是一个二端网络。动态元件原连接于这个二端网络的两端。

③ 用戴维宁定理求二端网络等效电阻的方法求出此二端网络的戴维宁等效电阻 R_0。

④ RC 电路的时间常数为 $\tau=R_0C$；RL 电路的时间常数为 $\tau=L/R_0$。

将所求得的初始值、稳态值及时间常数代入式（3.43），即可得到所求电压、电流在换路后随时间变化的表达式。

例 3.6　电路如图 3.32（a）所示，$t<0$ 时开关 S 打开已久。$t=0$ 时将 S 闭合。试求换路后电压 $u(t)$，并画出 $u(t)$ 随时间变化的曲线。

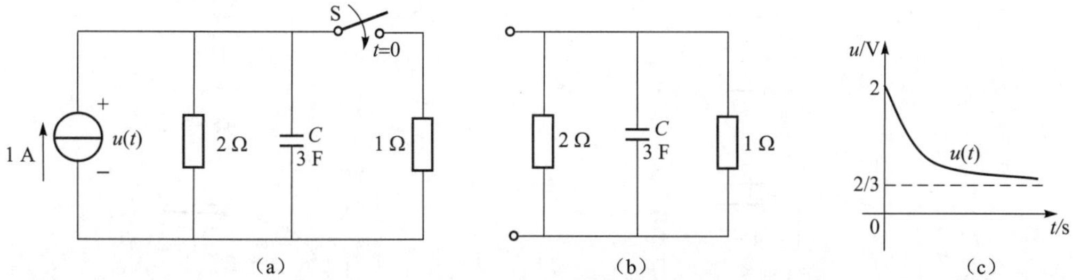

图 3.32　例 3.6 的图

解　利用三要素法求解。

① 求初始值 $u(0_+)$。

在 $t<0$ 时开关 S 打开已久，电路已进入稳态，在恒定直流电源作用下，电容相当于开路，由图 3.32（a）求得

$$u(0_-)=2\times1=2\ (\text{V})$$

该电压为电容两端的电压，根据换路定律，有

$$u(0_+)=u(0_-)=2\ (\text{V})$$

② 求稳态值 $u(\infty)$。

换路后，电路处于新的稳态时，电容也相当于开路，故得

$$u(\infty)=1\times\frac{2\times1}{2+1}=\frac{2}{3}\ (\text{V})$$

③ 求时间常数 τ。

开关闭合后，令图 3.32（a）中电流源为零，得电路如图 3.32（b）所示。在该电路中，以电容两端为端口的二端网络的等效电阻为

$$R_0=\frac{2\times1}{2+1}=\frac{2}{3}\ (\Omega)$$

故电路的时间常数为

$$\tau=R_0C=\frac{2}{3}\times3=2\ (\text{s})$$

将 $u(0_+)$、$u(\infty)$ 和 τ 代入三要素法公式，得

$$u(t)=u(\infty)+[u(0_+)-u(\infty)]e^{-\frac{t}{\tau}}$$
$$=\frac{2}{3}+\left(2-\frac{2}{3}\right)e^{-\frac{t}{\tau}}=\frac{2}{3}+\frac{4}{3}e^{-\frac{t}{2}}\text{（V）}$$

图 3.32（c）画出了 $u(t)$ 随时间变化的曲线。

例 3.7 电路如图 3.33（a）所示，$t=0$ 时开关 S 由 a 合向 b，假定换路前电路已处于稳态。试求 $t>0$ 时的 $i_L(t)$和 $i(t)$，并画出它们随时间变化的曲线。

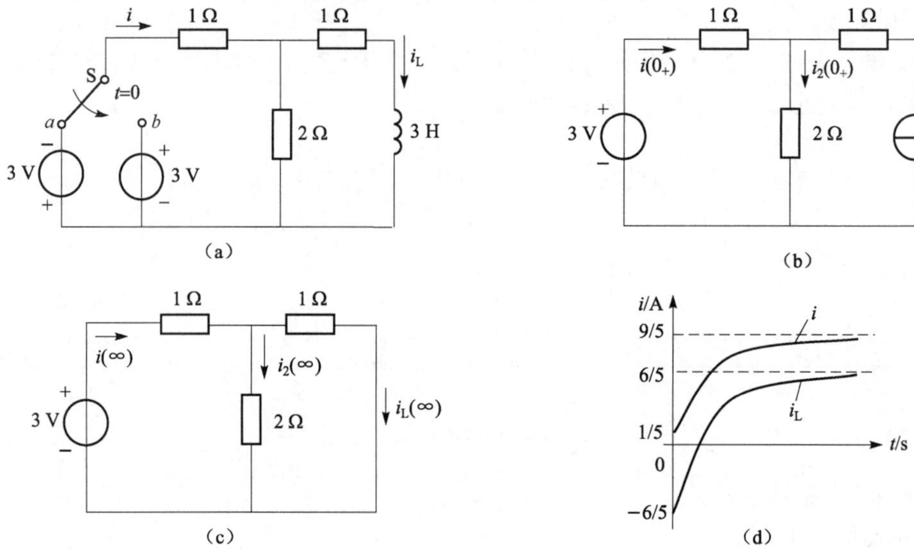

图 3.33 例 3.7 的图

解 用三要素法解此题。

① 求 $i_L(0_+)$和 $i(0_+)$。

换路前电路已处于稳态，在恒定直流作用下电感相当于短路。由图 3.33（a）所示电路中，可求得电感电流为

$$i_L(0_-)=-\frac{3}{1+\frac{1\times2}{1+2}}\times\frac{2}{1+2}=-\frac{6}{5}\text{（A）}$$

根据换路定律，有

$$i_L(0_+)=i_L(0_-)=-\frac{6}{5}\text{（A）}$$

$t=0_+$时的等效电路如图 3.33（b）所示，其中电感等效为$-\frac{6}{5}$A 的恒流源。由 KCL 可得

$$i_2(0_+)=i(0_+)-i_L(0_+)$$

根据 KVL，图 3.33（b）中左回路的电压方程式为

$$1\times i(0_+)+2[i(0_+)-i_L(0_+)]=3$$

$$i(0_+)=\frac{3+\left(2\times\dfrac{-6}{5}\right)}{3}=\frac{1}{5}\text{（A）}$$

② 求 $i_L(\infty)$ 和 $i(\infty)$。

$t=\infty$时的等效电路如图 3.33（c）所示，其中电感相当于短路。由图中得

$$i(\infty)=\frac{3}{1+\dfrac{2\times1}{2+1}}=\frac{9}{5}\text{（A）}$$

由分流公式可求得

$$i_L(\infty)=\frac{9}{5}\times\frac{2}{2+1}=\frac{6}{5}\text{（A）}$$

③ 求时间常数τ。

电路换路后，以电感两端为端口的戴维宁等效电路的等效电阻为

$$R_0=1+\frac{2\times1}{2+1}=\frac{5}{3}\text{（Ω）}$$

故时间常数为

$$\tau=\frac{L}{R_0}=\frac{3}{\dfrac{5}{3}}=\frac{9}{5}\text{（s）}$$

将上述结果代入三要素法公式，求得电流分别为

$$\begin{aligned}i(t)&=i(\infty)+[i(0_+)-i(\infty)]e^{-\frac{t}{\tau}}\\&=\frac{9}{5}+\left(\frac{1}{5}-\frac{9}{5}\right)e^{-\frac{5}{9}t}=\frac{9}{5}-\frac{8}{5}e^{-\frac{5}{9}t}\text{（A）}\end{aligned}$$

和

$$\begin{aligned}i_L(t)&=i_L(\infty)+[i_L(0_+)-i_L(\infty)]e^{-\frac{t}{\tau}}\\&=\frac{6}{5}+\left(-\frac{6}{5}-\frac{6}{5}\right)e^{-\frac{5}{9}t}=\frac{6}{5}-\frac{12}{5}e^{-\frac{5}{9}t}\text{（A）}\end{aligned}$$

$i(t)$和 $i_L(t)$随时间变化曲线如图 3.33（d）所示。

在图 3.33（d）中，可通过电流初始值的点作曲线的切线与稳态值相交，此交点在时间轴上所对应的时间，即为电路的时间常数τ，这是求电路时间常数的又一种方法。

由例 3.6 和例 3.7 可以看出，换路后电路的激励为恒定直流时，一阶电路的响应都是按指数规律变化的。若稳态值大于初始值，换路后响应由初始值按指数规律上升，若稳态值小于初始值，其响应由初始值按指数规律下降，经过一段时间后均达到稳态值。

例 3.8　电路如图 3.34 所示，开关 S 原合在 a 时电路已处于稳态，在 t=0 时将开关 S 由 a 合向 b，试求 $t\geqslant0$ 时的 $u_C(t)$。

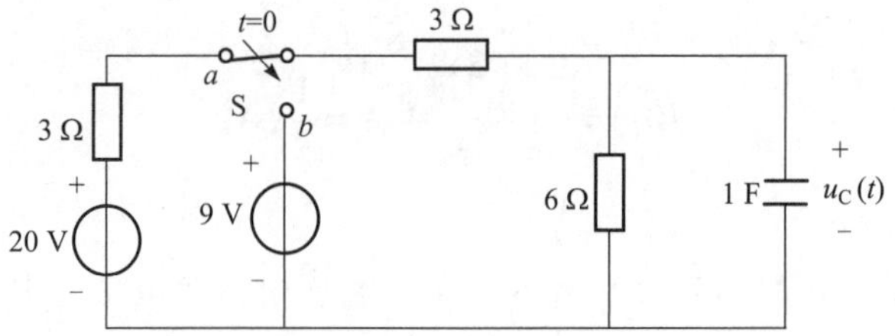

图 3.34　例 3.8 的电路

解　用三要素法求解。

$$u_C(0_+) = u_C(0_-) = \frac{6}{3+3+6} \times 20 = 10 \ \text{(V)}$$

$$u(\infty) = \frac{6}{3+6} \times 9 = 6 \ \text{(V)}$$

$$\tau = R_0 C = \frac{3 \times 6}{3+6} \times 1 = 2 \ \text{(s)}$$

$$u_C(t) = u_C(\infty) + [u_C(0_+) - u_C(\infty)]\mathrm{e}^{-\frac{t}{\tau}}$$

$$= 6 + (10-6)\mathrm{e}^{-\frac{t}{2}} = 6 + 4\mathrm{e}^{-0.5t} \ \text{(V)} \quad (t \geqslant 0)$$

例 3.9　电路及参数如图 3.35 所示。在 t=0 时，开关闭合，开关闭合前电路已达稳态。① 求开关闭合后 $u(t)$（t≥0）；② 画出 $u(t)$（t≥0）的变化曲线。

解　①初始值为　$u(0_+) = u(0_-) = 6 \times (4+2) = 36 \ \text{(V)}$

稳态值为　$u(\infty) = 6 \times 4 = 24 \ \text{(V)}$

时间常数为　$\tau = R_0 C = (6+4) \times 0.2 = 2 \ \text{(s)}$

$$u(t) = u(\infty) + [u(0_+) - u(\infty)]\mathrm{e}^{-\frac{t}{\tau}}$$

$$= 24 + (36-24)\mathrm{e}^{-\frac{t}{2}} = 24 + 12\mathrm{e}^{-0.5t} \ \text{(V)} \ (t \geqslant 0)$$

② $u(t)$（t≥0）的变化曲线如图 3.36 所示。

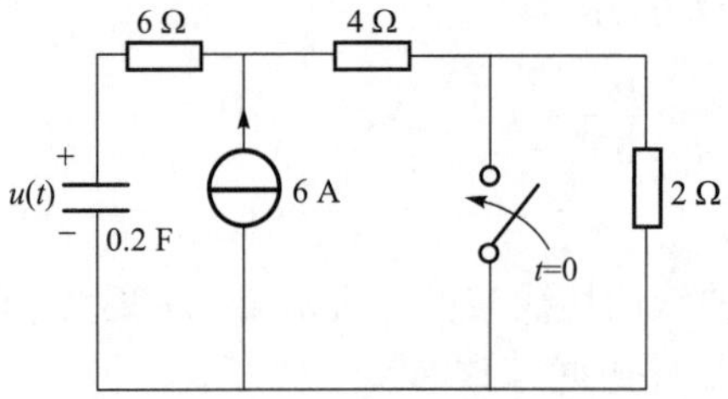

图 3.35　例 3.9 的电路

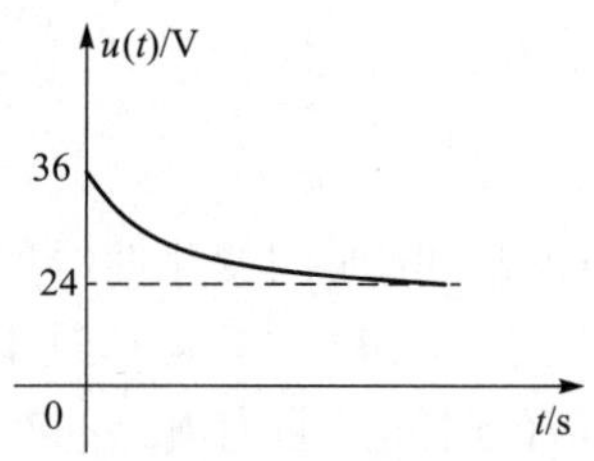

图 3.36　例 3.9 中 $u(t)$的变化曲线

3.6　*RC* 电路对矩形波激励的响应

在电工电子技术中，常遇到矩形波作用下的 *RC* 电路，其响应与电路的时间常数及矩形波持续的时间有关。本节所讨论的微分电路和积分电路是 RC 电路充、放电规律的应用实例，它们可以将输入的矩形波进行变换得到特定的输出波形。在选取了适当的时间常数 τ 的条件下，其输出电压波形与输入电压波形之间具有近似的微分或积分关系。

3.6.1　*RC*微分电路

RC 电路如图 3.37 所示，其输出电压取自电阻元件两端，即 $u_o=u_R$。输入电压 u_i 为周期矩形脉冲信号，如图 3.38（a）所示，当电路的时间常数满足 $\tau=RC \ll \min\{t_p, T-t_p\}$ 时，图 3.37 所示电路称为微分电路。

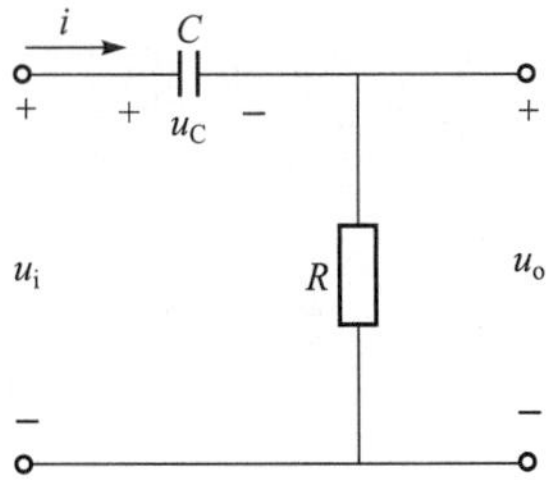

图 3.37　*RC* 电路

RC 微分电路数学关系式推导如下：

在图 3.37 所示 RC 串联电路中，u_C 与 i 为关联参考方向，故有

$$i = C\frac{du_C}{dt}$$

列出电路的 KVL 方程有

$$u_i = u_C + u_R = u_C + iR$$

由于 $\tau=RC \ll t_p$，有 $u_i \approx u_C$，所以

$$u_o = u_R = iR = RC\frac{du_C}{dt} \approx RC\frac{du_i}{dt} \tag{3.44}$$

即输出电压 u_o 与输入电压 u_i 之间存在近似的微分关系。在脉冲电路中，常用微分电路把矩形脉冲变换为尖脉冲，以作为触发信号。

由以上分析可知，构成 RC 微分电路需同时具备两个条件：

① u_o 从电阻两端输出，即 $u_o=u_R$；

② $\tau=RC \ll \min\{t_p, T-t_p\}$，工程上一般要求 $\tau<0.2\min\{t_p, T-t_p\}$。

下面分析微分电路在脉冲激励下响应的波形。

电路在 $0 \leqslant t \leqslant t_p$ 期间，设在第一个脉冲到来之前，电容无初始储能，电路工作情况相当于 RC 电路在恒定直流激励下的零状态响应，电容电压 u_C 从零按指数规律增长（充电）。由于脉冲持续时间 t_p 远大于电路的时间常数 τ，所以在 $t<t_p$ 期间，电容已充电完毕，电容电压 u_C 等于脉冲幅值 U。电阻电压 $u_R=u_o$，则在 $t=0$ 时由零跃变到 U，随后按指数规律衰减到零。

在 $t_p \leqslant t \leqslant T$ 期间，输入电压 $u_i=0$，电路工作情况相当于 RC 电路的零输入响应，电容电压 u_C 按指数规律衰减（放电）。由于 $\tau \ll (T-t_p)$，在 $t=T$ 之前，电容早已放电完毕。u_o 在 $t=t_p$ 时由零跃变到 $-U$，随后按指数规律衰减到零。

以后，在周期矩形脉冲的作用下不断重复上述过程。u_i、u_C 和 u_o 的波形如图 3.38 所示。

在 T 一定时，τ 越小，输出电压 u_o 与输入电压 u_i 之间越接近微分关系，电路的输出波形越窄。

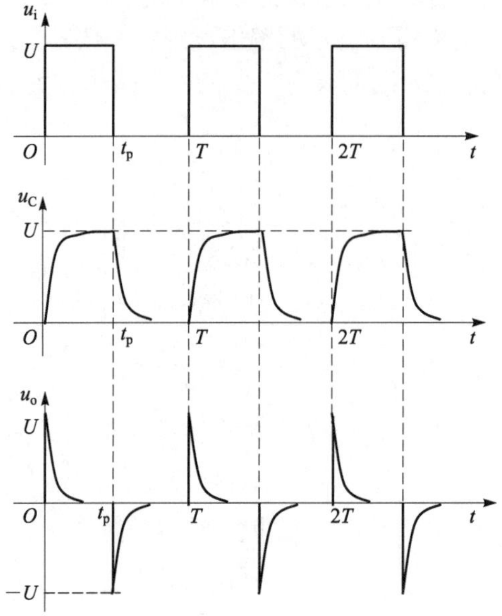

图 3.38 微分电路的工作波形

（a）u_i 波形；（b）u_C 波形；（c）u_o 波形；

3.6.2 *RC* 耦合电路

在图 3.37 所示电路中，当时间常数 $\tau \gg T$ 时，该电路将不再是微分电路，而成为 *RC* 耦合电路。在脉冲波形激励时，工作波形的分析如下：

在 $0 \leqslant t \leqslant t_p$ 期间，由于时间常数 τ 很大，电容充电的速率很慢，所以输出电压 $u_o=u_R$ 在初始时刻跃变到输入电压幅值 U 后，下降很少。

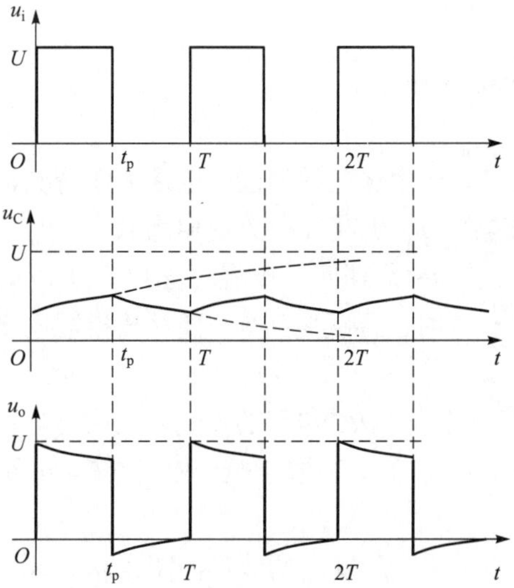

图 3.39 *RC* 耦合电路的工作波形

（a）u_i 波形；（b）u_C 波形；（c）u_o 波形；

当 $t=t_p$ 时，输入电压 u_i 由 U 跃变到 0，输出电压 u_o 也随着输入电压向负方向跃变 U。

在 $t_p \leqslant t \leqslant T$ 期间，输入电压 $u_i=0$，电容将已经充得的电压作为初始值进行放电。

以后在输入脉冲的作用下，重复以上过程。

在 T 一定时，τ 越大，电容充放电的电压越小，电路的输出波形越接近于输入波形。

由以上分析可知，构成 *RC* 耦合电路需同时具备两个条件：

① u_o 从电阻两端输出，即 $u_o=u_R$；

② $\tau=RC \gg T$，工程上一般要求 $\tau>10T$。

RC 耦合电路也称为阻容耦合电路，在模拟电子技术的多级交流放大电路中常用作级间耦合电路。*RC* 耦合电路的工作波形如图 3.39 所示。

3.6.3 *RC* 积分电路

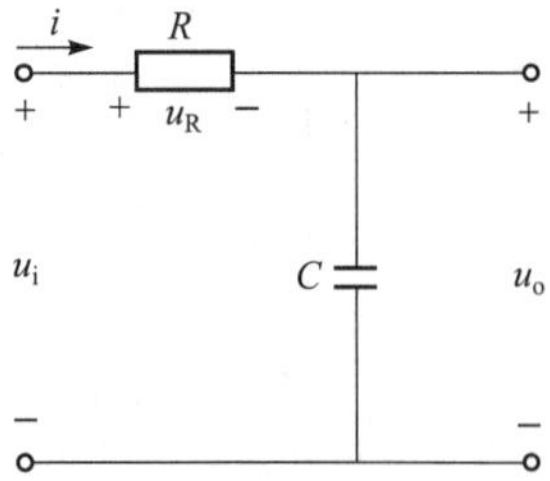

图 3.40　*RC* 积分电路

RC 电路如图 3.40 所示，与图 3.37 不同的是，电路的输出电压取自电容元件两端，即 $u_o=u_C$。其输入电压 u_i 为周期矩形脉冲电压，如图 3.41 所示。当满足电路时间常数 $\tau \gg T$ 的条件时，图 3.40 所示电路称为 *RC* 积分电路。

当 $\tau \gg T$ 时，u_o 与 u_i 积分的数学关系式可推导如下：

对图 3.40 电路列写 KVL 方程式得到电阻两端的电压 u_R，即

$$u_R=u_i-u_C$$

由 $\tau \gg T$ 的条件可知，电容电压 u_C 很小，可忽略不计，故近似认为 $u_i \approx u_R$，所以有

$$u_o=u_C=\frac{1}{C}\int i\mathrm{d}t=\frac{1}{C}\int \frac{u_R}{R}\mathrm{d}t=\frac{1}{RC}\int u_R\mathrm{d}t \approx \frac{1}{RC}\int u_i\mathrm{d}t \tag{3.45}$$

由式（3.45）可见输出电压 u_o（即 u_C）与输入信号 u_i 的积分近似成正比，所以称该电路为积分电路。

由以上分析可知，构成 *RC* 积分电路需同时具备两个条件：

① u_o 从电容两端输出，即 $u_o=u_C$；

② $\tau=RC \gg T$，工程上一般要求 $\tau > 5T$。

下面分析积分电路在脉冲激励下响应的波形。

在图 3.41 中，设在第一个脉冲到来之前，电容无初始储能，在 $0 \leqslant t \leqslant t_p$ 期间，电路的工作情况相当于 *RC* 电路在恒定直流激励下的零状态响应，电容电压 $u_C=u_o$ 从零按指数规律向稳态值 U 增长（充电）。

在 $t=t_p$ 时，由于脉冲持续时间 t_p 远小于电路的时间常数 τ，所以在第一个脉冲结束时，电容电压远未充电到稳态值 U。

在 $t_p \leqslant t \leqslant T$ 期间，输入电压 u_i 为零，电容通过电阻放电。由于 $T \ll \tau$，所以到 $t=T$ 时，电容远未放电完毕，随后又开始了充电过程。以后电容将不断重复上述充放电过程。

需要说明的是，在最初几个充放电周期内，由于每一次充电过程中初始值与稳态值 U 的差值比随后放电过程中初始值与稳态值即零值的差值要大，所以在充、放电时间常数相同的条件下，在同样的时间内，充电的幅度要比放电的幅度大一些。这样，u_C 充、放电的初始值将不断提高。就变化的整体过程来说，可以称这一阶段为过渡过程阶段，这一阶段积分电路输出电压 u_o 随时间变化的曲线如图 3.41 所示。

经过若干个充、放电周期之后，随着充电初始值的不断提高，它与稳态值 U 的差值将逐次减小，而随着放电初始值的不断提高，放电的幅度将不断增加，因而使得充电时电压上升值与放电时电压下降值接近相等。这样，在充、放电时间相同条件下，在每一个周期的充、放电过程中“充多少电放多少电”，充电和放电的初始电压都稳定在一定的数值上，称这一阶段为电路的稳态工作过程。若把电路进入稳态过程的时刻定为时间起点，积分电路的输出电压 u_o 的波形如图 3.42 所示。

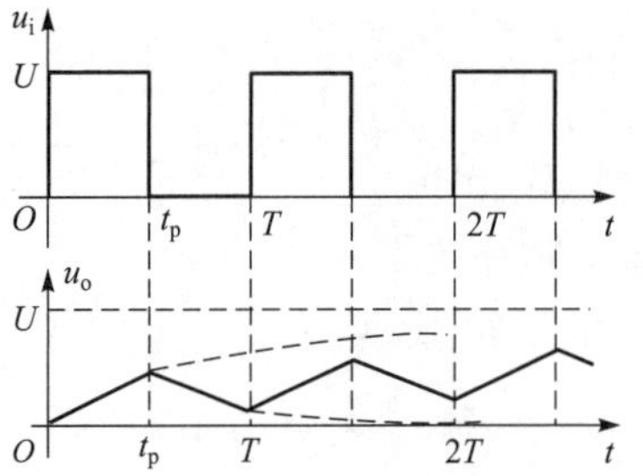

图 3.41　积分电路 u_o 过渡过程的变化曲线

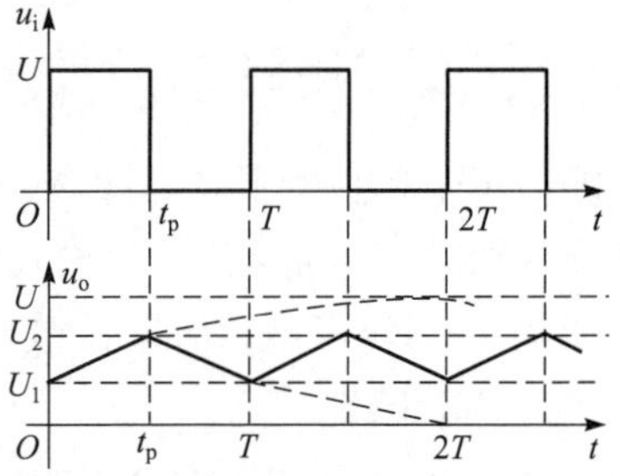

图 3.42　积分电路 u_o 稳态的变化曲线

在脉冲电路中，应用积分电路可将矩形脉冲变换为锯齿波电压，可作扫描等用途，但这种波形的线性度不够好。

在 T 一定的情况下，τ 越大，充电过程进行得越缓慢，积分电路所得的锯齿波电压的线性就越好，但在此情况下 u_o 也就越小，这是 RC 积分电路较大的缺点。

习题

3.1　已知在题图 3.1（a）所示电路中，电感元件 $L=2$ mH，电流的波形如题图 3.1（b）所示，试求其端电压 u 的波形。

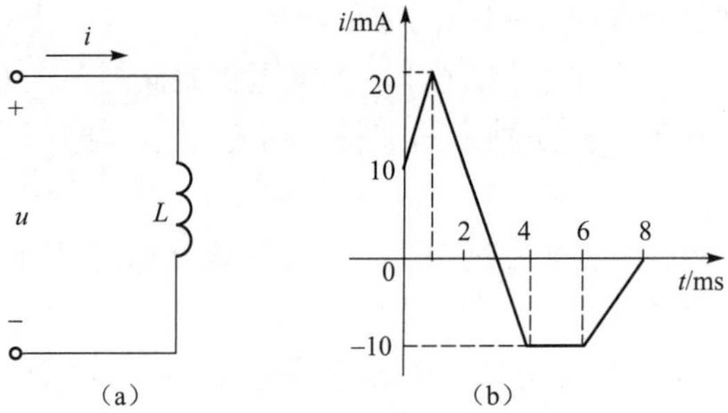

题图 3.1

3.2　如题图 3.2 所示，电容元件 $C=4\ \mu F$，已知其初始储能为零，有 $i=2$ mA 的电流作用在电容上，持续时间为 10 ms。（1）求电容在 10 ms 时的电压 u（10 ms）；（2）求电容在 10 ms 时的储能 w_C（10 ms）。

3.3　如题图 3.3 所示，已知 $i_L(0)=3$ A，2 V 的电压在 $t=0$ 时作用于 4 H 电感两端，历时 4 s。（1）求电感在时刻 2 s 时的电流 i_L（2 s）；（2）求电感在时刻 2 s 时的储能 w_L（2 s）。

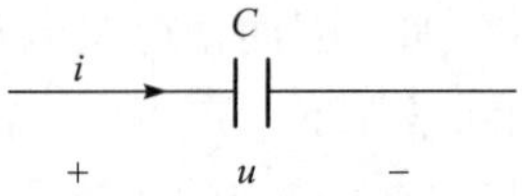

题图 3.2

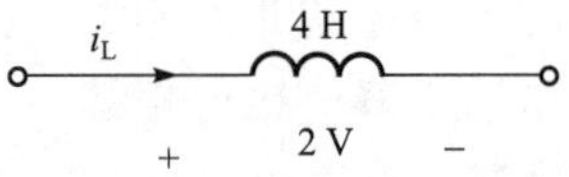

题图 3.3

3.4　电容元件及其两端电压波形如题图 3.4 所示，求 0～1 ms 及 $t=1.5$ ms 时电容的充电电流和 $t=2$ ms 时电容的储能。

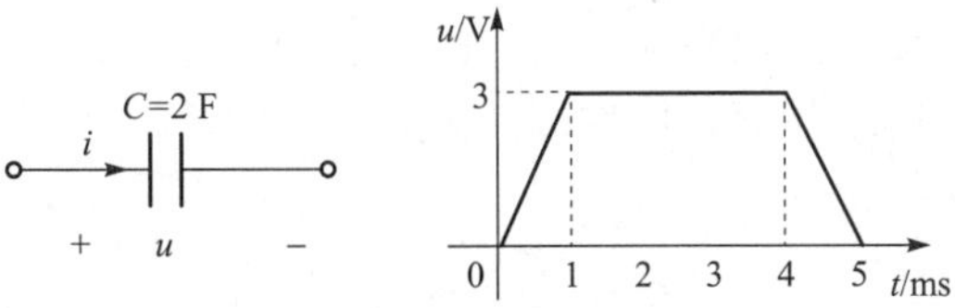

题图 3.4

3.5　电路如题图 3.5 所示，开关在 $t=0$ 时闭合，开关闭合前电路处于稳态。（1）求 $i_L(0_+)$、$u_L(0_+)$、$i_C(0_+)$和 $u_C(0_+)$；（2）求 $i_L(\infty)$、$u_L(\infty)$、$i_C(\infty)$和 $u_C(\infty)$。

3.6　电路如题图 3.6 所示，开关 S 闭合前电容和电感的储能均为零。$t=0$ 时将开关 S 闭合。求换路后电路各部分电压、电流的初始值及稳态值。

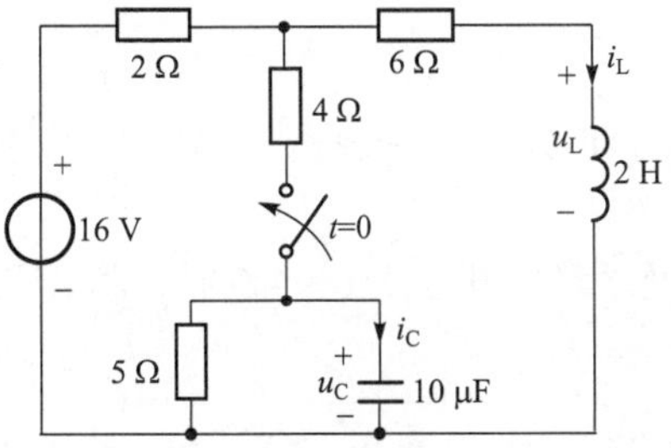

题图 3.5

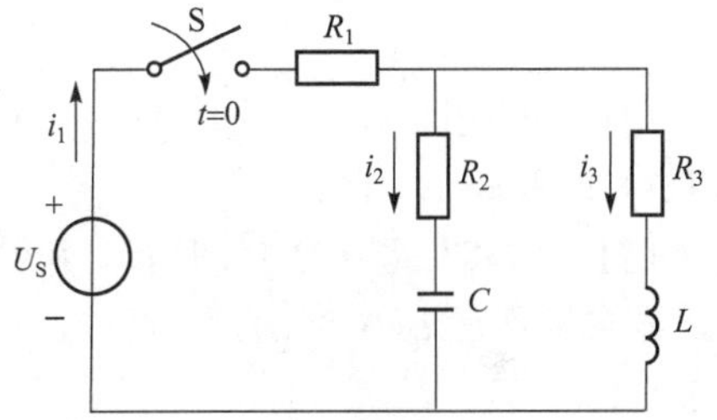

题图 3.6

3.7　电路如题图 3.7 所示，开关 S 闭合前电路已处于稳态。$t=0$ 时将开关 S 闭合。求换路后电容的电压与各支路电流的初始值和稳态值。

3.8　在题图 3.8 所示电路中，$u_C(0)=0$，$U=9$ V，$R=100$ kΩ，$C=50$ μF。$t=0$ 时将开关 S 闭合。试求：

（1）电路中电流的初始值；

（2）电路的时间常数 τ；

（3）经过多少时间，电流减少到初始值的一半？

（4）求 $t=3\tau$ 和 $t=5\tau$ 时，电路中的电流各等于多少？

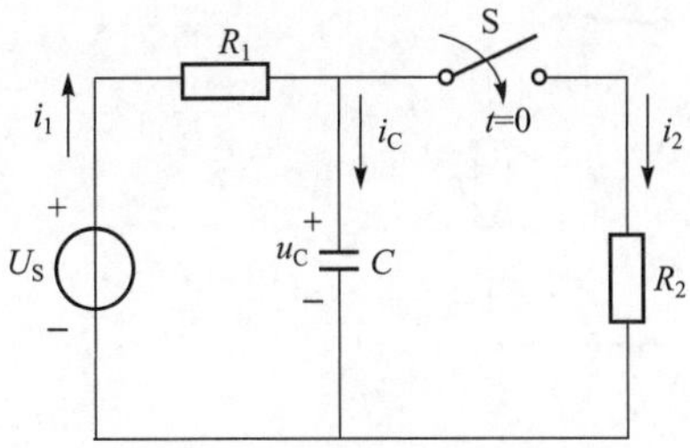

题图 3.7

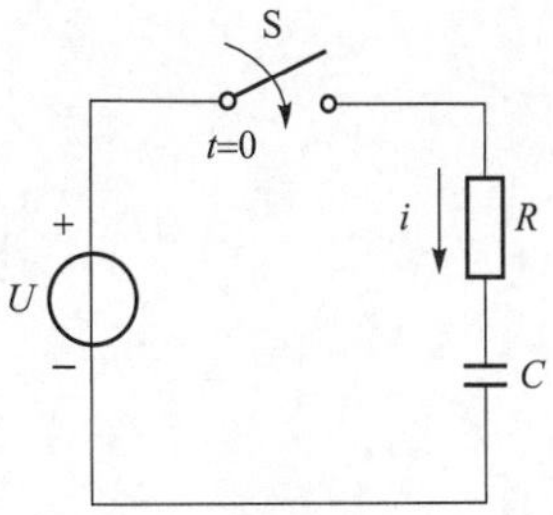

题图 3.8

3.9　题图 3.9 所示电路是一个有延迟作用的电路，晶体三极管 C、E 两极间原为开路，当电容器上电压充电到 5 V 时，起开关作用的晶体三极管 C、E 两极间将导通，使继电器 J 中有电流通过而动作。已知 $U=25$ V，$R=10$ kΩ，$C=20$ μF，D_Z 为稳压二极管。试求：

（1）电容由 0 充电至 5 V 所需时间 t；

（2）若要将延迟时间增加为原来的4倍，电阻 R 应选何值？

（3）如果上一次继电器动作后，电容因故未能放电完毕，残存电压为 3 V，这时电容器充电到 5 V 所需时间 t' 是多少？

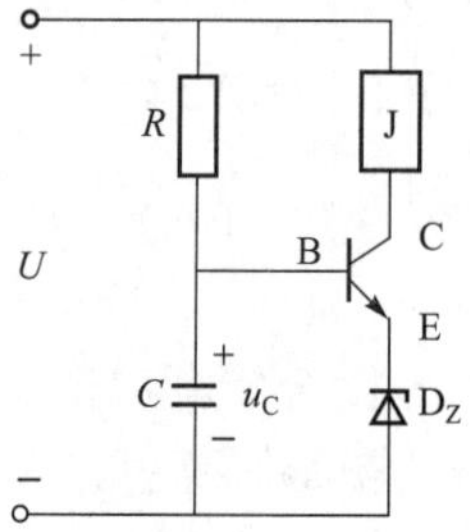

题图 3.9

3.10 在题图3.10所示电路中，$t=0$ 时开关 S 由 a 合向 b，已知换路前瞬间，电感电流为 1 A，求换路后 $i_L(t)$。

3.11 电路如题图3.11所示，开关 S 闭合前电路已处于稳定状态。在 $t=0$ 时，将开关闭合，试求换路后 $i_L(t)$ 和 $u_L(t)$。

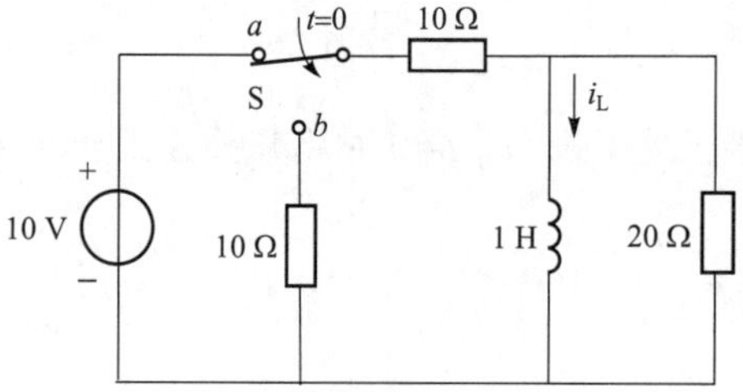

题图 3.10

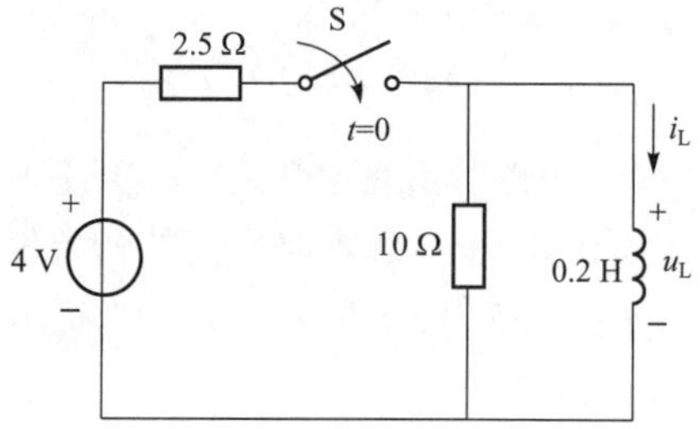

题图 3.11

3.12 在题图3.12所示电路中，$I_S=2$ mA，$R_1=R_2=1$ kΩ，$C=2$ μF。开关 S 打开前电路已达到稳态。试求开关在 $t=0$ 时打开后，恒流源两端的电压 $u(t)$。

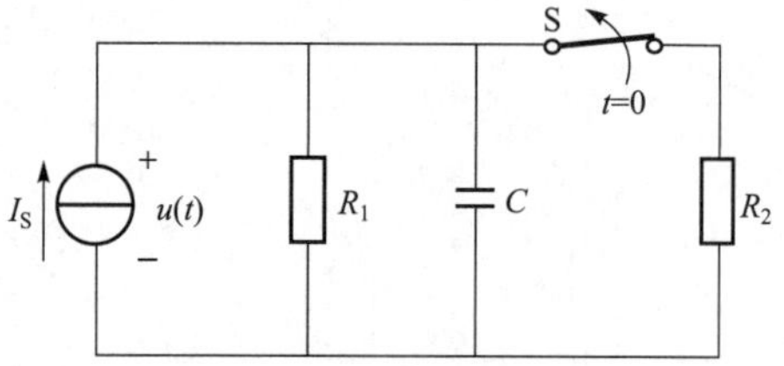

题图 3.12

3.13 在题图3.13（a）所示电路中，若电路原已处于稳态，$R_1=10$ Ω，$R_2=30$ Ω，$L=2$ H，$U=220$ V，$t=0$ 时将开关 S 闭合。

（1）当 S 闭合后，求电路中各支路电流；

（2）$t=2$ s 时将开关 S 打开，再求电路中各支路电流；

（3）如用 4 μF 的电容替换电感后，如题图3.13（b）所示，求（1）、（2）中各电流；

（4）绘出上述电流 i_1 随时间变化的曲线。

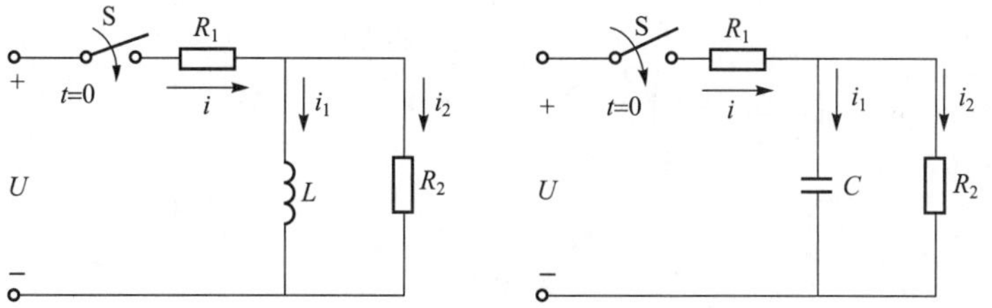

（a）　　（b）

题图 3.13

3.14　电路如题图 3.14（a）所示，已知 $R=50\ \text{k}\Omega$，$C=200\ \text{pF}$。输入信号电压为单个矩形波，幅度为 1 V，其波形如题图 3.14（b）所示。试求矩形波脉冲宽度 $t_p=20\ \mu\text{s}$ 和 $t_p=200\ \mu\text{s}$ 时电容电压 u_C 的波形。

3.15　在题图 3.15 所示电路中，已知 $U_S=80\ \text{V}$，$R_1=R_2=10\ \Omega$，$C=10\ \mu\text{F}$，$u_C(0)=0$。当 $t=0$ 时将开关 S_1 闭合，经过 0.1 ms 再将 S_2 断开。求 u_C 随时间的变化规律及 u_C 在 0.3 ms 时的值，并画出 u_C 随时间变化的曲线。

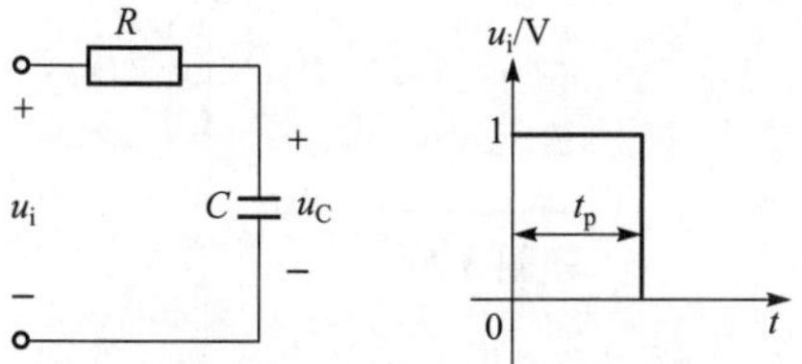

（a）　　（b）

题图 3.14

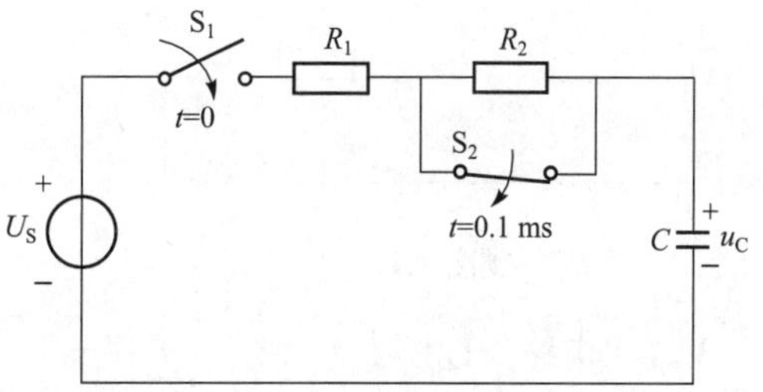

题图 3.15

3.16　在题图 3.16 所示电路中，$t<0$ 时电路已达稳态。试求 $t>0$ 时 $u_C(t)$ 、$i(t)$ 的表达式。

3.17　在题图 3.17 所示电路中，$i_L(0_-)=1\ \text{A}$、$t=0$ 时将 S 闭合。试求 i_L 的零输入响应、零状态响应和全响应，并画出 $i_L(t)$ 随时间变化的曲线。

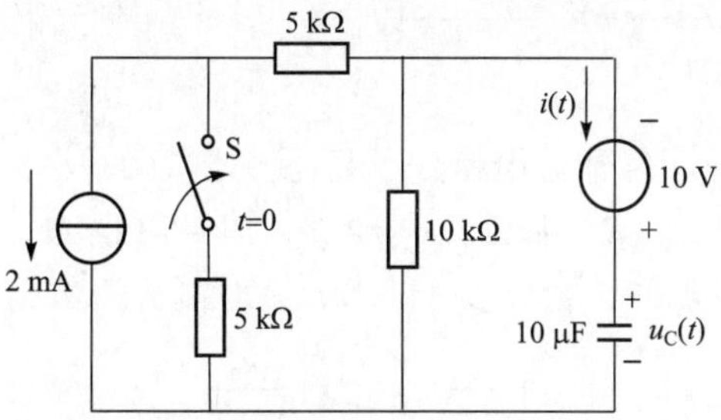

题图 3.16

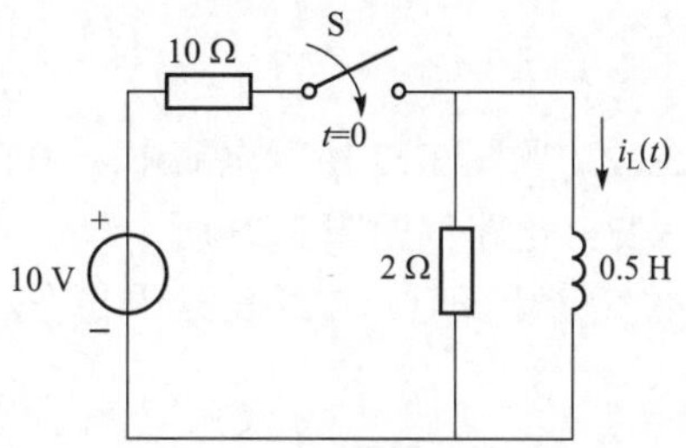

题图 3.17

3.18　在题图 3.18 所示电路中，已知理想电流源的电流 $I_S=10\ \text{mA}$，$R_1=R_2=1.5\ \text{k}\Omega$，$L_1=L_2=L_3=10\ \text{mH}$。在 $t=0$ 时将开关 S 闭合，求开关闭合后的电流 $i(t)$。

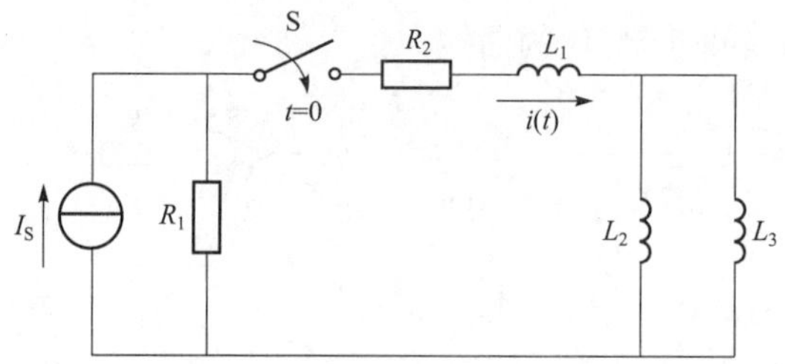

题图 3.18

3.19 在题图 3.19 所示电路中，已知 $U_S = 90$ V，$R = 60$ Ω，$C = 10$ μF，$r = R/2$。

（1）电路稳定后，当 t=0 时将开关 S 闭合，试求电容两端的电压；

（2）开关 S 闭合以后，经过 0.4 ms 将它打开，再求电容两端的电压。

3.20 电路如题图 3.20 所示。开关 S 闭合前电路已处于稳态，t=0 时将开关 S 闭合。试求换路后的 u_L。

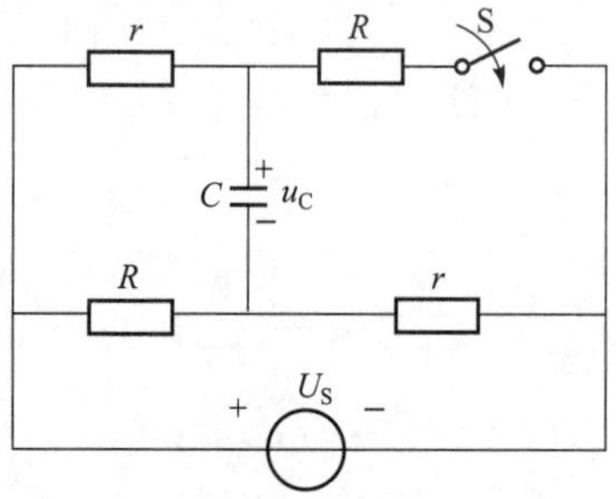

题图 3.19

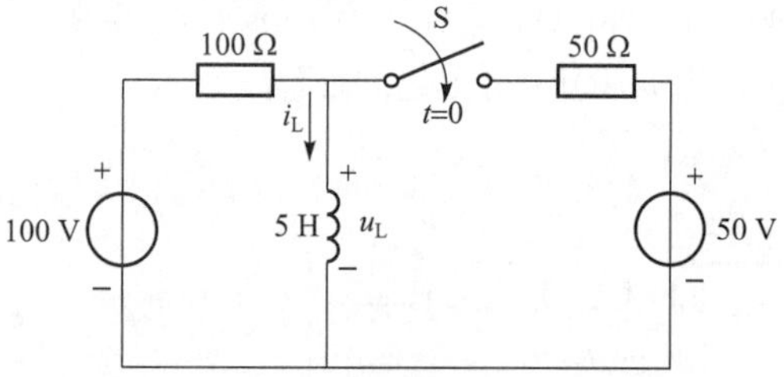

题图 3.20

3.21 电路如题图 3.21 所示，开关 S 在 b 点时，电路已处于稳态。t=0 时，S 由 b 合向 a。（1）求 t>0 时的 $u_C(t)$和 $i(t)$；（2）画出 $u_C(t)$和 $i(t)$随时间的变化曲线。

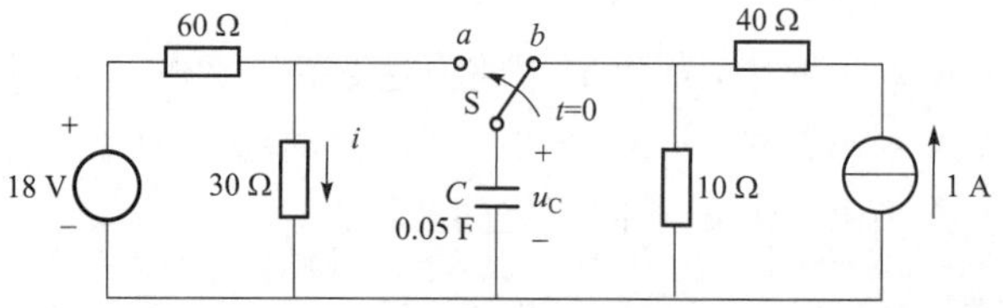

题图 3.21

3.22 题图 3.22 所示电路中 t=0 时开关打开，打开前电路处于稳态，求 $i_L(t)$，t⩾0。

3.23 电路如题图 3.23 所示，已知：U_S=24 V，R_1=8 Ω，R_2=4 Ω，R_3=6 Ω，L=2 H。当开关 S 合于 a 时，电路已处于稳态，t=0 时将开关 S 合向 b，试求 t>0 时的 $i_L(t)$和 $u_L(t)$。

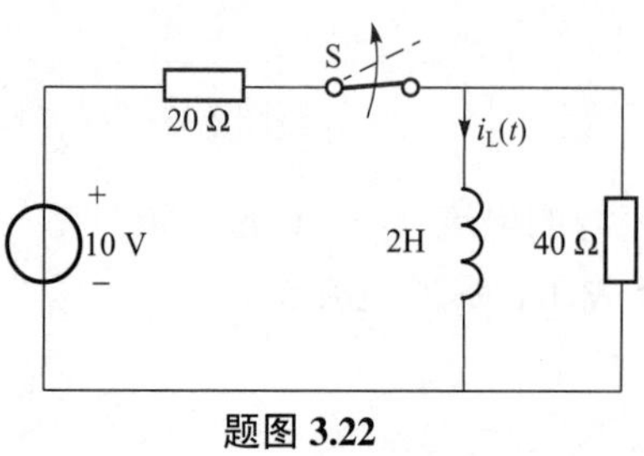

题图 3.22

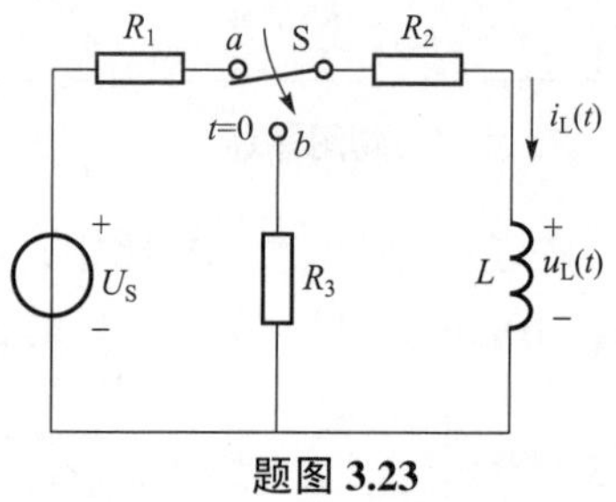

题图 3.23

3.24　电路如题图 3.24 所示，已知开关 S 处于断开状态时，电路已处于稳态，在 $t=0$ 时将开关 S 闭合。（1）试求电容电压 $u_C(t)$（$t\geqslant 0$）；（2）试求电流 $i(t)$（$t>0$）；（3）画出 $t>0$ 时 $u_C(t)$及 $i(t)$随时间变化的曲线。

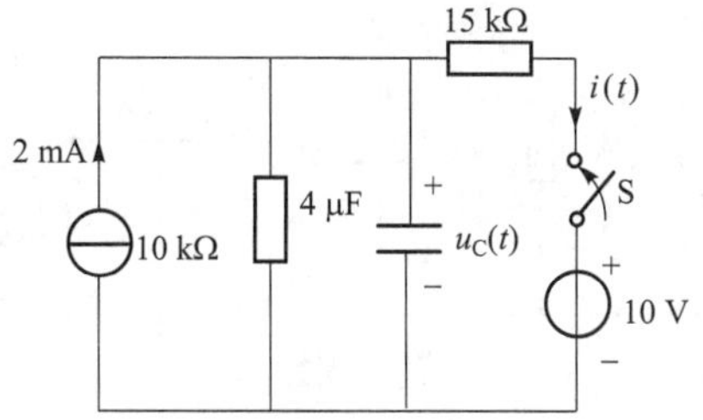

题图 3.24

3.25　题图 3.25 所示电路中，开关 S 原合在 a 时电路已处于稳态，在 $t=0$ 时将开关 S 由 a 合向 b，试求 $t\geqslant 0$ 时的 $u_C(t)$，并画出 $u_C(t)$ 的曲线。

3.26　电路如题图 3.26 所示，已知 $U_{S1}=12$ V，$U_{S2}=24$ V，$R_1=4\ \Omega$，$R_2=2\ \Omega$，$R_3=6\ \Omega$，$L=1.6$ H。开关 S 合于 a 时，电路已处于稳态，$t=0$ 时将开关 S 合向 b。（1）求 $t\geqslant 0$ 时的 $i_L(t)$，画出 $i_L(t)$ 的波形；（2）求 $t>0$ 时的 $u_L(t)$，画出 $u_L(t)$ 的波形。

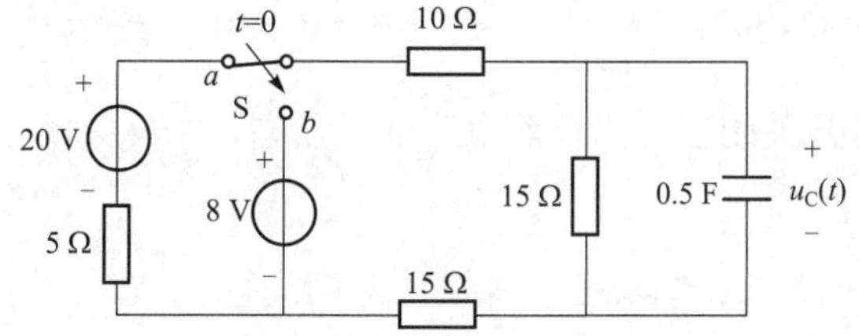

题图 3.25

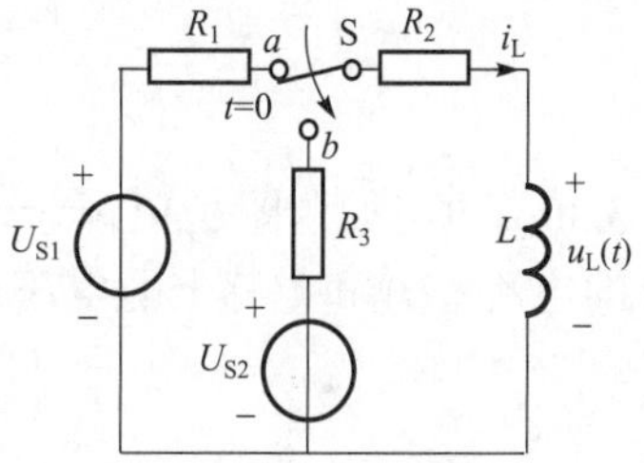

题图 3.26

3.27　电路如题图 3.27 所示，已知开关 S 闭合前电路已处于稳态，$t=0$ 时开关 S 闭合。（1）求 $t\geqslant 0$ 时的电流 $i(t)$；（2）求 $t>0$ 时的 $u_L(t)$；（3）画出电流 $i(t)$ 和电压 $u_L(t)$ 的变化曲线。

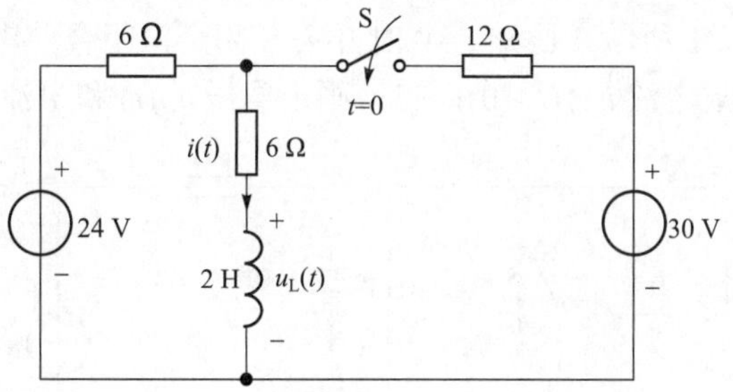

题图 3.27

3.28　电路如题图 3.28 所示，在 $t=0$ 时，开关 S 由 a 合向 b，换路前电路已达稳态，求

换路后的 $u_C(t)$（$t \geqslant 0$），画出 $u_C(t)$（$t \geqslant 0$）的变化曲线。

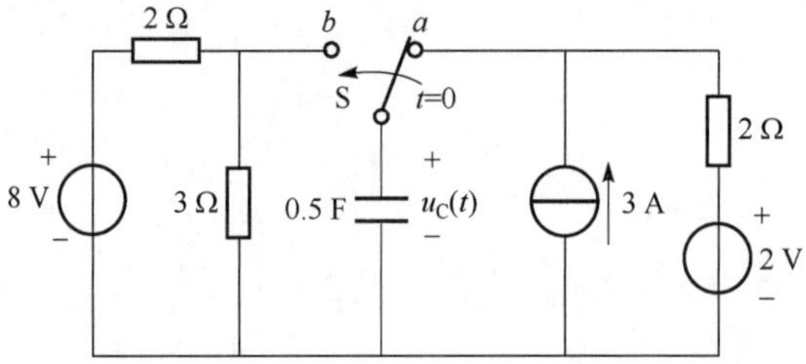

题图 3.28

3.29 电路如题图 3.29 所示，在 $t=0$ 时，开关 S_1 闭合，开关 S_2 打开，换路前电路已达稳态。求换路后 $i_L(t)$（$t \geqslant 0$），画出 $i_L(t)$（$t \geqslant 0$）的变化曲线。

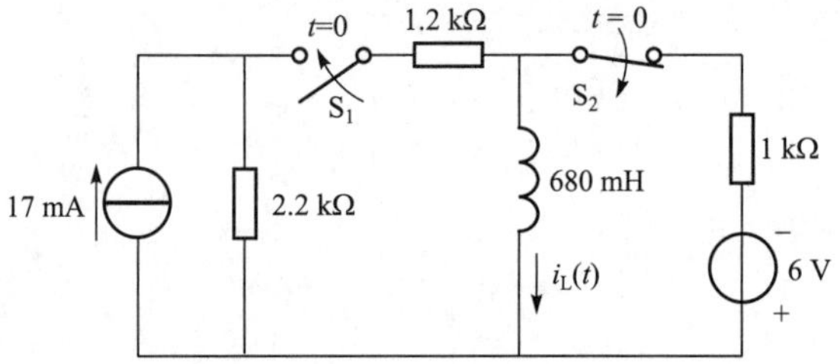

题图 3.29

3.30 电路如题图 3.30 所示，在 $t=0$ 时开关闭合，闭合前电路处于稳态，求开关闭合后电感的电流 $i_L(t)$ 和电感上的电压。

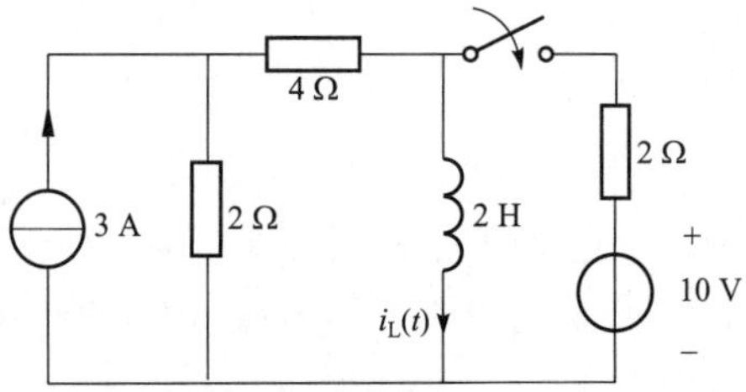

题图 3.30

3.31 电路如题图 3.31 所示，已知 $t=0$ 时开关 S 闭合，闭合前电路已处于稳态。（1）求电压 $u_C(t)$（$t \geqslant 0$）；（2）求电流 $i(t)$（$t>0$）；（3）画出电压 $u_C(t)$ 和电流 $i(t)$ 的变化曲线。

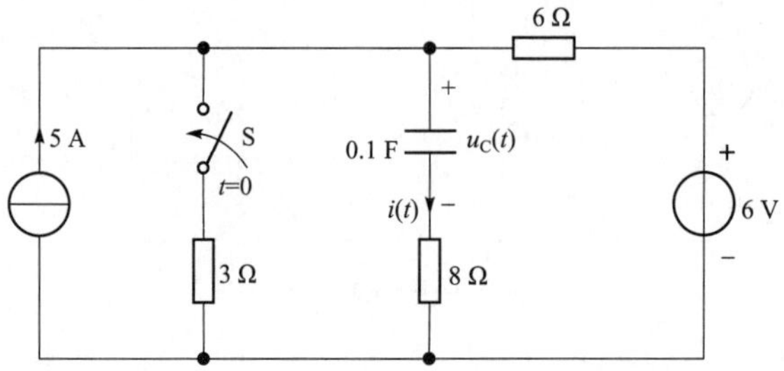

题图 3.31

3.32　题图 3.32 所示电路中，开关在 $t=0$ 时刻动作，开关动作前电路处于稳态，用三要素法求 $i(t)$，$t>0$。

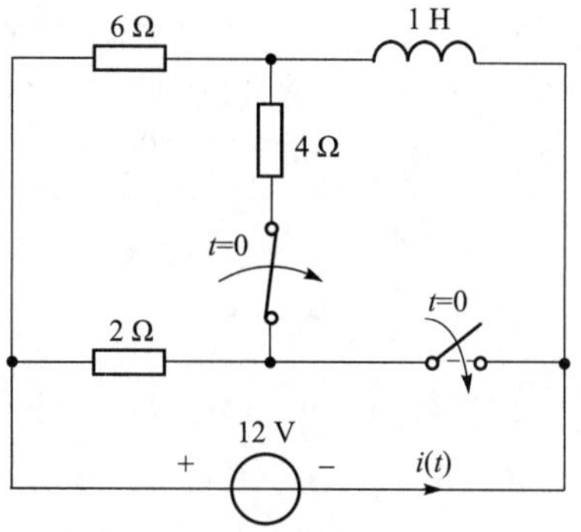

题图 3.32

3.33　电路如题图 3.33 所示，已知 $U_{S1}=50$ V，$U_{S2}=30$ V，$I_S=5$ A，$C=0.1$ F，$L=4$ H，$R_1=100$ Ω，$R_2=30$ Ω，$R_3=20$ Ω，$R_4=60$ Ω，设开关 S 接在 a 点时电路已处于稳态，在 $t=0$ 时将 S 由 a 合向 b，求 $t>0$ 时的 $i_L(t)$、$u_C(t)$和 $i(t)$，并画出 $i_L(t)$、$u_C(t)$和 $i(t)$的波形。

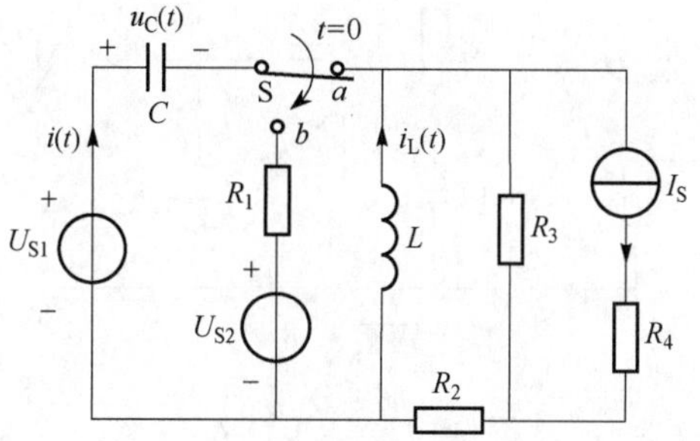

题图 3.33

3.34　电路如题图 3.34 所示，开关打开前电路处于稳态。（1）求电压 $u_C(t)$（$t\geqslant 0$）；（2）求电流 $i_L(t)$（$t\geqslant 0$）；（3）求电压 $u(t)$（$t>0$）。

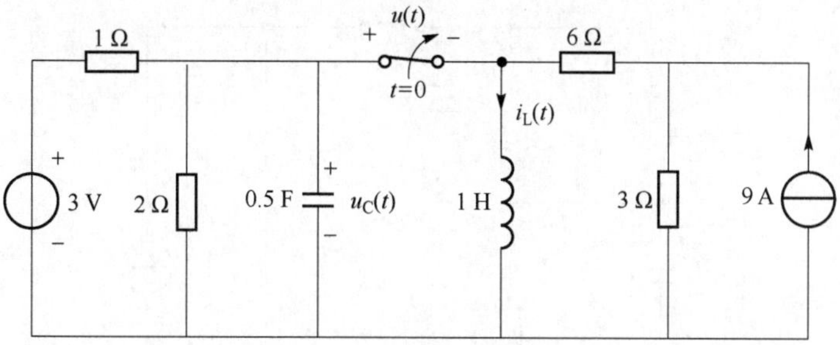

题图 3.34

3.35　电路如题图 3.35 所示，设开关 S 处于打开状态时电路已达稳态，在 $t=0$ 时将 S 闭合。（1）求 $t\geqslant 0$ 时的电流 $i_1(t)$，并画出 $i_1(t)$的波形；（2）求 $t\geqslant 0$ 时的电压 $u_C(t)$，并画出 $u_C(t)$ 的波形。

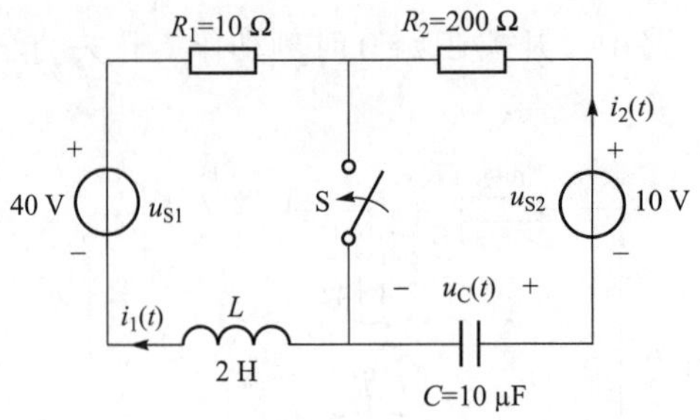

题图 3.35

3.36 电路如题图 3.36 所示，已知 $U_{S1}=40$ V，$U_{S2}=10$ V，$I_S=4$ A，$C=1$ F，$L=8$ H，$R_1=80$ Ω，$R_2=20$ Ω，$R_3=30$ Ω，$R_4=50$ Ω，u_C（0）=0 V，设开关 S 接在 a 点时电路已处于稳态，在 $t=0$ 时将 S 由 a 合向 b，求 $t>0$ 时的 $i_L(t)$、$u_C(t)$和 $i_C(t)$，并画出 $i_L(t)$、$u_C(t)$和 $i_C(t)$的波形。

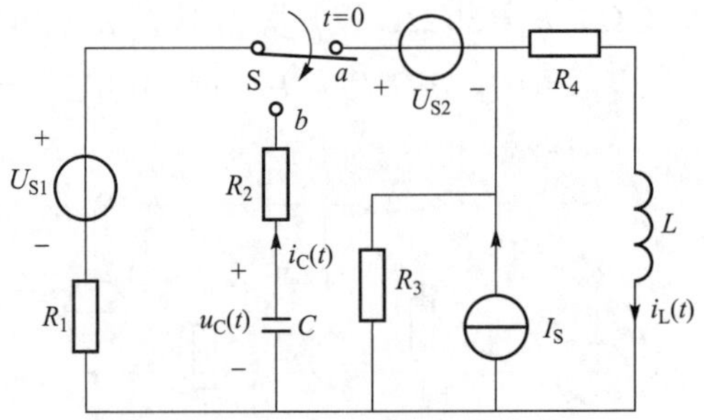

题图 3.36

3.37 电路如题图 3.37 所示，已知 $U_S=8$ V，$I_S=4$ A，$R_1=R_2=R_3=10$ Ω，$L=0.5$ H，$C=0.05$ F。开关 S 原闭合，S 打开前电路已处于稳态，$t=0$ 时将开关 S 打开。（1）求 $t\geqslant 0$ 时的 $i_L(t)$，画出 $i_L(t)$的波形；（2）求 $t\geqslant 0$ 时的 $u_C(t)$，画出 $u_C(t)$的波形；（3）求 $t>0$ 时的 $u_{ab}(t)$，画出 $u_{ab}(t)$的波形。

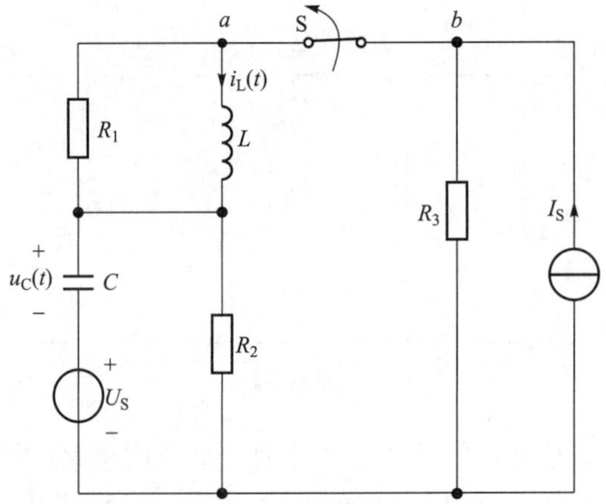

题图 3.37

以下仿真练习目的：熟悉 Multisim 软件中的主要仪器仪表（信号发生器、示波器等）的使用方法，了解基本分析方法——瞬态分析和参数扫描分析方法的应用。

3.38　按题图 3.38 连接电路，其中 S 为单刀双掷开关。(1) 将开关 S 掷于位置 1 达到稳态（即电容电压 $u_C=10$ V）后将其掷于位置 2，用示波器观察 u_C 的放电规律，并用游标测量放电回路时间常数 τ_2；(2) 再将开关 S 掷于位置 1，观察 u_C 的充电规律，并用游标测量充电回路时间常数 τ_1。（提示：本题亦可用瞬态分析方法来实现。）

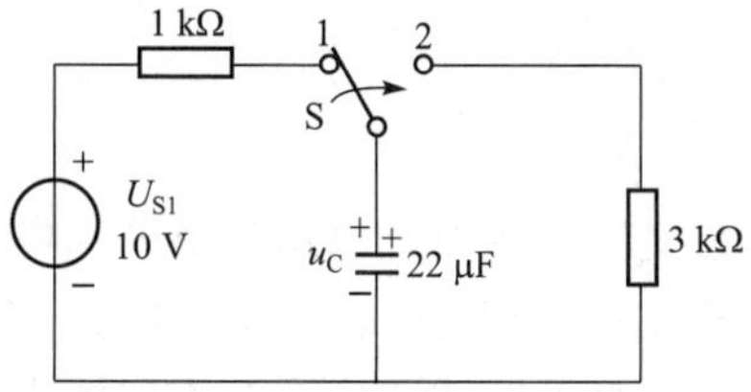

题图 3.38

3.39　按题图 3.39 连接电路，设 $U_{S2}=0$ V、5 V、10 V、15 V 等数值，利用参数扫描的方法，分析 u_C 随参变量 U_{S2} 的变化规律。（请参阅《电工和电子技术实验教程》附录 E，进行扫描的参数设置和仿真分析。）

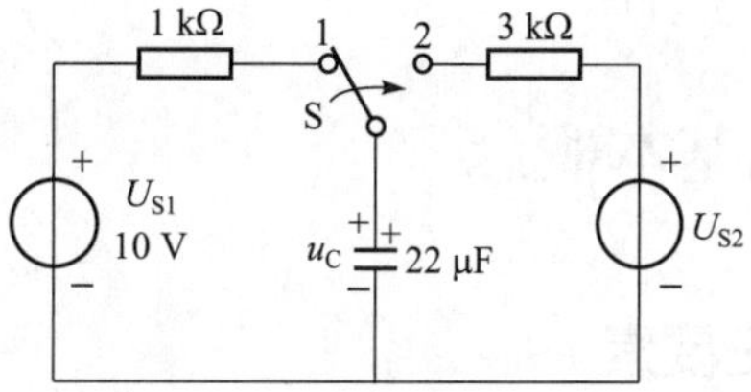

题图 3.39

3.40　按图 3.37 连接电路，用函数发生器的方波信号（设 $f=200$ Hz，幅值为 3 V）作输入信号 u_i，改变电阻 R 或电容 C，使时间常数分别为 $\tau=10\,t_P$、$5\,t_P$、t_P、$0.2\,t_P$、$0.1\,t_P$，采用参数扫描联合瞬态分析的方法，分析 u_o 波形随电阻/电容参数变化的规律，并总结微分电路和耦合电路的条件。$\left(t_p=T/2=\dfrac{1}{2f}\right)$

3.41　按图 3.40 连接电路，激励信号和电路参数选择的要求同 3.40 题，采用参数扫描联合瞬态分析的方法，分析 u_o 波形随电阻/电容参数变化的规律，并总结积分电路的条件。

第 4 章
正弦交流电路

正弦交流电路是指含有正弦交流电源而且电路各部分的电压和电流均按正弦规律变化的电路。交流发电机和正弦信号发生器是常用的正弦交流电源。正弦交流电是供电和用电的最主要形式，这是因为交流电压的大小可以通过变压器方便地进行变换，并且由正弦电源供电的交流用电设备比非正弦交流电源供电时性能好、效率高。正弦交流电还在电子、通信、自动控制和测量技术等领域有着广泛的应用。因此，正弦交流电路的分析计算十分重要。

本章讨论正弦交流电的基本概念、正弦量的相量表示法、电路基本定律的相量形式、电路的相量模型和相量图、正弦交流电路的分析方法、交流电路的功率、串联谐振和并联谐振的条件及特征、交流电路的频率特性。

4.1 正弦交流电的基本概念

4.1.1 正弦交流电的三要素

电路中随时间按正弦规律变化的电流、电压或电动势称为正弦交流电量，简称正弦量。以电流为例，其数学表达式为

$$i(t)=I_{\rm m}\sin(\omega t+\psi) \tag{4.1}$$

其波形如图 4.1 所示。式（4.1）中三个特征量 $I_{\rm m}$、ω 和 ψ 称为正弦量的三要素，因为当 $I_{\rm m}$、ω 和 ψ 确定之后，一个正弦量就被完全确定了。

式（4.1）中 $I_{\rm m}$ 称为正弦量的最大值或幅值。正弦量是一个等幅振荡的、正负交替变化的周期函数，$I_{\rm m}$ 是正弦量在整个交变过程中达到的最大值。通常用小写字母 i 表示正弦电流在某一时刻的值，称为瞬时值。当时间连续变化时，正弦量的瞬时值 i 将在 $I_{\rm m}$ 和 $-I_{\rm m}$ 之间变化，$2I_{\rm m}$ 称为正弦量的峰–峰值。

正弦量是周期函数，周期函数变化一个循环所需的时间称为周期 T，其单位是秒（s）。单位时间内，即每秒内变化的周期数称为频率 f，其单位是赫兹（Hz）。周期 T 与频率 f 互为倒数，即

$$f=\frac{1}{T} \tag{4.2}$$

正弦量随时间变化的角度（$\omega t+\psi$）称为正弦量的相位，单位用弧度（rad）或度（°）表示。ω称为正弦量的角频率，单位是每秒弧度（rad/s），它是正弦量的相位随时间变化的角

速度，即

$$\omega=\frac{\mathrm{d}}{\mathrm{d}t}(\omega t+\psi)$$

因为在一个周期 T 内，相位变化 2π 弧度，所以 $\omega T=2\pi$，故

$$\omega=\frac{2\pi}{T}=2\pi f \tag{4.3}$$

上式表示了 ω、T 和 f 之间的关系。

我国和世界上大多数国家使用的交流电的工业标准频率（简称工频）是 50 Hz，有些国家（如美国、加拿大等）采用 60 Hz。通常的照明负载和交流电动机都采用这两种频率。

式（4.1）中 ψ 是正弦量在 $t=0$ 时刻的相位，称为正弦量的初相位，简称初相。其单位用弧度（rad）或度（°）表示，通常用绝对值小于等于π（或 180°）的角度表示。初相位决定了正弦量的初始值。初相位与计时零点的确定有关，所选定的计时零点不同，正弦量的初始值就不同。

正弦量的三要素是不同正弦量之间进行比较和区分的依据。

正弦量随时间变化的图形称为正弦波，图 4.1 是正弦电流 $i(t)=I_{\mathrm{m}}\sin(\omega t+\psi)$ 的波形。横坐标可以用时间 t 表示，也可以用 ωt（单位为弧度）表示。由于正弦量的实际方向是周期性变化的，在电路图上所标的方向都是指正弦量的参考方向。在正弦波的正半周，正弦量为正值，表示正弦量的实际方向与参考方向相同；在正弦波的负半周，正弦量为负值，表示正弦量的实际方向与参考方向相反。

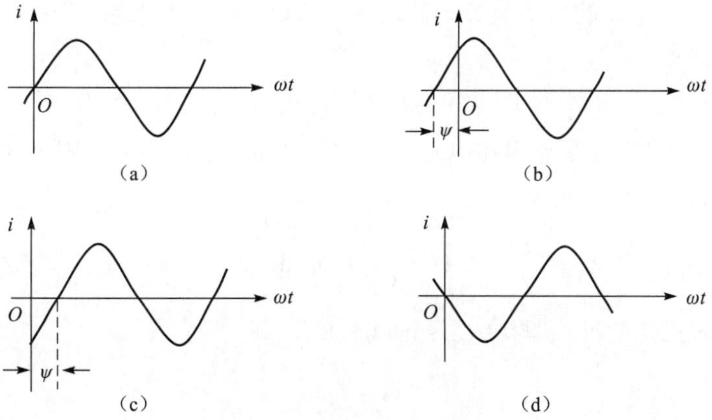

图 4.1　正弦电流 *i* (*t*) 的波形

（a）$\psi=0$；（b）$0°<\psi<180°$；（c）$-180°<\psi<0°$；（d）$\psi=180°$

例 4.1　某电流的瞬时值表达式为 $i(t)=120\sin\left(314t-\dfrac{\pi}{3}\right)$ mA，试求其最大值、角频率、频率、周期和初相位，并计算由计时零点起经多少时间后，该电流第一次出现最大值。

解　最大值 $I_{\mathrm{m}}=120$ mA，角频率 $\omega=314$ rad/s，初相位 $\psi=-\dfrac{\pi}{3}=-60°$，频率 $f=\dfrac{\omega}{2\pi}=\dfrac{314}{2\pi}=50$（Hz），周期 $T=\dfrac{1}{f}=\dfrac{1}{50}=0.02$（s）。

当该电流第一次出现最大值时，相位为 $314t-\dfrac{\pi}{3}=\dfrac{\pi}{2}$，由此得到 $t=8.3\times10^{-3}$ s。

4.1.2 有效值

交流电的瞬时值是随时间在变化，为了能反映出不同波形的交流电在电路中的真实效果（如做功的能力、发热的效果等），交流电的大小通常用有效值来计量。下面以电流为例介绍有效值的概念。

首先研究周期电流的有效值。有效值是从电流做功的角度定义的。若周期电流 i 通过电阻 R 在一个周期 T 内所做的功与直流电流 I_d 在相等的时间内通过同一电阻所做的功相等，则周期电流 i 的有效值 I 等于直流电流 I_d，即

$$\int_0^T Ri^2\,dt = RI_d^2T$$

则周期电流 i 的有效值为

$$I = I_d = \sqrt{\frac{1}{T}\int_0^T i^2\,dt} \tag{4.4}$$

即有效值等于瞬时值的平方在一个周期内平均值的平方根，故有效值又可称为方均根值。

当周期电流为正弦量，即 $i=I_m\sin(\omega t+\psi)$ 时，代入式（4.4），得到正弦电流的有效值

$$I = \sqrt{\frac{1}{T}\int_0^T I_m^2\sin^2(\omega t+\psi)\,dt} = \sqrt{\frac{I_m^2}{T}\int_0^T \frac{1-\cos^2(\omega t+\psi)}{2}\,dt} = \frac{I_m}{\sqrt{2}} \tag{4.5}$$

式（4.5）表明，正弦电流的有效值等于其最大值除以 $\sqrt{2}$。根据这一关系，常将正弦量 i 写成如下的形式

$$i(t)=\sqrt{2}\,I\sin(\omega t+\psi)$$

如果考虑到周期电流 i 是作用在电阻 R 上的周期电压 u 产生的，则由式（4.4）就可推得周期电压的有效值

$$U = \sqrt{\frac{1}{T}\int_0^T u^2\,dt} \tag{4.6}$$

当周期电压为正弦量时，即 $u=U_m\sin(\omega t+\psi)$，则

$$U = \frac{U_m}{\sqrt{2}} \tag{4.7}$$

同理，正弦电动势的有效值

$$E = \frac{E_m}{\sqrt{2}} \tag{4.8}$$

应当注意，式（4.4）和式（4.6）是计算周期电流和周期电压有效值的一般公式，而式（4.5）、式（4.7）和式（4.8）只适用于正弦量。

通常，交流电的瞬时值用小写字母表示，如 i、u 和 e 等；有效值用大写字母表示，如 I、U 和 E 等；最大值用带下标 m 的大写字母表示，如 I_m、U_m 和 E_m 等。

在交流电路中，用交流电压表、电流表测量出来的电压、电流的数值，一般均为有效值。通常使用的交流电器设备铭牌上标出的额定电压、额定电流的数值一般也是有效值。如照明

设备和家用电器的额定电压为 220 V，是指电压的有效值，而电压的最大值为

$$U_m=\sqrt{2}\,U=\sqrt{2}\times220=311\text{（V）}$$

正弦交流电的最大值是有效值的 $\sqrt{2}$ 倍，这个关系在电工、电子元器件的选择与使用时很有用。因为像电容器、晶体管等元器件，工作时都有一个使用电压的限值（耐压值），超过此值就可能损坏设备或元器件，这些元器件在交流电路中工作时，其耐压值应按交流电压的最大值进行考虑。而一般所讲的交流电压的大小和由交流电压表所指示的电压值都是指有效值。

例 4.2　接在有效值为 300 V 的正弦交流电源上的电容器，其耐压值应不低于多少伏？如果现有电容容量相等，耐压值分别为 400 V、630 V 的两个电容器，应当选用哪一个？

解　有效值为 300 V 的正弦电压，最大值为 $U_m=\sqrt{2}\times300\text{ V}=424\text{ V}$。因此应当选用耐压值为 630 V 的电容器。

4.1.3　相位差

相位差为两个同频率的正弦量的相位之差。交流电路中任何两个频率相同的正弦量之间的相位关系可以通过它们的相位差来描述。例如，设两个同频率正弦电压和电流分别为

$$u(t)=\sqrt{2}\,U\sin(\omega t+\psi_u)$$

$$i(t)=\sqrt{2}\,I\sin(\omega t+\psi_i)$$

它们的相位差

$$\varphi=(\omega t+\psi_u)-(\omega t+\psi_i)=\psi_u-\psi_i \tag{4.9}$$

可见，相位差等于两个正弦量的初相位之差，其数值与时间无关。

相位差表明了两个同频率正弦量随时间变化步调的先后顺序。当 $0^\circ<\varphi<180^\circ$ 时，波形如图 4.2（a）所示，正弦电压 u 总是比电流 i 先经过相应的零值和最大值，则称在相位上 u 比 i 超前 φ 角，或称 i 比 u 滞后 φ 角。当 $-180^\circ<\varphi<0^\circ$ 时，波形如图 4.2（b）所示，u 与 i 的相位关系正好反过来。当 $\varphi=0^\circ$ 时，波形如图 4.2（c）所示，则称 u 与 i 同相位，简称同相。当 $\varphi=180^\circ$ 时，波形如图 4.2（d）所示，则称 u 与 i 相位相反，或称 u 与 i 反相。

在交流电路中，每一个正弦量的初相位都与所选时间的起点有关。原则上，计时零点是可以任意选择的，但是，在进行交流电路的分析和计算时，同一个电路中所有的正弦电流、电压和电动势只能相对于一个共同的计时零点确定各自的初相位。当所选的计时零点改变时，同一电路中所有的正弦量的初相位、相位都随之改变，但是正弦量之间的相位差仍保持不变。

在分析交流电路时，如果所有正弦量的初相位都未确定，通常设其中某一个正弦量的初相位为零，这个初相位被选定为零的正弦量称为参考正弦量。其余各正弦量的初相位都等于它们与此参考正弦量的相位差。

例 4.3　已知正弦电压 $U=220$ V，$\psi_u=30^\circ$，正弦电流 $I=180$ mA，$\psi_i=-30^\circ$，频率均为 $f=100$ Hz，试写出它们的瞬时值表达式，并计算二者之间的相位差。

解　$\omega=2\pi f=2\pi\times100=628$（rad/s）

$$u=\sqrt{2}\,U\sin(\omega t+\psi_u)=220\sqrt{2}\sin(628t+30^\circ)\text{V}$$

$$i=\sqrt{2}\,I\sin(\omega t+\psi_i)=180\sqrt{2}\sin(628t-30^\circ)\text{mA}$$

相位差 $\varphi=\psi_u-\psi_i=30°-(-30°)=60°$

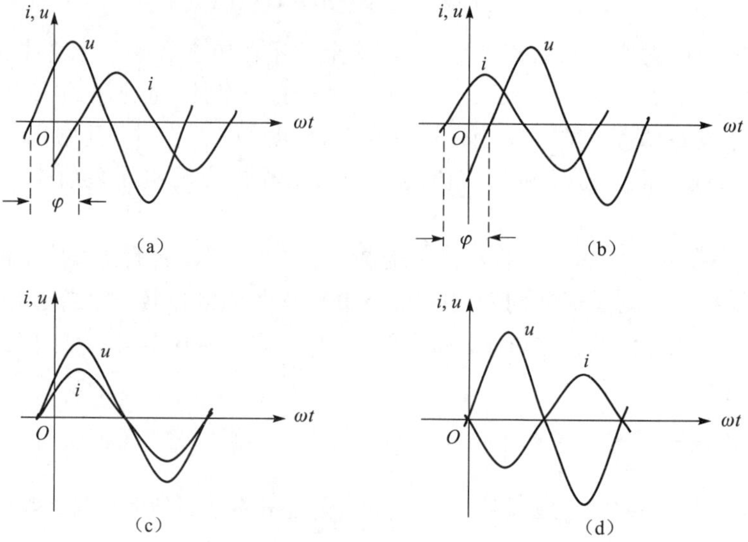

图 4.2　同频率正弦量的相位关系

（a）$0°<\varphi<180°$；（b）$-180°<\varphi<0°$；（c）$\varphi=0°$；（d）$\varphi=180°$

4.2　正弦交流电的相量表示法

在线性电路中，如果电路中所有的电源均为频率相同的正弦电源，那么电路各部分的电流、电压都是与电源频率相同的正弦量。对这样的正弦交流电路进行分析时，需要进行同频率正弦量的运算。前面已经介绍了正弦量的两种表示方法：三角函数式和正弦波形。但是，用这两种表示方法进行正弦量的运算都十分烦琐。为简化计算，对同频率正弦电路的分析计算一般采用“相量法”。

相量法是一种用复数来表示和计算同频率正弦量的方法。一个复数有多种表示形式，如复数 A，它的直角坐标式为

$$A=a+\mathrm{j}b \tag{4.10}$$

此式又称为复数的代数式，式中 $\mathrm{j}=\sqrt{-1}$ 为虚数单位，a 为复数 A 的实部，b 为复数 A 的虚部。

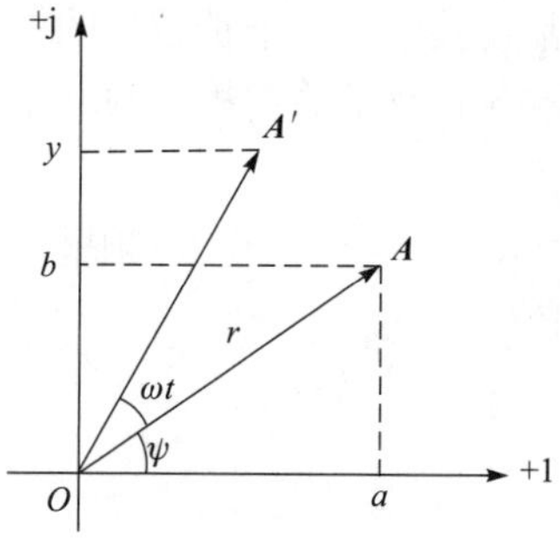

图 4.3　复数的表示

取复数 A 的实部和虚部分别用下列符号表示

$$\mathrm{Re}\,[A]=a$$

$$\mathrm{Im}\,[A]=b$$

即 Re $[A]$表示取方括号内复数 A 的实部，Im $[A]$表示取复数 A 的虚部。

复数可以在复平面上表示出来。如图 4.3 所示的直角坐标系中，横轴以 +1 为单位，称为实轴，纵轴以 +j 为单位，称为虚轴，实轴与虚轴构成的平面即复平面。复平面上的任何一点都与一个复数一一对应。一个复数 A 可以用一条从原点 O 指向 A

对应坐标点的有向线段（矢量）表示。有向线段的长度 r 为复数的模，有向线段与正实轴之间的夹角 ψ 为复数的辐角。有向线段在实轴上的投影为复数 A 的实部 a，在虚轴上的投影为复数 A 的虚部 b。它们之间的关系是

$$a = r\cos\psi$$

$$b = r\sin\psi$$

$$r = \sqrt{a^2 + b^2}$$

$$\psi = \arctan\frac{b}{a}$$

因此

$$A = a + \mathrm{j}b = r\cos\psi + \mathrm{j}r\sin\psi = r(\cos\psi + \mathrm{j}\sin\psi) \tag{4.11}$$

根据欧拉公式

$$\cos\psi = \frac{\mathrm{e}^{\mathrm{j}\psi} + \mathrm{e}^{-\mathrm{j}\psi}}{2}$$

$$\sin\psi = \frac{\mathrm{e}^{\mathrm{j}\psi} - \mathrm{e}^{-\mathrm{j}\psi}}{2\mathrm{j}}$$

得出

$$\cos\psi + \mathrm{j}\sin\psi = \mathrm{e}^{\mathrm{j}\psi}$$

代入式（4.11）中，得出复数 A 的指数式，即

$$A = r\mathrm{e}^{\mathrm{j}\psi}$$

为了简便，工程上又常将复数写成极坐标式，即

$$A = r\angle\psi$$

两个复数在进行加减运算时，应采用直角坐标式（代数式），实部与实部相加减，虚部与虚部相加减，得到一个新的复数。

设两个复数

$$A_1 = a_1 + \mathrm{j}b_1,\quad A_2 = a_2 + \mathrm{j}b_2$$

则

$$A_3 = A_1 + A_2 = (a_1 + a_2) + \mathrm{j}(b_1 + b_2) = a_3 + \mathrm{j}b_3$$

$$A_4 = A_1 - A_2 = (a_1 - a_2) + \mathrm{j}(b_1 - b_2) = a_4 + \mathrm{j}b_4$$

两个复数在进行乘除运算时，既可采用直角坐标式（代数式），也可采用指数式或极坐标式，运算结果得到一个新的复数。若采用指数式或极坐标式进行乘除运算，运算比较简单。

两个复数相乘，若采用指数式或极坐标式，则两复数模相乘，辐角相加。

设两个复数

$$A_1 = r_1\angle\psi_1,\quad A_2 = r_2\angle\psi_2$$

则

$$A = A_1 \cdot A_2 = r_1 r_2\angle\psi_1 + \psi_2 = r\angle\psi$$

两个复数相除，若采用指数式或极坐标式，则两复数模相除，辐角相减，即

$$A=\frac{A_1}{A_2}=\frac{r_1\angle\psi_1}{r_2\angle\psi_2}=\frac{r_1}{r_2}\angle\psi_1-\psi_2=r\angle\psi$$

下面讨论如何用复数表示正弦量。若图 4.3 中的矢量 A 以 ω 角速度沿逆时针方向旋转，经时间 t 后，转过 ωt 角度。这时它在虚轴上的投影为

$$y=r\sin(\omega t+\psi)$$

可见正弦量可用这样的旋转复矢量的虚部表示。

旋转复矢量用复时变函数表示

$$A'=r\mathrm{e}^{\mathrm{j}(\omega t+\psi)}=r\mathrm{e}^{\mathrm{j}\psi}\mathrm{e}^{\mathrm{j}\omega t}=r\cos(\omega t+\psi)+\mathrm{j}r\sin(\omega t+\psi) \quad (4.12)$$

取其虚部

$$y=\mathrm{Im}\,[A']=\mathrm{Im}\,[r\mathrm{e}^{\mathrm{j}\psi}\mathrm{e}^{\mathrm{j}\omega t}]=r\sin(\omega t+\psi)$$

为正弦量。式中 $r\mathrm{e}^{\mathrm{j}\psi}$为复常数，即前面所讲的不旋转的复矢量 A，$\mathrm{e}^{\mathrm{j}\omega t}$为旋转因子。

如前所述，在线性电路中，由某一频率的正弦电源在电路各处产生的正弦电流和电压的频率是相同的，各正弦量的角频率 ω 也是相同的，故式（4.12）中的旋转因子是共同的，与确定正弦量之间的关系无关，因此，可以取式（4.12）中的复常数 $A=r\mathrm{e}^{\mathrm{j}\psi}$ 来表示和区分各正弦量，并称之为正弦量的相量。相量是表示正弦量的复数，将正弦量变换成相量来分析计算正弦交流电路的方法，称为相量法。

能够表征正弦量大小的值有两个：最大值（幅值）和有效值；相应地，能够表示正弦量的相量也有两种：最大值相量和有效值相量。最大值相量也称为幅值相量，它的模等于所表示的正弦量的最大值（幅值），辐角等于正弦量的初相位。有效值相量的模等于所表示的正弦量的有效值，辐角同样等于正弦量的初相位。

由于相量是用来表示正弦交流电的复数，为了和一般的复数相区别，规定相量用上方加“•”的大写字母表示。例如正弦电流 $i=I_\mathrm{m}\sin（\omega t+\psi）$ 的最大值相量为

$$\dot{I}_\mathrm{m}=I_\mathrm{m}\mathrm{e}^{\mathrm{j}\psi}$$

或

$$\dot{I}_\mathrm{m}=I_\mathrm{m}\angle\psi$$

正弦量的大小通常用有效值计量，因此，用有效值作相量的模更方便，用有效值作模的相量称为有效值相量。有效值相量用表示正弦量有效值的大写字母上方加“•”表示，可通过最大值相量除以 $\sqrt{2}$ 得到，即 $\dot{I}=\dot{I}_\mathrm{m}/\sqrt{2}$ 。

值得注意的是，相量是表示正弦量的复数，而正弦量本身是时间的函数，相量并不等于正弦量。例如 $\dot{I}_\mathrm{m}=I_\mathrm{m}\mathrm{e}^{\mathrm{j}\psi}\neq I_\mathrm{m}\sin(\omega t+\psi)=i(t)$。用最大值相量 $\dot{I}_\mathrm{m}$ 乘以旋转因子 $\mathrm{e}^{\mathrm{j}\omega t}$ 后再取虚部才等于其表征的正弦量 $i(t)$，即

$$\mathrm{Im}\,[\dot{I}_\mathrm{m}\mathrm{e}^{\mathrm{j}\omega t}]=\mathrm{Im}\,[I_\mathrm{m}\mathrm{e}^{\mathrm{j}\psi}\mathrm{e}^{\mathrm{j}\omega t}]=I_\mathrm{m}\sin(\omega t+\psi)=i(t)$$

相量只是同频率正弦量的一种表示方法和进行运算的工具。相量只表征出了正弦量三要素中的两个要素：大小和初相位，而表示不出频率这个要素。

应该注意的是：只有正弦量才能用相量表示，只有同频率的正弦量才能利用相量进行运算。

相量在复平面的几何表示称为相量图，只有同频率的正弦量才能画在同一相量图中。

例 4.4　分别写出下列三个正弦电流的最大值相量和有效值相量，并画出相量图。

① $i_1=20\sin(314t+60°)$ A；② $i_2=40\cos(314t+60°)$A；③ $i_3=-16\sin(314t+60°)$A。

解　① 最大值相量 $\dot{I}_{1m}=20\angle 60°$A；有效值相量 $\dot{I}_1=\dfrac{20}{\sqrt{2}}\angle 60°\text{A}=14.14\angle 60°$A。

② 先把 i_2 的余弦表达式变为正弦表达式，再写出相量。

$i_2=40\cos(314t+60°)\text{A}=40\sin(314t+60°+90°)\text{A}=40\sin(314t+150°)$A

最大值相量 $\dot{I}_{2m}=40\angle 150°$A；有效值相量 $\dot{I}_2=\dfrac{40}{\sqrt{2}}\angle 150°\text{A}=28.28\angle 150°$A。

③ 先把 i_3 变成不带负号的标准正弦函数表达式，再写出相量。

$i_3=-16\sin(314t+60°)\text{A}=16\sin(314t+60°-180°)\text{A}=16\sin(314t-120°)$A

最大值相量 $\dot{I}_{3m}=16\angle -120°$A；有效值相量 $\dot{I}_3=\dfrac{16}{\sqrt{2}}\angle -120°\text{A}=11.31\angle -120°$A。

这三个正弦电流的有效值相量的相量图如图 4.4 所示。相量的模为正弦量的有效值，相量与实轴正方向的夹角为正弦量的初相角。图中，两个相量之间的夹角是相位差。

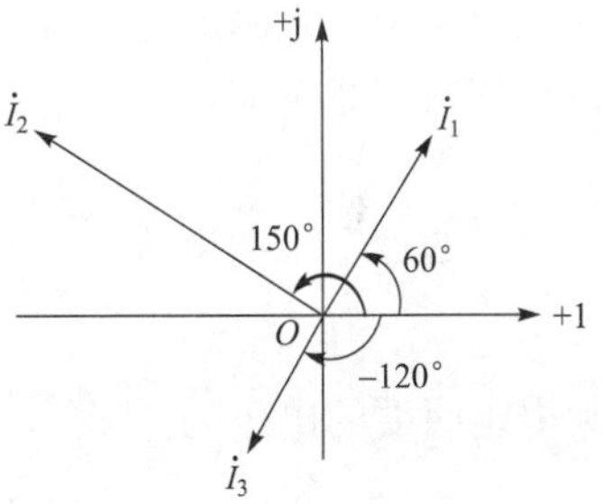

图 4.4　例 4.4 的相量图

例 4.5　已知两正弦电流 $i_1=16\sin(314t+45°)$A，$i_2=12\sin(314t+135°)$A，两者相加的总电流为 $i=i_1+i_2$。① 试求 i 的相量和瞬时值表达式；② 画出各电流的相量图；③ 说明 i 的最大值是否等于 i_1 和 i_2 的最大值之和，i 的有效值是否等于 i_1 和 i_2 的有效值之和。

解　① 采用相量运算，先将 i_1 和 i_2 用其有效值相量表示，即

$$\dot{I}_1=\frac{16}{\sqrt{2}}\angle 45°\text{A}=\frac{16}{\sqrt{2}}(\cos 45°+\text{j}\sin 45°)\text{A}=\frac{16}{\sqrt{2}}\left(\frac{\sqrt{2}}{2}+\text{j}\frac{\sqrt{2}}{2}\right)\text{A}=(8+\text{j}8)\text{A}$$

$$\dot{I}_2=\frac{12}{\sqrt{2}}\angle 135°\text{A}=\frac{12}{\sqrt{2}}(\cos 135°+\text{j}\sin 135°)\text{A}=\frac{12}{\sqrt{2}}\left(-\frac{\sqrt{2}}{2}+\text{j}\frac{\sqrt{2}}{2}\right)\text{A}=(-6+\text{j}6)\text{A}$$

再求总电流 i 的有效值相量为

$$\dot{I}=\dot{I}_1+\dot{I}_2=(8+\text{j}8)\text{A}+(-6+\text{j}6)\text{A}=(2+\text{j}14)\text{A}=14.14\angle 81.86°\ \text{A}$$

总电流 i 的瞬时值为

$$i=14.14\sqrt{2}\sin(314t+81.86°)\text{A}=20\sin(314t+81.86°)\text{A}$$

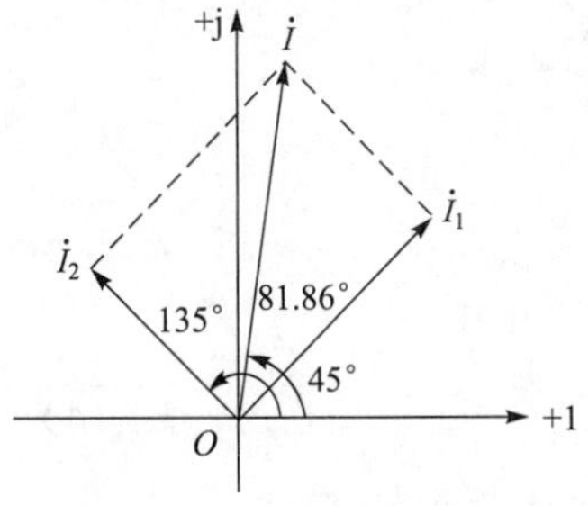

图 4.5　例 4.5 的相量图

② 相量图如图 4.5 所示。因为 $\dot{I}=\dot{I}_1+\dot{I}_2$，所以总电流的相量 $\dot{I}$ 位于 $\dot{I}_1$ 和 $\dot{I}_2$ 构成的平行四边形的对角线上。

③ 由于 i_1、i_2 与 i 的最大值分别为 $I_{1m}=16$ A，$I_{2m}=12$ A，$I_m=20$ A。显然 $I_m\neq I_{1m}+I_{2m}$，因而有效值 $I\neq I_1+I_2$。

这是因为 i_1 和 i_2 的初相位不同，它们的最大值不是在同一时刻出现，故它们的最大值之间不能直接相加，有效值之间也不能直接相加。

4.3 单一参数电路元件的交流电路

最简单的交流电路除电源外是由单一电路元件构成的，即只由电阻、电感或电容三种元件中的一种构成，这些电路元件仅由 R、L、C 三个参数中的一个来表征其特性，故称这种电路为单一参数电路元件的交流电路。工程实际中的某些电路可以作为单一参数电路元件的交流电路来处理。另外，复杂的交流电路也可以认为是由单一参数电路元件组合而成的，因此，掌握单一参数电路元件的交流电路的分析是很重要的。

4.3.1 电阻元件的交流电路

1. 电压与电流的关系

图 4.6（a）所示是一个线性电阻元件的交流电路，电压 u 和电流 i 取关联参考方向。在交流电路中，电阻的电压和电流虽然随时间不断变化，但在每一时刻，电压和电流的关系均符合欧姆定律，即

$$u = Ri$$

设通过电阻的电流为

$$i = \sqrt{2}\, I \sin(\omega t + \psi)$$

则电阻两端的电压为

$$u = Ri = \sqrt{2}\, RI \sin(\omega t + \psi) = \sqrt{2}\, U \sin(\omega t + \psi) \tag{4.13}$$

电阻电流和电压的波形如图 4.6（b）所示。可见，电阻的电压和电流之间有如下关系：（a）电压和电流是同频率的正弦量；（b）电压 u 和电流 i 取关联参考方向时，电阻电压与电流的相位相同；（c）电阻电压和电流的有效值之间的关系为

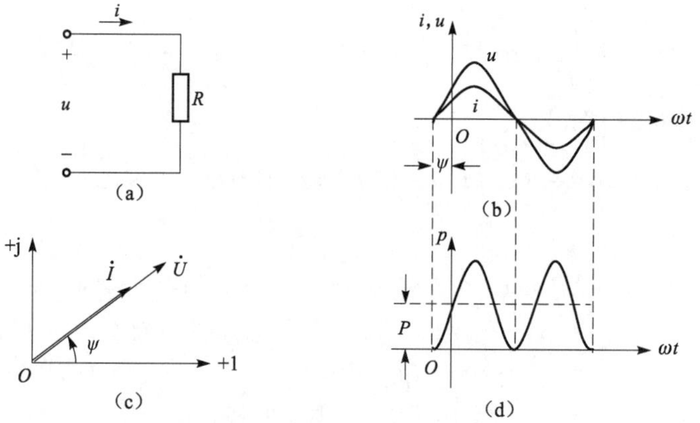

图 4.6 电阻元件的交流电路

（a）电路图；（b）电压和电流的波形；（c）相量图；（d）功率的波形

$$U = RI \tag{4.14}$$

若用相量表示电阻电压和电流的关系，电压 u 和电流 i 取关联参考方向时有

$$\dot{U}=U\angle\psi$$

$$\dot{I}=I\angle\psi$$

$$\frac{\dot{U}}{\dot{I}}=\frac{U\angle\psi}{I\angle\psi}=\frac{U}{I}=R$$

或

$$\dot{U}=R\dot{I} \tag{4.15}$$

式（4.15）为电压 u 和电流 i 取关联参考方向时，欧姆定律的相量表达式，电压和电流的相量图如图 4.6（c）所示。

若电阻电压 u 和电流 i 取非关联参考方向时，欧姆定律的相量表达式需加一个负号，即

$$\dot{U}=-R\dot{I}$$

2. 功率

在任一瞬间，电压瞬时值 u 与电流瞬时值 i 的乘积，称为瞬时功率，用 p 表示。因电阻的电压 u 和电流 i 取关联参考方向，故

$$\begin{aligned}p=ui&=\sqrt{2}\,U\sin(\omega t+\psi)\times\sqrt{2}\,I\sin(\omega t+\psi)\\&=2UI\sin^2(\omega t+\psi)=UI-UI\cos(2\omega t+2\psi)\end{aligned} \tag{4.16}$$

由上式可知，瞬时功率由两部分组成，第一部分为电压和电流有效值的乘积 UI，它是不随时间变化的常量。第二部分为 $UI\cos(2\omega t+2\psi)$，它是幅值为 UI，并以 2ω 的角频率随时间变化的交变量。瞬时功率 p 随时间变化的波形如图 4.6（d）所示。p 虽然随时间不断变化，但在整个周期中有 $p\geqslant 0$，说明电阻确是耗能元件。

工程上常取瞬时功率在一个周期内的平均值来表示电路所消耗的功率，称为平均功率，又称为有功功率，用大写字母 P 表示

$$P=\frac{1}{T}\int_0^T p\,\mathrm{d}t=\frac{1}{T}\int_0^T UI[1-\cos(2\omega t+2\psi)]\,\mathrm{d}t=UI$$

将式（4.14）代入，就得到了电阻的有功功率与电压、电流有效值之间的关系为

$$P=UI=RI^2=\frac{U^2}{R} \tag{4.17}$$

例 4.6　电路如图 4.6（a）所示，已知 $U=220\text{ V}$，$u=\sqrt{2}\,U\sin(314t-30^\circ)\text{V}$，$R=50\ \Omega$。① 求电压相量、电流相量；② 求电流 i 和平均功率 P。

解　① 由已知条件，有

$$\dot{U}=220\angle-30^\circ\ \text{V}$$

$$\dot{I}=\frac{\dot{U}}{R}=\frac{220\angle-30^\circ}{50}=4.4\angle-30^\circ\ \text{A}$$

② 电流　　$i=4.4\sqrt{2}\sin(314t-30^\circ)\text{A}$

平均功率　　$P=UI=220\times4.4=968$（W）

4.3.2 电感元件的交流电路

1. 电压与电流的关系

图 4.7（a）所示是一个线性电感元件的交流电路，电压 u 和电流 i 取关联参考方向，电压与电流的关系为

$$u=L\frac{\mathrm{d}i}{\mathrm{d}t}$$

设通过电感元件的电流为

$$i=\sqrt{2}\,I\sin(\omega t+\psi_i)$$

则电感电压为

$$\begin{aligned}u&=L\frac{\mathrm{d}i}{\mathrm{d}t}=L\frac{\mathrm{d}}{\mathrm{d}t}[\sqrt{2}\,I\sin(\omega t+\psi_i)]=\sqrt{2}\,\omega LI\cos(\omega t+\psi_i)\\&=\sqrt{2}\,\omega LI\sin(\omega t+\psi_i+90^\circ)=\sqrt{2}\,U\sin(\omega t+\psi_u)\end{aligned}\tag{4.18}$$

式中

$$\psi_u=\psi_i+90^\circ$$

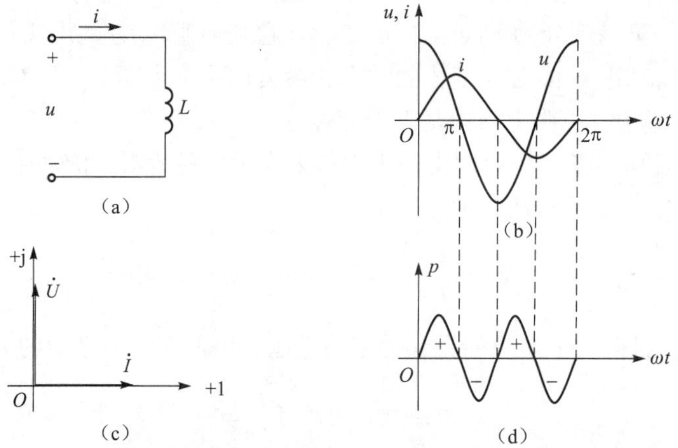

图 4.7 电感元件的交流电路

（a）电路图；（b）电压和电流的波形；（c）相量图；（d）功率的波形

可见，电感的电压与电流之间有如下关系：（a）电压和电流是同频率的正弦量；（b）电压 u 和电流 i 取关联参考方向时，电感电压在相位上超前于电流 90°，即电感电流在相位上滞后于电压 90°；（c）电感电压与电流的有效值之间的关系为

$$U=\omega LI\tag{4.19}$$

式（4.19）中的 ωL 具有电阻的量纲，称为电感电抗，简称感抗，用 X_L 表示，即

$$X_L=\omega L=2\pi fL\tag{4.20}$$

上式中，当 L 的单位是亨利（H）时，$X_L=\omega L$ 的单位为欧姆（Ω）。当电压的有效值一

定时，X_L 越大，则电流越小，因此 X_L 是表示电感元件对交流电流阻碍作用大小的物理量。X_L 的数值与电感 L 和交流电的频率 f 成正比。在直流电路中，由于 $f=0$，$X_L=0$，故电感元件可视作短路。

若用相量表示电感的电压和电流的关系，电压 u 和电流 i 取关联参考方向时，有

$$\dot{U}=U\mathrm{e}^{\mathrm{j}\psi_u}=U\mathrm{e}^{\mathrm{j}(\psi_i+90°)}$$

$$\dot{I}=I\mathrm{e}^{\mathrm{j}\psi_i}$$

$$\frac{\dot{U}}{\dot{I}}=\frac{U}{I}\mathrm{e}^{\mathrm{j}\,90°}=\mathrm{j}X_L$$

或

$$\dot{U}=\mathrm{j}X_L\dot{I}=\mathrm{j}\omega L\dot{I} \tag{4.21}$$

式（4.21）为电感电压 u 和电流 i 取关联参考方向时，电感的电压和电流关系的相量表达式，此式表示电感电压有效值等于电流有效值与感抗的乘积，电感电压在相位上超前于电流 90°。电感电压和电流的波形图和相量图如图 4.7（b）和（c）所示，图中令 $\psi_i=0°$。

若电感电压 u 和电流 i 取非关联参考方向时，式（4.21）需加一个负号，即

$$\dot{U}=-\mathrm{j}X_L\dot{I}=-\mathrm{j}\omega L\dot{I}$$

2. 功率

当电压 u 和电流 i 的变化规律和相互关系确定后，便可得出瞬时功率 p 的变化规律，因电感电压 u 和电流 i 取关联参考方向，故电感的瞬时功率为

$$\begin{aligned}p=ui&=\sqrt{2}U\sin(\omega t+\psi_u)\times\sqrt{2}I\sin(\omega t+\psi_i)\\&=2UI\sin(\omega t+\psi_i+90°)\sin(\omega t+\psi_i)\\&=2UI\cos(\omega t+\psi_i)\sin(\omega t+\psi_i)\\&=UI\sin(2\omega t+2\psi_i)\end{aligned} \tag{4.22}$$

可见，p 是一个幅值为 UI，并以 2ω 的角频率随时间变化的正弦量，其波形如图 4.7（d）所示，图中仍令 $\psi_i=0°$。对照图 4.7（b）可知，当 $p>0$ 时，$|i|$在增加，这时电感中储存的磁场能在增加，电感从电源取用电能并转换成了磁场能；当 $p<0$ 时，$|i|$在减小，这时电感中储存的磁场能转换成电能送回电源。这是一种可逆的能量转换过程，在这一过程中，电感从电源取用的能量等于它归还给电源的能量。说明电感并不消耗电能，它是一种储能元件，而不是耗能元件。关于这一点也可以从平均功率看出，因为在电感元件的交流电路中平均功率（有功功率）为

$$P=\frac{1}{T}\int_0^T p\,\mathrm{d}t=\frac{1}{T}\int_0^T UI\sin(2\omega t+2\psi_i)\,\mathrm{d}t=0 \tag{4.23}$$

在电感元件的交流电路中，没有能量消耗，只有电感元件与电源之间的能量在往返互换。互换功率的大小通常用瞬时功率的最大值来衡量，由于这部分功率并没有消耗掉，故称为无功功率，用大写字母 Q 表示，即

$$Q=UI=X_L I^2=\frac{U^2}{X_L} \tag{4.24}$$

为了与有功功率相区别，无功功率 Q 的单位用乏（var）表示。

例 4.7 将一个 0.5 H 的电感元件接到频率为 50 Hz，电压有效值为 110 V 的正弦电源上，求电感元件的电流和无功功率。如保持电源电压为 110 V 不变，而电源频率改变为 5 000 Hz，求此时的电流和无功功率。

解 当 $f=50$ Hz 时，

$$X_L=2\pi fL=2\times3.14\times50\times0.5=157\ (\Omega)$$

$$I=\frac{U}{X_L}=\frac{110}{157}=0.7\ (\text{A})$$

$$Q=UI=110\times0.7=77\ (\text{var})$$

当 $f=5\,000$ Hz 时，

$$X_L=2\pi fL=2\times3.14\times5\,000\times0.5=15\,700\ (\Omega)$$

$$I=\frac{U}{X_L}=\frac{110}{15\,700}=0.007\ (\text{A})$$

$$Q=UI=110\times0.007=0.77\ (\text{var})$$

可见，当电感电压有效值一定时，电源的频率越高，则通过电感元件的电流有效值越小。

例 4.8 在图 4.7（a）所示交流电路中，$L=0.1$ H，当电流 $i=7\sqrt{2}\sin(314t+30°)$A 时，试求电压 u，并画出电压和电流的相量图。

解 感抗为

$$X_L=\omega L=314\times0.1=31.4\ (\Omega)$$

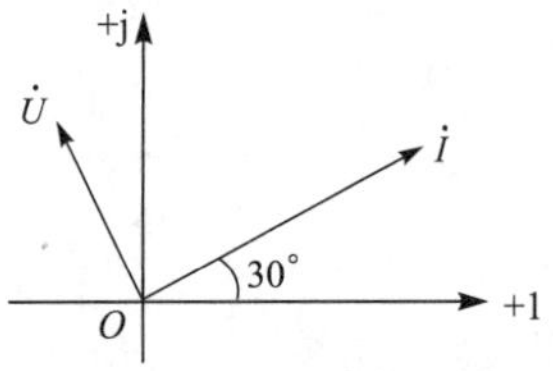

图 4.8 例 4.8 的相量图

则电压相量为

$$\dot{U}=\text{j}X_L\dot{I}=\text{j}31.4\times7\angle30°=220\angle120°\ (\text{V})$$

所以电压为

$$u=220\sqrt{2}\sin(314t+120°)\ \text{V}$$

电压和电流的相量图如图 4.8 所示。

4.3.3 电容元件的交流电路

1. 电压与电流的关系

图 4.9（a）所示是一个线性电容元件的交流电路，电压 u 和电流 i 取关联参考方向，电压与电流的关系为

$$i=C\frac{\text{d}u}{\text{d}t}$$

设电容两端的电压为

$$u=\sqrt{2}U\sin(\omega t+\psi_u)$$

则电容电流为

$$i = C\frac{\mathrm{d}u}{\mathrm{d}t} = C\frac{\mathrm{d}}{\mathrm{d}t}[\sqrt{2}\,U\sin(\omega t + \psi_u)] = \sqrt{2}\,\omega CU\cos(\omega t + \psi_u)$$

$$= \sqrt{2}\,\omega CU\sin(\omega t + \psi_u + 90^\circ) = \sqrt{2}\,I\sin(\omega t + \psi_i) \tag{4.25}$$

式中

$$\psi_i = \psi_u + 90^\circ$$

可见，电容的电压与电流之间有如下关系：(a) 电压和电流是同频率的正弦量；(b) 电压 u 和电流 i 取关联参考方向时，电容电流在相位上超前于电压 90°，即电容电压在相位上滞后于电流 90°；(c) 电容电压和电流的有效值之间的关系为

$$U = \frac{1}{\omega C}I \tag{4.26}$$

式 (4.26) 中的 $\frac{1}{\omega C}$ 具有电阻的量纲，称为电容电抗，简称容抗，用 X_C 表示，即

$$X_C = \frac{1}{\omega C} = \frac{1}{2\pi fC} \tag{4.27}$$

上式中，当 C 的单位是法拉（F）时，X_C 的单位为欧姆（Ω）。当电压的有效值一定时，X_C 越大，则电流越小，因此 X_C 是表示电容元件对交流电流阻碍作用大小的物理量。X_C 的数值与电容 C 和交流电的频率 f 成反比。在直流电路中，由于 $f=0$，$X_C \to \infty$，故电容元件可视作开路。

若用相量表示电压和电流的关系，电压 u 和电流 i 取关联参考方向时，有

$$\dot{U} = U\mathrm{e}^{\mathrm{j}\psi_u}$$

$$\dot{I} = I\mathrm{e}^{\mathrm{j}\psi_i} = I\mathrm{e}^{\mathrm{j}(\psi_u + 90^\circ)}$$

$$\frac{\dot{U}}{\dot{I}} = \frac{U}{I}\mathrm{e}^{-\mathrm{j}90^\circ} = -\mathrm{j}X_C$$

或

$$\dot{U} = -\mathrm{j}X_C\dot{I} = -\mathrm{j}\frac{1}{\omega C}\dot{I} \tag{4.28}$$

式 (4.28) 为电容电压 u 和电流 i 取关联参考方向时，电容的电压和电流关系的相量表达式，此式表示电容电压有效值等于电流有效值与容抗的乘积，电容电压在相位上滞后于电流 90°。电容电压和电流的波形图和相量图如图 4.9（b）和（c）所示，图中令 $\psi_u = 0^\circ$。

若电容电压 u 和电流 i 取非关联参考方向时，式（4.28）需将式中的负号去掉，即

$$\dot{U} = \mathrm{j}X_C\dot{I} = \mathrm{j}\frac{1}{\omega C}\dot{I}$$

2. 功率

当电压 u 和电流 i 的变化规律和相互关系确定后，便可得出瞬时功率 p 的变化规律，因电容电压 u 和电流 i 取关联参考方向，故电容的瞬时功率为

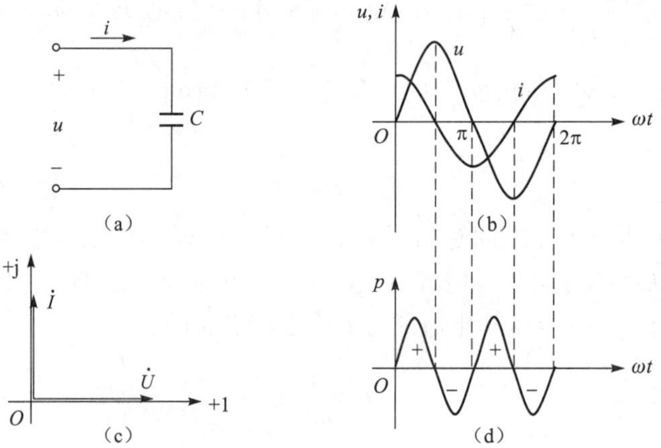

图 4.9　电容元件的交流电路

（a）电路图；（b）电压和电流的波形；（c）相量图；（d）功率的波形

$$
\begin{aligned}
p = ui &= \sqrt{2}\,U\sin(\omega t+\psi_u)\times\sqrt{2}\,I\sin(\omega t+\psi_i) \\
&= 2UI\sin(\omega t+\psi_u)\sin(\omega t+\psi_u+90^\circ) \\
&= 2UI\sin(\omega t+\psi_u)\cos(\omega t+\psi_u) \\
&= UI\sin(2\omega t+2\psi_u) \qquad (4.29)
\end{aligned}
$$

可见，p 是一个幅值为 UI，并以 2ω 的角频率随时间变化的正弦量，其波形如图 4.9（d）所示，图中仍令 $\psi_u=0^\circ$。对照图 4.9（b）可知，当 $p>0$ 时，$|u|$在增加，这时电容在充电，电容中储存的电场能在增加，电容从电源吸收电能并转换成电场能；当 $p<0$ 时，$|u|$在减小，这时电容在放电，电容中储存的电场能又转换成电能送回电源。这也是一种可逆的能量转换过程，在这一过程中，电容从电源吸收的能量等于它归还给电源的能量。说明电容并不消耗电能，它也是一种储能元件，而不是耗能元件。关于这一点也可以从平均功率看出，因为在电容元件的交流电路中平均功率（有功功率）为

$$P=\frac{1}{T}\int_0^T p\,\mathrm{d}t=\frac{1}{T}\int_0^T UI\sin(2\omega t+2\psi_u)\,\mathrm{d}t=0 \qquad (4.30)$$

在电容元件的交流电路中，电容元件与电源之间的能量在不断地往返互换。能量互换的规模，用无功功率来衡量，它等于瞬时功率的最大值。

为了与电感元件的无功功率相比较，将 $\psi_u=\psi_i-90^\circ$ 代入式（4.29）中，得

$$p=UI\sin(2\omega t+2\psi_i-180^\circ)=-UI\sin(2\omega t+2\psi_i)$$

此式与电感元件的瞬时功率表达式（4.22）相差一个负号。电容元件的无功功率为

$$Q=-UI=-X_C I^2=-\frac{U^2}{X_C} \qquad (4.31)$$

即电容的无功功率取负值，而电感的无功功率取正值。

例 4.9　将一个 25 μF 的电容元件接到频率为 50 Hz，电压有效值为 110 V 的正弦电源上，求电容元件的电流和无功功率。如保持电源电压有效值为 110 V 不变，而电源频率改变为 5 000 Hz，求此时的电流和无功功率。

解　当 $f=50$ Hz 时，

$$X_C=\frac{1}{2\pi fC}=\frac{1}{2\times3.14\times50\times25\times10^{-6}}=127\ (\Omega)$$

$$I=\frac{U}{X_C}=\frac{110}{127}=0.866\ (\text{A})$$

$$Q=-UI=-110\times0.866=-95.26\ (\text{var})$$

当 $f=5\,000$ Hz 时，

$$X_C=\frac{1}{2\pi fC}=\frac{1}{2\times3.14\times5\,000\times25\times10^{-6}}=1.27\ (\Omega)$$

$$I=\frac{U}{X_C}=\frac{110}{1.27}=86.6\ (\text{A})$$

$$Q=-UI=-110\times86.6=-9\,526\ (\text{var})$$

可见，当电容电压有效值一定时，电源的频率越高，则通过电容元件的电流有效值越大。

4.3.4　相量模型

以上讨论了电阻、电感和电容三种理想电路元件在正弦交流电路中的特性，在关联参考方向下，它们的电压相量与电流相量的关系分别为：

电阻元件　$\dot{U}=R\dot{I}$

电感元件　$\dot{U}=\mathrm{j}X_L\dot{I}=\mathrm{j}\omega L\dot{I}$

电容元件　$\dot{U}=-\mathrm{j}X_C\dot{I}=-\mathrm{j}\dfrac{1}{\omega C}\dot{I}$

将这三种元件在正弦交流电路中的电压相量与电流相量的关系归纳为一个表达式，即

$$\dot{U}=Z\dot{I} \tag{4.32}$$

此式称为相量形式的欧姆定律，式中 Z 称为复数阻抗，简称阻抗，单位为欧姆（Ω）。

在时间域中分析电路时，只有电阻元件的电压与电流的关系符合欧姆定律。电感元件和电容元件都是动态元件，这两种元件的电压电流关系都涉及对电流、电压的微分或积分，是不符合欧姆定律的。应用相量分析法，在复数域分析正弦交流电路时，电阻、电感和电容三种理想电路元件的电压相量与电流相量的关系均可统一用式（4.32）表示，由于式（4.32）与时间域中电阻元件的欧姆定律形式类似，故将式（4.32）称为相量形式的欧姆定律。

如果将图 4.10（a）、（b）和（c）电路中三种理想电路元件的电压和电流用相量表示，将元件参数分别用复数阻抗代替，即将电阻元件看作是具有 R 值的阻抗，将电感元件看作是具有 $\mathrm{j}\omega L$ 值的阻抗，将电容元件看作是具有 $-\mathrm{j}\dfrac{1}{\omega C}$ 值的阻抗，则经过这样替换后画出的电路图称为正弦交流电路的相量模型，分别如图 4.10（d）、（e）和（f）所示。利用相量模型分析正弦交流电路，可应用相量形式的欧姆定律 $\dot{U}=Z\dot{I}$，将会使电路的分析与计算得到简化。

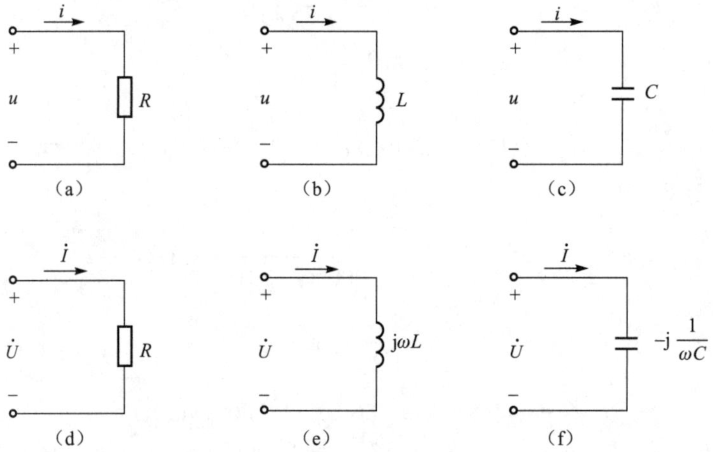

图 4.10　*R*、*L* 和 *C* 正弦交流电路的相量模型

电阻 R、电感 L 和电容 C 这三种元件的电压与电流的大小关系和相位关系是分析正弦交流电路的基础，这三种元件的电压、电流和功率的表示方法及相互关系如表 4.1 所示。

表 4.1　单一参数电路元件的交流电路中的电压、电流及功率之间的关系

电路元件		电阻 R	电感 L	电容 C
电路图		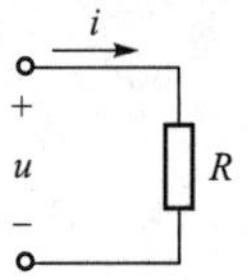	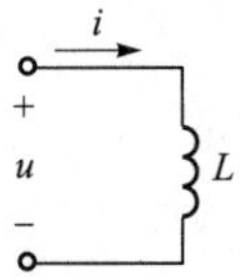	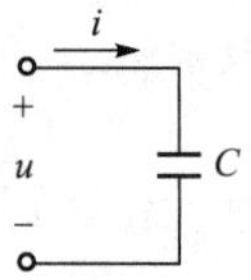
相量模型		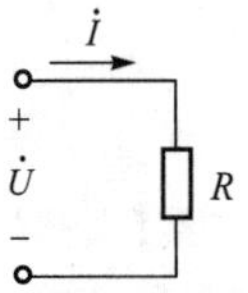	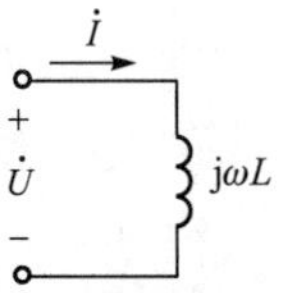	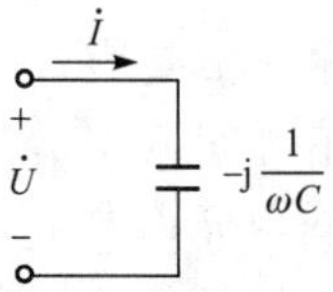
电压与电流的关系	一般关系式	$u=Ri$	$u=L\dfrac{\mathrm{d}i}{\mathrm{d}t}$	$i=C\dfrac{\mathrm{d}u}{\mathrm{d}t}$
	相量关系式	$\dot{U}=R\dot{I}$	$\dot{U}=\mathrm{j}X_L\dot{I}=\mathrm{j}\omega L\dot{I}$	$\dot{U}=-\mathrm{j}X_C\dot{I}=-\mathrm{j}\dfrac{1}{\omega C}\dot{I}$
	有效值关系式	$U=RI$	$U=X_LI=\omega LI$	$U=X_CI=\dfrac{1}{\omega C}I$
	相位关系	$\psi_u=\psi_i$	$\psi_u=\psi_i+\dfrac{\pi}{2}$	$\psi_u=\psi_i-\dfrac{\pi}{2}$
	相量图	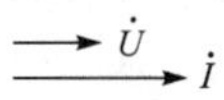		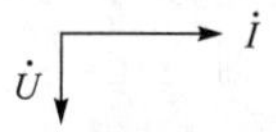

续表

电路元件		电阻 R	电感 L	电容 C
功率	瞬时功率	$p=UI-UI\cos(2\omega t+2\psi_i)$	$p=UI\sin(2\omega t+2\psi_i)$	$p=UI\sin(2\omega t+2\psi_u)$ $=-UI\sin(2\omega t+2\psi_i)$
	有功功率	$P=UI=I^2R=\dfrac{U^2}{R}$	$P=0$	$P=0$
	无功功率	$Q=0$	$Q=UI=X_LI^2=\dfrac{U^2}{X_L}$	$Q=-UI=-X_CI^2=-\dfrac{U^2}{X_C}$

4.4　正弦交流电路的分析

通过对单一参数电路元件的交流电路的分析可知，无论电阻、电感或电容，它们在正弦交流电路中工作时，其电压和电流的频率总是相同的。因此，由这些理想电路元件组成的正弦交流电路各部分的电压和电流的频率都是相同的。以后，在讨论正弦交流电路的电压和电流关系时，将不再就频率相同的问题进行重复叙述。

正弦交流电路的分析，就是要确定电路中电压与电流的相位和大小关系，并讨论电路中的功率问题，本节集中分析电压与电流的关系，而将功率问题留待 4.5 节进行讨论。

4.4.1　基尔霍夫定律的相量形式

基尔霍夫定律是分析电路的基本定律，根据正弦量及其相量之间的关系，可得到基尔霍夫定律的相量形式。

由基尔霍夫电流定律（KCL）可知，在电路的任何一个节点上，同一瞬间电流的代数和等于零，即

$$\sum i(t)=0$$

在正弦交流电路中，各支路的电流和电压都是同频率的正弦量。如果将正弦电流写成对复指数函数取虚部的形式，即

$$i(t)=I_m\sin(\omega t+\psi_i)=\mathrm{Im}\,[\dot{I}_m e^{j\omega t}]$$

则对电路中的任一节点而言，根据 KCL 有

$$\sum i(t)=\sum\{\mathrm{Im}\,[\dot{I}_m e^{j\omega t}]\}=0 \tag{4.33}$$

根据复数的运算规则可以证明，若干个复数分别取虚部后再求和，等于将这些复数求和之后再取虚部。因此，可以将式（4.33）中对复数取虚部的运算与求和的运算次序交换，得

$$\sum i(t)=\mathrm{Im}\,[\sum(\dot{I}_m e^{j\omega t})]=\mathrm{Im}\,[(\sum\dot{I}_m)e^{j\omega t}]=0$$

上式的几何解释为，旋转相量$(\sum\dot{I}_m)e^{j\omega t}$于任意时刻在虚轴上的投影恒等于零。因而相量（$\sum\dot{I}_m$）必然恒等于零，即

$$\sum\dot{I}_m=0$$

将上式各项除以$\sqrt{2}$，得

$$\sum \dot{I} = 0 \tag{4.34}$$

式（4.34）就是基尔霍夫电流定律的相量形式，它表明，在正弦交流电路中，流入与流出任一节点的各支路电流的相量的代数和等于零。

由基尔霍夫电压定律（KVL）可知，在电路的任一回路中，沿某一方向环行一周，同一时刻电压的代数和等于零，用方程表示，即

$$\sum u(t) = 0$$

在正弦交流电路中，如果将正弦电压写成对复指数函数取虚部的形式，即

$$u(t) = U_m \sin(\omega t + \psi_u) = \text{Im}[\dot{U}_m e^{j\omega t}]$$

则对电路的任一回路而言，根据 KVL，并按照导出式（4.34）的相同步骤，可以得到

$$\sum \dot{U} = 0 \tag{4.35}$$

式（4.35）就是基尔霍夫电压定律的相量形式，它表明，在正弦交流电路的任一回路中，沿某一方向环行一周，各电压相量的代数和等于零。

4.4.2 串联交流电路

1. *R*、*L*、*C* 串联电路

R、L、C 串联交流电路如图 4.11（a）所示。当电路两端加上正弦交流电压 u 时，电路中各元件通过同一正弦交流电流 i，在各元件上分别产生正弦电压，它们的参考方向如图中所示。根据 KVL，有

$$u = u_R + u_L + u_C$$

图 4.11（b）是 R、L、C 串联交流电路的相量模型，根据相量形式的基尔霍夫电压定律，有

$$\begin{aligned}\dot{U} &= \dot{U}_R + \dot{U}_L + \dot{U}_C = R\dot{I} + j\omega L\dot{I} - j\frac{1}{\omega C}\dot{I} \\ &= \left[R + j\left(\omega L - \frac{1}{\omega C}\right)\right]\dot{I} = [R + j(X_L - X_C)]\dot{I}\end{aligned}$$

令

$$Z = R + j(X_L - X_C) = R + jX$$

Z 称为串联交流电路的复数阻抗，简称阻抗，式中 $X = X_L - X_C$，X 称为电抗。

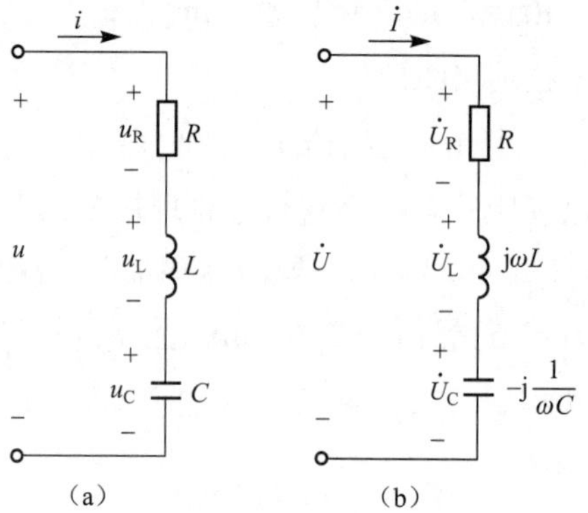

图 4.11 *R*、*L*、*C* 串联交流电路及其相量模型

（a）串联交流电路；（b）相量模型

由此，得到 R、L、C 串联电路电压相量和电流相量的关系为

$$\dot{U}=Z\dot{I} \tag{4.36}$$

此式称为交流电路相量形式的欧姆定律。

阻抗 $Z=R+\mathrm{j}X$ 是一个复数，其实部为电阻 R，虚部为电抗 X。与其他复数一样，阻抗 Z 也可以写成以下几种形式

$$Z=R+\mathrm{j}X=|Z|(\cos\varphi+\mathrm{j}\sin\varphi)=|Z|\mathrm{e}^{\mathrm{j}\varphi}=|Z|\underline{/\varphi} \tag{4.37}$$

式中，$|Z|$是 Z 的模，称为阻抗模，即

$$|Z|=\sqrt{R^2+X^2}$$

φ 是 Z 的幅角，称为阻抗角。由上式可以看出，R、X 和$|Z|$三者之间符合图 4.12 所示直角三角形的关系，这个三角形称为阻抗三角形。φ 可以利用阻抗三角形得到，即

$$\varphi=\arctan\frac{X}{R}=\arccos\frac{R}{|Z|}=\arcsin\frac{X}{|Z|}$$

由于

$$Z=\frac{\dot{U}}{\dot{I}}=\frac{U\angle\psi_u}{I\angle\psi_i}=\frac{U}{I}\underline{/\psi_u-\psi_i}$$

与式（4.37）相对照，可得到串联交流电路中电压与电流的有效值之间及相位之间的关系

$$|Z|=\frac{U}{I}$$

$$\varphi=\psi_u-\psi_i$$

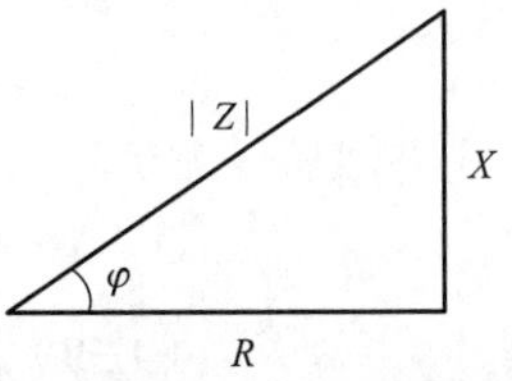

图 4.12　阻抗三角形

即电压与电流的有效值之比等于阻抗模，电压与电流的相位差等于阻抗角。

阻抗模、阻抗角均是频率的函数，在频率一定时，仅与电路参数有关，与电路中的电压和电流无关。

在分析正弦交流电路时，为了直观地表示出电路中电压、电流之间的相位关系及大小关系，通常作出电路的相量图。图 4.11 所示 R、L、C 串联交流电路中，各元件中通过的是同一电流，作相量图时可以选电流作为参考相量，将它画在正实轴的位置。电阻电压 $\dot{U}_R$ 与电流 $\dot{I}$ 同相，电感电压 $\dot{U}_L$ 超前电流 $\dot{I}$ 90°，电容电压 $\dot{U}_C$ 滞后电流 $\dot{I}$ 90°，$\dot{U}_R$、$\dot{U}_L$ 和 $\dot{U}_C$ 相量相加就得到了总电压 $\dot{U}$，如图 4.13 所示。由电压相量 $\dot{U}$、$\dot{U}_R$ 及（$\dot{U}_L+\dot{U}_C$）所组成的直角三角形称为电压三角形，容易看出，电压三角形与阻抗三角形相似。由电压三角形，可以得到电路中各电压的有效值之间的关系为

$$U=\sqrt{U_R^2+(U_L-U_C)^2}$$

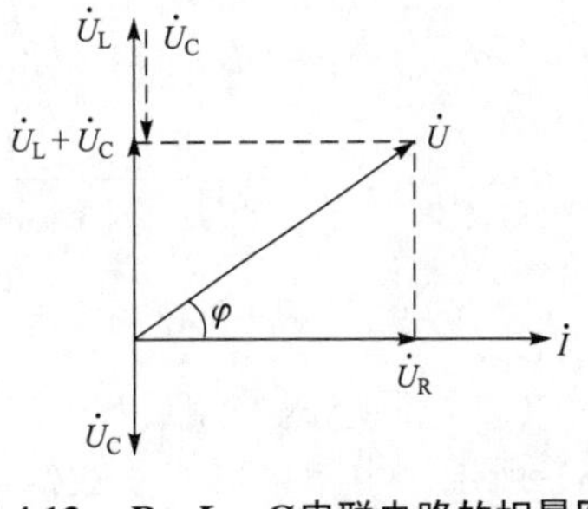

图 4.13　R、L、C 串联电路的相量图

由相量图还可看出，由于总电压是各部分电压的相量和而不是有效值之和，因此，当电路中同时接有电感和电

容元件时，总电压的有效值可能会小于电感电压或电容电压的有效值。

图 4.11（a）所示电路是一个无源二端网络，$\varphi=\psi_u-\psi_i$ 为端口电压与端口电流的相位差。任何正弦交流电路，如果电压的相位超前电流的相位，即 $0°<\varphi<90°$，这种电路称为电感性电路，或者说电路是呈电感性的。如果电压的相位滞后于电流的相位，即 $-90°<\varphi<0°$，这种电路称为电容性电路，或者说电路是呈电容性的。在 R、L、C 串联交流电路中，当 $X_L>X_C$ 时，电路呈电感性；当 $X_L<X_C$ 时，电路呈电容性。当 $X_L=X_C$ 时，$\varphi=0°$，电路为电阻性电路，电压与电流同相，这时称为电路处于谐振状态，关于交流电路的谐振，将在 4.6 节集中讨论。

R、L、C 串联交流电路包含了三种性质不同的参数，是具有一般意义的典型电路。单一参数电路元件的交流电路可以看作 R、L、C 串联交流电路在 R、L、C 中某两个的阻抗等于零的特例。对于电阻电路，相当于 $X_L=0$ 和 $X_C=0$；对于电感电路，相当于 $R=0$ 和 $X_C=0$；对于电容电路，相当于 $R=0$ 和 $X_L=0$。

只含有两种电路元件的串联交流电路可以看作 R、L、C 串联交流电路在 R、L、C 中某一个的阻抗等于零的特例。对于 R、L 串联交流电路，相当于 $X_C=0$；对于 R、C 串联交流电路，相当于 $X_L=0$；对于 L、C 串联交流电路，相当于 $R=0$。表 4.2 列出了几种串联交流电路中电压和电流的关系。

上面的讨论可以推广到更一般的情况，即将图 4.11（a）所示电路看作是一个一般的无源二端网络，图 4.11（b）就是无源二端网络的相量模型，$Z=R+\mathrm{j}X$ 就是无源二端网络的等效阻抗。

当无源二端网络端口电压 u 和端口电流 i 取关联参考方向时，端口电压相量和端口电流相量的关系为

$$\dot{U}=Z\dot{I} \tag{4.38}$$

此式称为交流电路相量形式的欧姆定律。

当无源二端网络端口电压 u 和端口电流 i 取非关联参考方向时，上式需添加一个负号，即相量形式的欧姆定律变为

$$\dot{U}=-Z\dot{I} \tag{4.39}$$

例 4.10 图 4.14（a）为电阻、电感和电容串联交流电路，已知 $R=30\ \Omega$，$L=127\ \mathrm{mH}$，$C=40\ \mu\mathrm{F}$，端口电压 $u=220\sqrt{2}\sin(314t+45°)\mathrm{V}$。① 求感抗、容抗和复数阻抗；② 求电流的有效值相量和瞬时值的表达式；③ 求各部分电压的有效值相量和瞬时值的表达式；④ 作电流和各电压的相量图。

解 ① $X_L=\omega L=314\times127\times10^{-3}=40\ (\Omega)$

$$X_C=\frac{1}{\omega C}=\frac{1}{314\times40\times10^{-6}}=80\ (\Omega)$$

$$Z=R+\mathrm{j}(X_L-X_C)=30+\mathrm{j}(40-80)=30-\mathrm{j}\,40=50\angle{-53°}\ (\Omega)$$

② 电源电压的相量 $\dot{U}=220\angle 45°\ \mathrm{V}$。作出图 4.14（a）所示电路对应的相量模型如图 4.14（b）所示，由相量形式的欧姆定律可求出电流的相量为

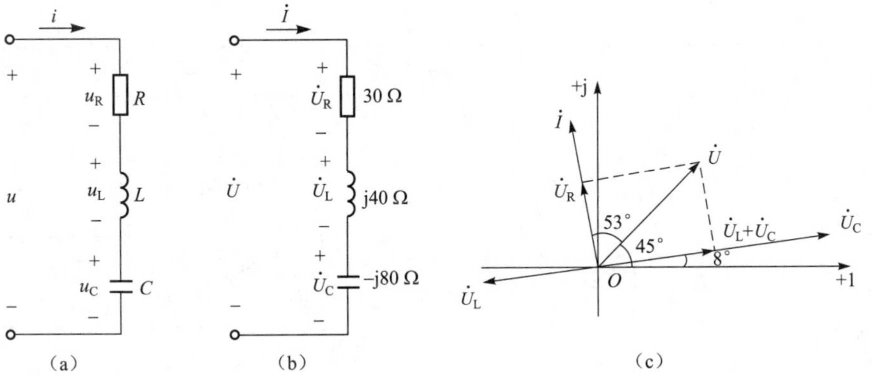

图 4.14　例 4.10 的图

（a）串联交流电路；（b）相量模型；（c）相量图

$$\dot{I}=\frac{\dot{U}}{Z}=\frac{220\angle 45^\circ}{50\angle -53^\circ}=4.4\angle 98^\circ\ (\text{A})$$

进而写出电流的瞬时值

$$i=4.4\sqrt{2}\sin(314t+98^\circ)\ \text{A}$$

③ 依据各元件的电压与电流的相量关系，可求出各电压的相量：

电阻电压的相量　$\dot{U}_R=R\dot{I}=30\times4.4\angle 98^\circ=132\angle 98^\circ$（V）

电阻电压的瞬时值　$u_R=132\sqrt{2}\sin(314t+98^\circ)\text{V}$

电感电压的相量　$\dot{U}_L=\text{j}X_L\dot{I}=\text{j}40\times4.4\angle 98^\circ=176\angle 188^\circ=176\angle -172^\circ$（V）

电感电压的瞬时值　$u_L=176\sqrt{2}\sin(314t-172^\circ)\text{V}$

电容电压的相量　$\dot{U}_C=-\text{j}X_C\dot{I}=-\text{j}80\times4.4\angle 98^\circ=352\angle 8^\circ$（V）

电容电压的瞬时值　$u_C=352\sqrt{2}\sin(314t+8^\circ)\text{V}$

④ 电压和电流的相量图如图 4.14（c）所示。由相量图看出端口电压与电流之间的相位差 $\varphi=\psi_u-\psi_i=-53^\circ$，因为端口电压滞后于端口电流，所以此电路为电容性电路。

表 4.2　几种串联交流电路中电压和电流的关系

电路	一般关系式	相量关系式	相位关系	相量图
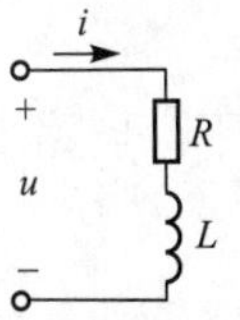	$u=Ri+L\frac{\text{d}i}{\text{d}t}$	$\dot{I}=\frac{\dot{U}}{R+\text{j}X_L}$	$\varphi=\psi_u-\psi_i>0$	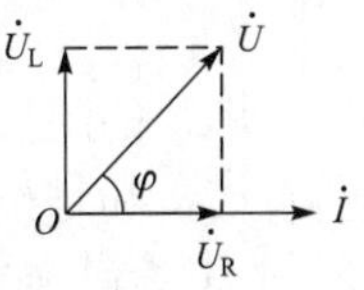
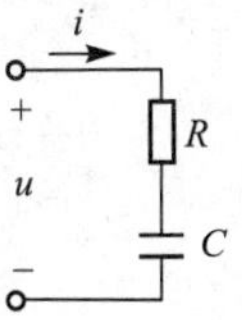	$u=Ri+\frac{1}{C}\int i\,\text{d}t$	$\dot{I}=\frac{\dot{U}}{R-\text{j}X_C}$	$\varphi=\psi_u-\psi_i<0$	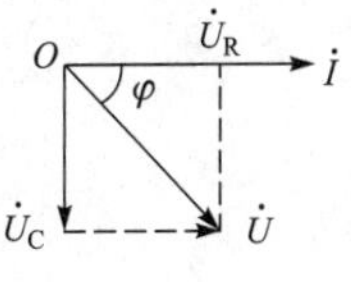

续表

电路	一般关系式	相量关系式	相位关系	相量图
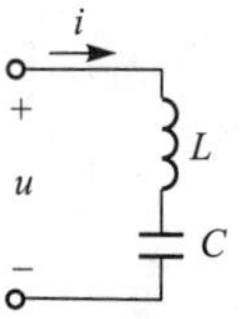	$u=L\frac{\mathrm{d}i}{\mathrm{d}t}+\frac{1}{C}\int i\mathrm{d}t$	$\dot{I}=\frac{\dot{U}}{\mathrm{j}(X_L-X_C)}$	当 $X_L>X_C$ 时，$\varphi=\psi_u-\psi_i=\frac{\pi}{2}$	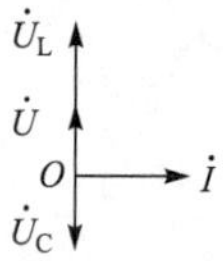
			当 $X_L=X_C$ 时 $\dot{U}=\dot{U}_L+\dot{U}_C=0$	
			当 $X_L<X_C$ 时，$\varphi=\psi_u-\psi_i=-\frac{\pi}{2}$	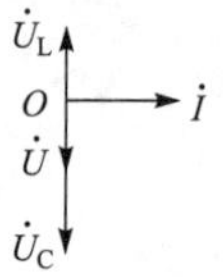
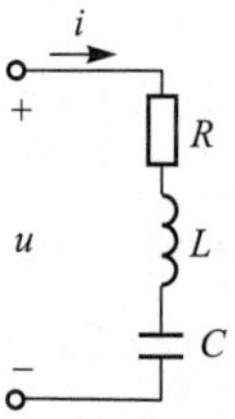	$u=Ri+L\frac{\mathrm{d}i}{\mathrm{d}t}+\frac{1}{C}\int i\mathrm{d}t$	$\dot{I}=\frac{\dot{U}}{Z}=\frac{\dot{U}}{R+\mathrm{j}(X_L-X_C)}$	当 $X_L>X_C$ 时，$\varphi=\psi_u-\psi_i>0$	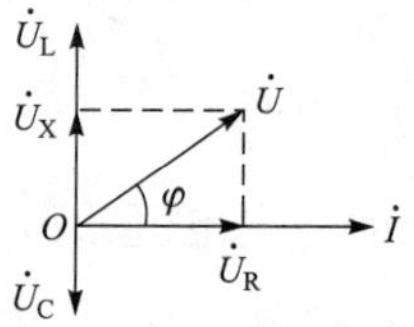
			当 $X_L=X_C$ 时，$\varphi=\psi_u-\psi_i=0$	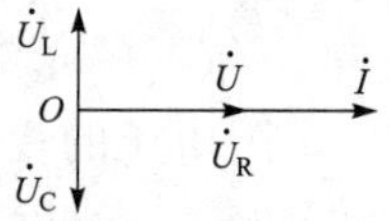
			当 $X_L<X_C$ 时 $\varphi=\psi_u-\psi_i<0$	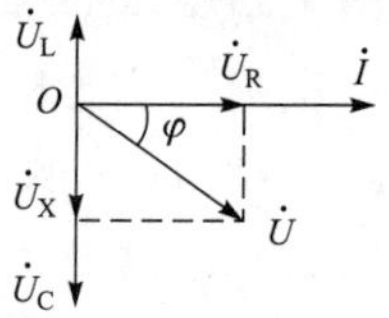

2. 阻抗串联电路

当电路中有两个阻抗串联时，如图 4.15（a）所示，设 $Z_1=R_1+\mathrm{j}X_1$，$Z_2=R_2+\mathrm{j}X_2$，根据相量形式的基尔霍夫电压定律和欧姆定律，有

$$\dot{U}=\dot{U}_1+\dot{U}_2=Z_1\dot{I}+Z_2\dot{I}=(Z_1+Z_2)\dot{I}=Z\dot{I}$$

式中

$$Z=Z_1+Z_2=(R_1+R_2)+\mathrm{j}(X_1+X_2)$$

可见，串联的阻抗 Z_1 和 Z_2 可以用一个等效阻抗 Z 来代替，在同样的电压作用下，电路中电流的有效值和相位保持不变，据此可画出如图 4.15（b）所示的等效电路。

因为，在一般情况下

$$U\neq U_1+U_2$$

即

$$|Z|I\neq|Z_1|I+|Z_2|I$$

所以

$$|Z|\neq|Z_1|+|Z_2|$$

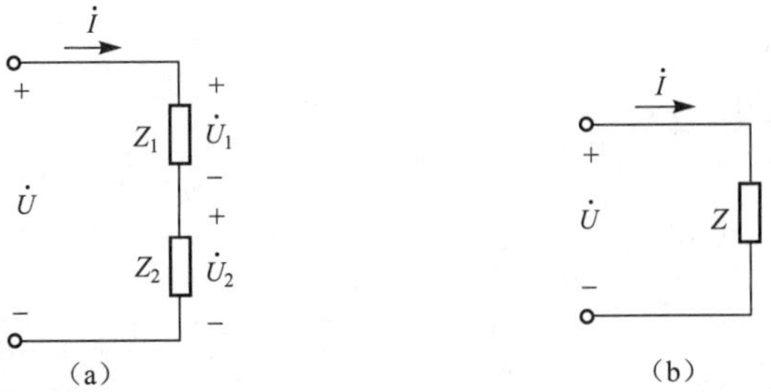

图 4.15　阻抗串联电路

（a）阻抗的串联；（b）等效电路

因此，在计算串联等效阻抗时要注意只能阻抗相加。除非串联阻抗的阻抗角相同，在一般情况下，阻抗模不能直接相加。

若有 n 个阻抗串联时，则其等效阻抗为

$$Z=Z_1+Z_2+\cdots+Z_n=\sum Z_i=\sum R_i+\mathrm{j}\sum X_i \tag{4.40}$$

在图 4.15（a）中，由相量形式的欧姆定律可知

$$\dot{U}_1=Z_1\dot{I}$$

$$\dot{U}_2=Z_2\dot{I}$$

而

$$\dot{I}=\frac{\dot{U}}{Z_1+Z_2}$$

由以上三个式子可得每一个电阻上的电压与端口电压的关系为

$$\dot{U}_1=\frac{Z_1}{Z_1+Z_2}\times\dot{U} \tag{4.41}$$

$$\dot{U}_2=\frac{Z_2}{Z_1+Z_2}\times\dot{U} \tag{4.42}$$

式（4.41）、式（4.42）是常用的两个串联阻抗的分压公式。

例 4.11　在图 4.15（a）中，已知 $Z_1=9+\mathrm{j}12\ \Omega$ 和 $Z_2=-\mathrm{j}15\ \Omega$，$\dot{U}=27\angle 90^\circ\ \mathrm{V}$。① 求电流 $\dot{I}$、电压 $\dot{U}_1$ 和 $\dot{U}_2$，并作相量图；② 若 $Z_2=-\mathrm{j}X_2$，X_2 可改变，则 X_2 为何值时，电路中电流的有效值最大，这时的电流是多少？

解： ① $Z=Z_1+Z_2=9+\mathrm{j}12-\mathrm{j}15=9-\mathrm{j}3=9.5\angle -18.4^\circ$（Ω）

$$\dot{I}=\frac{\dot{U}}{Z}=\frac{27\angle 90^\circ}{9.5\angle -18.4^\circ}=2.8\angle 108.4^\circ\ \text{（A）}$$

$$\dot{U}_1=Z_1\dot{I}=(9+\mathrm{j}12)\times 2.8\angle 108.4^\circ=15\angle 53.1^\circ\times 2.8\angle 108.4^\circ=42\angle 161.5^\circ\ \text{（V）}$$

$$\dot{U}_2=Z_2\dot{I}=(-\mathrm{j}15)\times 2.8\angle 108.4^\circ=15\angle -90^\circ\times 2.8\angle 108.4^\circ=42\angle 18.4^\circ\ \text{（V）}$$

其相量图如图 4.16 所示。显然 $U\neq U_1+U_2$，并且此电路中两个阻抗上的电压 U_1 和 U_2 都大于端口电压 U。

② 当阻抗模 $|Z|$ 最小时，电路中电流的有效值最大。即当 $Z_2=-\mathrm{j}12\ \Omega$ 时，I 最大，此时

$$Z=Z_1+Z_2=9+\mathrm{j}12-\mathrm{j}12=9\angle 0^\circ\ (\Omega)$$

$$\dot{I}=\frac{\dot{U}}{Z}=\frac{27\angle 90^\circ}{9\angle 0^\circ}=3\angle 90^\circ\ (\mathrm{A})$$

此时，电路为电阻性电路，端口电压与电流同相，电路处于谐振状态。

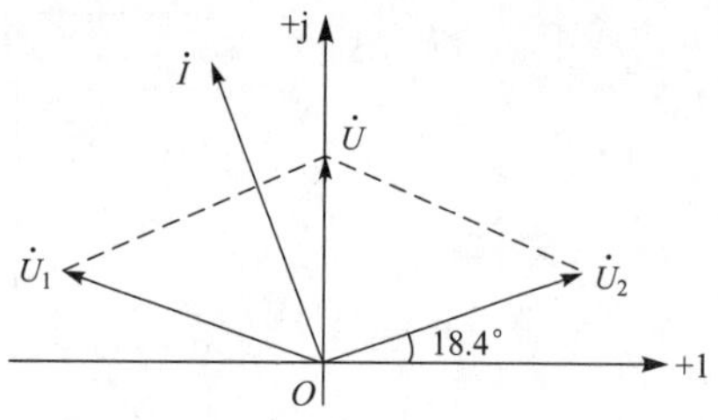

图 4.16　例 4.11 的相量图

4.4.3　并联交流电路

1. *R*、*L*、*C* 并联电路

图 4.17（a）和（b）分别是 R、L、C 并联电路和与之对应的相量模型。

根据相量形式的欧姆定律，得到各支路电流

$$\dot{I}_\mathrm{R}=\frac{\dot{U}}{R}$$

$$\dot{I}_\mathrm{L}=\frac{\dot{U}}{\mathrm{j}X_\mathrm{L}}$$

$$\dot{I}_\mathrm{C}=\frac{\dot{U}}{-\mathrm{j}X_\mathrm{C}}$$

由 KCL，得到端口电流的相量

$$\dot{I}=\dot{I}_\mathrm{R}+\dot{I}_\mathrm{L}+\dot{I}_\mathrm{C} \tag{4.43}$$

选择电压 $\dot{U}$ 为参考相量，根据各支路电流与电压的相位关系作出的相量图如图 4.17（c）所示。

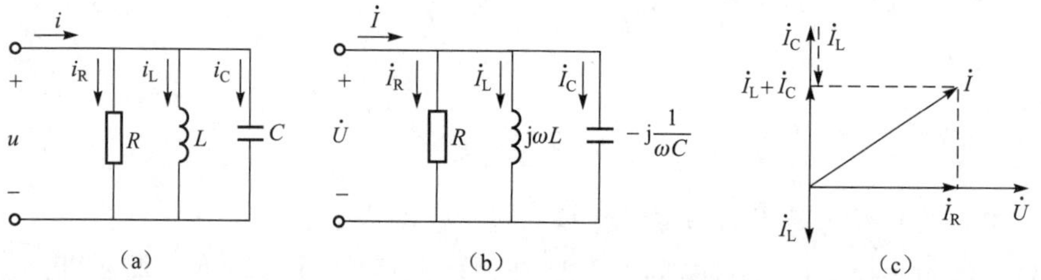

图 4.17　***R*、*L*、*C* 并联交流电路**

（a）电路图；（b）相量模型；（c）相量图

2. 阻抗并联电路

在一般情况下，并联的支路往往不是单一参数电路元件的支路。如图 4.18（a）所示，两并联支路的阻抗分别为 Z_1 和 Z_2，根据相量形式的基尔霍夫电流定律和欧姆定律，有

$$\dot{I}=\dot{I}_1+\dot{I}_2=\frac{\dot{U}}{Z_1}+\frac{\dot{U}}{Z_2}=\left(\frac{1}{Z_1}+\frac{1}{Z_2}\right)\dot{U}=\frac{1}{Z}\dot{U} \tag{4.44}$$

式中

$$\frac{1}{Z}=\frac{1}{Z_1}+\frac{1}{Z_2}$$

或

$$Z=\frac{Z_1\cdot Z_2}{Z_1+Z_2}$$

可见，阻抗 Z_1 和 Z_2 并联时，也可以用一个等效阻抗 Z 来代替，据此可画出如图 4.18（b）所示的等效电路。

因为，在一般情况下

$$I\neq I_1+I_2$$

即

$$\frac{U}{|Z|}\neq\frac{U}{|Z_1|}+\frac{U}{|Z_2|}$$

所以

$$\frac{1}{|Z|}\neq\frac{1}{|Z_1|}+\frac{1}{|Z_2|}$$

因此，只有等效阻抗的倒数才等于各个并联阻抗的倒数之和。在一般情况下，有多个阻抗并联时，等效阻抗 Z 可写为

$$\frac{1}{Z}=\sum\frac{1}{Z_i} \tag{4.45}$$

图 4.18（a）所示相量模型中，每一支路电流与端口电流的关系为

$$\dot{I}_1=\frac{Z_2}{Z_1+Z_2}\times\dot{I} \tag{4.46}$$

$$\dot{I}_2=\frac{Z_1}{Z_1+Z_2}\times\dot{I} \tag{4.47}$$

式（4.46）、式（4.47）是常用的两个并联阻抗的分流公式。

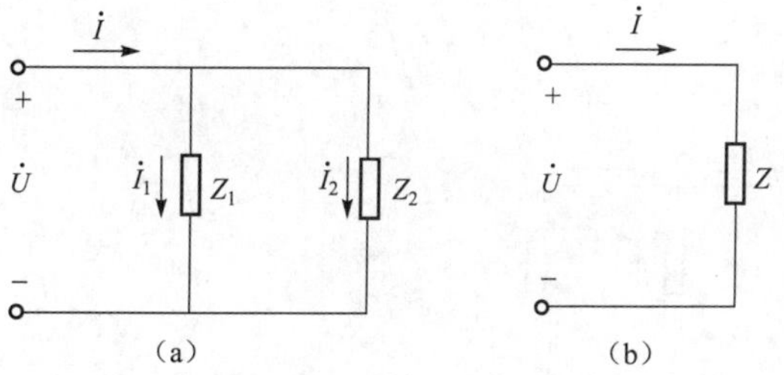

图 4.18 阻抗并联电路

（a）阻抗的并联；（b）等效电路

例 4.12 在图 4.19（a）所示正弦交流电路中，已知端口电压 u 的有效值 $U=80$ V，电压 u 的频率 $f=50$ Hz，$R_1=16\ \Omega$，$L=0.2$ H，$R_2=8\ \Omega$，$C=70\ \mu$F。① 试求电路的端口电流 i；② 画出相量图。

解 选择端口电压为参考相量，即设 $\dot{U}=80\angle 0^\circ$ V。

第一条支路的感抗、阻抗为

$$X_L=2\pi fL=2\times3.14\times50\times0.2=62.8\ (\Omega)$$

$$Z_1 = R_1 + \mathrm{j}X_L = 16 + \mathrm{j}\,62.8 = 64.8\angle 75.7^\circ \quad (\Omega)$$

第二条支路的容抗、阻抗为

$$X_C = \frac{1}{2\pi fC} = \frac{1}{2\times 3.14\times 50\times 70\times 10^{-6}} = 45.6\,(\Omega)$$

$$Z_2 = R_2 - \mathrm{j}X_C = 8 - \mathrm{j}\,45.6 = 46.3\angle -80.0^\circ \quad (\Omega)$$

解法一　由支路电流求端口电流：

$$\dot{I}_1 = \frac{\dot{U}}{Z_1} = \frac{80\angle 0^\circ}{64.8\angle 75.7^\circ} = 1.23\angle -75.7^\circ \quad (\mathrm{A})$$

$$\dot{I}_2 = \frac{\dot{U}}{Z_2} = \frac{80\angle 0^\circ}{46.3\angle -80.0^\circ} = 1.73\angle 80.0^\circ \quad (\mathrm{A})$$

$$\begin{aligned}\dot{I} = \dot{I}_1 + \dot{I}_2 &= 1.23\angle -75.7^\circ + 1.73\angle 80.0^\circ \\ &= 0.304 - \mathrm{j}1.20 + 0.300 + \mathrm{j}1.70 \\ &= 0.604 + \mathrm{j}\,0.50 = 0.784\angle 39.6^\circ \quad (\mathrm{A})\end{aligned}$$

$$i = \sqrt{2}\,I\sin(\omega t + \psi_i) = 0.784\sqrt{2}\sin(314\,t + 39.6^\circ)\,\mathrm{A}$$

根据计算结果作出的相量图如图 4.19（b）所示，显然 $I \neq I_1 + I_2$，并且此电路中两条支路上的电流 I_1 和 I_2 都大于端口电流 I。

解法二　由等效阻抗求端口电流：

$$Z = \frac{Z_1 \cdot Z_2}{Z_1 + Z_2} = \frac{64.8\angle 75.7^\circ \times 46.3\angle -80.0^\circ}{16 + \mathrm{j}62.8 + 8 - \mathrm{j}45.6} = \frac{3\,000\angle -4.33^\circ}{29.4\angle 35.3^\circ} = 102\angle -39.6^\circ \quad (\Omega)$$

$$\dot{I} = \frac{\dot{U}}{Z} = \frac{80\angle 0^\circ}{102\angle -39.6^\circ} = 0.784\angle 39.6^\circ \quad (\mathrm{A})$$

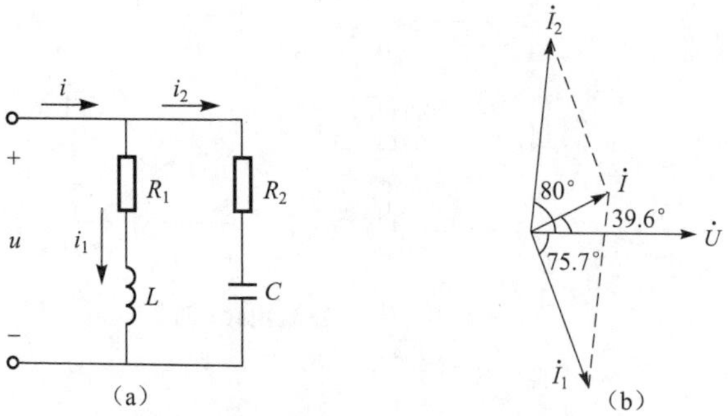

图 4.19　例 4.12 的电路图和相量图

（a）电路图；（b）相量图

3. 导纳

在并联支路较多时，应用式（4.45）计算等效阻抗并不方便。因此，在分析与计算并联交流电路时常采用导纳。导纳是阻抗的倒数，用 Y 表示。

设图 4.18（a）所示电路中 Z_1 支路是由 R_1、L_1、C_1 三个元件串联组成的，则

$$Z_1=R_1+\mathrm{j}X_1=R_1+\mathrm{j}\left(X_{L1}-X_{C1}\right)=|Z_1|\angle\varphi_1$$

则该支路的导纳为

$$Y_1=\frac{1}{Z_1}=\frac{1}{R_1+\mathrm{j}\left(X_{L1}-X_{C1}\right)}=\frac{R_1-\mathrm{j}(X_{L1}-X_{C1})}{R_1^2+(X_{L1}-X_{C1})^2}=\frac{R_1}{|Z_1|^2}-\mathrm{j}\left(\frac{X_{L1}}{|Z_1|^2}-\frac{X_{C1}}{|Z_1|^2}\right)$$

$$=G_1-\mathrm{j}(B_{L1}-B_{C1})=G_1+\mathrm{j}(B_{C1}-B_{L1})=G_1+\mathrm{j}B_1=|Y_1|\angle\theta_1$$

式中，$G_1=\dfrac{R_1}{|Z_1|^2}$，称为该支路的电导；$B_{L1}=\dfrac{X_{L1}}{|Z_1|^2}$，称为该支路的感纳；$B_{C1}=\dfrac{X_{C1}}{|Z_1|^2}$，称为该支路的容纳；$B_1=B_{C1}-B_{L1}$，称为该支路的电纳；$|Y_1|=\sqrt{G_1^2+B_1^2}=\dfrac{1}{|Z_1|}$，称为该支路导纳的模；$\theta_1=\arctan\dfrac{B_1}{G_1}$，$\theta_1$ 称为导纳角，$\theta_1=-\varphi_1$，φ_1 是阻抗角。

电导、感纳、容纳和导纳的单位都是西门子（S）。

同理，设图 4.18（a）所示电路中 Z_2 支路是由 R_2、L_2、C_2 三个元件串联组成的，则第二个并联支路的导纳为

$$Y_2=\frac{1}{Z_2}=G_2+\mathrm{j}(B_{C2}-B_{L2})=G_2+\mathrm{j}B_2=|Y_2|\angle\theta_2$$

根据式（4.45），并联等效导纳为

$$Y=Y_1+Y_2 \tag{4.48}$$

同样，可推得

$$|Y|\neq|Y_1|+|Y_2|$$

因此，只有等效导纳才等于并联导纳之和。在一般情况下，导纳模不能直接相加，除非各导纳的导纳角相等。

在多个导纳并联时，等效导纳为

$$Y=\sum Y_i=\sum G_i+\mathrm{j}\sum B_i \tag{4.49}$$

计算并联电路时可用导纳来代替阻抗，于是式（4.44）也可写为

$$\dot{I}=\dot{I}_1+\dot{I}_2=Y_1\dot{U}+Y_2\dot{U}=Y\dot{U} \tag{4.50}$$

例 4.13　利用导纳重解例 4.12。

解　第一条支路的导纳为

$$Y_1=\frac{1}{Z_1}=\frac{1}{64.8\angle 75.7^\circ}=0.0154\angle -75.7^\circ\ \text{（S）}$$

第二条支路的导纳为

$$Y_2=\frac{1}{Z_2}=\frac{1}{46.3\angle -80.0^\circ}=0.0216\angle 80.0^\circ\ \text{（S）}$$

$$\dot{I}_1=Y_1\dot{U}=0.0154\angle -75.7^\circ\times 80\angle 0^\circ=1.23\angle -75.7^\circ\ \text{（A）}$$

$$\dot{I}_2=Y_2\dot{U}=0.0216\angle 80^\circ\times 80\angle 0^\circ=1.73\angle 80.0^\circ\ \text{（A）}$$

$$\dot{I}=\dot{I}_1+\dot{I}_2=1.23\angle -75.7^\circ+1.73\angle 80.0^\circ=0.784\angle 39.6^\circ\ \text{（A）}$$

通常，在分析正弦交流电路的电压和电流时，可先建立电路的相量模型。在相量模型中，电阻、电容、电感的电压相量和电流相量的关系均符合相量形式的欧姆定律，复数阻抗的电压相量和电流相量的关系也符合相量形式的欧姆定律。在相量模型中，与任意一个节点有关的电流相量之间的关系符合相量形式的基尔霍夫电流定律；与任意一个回路有关的电压相量之间的关系符合相量形式的基尔霍夫电压定律。因此，采用相量模型分析计算电压相量和电流相量时，可以采用第 1 章和第 2 章讨论的电阻电路的各种分析方法，包括支路电流法、节点电位法、叠加定理、无源二端网络的等效变换、电源模型的等效变换、戴维宁定理和诺顿定理。在分析计算时，元件的参数应该用复数阻抗或复数导纳，电压应该用电压相量，电流应该用电流相量，计算均用复数运算，这就是正弦交流电路的相量分析法。

4.5 正弦交流电路的功率

供给动力用电和照明用电的电力网络，一般都是正弦交流电路。因此，研究正弦交流电路的功率，对电力系统中电能的传输和分配以及电能的利用具有重要的意义。

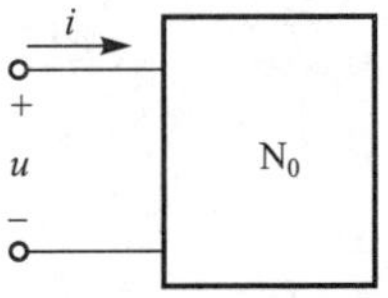

图 4.20 无源二端网络

4.5.1 瞬时功率

图 4.20 所示电路是一个线性无源二端网络，其内部没有电源元件，仅含电阻、电感和电容等无源元件，设此二端网络的端口电压为 u，电流为 i，电压 u 与电流 i 为关联参考方向，则无论电压、电流的波形如何，网络吸收的瞬时功率 p 等于电压 u 和电流 i 的乘积

$$p=u\,i$$

对于线性正弦交流电路而言，电压 u 与电流 i 是同频率的正弦量，设

$$u=\sqrt{2}\,U\sin(\omega t+\psi_u)$$

$$i=\sqrt{2}\,I\sin(\omega t+\psi_i)$$

则有

$$\begin{aligned}p&=\sqrt{2}\,U\sin(\omega t+\psi_u)\times\sqrt{2}\,I\sin(\omega t+\psi_i)\\&=UI\cos(\psi_u-\psi_i)-UI\cos(2\omega t+\psi_u+\psi_i)\\&=UI\cos\varphi-UI\cos(2\omega t+\psi_u+\psi_i)\end{aligned}\tag{4.51}$$

式中 $\varphi=\psi_u-\psi_i$，为电压与电流之间的相位差。

式（4.51）表明，瞬时功率可以看成是两个分量叠加的结果，第一个为恒定分量，第二个为正弦分量，其频率是电压或电流频率的两倍。

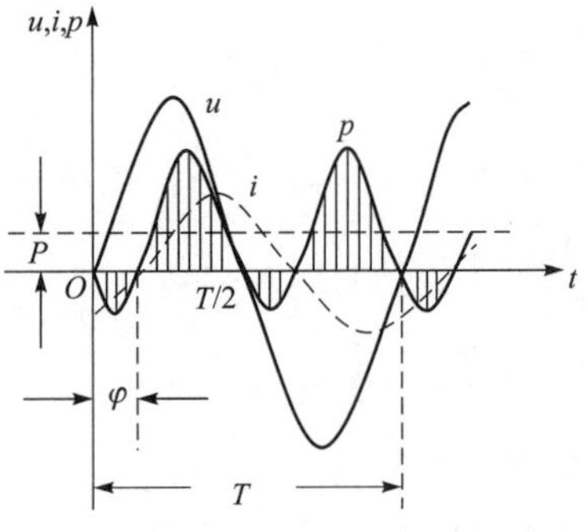

图 4.21 瞬时功率和电压、电流的波形

在图 4.21 中画出了电压 u、电流 i 和瞬时功率 p 随时间变化的波形。由图中看出，由于电压和电流相位不同，在每个周期内，瞬时功率 p 有时为正，有时为负。当电压 u 和电流 i 的实际方向一致时，瞬时功率为正，$p>0$，此时电源对电路做正功，能量从电源送往电路，二端网络吸

收功率；当电压 u 与电流 i 的实际方向相反时，瞬时功率为负，$p<0$，此时电源对电路做负功，二端网络送出功率，能量由电路释放出来，送回电源，即电路中储能元件将储存的能量送还给电源。可见，在电源和电路之间存在着能量的往返交换现象，这种现象的产生是由于电路中存在储能元件。作为储能元件的电感和电容只储存能量而不消耗能量。电感储存的磁场能量将随电感电流的绝对值的增减而增减，电容储存的电场能量将随电容电压的绝对值的增减而增减。当磁场能量或电场能量减少时，一个储能元件释放出来的能量，可以转送到其他的储能元件中去，也可以消耗于电阻中，如果还有多余的部分则必然要送回电源。因此，形成了这种能量在电源和电路之间往返交换的现象。

4.5.2　有功功率、无功功率和视在功率

1. 有功功率和无功功率

在工程上，瞬时功率的实际意义不大，且不便于测量，通常引用有功功率的概念。交流电路的有功功率是指电路实际消耗的功率，它等于瞬时功率在一个周期内的平均值，又称为平均功率，用大写字母 P 表示。图 4.20 所示无源二端网络的有功功率为

$$P=\frac{1}{T}\int_0^T p\,\mathrm{d}t=\frac{1}{T}\int_0^T[UI\cos\varphi-UI\cos(2\omega t+\psi_u+\psi_i)]\mathrm{d}t$$

上式中第二项积分后为 0，所以有

$$P=UI\cos\varphi \tag{4.52}$$

式（4.52）是计算正弦交流电路中线性无源二端网络有功功率的一般公式，由于在推导上式时没有涉及电路的具体结构和元件参数，因此上式适用于任何形式的线性无源二端网络。将上式与式（4.51）相比较可知，二端网络吸收的有功功率等于它所吸收的瞬时功率的恒定分量。

由式（4.52）可知，无源二端网络的有功功率不仅与端口电压、电流的有效值有关，而且还与电压和电流之间的相位差 φ 有关。将 $\cos\varphi$ 称为电路的功率因数，并用 λ 表示，即 $\lambda=\cos\varphi$。因而，电压与电流的相位差 φ 又称为功率因数角，功率因数角就是无源二端网络的等效阻抗的阻抗角。

对于任何一个线性无源二端网络，当电路的结构、元件参数和电源的频率确定后，电路的等效阻抗就确定了，阻抗角即功率因数角 φ 的大小就确定了，功率因数 $\cos\varphi$ 的值也就确定了。功率因数与电路中电压、电流的大小无关。例如，当电路由电阻元件构成时，功率因数角 $\varphi=0°$，功率因数 $\cos\varphi=1$，电路的有功功率 $P=UI$；当电路由纯电感或电容元件构成时，功率因数角 $\varphi=\pm90°$，功率因数 $\cos\varphi=0$，所以有功功率 $P=0$；一般情况下，电路中既有电阻元件又有电感、电容元件，故功率因数角介于 $-90°$ 与 90 之间，功率因数介于 0 与 1 之间。

在工程上分析交流电路还引用无功功率的概念，它反映了电源和电路之间能量交换的规模。无功功率用大写字母 Q 表示，其定义为

$$Q=UI\sin\varphi \tag{4.53}$$

设图 4.20 所示无源二端网络的等效阻抗为 Z，则

$$Z=\frac{\dot{U}}{\dot{I}}=\frac{U\angle\psi_u}{I\angle\psi_i}=Z\angle\varphi=|Z|\cos\varphi+\mathrm{j}|Z|\sin\varphi=R+\mathrm{j}X$$

由此式得到

$$\cos\varphi=\frac{R}{|Z|}$$

$$\sin\varphi=\frac{X}{|Z|}$$

因此，有功功率和无功功率可分别表示为

$$P=UI\cos\varphi=UI\frac{R}{|Z|}=I^2R \tag{4.54}$$

$$Q=UI\sin\varphi=UI\frac{X}{|Z|}=I^2X \tag{4.55}$$

在计算无源二端网络的有功功率时，无论是电感性电路（$0°<\varphi<90°$），还是电容性电路（$-90°<\varphi<0°$），或者是电阻性电路（$\varphi=0°$），总有 $\cos\varphi\geqslant 0$，即 $P=UI\cos\varphi$ 总是正值。因为电路消耗的总有功功率应等于每个耗能元件电阻所消耗的功率之和，储能元件不消耗功率，所以正弦交流电路的总有功功率等于各支路或各电阻元件的有功功率的算术和，即

$$P=\sum P_i=\sum I_i^2R_i \tag{4.56}$$

无功功率则有电感性和电容性之分。由于 $\varphi=\psi_u-\psi_i$，在电感性电路中，u 的相位超前于 i 的相位，即 $0°<\varphi<90°$，$\sin\varphi>0$，故 $Q=UI\sin\varphi>0$，即电感性电路的无功功率为正值，它反映的是磁场能与电能的相互转换。在电容性电路中，u 滞后于 i，$-90°<\varphi<0°$，$\sin\varphi<0$，故有 $Q=UI\sin\varphi<0$，即电容性电路的无功功率为负值，它反映的是电场能与电能的相互转换。当电路中同时存在有电感和电容时，电路的总无功功率应为两者无功功率绝对值之差，这一事实可通过图 4.22 所示的 L 与 C 串联和 L 与 C 并联的电路来说明。在这两种电路中，u_C 与 i_L 的相位差的绝对值都是 90°。

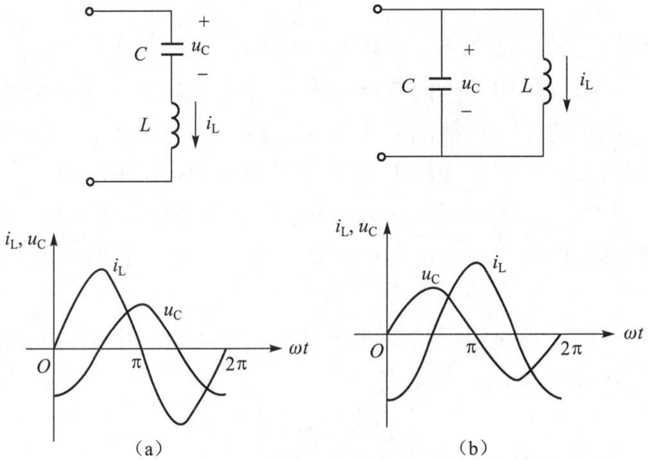

图 4.22　无功功率的分析

（a）L 与 C 串联；（b）L 与 C 并联

由 u_C 和 i_L 的波形可知，当$|i_L|$增加，即电感中的磁场能增加时，$|u_C|$减小，即电容中的电场能却在减少；反之，当$|i_L|$减小，即电感中的磁场能减少时，$|u_C|$增加，即电容中的电场能却在增加。因而磁场能和电场能可以相互补偿，不足或多余的部分才取自或送还电源，故电路的总无功功率为

$$Q=Q_L+Q_C=|Q_L|-|Q_C|$$

式中，Q_L 为正值，Q_C 为负值。无功功率是个代数量，感性无功功率为正值，容性无功功率为负值，因此电路的总无功功率应等于各支路或各电抗元件（即储能元件）的无功功率的代数和，即

$$Q=\sum Q_i=\sum I_i^2 X_i \tag{4.57}$$

2. 视在功率

在正弦交流电路中，将电压有效值 U 与电流有效值 I 的乘积称为视在功率，用大写字母 S 表示，即

$$S=UI \tag{4.58}$$

视在功率与有功功率、无功功率都具有功率的量纲，为便于区别，有功功率的单位用瓦特（W），无功功率的单位用乏（var），视在功率的单位用伏安（V・A）。

由式（4.52）和式（4.53）可知，有功功率、无功功率和视在功率三者之间的关系为

$$\begin{cases} P=UI\cos\varphi=S\cos\varphi \\ Q=UI\sin\varphi=S\sin\varphi \\ S=\sqrt{P^2+Q^2} \end{cases} \tag{4.59}$$

由上式可见，有功功率 P、无功功率 Q 和视在功率 S 三者之间的关系也可用一个直角三角形来表示，称它为功率三角形。

功率三角形和电压三角形可以通过阻抗三角形得到。阻抗三角形每边乘以电流 I 可得电压三角形，电压三角形每边乘以电流 I 可得功率三角形，如图 4.23 所示（以电感性电路为例作图）。

由图 4.23 可见，阻抗三角形、电压三角形和功率三角形为三个相似的直角三角形。在三个三角形中，φ 可分别被称为阻抗角、相位差和功率因数角，并可分别表示为

$$\varphi=\arctan\frac{X}{R}=\arctan\frac{U_X}{U_R}=\arctan\frac{Q}{P}$$

应该注意，在图 4.23 中，电压三角形是一个相量图，电阻 R、电抗 X、阻抗模$|Z|$、有功功率 P、无功功率 Q 和视在功率 S 都不是正弦量，所以不能用相量表示。将这 3 个直角三角形画在一张图中，主要是为了便于表明它们之间的关系。

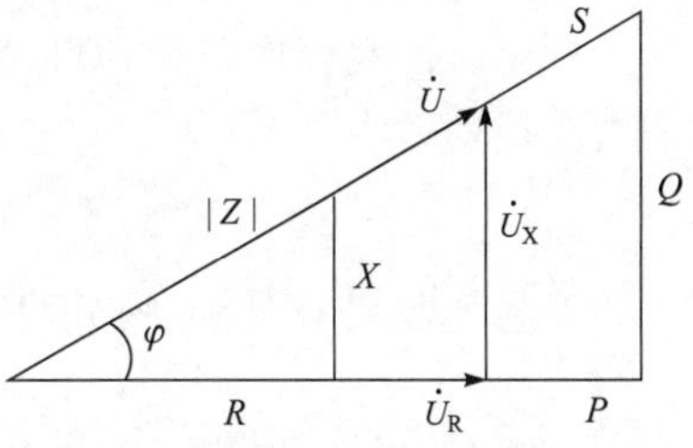

图 4.23　阻抗、电压和功率三角形

在计算视在功率时要注意，电路的总视在功率一般不等于各支路或各元件视在功率之和，即 $S\neq\sum S_i$，总视在功率通常用式（4.58）或式（4.59）进行计算。

视在功率虽然一般并不等于电路实际消耗的功率，但

是这个概念在电力工程中却有其实用意义。发电机、变压器等供电设备都是按照一定的额定电压和额定电流设计制造的。其额定电压和额定电流的乘积即是设备的额定视在功率，通常以其额定视在功率作为该电力设备的额定容量。使用时，实际的视在功率不允许超过额定视在功率。

例 4.14 在 R、L、C 串联交流电路中，已知 $R=80\ \Omega$，$X_L=40\ \Omega$，$X_C=100\ \Omega$，电源电压 $u=200\sqrt{2}\sin(314t+45^\circ)$V。试求该电路的有功功率、无功功率和视在功率。

解 电路的阻抗为

$$Z=R+\mathrm{j}(X_L-X_C)=80+\mathrm{j}(40-100)=80-\mathrm{j}60=100\angle{-36.9^\circ}\ (\Omega)$$

电路的电流为

$$I=\frac{U}{|Z|}=\frac{200}{100}=2\ (\mathrm{A})$$

解法一 由总电压、电流求电路的功率：

$$P=UI\cos\varphi=200\times 2\cos(-36.9^\circ)=320\ (\mathrm{W})$$
$$Q=UI\sin\varphi=200\times 2\sin(-36.9^\circ)=-240\ (\mathrm{var})$$
$$S=UI=200\times 2=400\ (\mathrm{V\cdot A})$$

解法二 由各元件的功率求电路的功率：

$$P=RI^2=80\times 2^2=320\ (\mathrm{W})$$
$$Q=Q_L+Q_C=I^2X_L-I^2X_C=I^2(X_L-X_C)=2^2\times(40-100)=-240\ (\mathrm{var})$$
$$S=\sqrt{P^2+Q^2}=\sqrt{320^2+(-240)^2}=400\ (\mathrm{V\cdot A})$$

4.5.3 功率因数的提高

1. 提高功率因数的意义

在正弦交流电路中，负载消耗的功率为 $P=UI\cos\varphi$，即负载消耗的功率不仅与电压、电流的大小有关，而且与功率因数 $\cos\varphi$ 的大小有关。功率因数不等于 1 时，电源与负载之间将有能量的交换。功率因数低时，会引起下面两方面的问题。

① 功率因数低，电源设备的容量将不能充分利用。

交流电源（发电机或变压器）的容量是根据设计的额定电压和额定电流来确定的，其额定视在功率 S_N 就是电源的额定容量，它代表电源所能输出的最大有功功率。但电源究竟向负载能提供多大的有功功率，不仅决定于电源的容量，而且也决定于负载的大小和性质。

例如，额定容量 $S_N=1\,000\ \mathrm{kV\cdot A}$ 的发电机，当负载的功率因数 $\cos\varphi=1$ 时，能输出的最大有功功率为

$$P=S_N\cos\varphi=1\,000\times 1=1\,000\ (\mathrm{kW})$$

当负载的功率因数 $\cos\varphi=0.6$ 时，发电机输出的最大有功功率为

$$P=S_N\cos\varphi=1\,000\times 0.6=600\ (\mathrm{kW})$$

由此可见，同样的电源设备，同样的输电线路，负载的功率因数越低，电源设备输出的最大有功功率就越小，无功功率就越大，电源设备的容量就越不能充分利用。

② 功率因数低，将增加输电线路和电源设备的绕组的功率损耗。

负载取用的电能一般都是以一定电压由电源设备通过输电线路供给的。当电源电压 U 和负载所需的有功功率 P 一定时，线路中的电流与功率因数成反比，即

$$I=\frac{P}{U\cos\varphi}$$

功率因数越低，电路的电流越大。输电线路和电源设备的绕组是有一定电阻的，电流越大，这些电阻损耗的电功率 ΔP 也就越大，即

$$\Delta P=R_0I^2$$

式中，R_0 为线路和电源设备绕组的电阻。

220 V、400 W 的电热器（$\cos\varphi_1=1$）与 220 V、400 W 的电动机（$\cos\varphi_2=0.7$）相比较，其电流分别为

$$I_1=\frac{P}{U\cos\varphi_1}=\frac{400}{220\times1}=1.82\text{（A）}$$

$$I_2=\frac{P}{U\cos\varphi_2}=\frac{400}{220\times0.7}=2.60\text{（A）}$$

由此可见，功率相同的电动机与电热器相比，电流要大，即功率因数较低的电动机与相同功率的电热器相比，在线路上的电流大，功率损耗也大。

由上面的讨论可知，功率因数的提高，能使电源设备的容量得到充分利用，能节约电能，提高输电效率，电能的节约和合理应用有着重要的意义。

2. 提高功率因数的方法

由于通常所使用的电气设备多为电感性负载，因此，电路功率因数不高的原因一般是由于存在电感性负载。为了消弱电感性负载的影响，可以采用并联电容的功率补偿方法。

将适当电容量的电容器与电感性负载并联，这样，电感的无功功率可以与电容的无功功率相互补偿，减少负载与电源交换的无功功率的数值，从而减小电路上的总电流，减小电路总电流与电源电压的相位差，使电路的功率因数得到提高。

图 4.24（a）所示电路中，已知电感性负载的有功功率 P 和功率因数 $\cos\varphi_L$，若要求把电路的功率因数提高到 $\cos\varphi$，则可根据图 4.24（b）的相量图求出应该并联的电容 C 的大小。

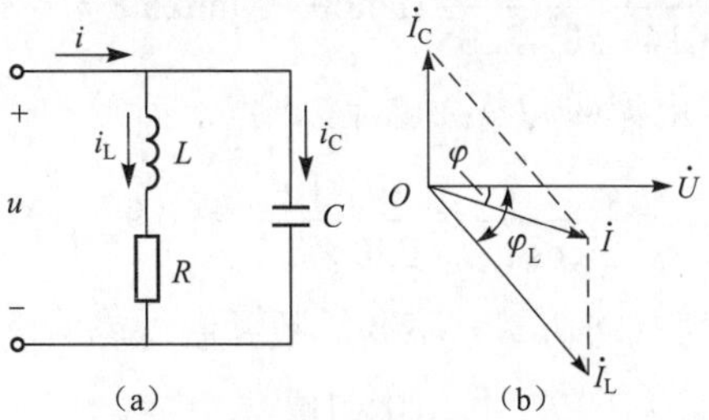

图 4.24　电感性负载并联电容

（a）电路图；（b）相量图

由于并联电容前，电路的总电流 i 就是负载的电流 i_L，电路的功率因数就是负载的功率因数 $\cos\varphi_L$。并联电容后，电路总电流 $i=i_L+i_C$，电路的功率因数变为 $\cos\varphi$，由于 $\varphi<\varphi_L$，所以 $\cos\varphi>\cos\varphi_L$。由于并联电容前后电路所消耗的有功功率 P 不变，即

$$P=UI_{\mathrm{L}}\cos\varphi_{\mathrm{L}}=UI\cos\varphi$$

所以

$$I_{\mathrm{L}}=\frac{P}{U\cos\varphi_{\mathrm{L}}} \tag{4.60}$$

$$I=\frac{P}{U\cos\varphi} \tag{4.61}$$

由图 4.24（b）得

$$I_{\mathrm{C}}=I_{\mathrm{L}}\sin\varphi_{\mathrm{L}}-I\sin\varphi$$

将式（4.60）和式（4.61）代入上式，并整理可得

$$I_{\mathrm{C}}=\frac{P\sin\varphi_{\mathrm{L}}}{U\cos\varphi_{\mathrm{L}}}-\frac{P\sin\varphi}{U\cos\varphi}=\frac{P}{U}\left(\tan\varphi_{\mathrm{L}}-\tan\varphi\right)$$

又由于

$$I_{\mathrm{C}}=\frac{U}{X_{\mathrm{C}}}=\omega CU$$

所以应并联的电容

$$C=\frac{P}{\omega U^2}\left(\tan\varphi_{\mathrm{L}}-\tan\varphi\right) \tag{4.62}$$

式中，φ_{L} 为并联电容前负载的功率因数角；φ 为并联电容后整个电路的功率因数角；C 为需要并联电容器的电容量。当 P 的单位为瓦特，U 的单位为伏特时，C 的单位为法拉（F）。

例 4.15 有一个电感性负载，其功率 $P=10$ kW，功率因数 $\cos\varphi_{\mathrm{L}}=0.5$，接在电压 $U=220$ V 的电源上，电源频率 $f=50$ Hz。① 如果要将功率因数提高到 $\cos\varphi=0.9$，试求与负载并联的电容器的电容值；② 计算并联电容前后电路的电流。

解 ① 并联电容前，$\cos\varphi_{\mathrm{L}}=0.5$，对应有 $\varphi_{\mathrm{L}}=60°$；

并联电容后，$\cos\varphi=0.9$，对应有 $\varphi=25.8°$；

将已知数据代入式（4.62），可得

$$C=\frac{P}{\omega U^2}(\tan\varphi_{\mathrm{L}}-\tan\varphi)=\frac{10\times10^3}{2\times3.14\times50\times220^2}(\tan60°-\tan25.8°)=8.22\times10^{-4}\text{（F）}=822\text{（μF）}$$

② 未并联电容时电路的电流即为负载电流，则

$$I_{\mathrm{L}}=\frac{P}{U\cos\varphi_{\mathrm{L}}}=\frac{10\times10^3}{220\times0.5}=90.9\text{（A）}$$

由于并联电容前后电路的有功功率 P 不变，故并联电容后电路的电流为

$$I=\frac{P}{U\cos\varphi}=\frac{10\times10^3}{220\times0.9}=50.5\text{（A）}$$

提高功率因数的原则是不影响负载的正常工作，即不能影响负载本身的电压、电流和功率。将电容与电感性负载并联后，对负载本身的工作并无影响，也不改变负载本身的功率因数，而是提高了整个电路的功率因数。

感性负载串联电容后也可以改变功率因数，但是，在功率因数改变的同时，负载上的电

压也发生了改变，会影响负载正常工作。因此，为了提高功率因数，应将适当容量的电容与电感性负载并联而不是串联。

4.6　交流电路的谐振

在既有电感又有电容的电路中，改变电源的频率或改变电感、电容元件的参数，当电源的频率和电路的参数符合一定的条件时，电路总电压与总电流的相位相同，整个电路呈电阻性，这种现象称为谐振。电路出现谐振是由于电路中电容的无功功率和电感的无功功率完全补偿的结果。电路谐振时所具有的一些特性在无线电技术中得到了广泛的应用，但在电力系统中由于谐振的发生有可能影响系统的正常工作，甚至严重损坏设备，因此，对谐振现象的研究具有重要的意义。根据发生谐振的电路的连接方式，谐振现象可分为串联谐振和并联谐振，下面分别讨论这两种谐振发生的条件和谐振时电路所具有的特性。

4.6.1　串联谐振

1. *R*、*L*、*C* 串联电路谐振的条件

当电感线圈和电容器串联时，可以将其视为由电阻、电感和电容组成的串联电路，其相量模型如图 4.25 所示。电路在角频率为 ω 的正弦电压作用下，其复数阻抗为

$$Z=R+\mathrm{j}X=R+\mathrm{j}(X_{\mathrm{L}}-X_{\mathrm{C}})=R+\mathrm{j}\left(\omega L-\frac{1}{\omega C}\right)$$

电路发生谐振时，电压与电流同相，此时电路的电抗必然等于零，即串联谐振的条件是

$$X=X_{\mathrm{L}}-X_{\mathrm{C}}=0$$

或

$$\omega L=\frac{1}{\omega C}$$

发生谐振时的角频率称为谐振角频率，用 ω_0 表示，由上式可得串联谐振电路的谐振角频率

$$\omega_0=\frac{1}{\sqrt{LC}} \tag{4.63}$$

由于 $\omega_0=2\pi f_0$，所以

$$f_0=\frac{1}{2\pi\sqrt{LC}} \tag{4.64}$$

式中，f_0 称为电路的谐振频率。由此可见，改变电源频率 f 或改变电路元件参数 L 或 C，都能使电路发生谐振。

2. 串联谐振的特征

R、*L*、*C* 串联电路发生谐振时，电路具有以下特征：

① 电源电压与电路中电流同相（$\varphi=\psi_u-\psi_i=0°$），电路对电源呈电阻性，电路的功率因数 $\cos\varphi=1$。电源供给电路的能量全部被电阻所消耗，电源与电路之间不发生能量的互换，

无功功率 $Q=0$。Q_L 与 Q_C 相互补偿，能量的互换只发生在电感与电容之间。

② 串联谐振时，由于 $X=X_L-X_C=0$，阻抗 $Z=R$，阻抗最小。整个电路的阻抗等于电阻 R，而电感 L 与电容 C 串联部分相当于短路。谐振时电路的电流称为谐振电流，其有效值用 I_0 表示，在电源电压 U 一定的情况下，电路中的电流将在谐振时达到最大值，即

$$I_0=\frac{U}{R}$$

③ 电路中电感电压相量为 $\dot{U}_L=\mathrm{j}X_L\dot{I}_0$；电容电压相量为 $\dot{U}_C=-\mathrm{j}X_C\dot{I}_0$。串联谐振时，有 $\dot{U}_L=-\dot{U}_C$，电感电压与电容电压有效值相等，相位相反，$\dot{U}_L$ 和 $\dot{U}_C$ 互相抵消，电阻电压等于电源电压，即 $\dot{U}_R=\dot{U}$。

R、L、C 串联电路谐振时电路中电流、电压的波形图和相量图如图 4.26（a）、（b）所示。

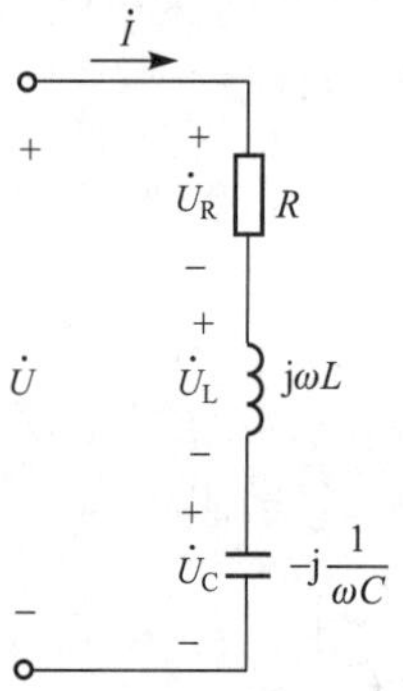

图 4.25　*R*、*L*、*C* 串联电路

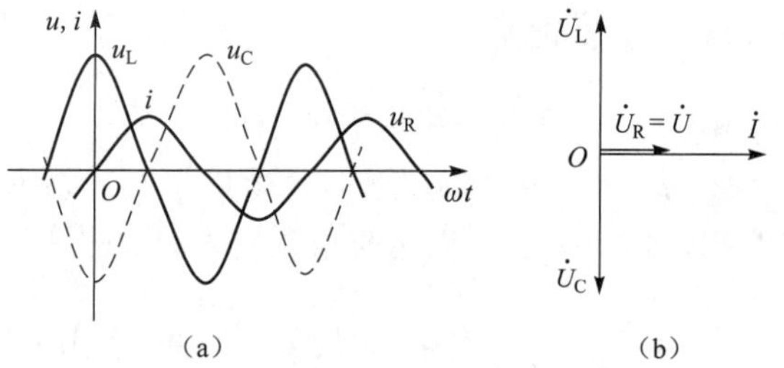

图 4.26　*R*、*L*、*C* 串联电路谐振时的波形图和相量图

（a）波形图；（b）相量图

谐振的实质就是电感中的磁场能与电容中的电场能互相转换，相互完全补偿，磁场能和电场能的总和始终保持不变，电源不必与电路往返交换能量，只需供给电路中电阻所消耗的能量。如果电路中 $Q_L=|Q_C|$，且数值较大，有功功率 P 数值较小，即电路中消耗的能量不多，却有较多的能量在电感和电容之间相互转换，这说明电路谐振的程度比较强；反之则说明电路谐振的程度比较弱。因此，通常用电路中电感或电容的无功功率的绝对值与电路中有功功率的比值来表示电路谐振的程度，称为电路的品质因数，并用 Q 表示，即

$$Q=\frac{Q_L}{P}=\frac{|Q_C|}{P} \tag{4.65}$$

在串联谐振电路中，$Q_L=U_LI_0=X_LI_0^2$，$|Q_C|=U_CI_0=X_CI_0^2$，$P=U_RI_0=UI_0=RI_0^2$，故 R、L、C 串联谐振电路的品质因数为

$$Q=\frac{Q_L}{P}=\frac{U_LI_0}{UI_0}=\frac{U_L}{U}=\frac{X_LI_0}{RI_0}=\frac{\omega_0L}{R}=\frac{1}{R}\sqrt{\frac{L}{C}}$$

或

$$Q=\frac{|Q_C|}{P}=\frac{U_CI_0}{UI_0}=\frac{U_C}{U}=\frac{X_CI_0}{RI_0}=\frac{1}{R\omega_0C}=\frac{1}{R}\sqrt{\frac{L}{C}} \tag{4.66}$$

由上式可见，串联谐振电路的品质因数 Q 也表示在谐振时电感（或电容）元件上的电压 U_L（或 U_C）与电源电压 U 之比。而且，品质因数 Q 仅由电路元件参数 R、L 和 C 决定，Q

是一个无量纲的物理量。

串联谐振时，$\dot{U}_L = -\dot{U}_C$，虽然$\dot{U}_L$和$\dot{U}_C$两者互相抵消，两者之和对整个电路不起作用，但是$\dot{U}_L$或$\dot{U}_C$的单独作用却不容小视。因为当品质因数 Q 很大时，即 $X_L=X_C \geqslant R$ 时，U_L和 U_C 都将远高于电源电压 U。由于串联谐振时 U_L 和 U_C 可高于电源电压 U 许多倍，因此，串联谐振又称为电压谐振。在电力工程中，如果 U_L 和 U_C 过高，可能会击穿电感器或电容器的绝缘，导致电感器或电容器的损坏。因此，要避免串联谐振的发生。但在无线电工程中，在工作信号比较微弱时，可以利用电压谐振来获得较高的信号电压，将微弱信号进行放大，使电感或电容元件上的电压常高于电源电压几十倍或几百倍。

例 4.16　有一个工作电压为 300 V 的 1 μF 电容器，与一个电阻为 5 Ω、电感为 10 mH 的电感线圈串联后，接于频率可调、有效值为 20 V 的正弦交流电源上。① 试求电路的谐振角频率 ω_0 和谐振频率 f_0；② 求谐振电路的品质因数 Q 和谐振时电路的电流 I_0；③ 求电容器端电压的最大值 U_{Cm}，并说明电路谐振时电容器能否正常工作。

解　① 谐振角频率　$\omega_0 = \dfrac{1}{\sqrt{LC}} = \dfrac{1}{\sqrt{10\times10^{-3}\times1\times10^{-6}}} = 10^4$（rad/s）

谐振频率　$f_0 = \dfrac{\omega_0}{2\pi} = \dfrac{10^4}{2\pi} = 1\,592$（Hz）

② 品质因数　$Q = \dfrac{\omega_0 L}{R} = \dfrac{10^4\times10\times10^{-3}}{5} = 20$

谐振时电路的电流　$I_0 = \dfrac{U}{R} = \dfrac{20}{5} = 4$（A）

③ 电容器端电压的有效值　$U_C = U_L = QU = 20\times20 = 400$（V）

电容器端电压的最大值　$U_{Cm} = \sqrt{2}\,U_C = \sqrt{2}\times400 = 565.6$（V）

由此可见，虽然电源电压不高，但是，在电路发生串联谐振时，电容两端的电压很高，已超过它所允许的最高工作电压。

3. 谐振曲线

在 R、L、C 元件串联的电路中，当电源电压的有效值和元件的参数不变，而只改变电源电压的频率时，电路中的阻抗、电流和各元件上的电压都将随频率变化。谐振电路中电压、电流与频率的关系曲线称为谐振曲线。

对于 R、L、C 串联电路，当改变电源电压的频率时，电路中电流与频率的关系为

$$I(f) = \frac{U}{\sqrt{R^2 + \left(2\pi fL - \dfrac{1}{2\pi fC}\right)^2}} \tag{4.67}$$

电流随频率变化的曲线如图 4.27 所示。由图中看出，当 $f=0$ 时电容容抗为无穷大，电容相当于开路，电路中电流等于零。当 f 从零增加到 f_0 的过程中，电路为电容性电路，电流由零逐渐增加到最大值 I_0。当 $f=f_0$ 时，电路处于谐振状态，电流达到最大值 I_0，电路属于电阻性电路。当 f 从 f_0 逐渐增大时，电路为电感性电路，电路中的电流将由最大值 I_0 逐渐下降。图 4.27 所示电流与频率的关系曲线称为电流谐振曲线。

（1）谐振电路的选频特性

由图 4.27 可见，当 f 偏离谐振频率 f_0 时，电流 I 随频率由谐振时的最大值迅速减小，这表明电路具有选择谐振频率的能力。在谐振频率时，电路中的电流达到最大值，电路的这种特性称为选择性。电路选择性的好坏与谐振曲线的形状有关，而谐振曲线的形状又决定于电路的品质因数。为了说明这一点，可以将式（4.67）改写为

$$I(\omega)=\frac{U}{\sqrt{R^2+\left(\omega L-\dfrac{1}{\omega C}\right)^2}}=\frac{U}{\sqrt{R^2+\left(\dfrac{\omega L\omega_0}{\omega_0}-\dfrac{\omega_0}{\omega C\omega_0}\right)^2}}=\frac{U}{\sqrt{R^2+\omega_0^2L^2\left(\dfrac{\omega}{\omega_0}-\dfrac{\omega_0}{\omega}\right)^2}}$$

$$=\frac{U}{R\sqrt{1+Q^2\left(\dfrac{\omega}{\omega_0}-\dfrac{\omega_0}{\omega}\right)^2}}=\frac{I_0}{\sqrt{1+Q^2\left(\dfrac{\omega}{\omega_0}-\dfrac{\omega_0}{\omega}\right)^2}} \tag{4.68}$$

由上式可知，当串联谐振电路的品质因数 Q 值不同时，画出的电流谐振曲线的形状将不同，对应不同 Q 值的归一化电流谐振曲线如图 4.28 所示。

由图 4.28 可以看出，除 $\omega=\omega_0$ 时，电流 $I=I_0$ 与电路的品质因数 Q 无关外，对其他任何角频率，电流 I 都是随 Q 值的增大而减小。说明 Q 值越大，电流谐振曲线越尖锐，电路的选择性就越好。因此，在电子技术中，为了获得较好的选择性，总是设法提高电路的品质因数。

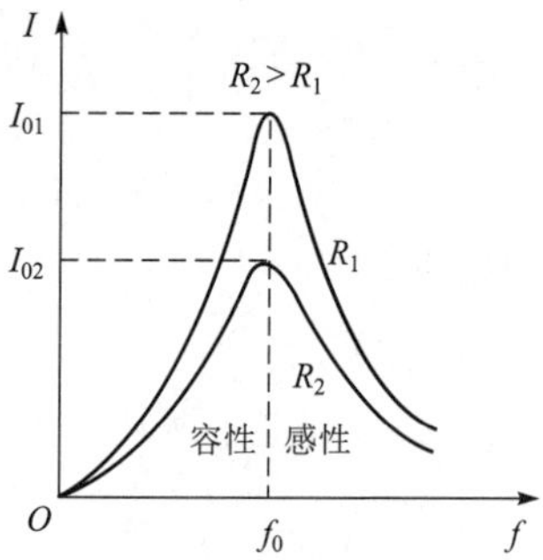

图 4.27　电流谐振曲线

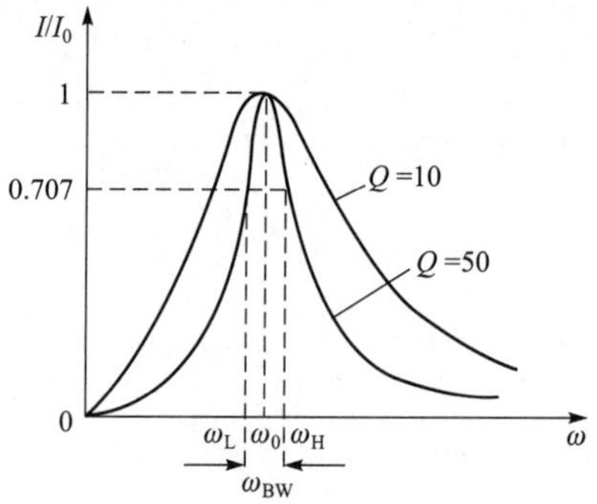

图 4.28　归一化电流谐振曲线与 Q 的关系

（2）通频带

对于谐振角频率 ω_0（或谐振频率 f_0）相同的谐振曲线可以用通频带宽度表明谐振曲线的尖锐程度。通常规定，在电流 I 值等于最大值 I_0 的 70.7%$\left(\text{即}\dfrac{1}{\sqrt{2}}\right)$处频率的上下限之间宽度称为通频带宽度 ω_{BW}（或 f_{BW}），如图 4.28 所示，即

$$\omega_{BW}=\omega_H-\omega_L \tag{4.69}$$

或

$$f_{BW}=f_H-f_L \tag{4.70}$$

通频带宽度 ω_{BW}（或 f_{BW}）越小，谐振曲线越尖锐，电路的频率选择性就越强。一个 R、L、C 串联电路的通频带 ω_{BW} 可以根据 $I=\dfrac{1}{\sqrt{2}}I_0$ 这个关系式计算出来。因为

$$I_0 = \frac{U}{R}$$

而

$$I = \frac{U}{\sqrt{R^2 + \left(\omega L - \frac{1}{\omega C}\right)^2}}$$

当 $I = \frac{1}{\sqrt{2}} I_0$ 时，即

$$\frac{U}{\sqrt{R^2 + \left(\omega L - \frac{1}{\omega C}\right)^2}} = \frac{U}{\sqrt{2}R}$$

得

$$\sqrt{R^2 + \left(\omega L - \frac{1}{\omega C}\right)^2} = \sqrt{2}R$$

或

$$R^2 + \left(\omega L - \frac{1}{\omega C}\right)^2 = 2R^2$$

将上式两边乘以 $\omega^2 C^2$ 并整理后，得

$$(\omega^2 LC - 1)^2 - \omega^2 C^2 R^2 = 0$$

则

$$\omega^2 LC - 1 = \pm \omega CR$$

即

$$\omega^2 \mp \frac{R}{L}\omega - \frac{1}{LC} = 0$$

因此

$$\omega_{\mathrm{L,H}} = \frac{\pm \frac{R}{L} \pm \sqrt{\left(\frac{R}{L}\right)^2 + \frac{4}{LC}}}{2}$$

由于 ω 只能为正值，所以

$$\omega_{\mathrm{L}} = -\frac{R}{2L} + \sqrt{\left(\frac{R}{2L}\right)^2 + \frac{1}{LC}}$$

$$\omega_{\mathrm{H}} = \frac{R}{2L} + \sqrt{\left(\frac{R}{2L}\right)^2 + \frac{1}{LC}}$$

通频带宽度为

$$\omega_{BW}=\omega_H-\omega_L=\frac{R}{L} \tag{4.71}$$

或

$$f_{BW}=\frac{R}{2\pi L} \tag{4.72}$$

由式（4.63）和式（4.66）可得

$$\frac{\omega_0}{Q}=\frac{\frac{1}{\sqrt{LC}}}{\frac{1}{R}\sqrt{\frac{L}{C}}}=\frac{R}{L}$$

将上式代入式（4.71），得

$$\omega_{BW}=\frac{\omega_0}{Q}$$

或

$$f_{BW}=\frac{f_0}{Q}$$

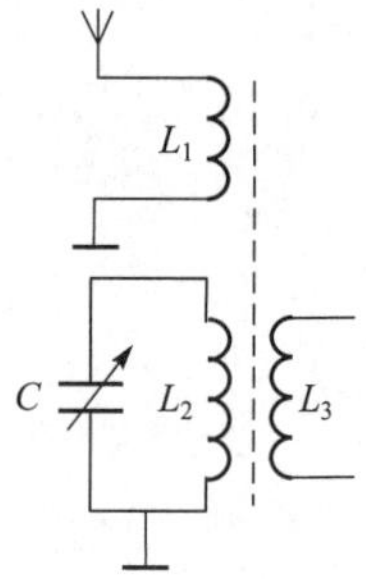

图 4.29　某收音机的接收电路

由此可见，电路的通频带宽度与电路的品质因数 Q 有关，Q 值越大，则通频带宽度越小，电路的选择性越好。

改变电路激励的频率可以使 R、L、C 串联电路达到谐振，调节电路中电感或电容的参数值也可使电路达到谐振。例如，收音机就是利用调节可变电容的数值使电路达到谐振的。图 4.29 所示为某收音机的接收电路，L_1 是天线线圈，用来接收电台的信号，L_2 与可变电容器组成谐振电路，用于从接收的各电台的信号中选择所要收听的信号，再由线圈 L_3 将所选择的信号送到放大电路去放大。

4.6.2　并联谐振

1. *R*、*L*、*C* 并联谐振电路

工程上，除了采用上面讨论的串联谐振电路外，还广泛采用并联谐振电路。图 4.30 是由电阻、电感和电容组成的并联谐振电路。并联谐振电路可用与串联谐振电路类似的方法进行分析。

由图 4.30，根据 KCL 有

$$\dot{I}=\dot{I}_R+\dot{I}_L+\dot{I}_C=\frac{\dot{U}}{R}+\frac{\dot{U}}{jX_L}-\frac{\dot{U}}{jX_C}=\dot{U}\left[\frac{1}{R}+j\left(\omega C-\frac{1}{\omega L}\right)\right]$$

要使 R、L、C 并联电路发生谐振，即电压 $\dot{U}$ 与电流 $\dot{I}$ 同相，电路呈电阻性，上式必须满足复数导纳的虚部应为零，即

$$\omega C=\frac{1}{\omega L}$$

由此可得 R、L、C 并联电路的谐振角频率和谐振频率分别为

$$\omega_0=\frac{1}{\sqrt{LC}} \tag{4.73}$$

$$f_0=\frac{1}{2\pi\sqrt{LC}} \tag{4.74}$$

可见，R、L、C 并联电路的谐振条件和谐振频率的公式与 R、L、C 串联谐振电路的相同。

R、L、C 并联电路发生谐振时，电路具有以下特征：

① 电源电压 $\dot{U}$ 与电路中总电流 $\dot{I}$ 同相，电路对电源呈电阻性，电路的功率因数为 1。电源供给电路的能量全被电阻所消耗，电源与电路之间不发生能量的往返互换，无功功率 $Q=0$。电感与电容的无功功率完全互相补偿。电源提供的视在功率 S 等于电阻所消耗的有功功率 P，即 $S=P=UI$。

② 并联谐振时，由于 $X_L=X_C$，所以 L 和 C 并联部分的阻抗为

$$Z_{LC}=\frac{jX_L(-jX_C)}{jX_L-jX_C}\to\infty$$

即 L 和 C 并联部分相当于开路。此时，电路的总阻抗最大，$Z=R$，在电源电压 U 一定的情况下，电路中的总电流将在谐振时达到最小值，即谐振电流为

$$I_0=\frac{U}{|Z|}=\frac{U}{R}$$

③ 电路中电感支路的电流相量为 $\dot{I}_L=\dfrac{\dot{U}}{jX_L}$；电容支路的电流相量为 $\dot{I}_C=\dfrac{-\dot{U}}{jX_C}$。并联谐振时，$\dot{I}_L=-\dot{I}_C$，即 $\dot{I}_L$ 和 $\dot{I}_C$ 大小相等，相位相反，故 $\dot{I}_L+\dot{I}_C=0$。因此，电路中总电流等于电阻支路电流，即 $\dot{I}=\dot{I}_R$。

R、L、C 并联电路发生谐振时，电压、电流的波形图和相量图如图 4.31（a）、（b）所示。

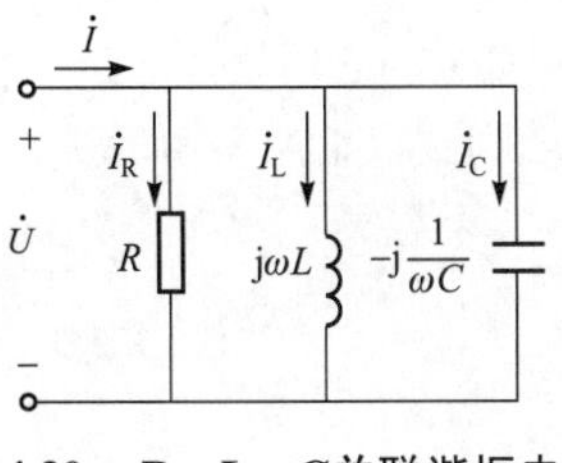

图 4.30　R、L、C 并联谐振电路

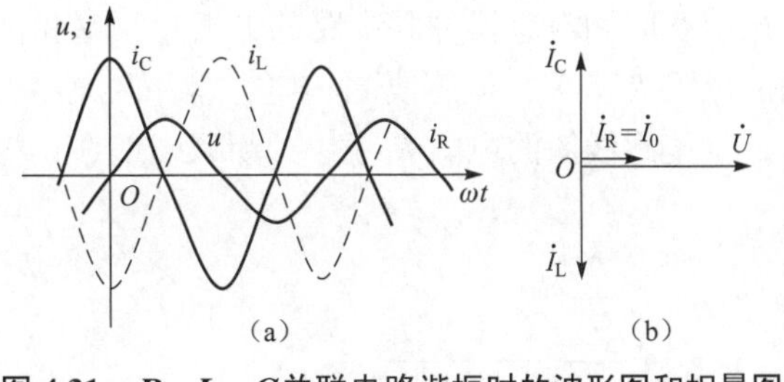

图 4.31　R、L、C 并联电路谐振时的波形图和相量图

（a）波形图；（b）相量图

在并联谐振电路中，

$$Q_L=UI_L=X_LI_L^2=\frac{U^2}{X_L},\ |Q_C|=UI_C=X_CI_C^2=\frac{U^2}{X_C},\ P=UI=RI^2=\frac{U^2}{R}$$

故并联谐振电路的品质因数为

$$Q=\frac{|Q_L|}{P}=\frac{|Q_C|}{P}=\frac{I_L}{I}=\frac{I_C}{I}=\frac{R}{X_L}=\frac{R}{X_C} \tag{4.75}$$

由上式可见，R、L、C 并联谐振电路的品质因数 Q 表示在谐振时电感（或电容）支路的

电流 I_L（或 I_C）与电路总电流 I 之比。当品质因数 Q 很大时，即 $X_L=X_C \ll R$ 时，电感或电容支路的电流将远远大于电路的总电流。因此，并联谐振又称为电流谐振。

2. 电感线圈和电容器并联谐振电路

实际的并联谐振常发生在电感线圈和电容器并联组成的电路中，当电感线圈的电阻 R 不可忽略时，其电路相量模型如图 4.32 所示。电路中两条并联支路的电流分别为

$$\dot{I}_{RL}=\frac{\dot{U}}{R+j\omega L}$$

$$\dot{I}_C=\frac{\dot{U}}{-j\dfrac{1}{\omega C}}=j\omega C\dot{U}$$

则电路总电流为

$$\dot{I}=\dot{I}_{RL}+\dot{I}_C=\frac{\dot{U}}{R+j\omega L}+j\omega C\dot{U}=\left[\frac{R-j\omega L}{(R+j\omega L)(R-j\omega L)}+j\omega C\right]\dot{U}$$

$$=\left[\frac{R}{R^2+(\omega L)^2}+j\left(\omega C-\frac{\omega L}{R^2+(\omega L)^2}\right)\right]\dot{U}$$

当电路发生谐振时，$\dot{U}$ 和 $\dot{I}$ 同相，上式中复数导纳的虚部应为零，即

$$\omega C=\frac{\omega L}{R^2+(\omega L)^2} \tag{4.76}$$

由此得到电感线圈和电容器并联电路的谐振角频率和谐振频率分别为

$$\omega_0=\frac{1}{\sqrt{LC}}\sqrt{1-\frac{R^2C}{L}} \tag{4.77}$$

$$f_0=\frac{1}{2\pi\sqrt{LC}}\sqrt{1-\frac{R^2C}{L}} \tag{4.78}$$

电感线圈和电容器并联电路的谐振角频率和谐振频率不仅与 L 和 C 有关，而且还与电感线圈的电阻 R 有关。电感线圈和电容器并联电路谐振时的相量图如图 4.33 所示。

通常电感线圈的电阻 R 很小，所以一般在谐振时，$\omega L \gg R$，则式（4.76）可写成

$$\omega C\approx\frac{1}{\omega L}$$

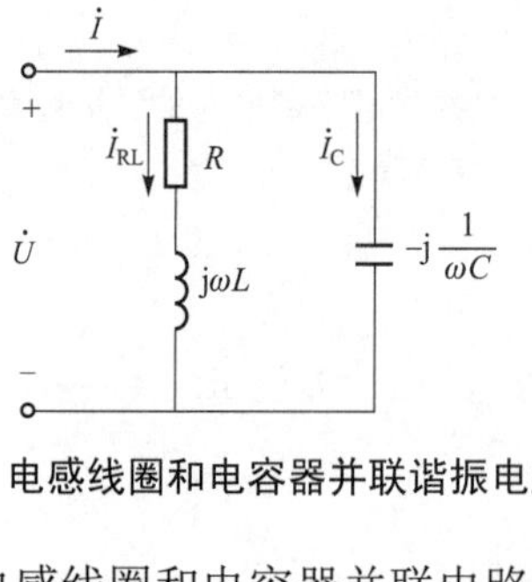

图 4.32　电感线圈和电容器并联谐振电路

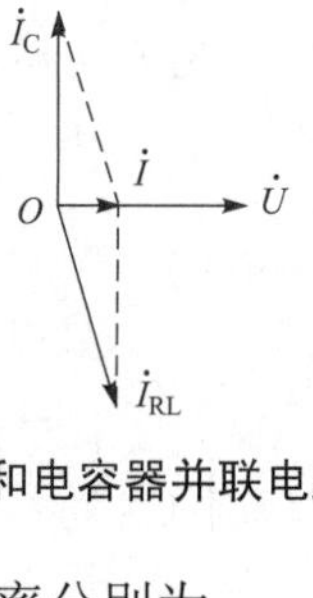

图 4.33　电感线圈和电容器并联电路谐振时的相量图

由此得到电感线圈和电容器并联电路的谐振角频率和谐振频率分别为

$$\omega_0\approx\frac{1}{\sqrt{LC}}$$

$$f_0 \approx \frac{1}{2\pi\sqrt{LC}}$$

此结果与前面讨论的 R、L、C 串联电路及 R、L、C 并联电路的谐振角频率和谐振频率的计算式相同。

并联谐振也在电子技术和无线电工程中得到了广泛应用。例如利用并联谐振阻抗大的特点来阻止某频率信号的通过，从而消除该频率信号的干扰。

例 4.17　在图 4.34 所示电路中，外加电压 u 含有 400 Hz 和 1 000 Hz 两种频率的正弦信号。如果要滤除 1 000 Hz 的信号，使电阻 R 上只有 400 Hz 的信号，若电感 $L=24$ mH，求电容器的电容值 C。

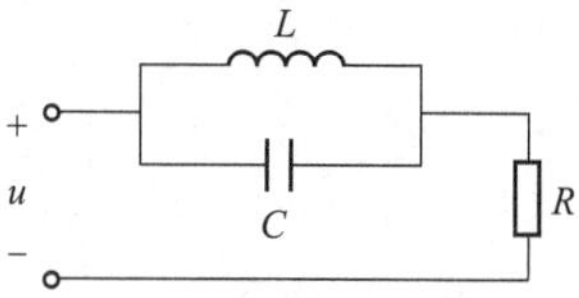

图 4.34　例 4.17 的电路

解　只要使 1 000 Hz 的信号在 L、C 并联电路中产生并联谐振，$Z_{LC}\to\infty$，该信号就无法通过，从而使电阻 R 上只有 400 Hz 的信号。由计算谐振频率的公式求得

$$C=\frac{1}{\omega_0^2 L}=\frac{1}{4\pi^2 f_0^2 L}=\frac{1}{4\pi^2\times1000^2\times24\times10^{-3}}$$

$$=1.06\times10^{-6}\text{（F）}=1.06\text{（μF）}$$

4.7　交流电路的频率特性

在正弦交流电路中，由于电感元件的感抗和电容元件的容抗都与频率有关，当电源电压或电流（激励）的频率改变时，感抗和容抗将随着激励频率的改变而改变，即使激励的大小不变，在电路中各部分所产生的电压和电流（响应）的大小和相位也将发生变化，电路响应随激励频率变化的函数关系称为电路的频率特性。

电感或电容元件对不同频率的信号具有不同的阻抗，利用感抗或容抗随频率而改变的特性构成四端网络，有选择地使某一段频率范围的信号顺利通过或者得到有效抑制，这种网络称为滤波电路。

根据传输频带的不同，滤波电路通常可分为低通、高通和带通等多种。下面以 RC 电路组成的几种滤波电路为例说明分析电路频率特性的方法。

4.7.1　低通滤波电路

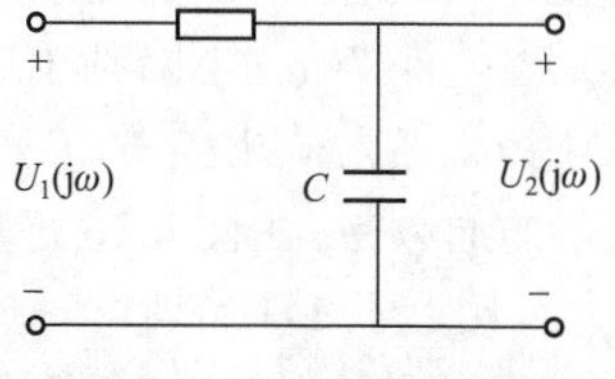

图 4.35　*RC* 低通滤波电路

低通滤波电路可使低频信号较少损失地传输到输出端，使高频信号得到有效抑制。图 4.35 是由 RC 电路构成的低通滤波电路。$U_1(\mathrm{j}\omega)$是输入信号电压，$U_2(\mathrm{j}\omega)$是输出信号电压，两者都是频率的函数。

电路输出电压 $U_2(\mathrm{j}\omega)$与输入电压 $U_1(\mathrm{j}\omega)$之比是一个复数，用 $T(\mathrm{j}\omega)$表示，称为电路的传递函数或转移函数，由图 4.35 可得

$$T(\mathrm{j}\omega)=\frac{U_2(\mathrm{j}\omega)}{U_1(\mathrm{j}\omega)}=\frac{\dfrac{1}{\mathrm{j}\omega C}}{R+\dfrac{1}{\mathrm{j}\omega C}}=\frac{1}{1+\mathrm{j}\omega RC} \tag{4.79}$$

$$=\frac{1}{\sqrt{1+(\omega RC)^2}}\angle{-\arctan(\omega RC)}=\left|T(\mathrm{j}\omega)\right|\angle\varphi(\omega)$$

式中

$$\left|T(\mathrm{j}\omega)\right|=\frac{1}{\sqrt{1+(\omega RC)^2}}$$

式（4.79）中$|T(\mathrm{j}\omega)|$是传递函数 $T(\mathrm{j}\omega)$的模。表示$|T(\mathrm{j}\omega)|$随 ω 变化的函数关系称为幅频特性，它反映了输出电压与输入电压比值的大小与角频率 ω 的关系。

式（4.79）中 $\varphi(\omega)=-\arctan$（ωRC）是传递函数 $T(\mathrm{j}\omega)$的辐角。表示 $\varphi(\omega)$随 ω 变化的函数关系称为相频特性，它反映了输出电压与输入电压之间的相位差与角频率 ω 的关系。

幅频特性和相频特性统称为频率特性。

设

$$\omega_0=\frac{1}{RC}$$

代入式（4.79）得

$$T(\mathrm{j}\omega)=\frac{1}{1+\mathrm{j}\dfrac{\omega}{\omega_0}}=\frac{1}{\sqrt{1+\left(\dfrac{\omega}{\omega_0}\right)^2}}\angle{-\arctan\frac{\omega}{\omega_0}} \tag{4.80}$$

由上式可见，当

$\omega=0$ 时，$|T(\mathrm{j}\omega)|=1$，$\varphi(\omega)=0$；

$\omega=\omega_0$ 时，$|T(\mathrm{j}\omega)|=\dfrac{1}{\sqrt{2}}=0.707$，$\varphi(\omega)=-\dfrac{\pi}{4}$；

$\omega\to\infty$ 时，$|T(\mathrm{j}\omega)|=0$，$\varphi(\omega)=-\dfrac{\pi}{2}$。

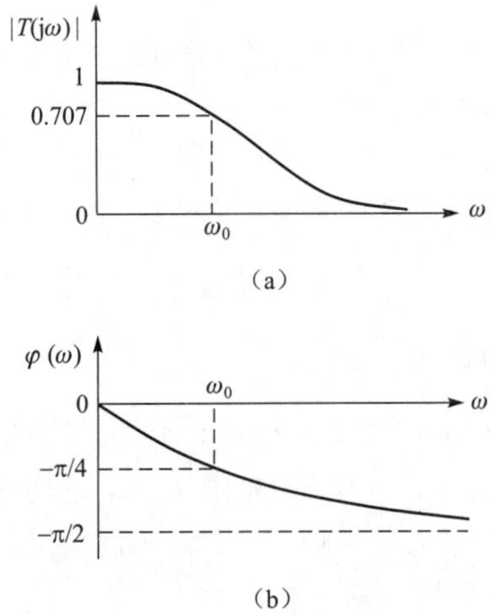

图 4.36　低通滤波电路的频率特性

（a）幅频特性；（b）相频特性

低通滤波电路的幅频特性曲线、相频特性曲线如图 4.36（a）、（b）所示。显然，此 RC 电路具有低通特性。在实际应用中，输出电压不能下降过多，通常规定当输出电压下降到输入电压的 70.7%，即$|T(\mathrm{j}\omega)|$下降到 0.707 时为最低限，此时 $\omega=\omega_0$，故将 ω_0 称为截止频率，$0\sim\omega_0$ 的频率范围称为低通滤波电路的通频带。由图 4.36 可见，当 $\omega<\omega_0$ 时，$|T(\mathrm{j}\omega)|$变化不大，接近于 1，当 $\omega>\omega_0$ 时，$|T(\mathrm{j}\omega)|$明显下降，表明此 RC 低通滤波电路确实具有使低频信号较易通过而抑制较高频率信号的作用。

4.7.2　高通滤波电路

高通滤波电路可使高频信号较少损失地传输到输出端，而使低频信号得到有效抑制。图 4.37 是由 RC 电路构成的高通滤波电路。

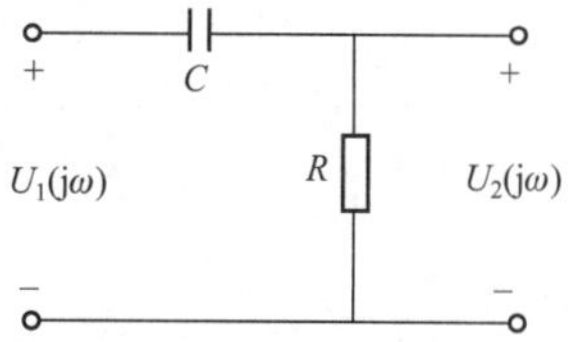

图 4.37　*RC* 高通滤波电路

电路的传递函数为

$$T(j\omega)=\frac{U_2(j\omega)}{U_1(j\omega)}=\frac{R}{R+\dfrac{1}{j\omega C}}=\frac{1}{1-j\dfrac{1}{\omega RC}}$$

$$=\frac{1}{\sqrt{1+\left(\dfrac{1}{\omega RC}\right)^2}}\angle \arctan\frac{1}{\omega RC}=|T(j\omega)|\angle\phi(\omega) \tag{4.81}$$

幅频特性为

$$|T(j\omega)|=\frac{1}{\sqrt{1+\left(\dfrac{1}{\omega RC}\right)^2}}$$

相频特性为

$$\varphi(\omega)=\arctan\frac{1}{\omega RC}$$

设

$$\omega_0=\frac{1}{RC}$$

则

$$T(j\omega)=\frac{1}{1-j\dfrac{\omega_0}{\omega}}=\frac{1}{\sqrt{1+\left(\dfrac{\omega_0}{\omega}\right)^2}}\angle\arctan\frac{\omega_0}{\omega} \tag{4.82}$$

由上式可见，当

$\omega=0$ 时，$|T(j\omega)|=0$，$\varphi(\omega)=\dfrac{\pi}{2}$；

$\omega=\omega_0$ 时，$|T(j\omega)|=\dfrac{1}{\sqrt{2}}=0.707$，$\varphi(\omega)=\dfrac{\pi}{4}$；

$\omega\to\infty$ 时，$|T(j\omega)|=1$，$\varphi(\omega)=0$。

高通滤波电路的幅频特性、相频特性曲线如图 4.38（a）、（b）所示。由图可见，此 RC 高通滤波电路具有使高频信号较易通过而抑制较低频率信号的作用。其通频带是从 $\omega_0\sim\infty$，截止频率是 ω_0。

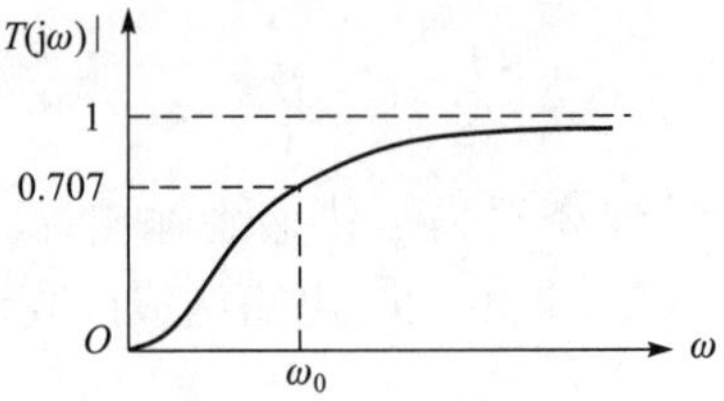

（a）

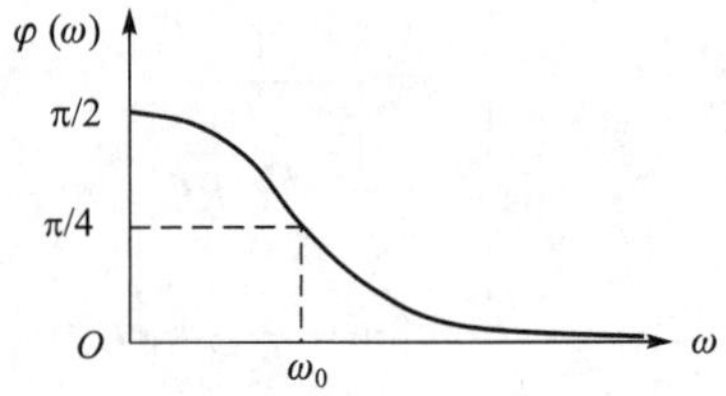

（b）

图 4.38　高通滤波电路的频率特性

（a）幅频特性；（b）相频特性

4.7.3　带通滤波电路

图 4.39 是由 RC 电路构成的带通滤波电路。电路的传递函数为

$$T(\mathrm{j}\omega)=\frac{U_2(\mathrm{j}\omega)}{U_1(\mathrm{j}\omega)}=\frac{\dfrac{\dfrac{R}{\mathrm{j}\omega C}}{R+\dfrac{1}{\mathrm{j}\omega C}}}{R+\dfrac{1}{\mathrm{j}\omega C}+\dfrac{\dfrac{R}{\mathrm{j}\omega C}}{R+\dfrac{1}{\mathrm{j}\omega C}}}=\frac{\dfrac{R}{1+\mathrm{j}\omega RC}}{\dfrac{1+\mathrm{j}\omega RC}{\mathrm{j}\omega C}+\dfrac{R}{1+\mathrm{j}\omega RC}}$$

$$=\frac{\mathrm{j}\omega RC}{(1+\mathrm{j}\omega RC)^2+\mathrm{j}\omega RC}=\frac{1}{3+\mathrm{j}\left(\omega RC-\dfrac{1}{\omega RC}\right)}$$

$$=\frac{1}{\sqrt{3^2+\left(\omega RC-\dfrac{1}{\omega RC}\right)^2}}\angle-\arctan\frac{\omega RC-\dfrac{1}{\omega RC}}{3}=|T(\mathrm{j}\omega)|\angle\varphi(\omega) \tag{4.83}$$

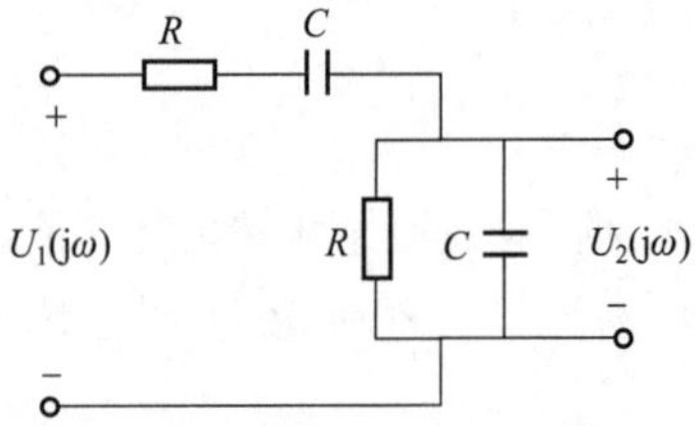

图 4.39　*RC* 带通滤波电路

幅频特性为

$$|T(\mathrm{j}\omega)| = \frac{1}{\sqrt{3^2 + \left(\omega RC - \dfrac{1}{\omega RC}\right)^2}}$$

相频特性为

$$\varphi(\omega) = -\arctan\frac{\omega RC - \dfrac{1}{\omega RC}}{3}$$

设

$$\omega_0 = \frac{1}{RC}$$

则

$$T(\mathrm{j}\omega) = \frac{1}{3 + \mathrm{j}\left(\dfrac{\omega}{\omega_0} - \dfrac{\omega_0}{\omega}\right)} = \frac{1}{\sqrt{3^2 + \left(\dfrac{\omega}{\omega_0} - \dfrac{\omega_0}{\omega}\right)^2}} \angle -\arctan\frac{\dfrac{\omega}{\omega_0} - \dfrac{\omega_0}{\omega}}{3} \tag{4.84}$$

由式（4.84）可得，当

$\omega = 0$ 时，$|T(\mathrm{j}\omega)| = 0$，$\varphi(\omega) = \dfrac{\pi}{2}$；

$\omega = \omega_0$ 时，$|T(\mathrm{j}\omega)| = \dfrac{1}{3}$，$\varphi(\omega) = 0$；

$\omega \to \infty$ 时，$|T(\mathrm{j}\omega)| = 0$，$\varphi(\omega) = -\dfrac{\pi}{2}$。

带通滤波电路的幅频特性曲线、相频特性曲线如图 4.40（a）、（b）所示。由图可见，$\omega = \omega_0 = \dfrac{1}{RC}$ 时，输出电压 $U_2(\mathrm{j}\omega)$ 与输入电压 $U_1(\mathrm{j}\omega)$ 的相位相同，$\varphi(\omega) = 0$，并且 $\dfrac{U_2}{U_1} = \dfrac{1}{3}$。通常规定：当 $|T(\mathrm{j}\omega)|$ 等于其最大值 $\left(即\dfrac{1}{3}\right)$ 的 70.7%处频率的上下限之间宽度称为通频带宽度 ω_{BW}，简称通频带，即

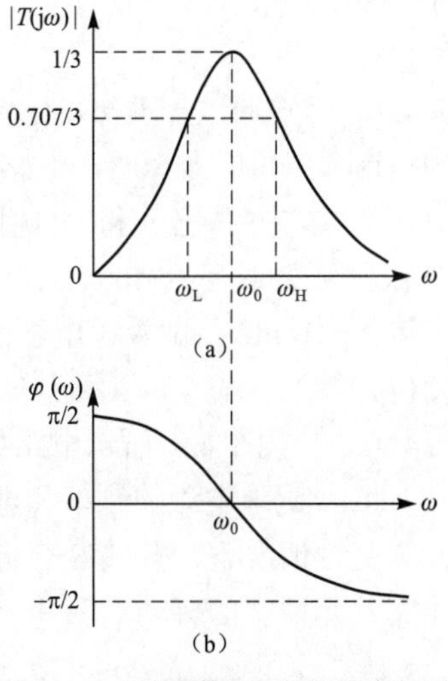

图 4.40　带通滤波电路的频率特性

（a）幅频特性；（b）相频特性

$$\omega_{BW} = \omega_H - \omega_L$$

带通滤波电路的 ω_L 称为下限截止频率，ω_H 称为上限截止频率，它能够顺利传输 $\omega_L \sim \omega_H$ 频带中的电压信号，阻止频率低于 ω_L 或高于 ω_H 的信号通过。

习题

4.1 已知两正弦电流 $i_1 = 50\sqrt{2}\sin(314t + 30°)\text{A}$，$i_2 = 25\sqrt{2}\sin(314t - 60°)\text{A}$。试求各电流的频率、最大值、有效值和初相位，画出两电流的波形图，并比较它们相位超前与滞后的关系。

4.2 已知某负载的电压和电流的有效值和初相位分别是 60 V、45°，3 A、−30°，频率均为 100 Hz。（1）写出它们的瞬时值表达式；（2）画出它们的波形图；（3）计算它们的幅值、角频率和它们之间的相位差。

4.3 已知相量 $\dot{I}_1 = (6\sqrt{3} + \text{j}6)A$，$\dot{I}_2 = (6\sqrt{3} - \text{j}6)\text{ A}$，$\dot{I}_3 = (-6\sqrt{3} + \text{j}6)\text{A}$ 和 $\dot{I}_4 = (-6\sqrt{3} - \text{j}6)\text{A}$，试分别把它们改写为极坐标式，画出相量图，并写出正弦量 i_1、i_2、i_3 和 i_4（设 $\omega = 314\text{ rad/s}$）。

4.4 已知电压 $u_1 = 80\sqrt{2}\sin(314t + 60°)\text{ V}$，$u_2 = 60\sqrt{2}\sin(314t - 30°)\text{ V}$。试分别写出各电压的最大值相量、有效值相量，用相量法计算电压 $u = u_1 + u_2$，并画出相量图。

4.5 题图 4.5 所示是电压和电流的相量图，已知 $U = 220\text{ V}$，$I_1 = 10\text{ A}$，$I_2 = 5\sqrt{2}\text{ A}$，频率为 50 Hz，试分别用相量和瞬时值表达式表示各正弦量，并用相量法求 $\dot{I} = \dot{I}_1 + \dot{I}_2$。

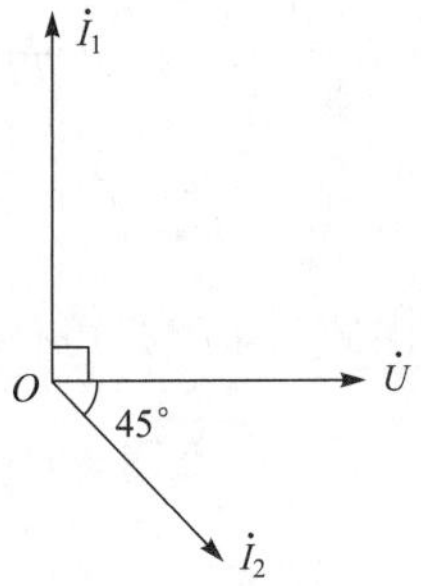

题图 4.5

4.6 有一个电阻元件 $R = 60\ \Omega$，若在其两端加交流电压 $u(t) = 120\sqrt{2}\sin(314t + 20°)\text{ V}$，试求电流 i 的瞬时值表达式，并画出 u 和 i 的相量图。

4.7 已知通过一理想电感元件的正弦电流 i 的有效值为 3.18 A，频率为 50 Hz，初相位为 30°，电感 $L = 100\text{ mH}$。试求该电感两端电压 u 的瞬时值表达式，并画出 u 和 i 的相量图。

4.8 已知频率为 400 Hz 的正弦电压 u 作用于 $C = 0.1\ \mu\text{F}$ 的电容上，电容电流 $I = 10\text{ mA}$。试求该电容两端电压 u 的瞬时值表达式，并画出 u 和 i 的相量图（设 u 的初相位为零）。

4.9 在题图 4.9 所示电路中，已知 $R = 100\ \Omega$，$L = 31.8\text{ mH}$，$C = 318\ \mu\text{F}$。试求电源的频率和电压分别为 50 Hz、100 V 和 1 000 Hz、100 V 两种情况下，开关 S 合向 a、b、c 位置时电流表 A 的读数，并计算各元件中的有功功率和无功功率。

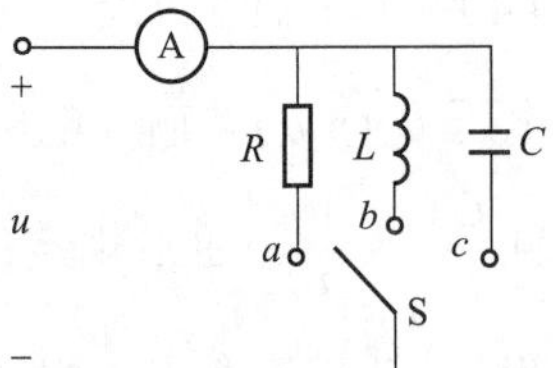

题图 4.9

4.10 有一由 R、L、C 元件串联的电路，已知 $R = 10\ \Omega$，$L = \dfrac{1}{31.4}\text{H}$，$C = \dfrac{1}{3140}\text{F}$。在电容元件的两端并联一个短路开关 S。（1）当电源电压为 $U = 220\text{ V}$ 的直流电压时，试分别计算在开关 S 闭合和断开两种情况下电路中的电流 I 及各元件上的电压 U_R、U_L、U_C。（2）当电源电压为 $U = 220\text{ V}$、$f = 50\text{ Hz}$ 的正弦电压时，试分别计算在开关 S 闭合和断开两种情况下电路中的电流 I 及各元件上的电压 U_R、U_L、U_C。

4.11 一个线圈接在 $U = 6\text{ V}$ 的直流电源上，$I = 1\text{ A}$；若接在 $U = 220\text{ V}$、$f = 50\text{ Hz}$ 的交流电源上，则 $I = 28.2\text{ A}$。试求线圈的电阻 R 和电感 L。

4.12　在 R、L、C 串联交流电路中，电源电压 $u=220\sqrt{2}\sin(314t+45^\circ)$ V，$R=10\ \Omega$，$L=64$ mH，$C=318.5\ \mu$F。试求此电路的阻抗 Z、电流 i 和各元件上的电压 u_R、u_L、u_C，并画出电流和各电压的相量图。

4.13　在串联交流电路中，求下列三种情况下电路中的 R 和 X 各为多少？指出电路的性质和电压对电流的相位差 $\varphi=\psi_u-\psi_i$。(1) $Z=(30+\mathrm{j}40)\Omega$；(2) $\dot{U}=150\angle 50^\circ$ V，$\dot{I}=3\angle 50^\circ$ A；(3) $\dot{U}=100\angle -30^\circ$ V，$\dot{I}=4\angle 40^\circ$ A。

4.14　在题图 4.14 所示电路中，已知 $Z_1=(60+\mathrm{j}80)\ \Omega$，$Z_2=-\mathrm{j}100\ \Omega$，$\dot{U}_S=150\angle 0^\circ$ V。(1) 试求 $\dot{I}$ 和 $\dot{U}_1$、$\dot{U}_2$，并画出相量图；(2) 改变 Z_2 为何值时，电路中的电流最大，这时的电流是多少？

4.15　电路如题图 4.15 所示，已知 $U=220$ V，$\dot{U}_1$ 超前 $\dot{U}$ 90°，$\dot{U}_1$ 超前 $\dot{I}$ 30°，试求 U_1 和 U_2。

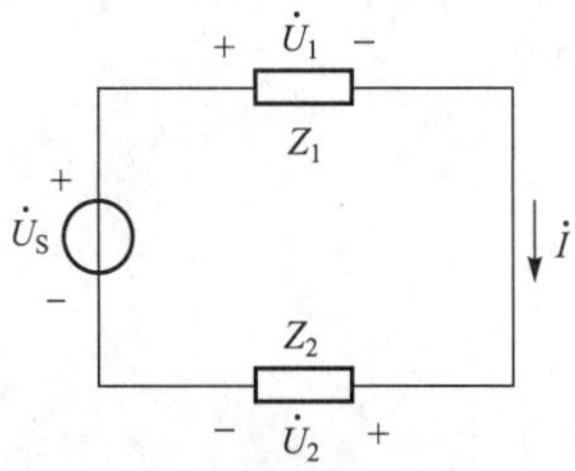

题图 4.14

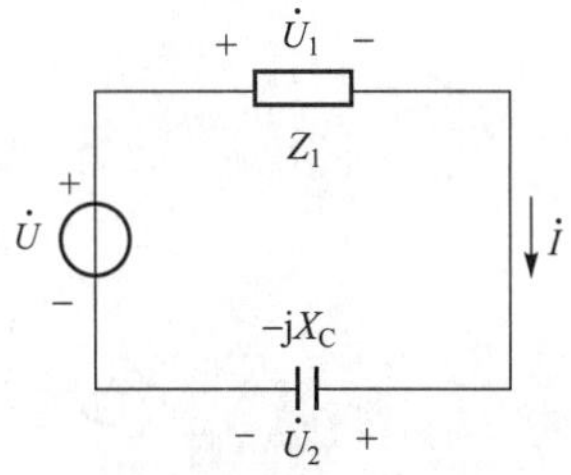

题图 4.15

4.16　电路如题图 4.16 所示，已知 $R=20\ \Omega$，$Z_1=(40+\mathrm{j}30)\Omega$，$Z_2=-\mathrm{j}100\ \Omega$，$\dot{I}=50\angle 30^\circ$ A。试求 $\dot{I}_1$、$\dot{I}_2$ 和 $\dot{U}$，并画出各电流和电压的相量图。

4.17　在题图 4.17 所示的电路中，$R=40\ \Omega$，$U=100$ V，保持不变。(1) 当 $f=50$ Hz 时，$I_L=4$ A，$I_C=2$ A，求 U_R 和 U_{LC}；(2) 当 $f=100$ Hz 时，求 U_R 和 U_{LC}。

4.18　在题图 4.18 所示的各电路中，除 A_0 和 V_0 外，其余电流表和电压表的读数在图中均已标出（均为正弦量的有效值），试求电流表 A_0 和电压表 V_0 的读数。

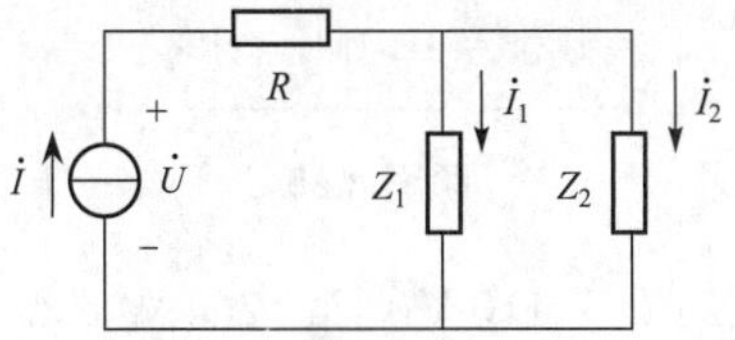

题图 4.16

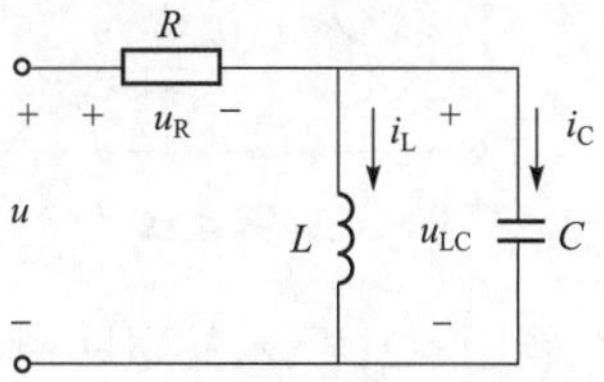

题图 4.17

4.19　在题图 4.19 所示的电路中，已知 $u=220\sqrt{2}\sin 314t$ V，$i_1=22\sin(314t-45^\circ)$ A，$i_2=11\sqrt{2}\sin(314t+90^\circ)$ A。试求电路中各仪表的读数及各元件的参数 R、L 和 C。

4.20　电路如题图 4.20 所示，已知 $u=220\sqrt{2}\sin(314t+30^\circ)$ V，$R=20\ \Omega$，$X_C=10\ \Omega$，$r=12\ \Omega$，$X_L=16\ \Omega$。(1) 试求电路的等效阻抗及导纳；(2) 试求各支路电流及总电流的相量；(3) 画出各电流及电压的相量图。

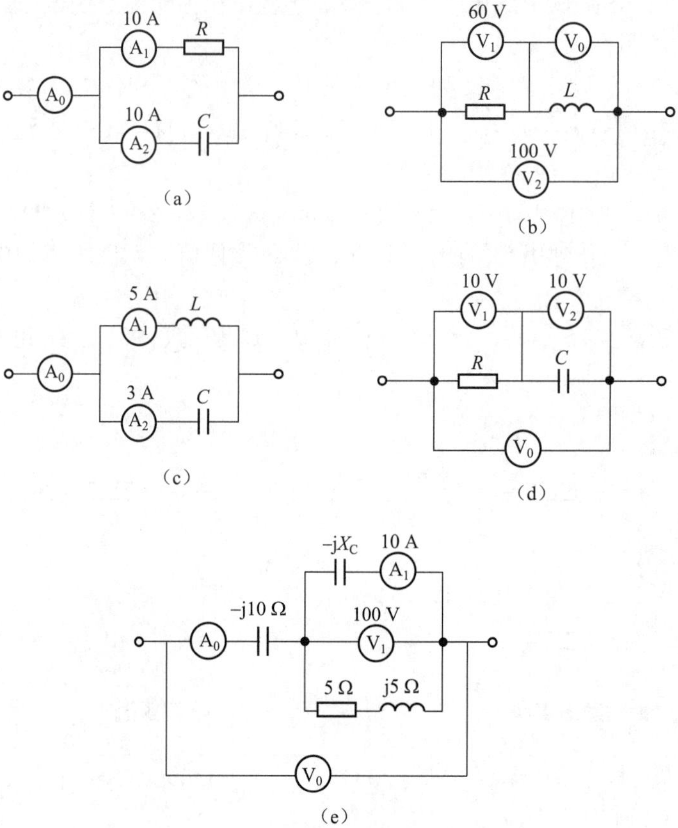

题图 4.18

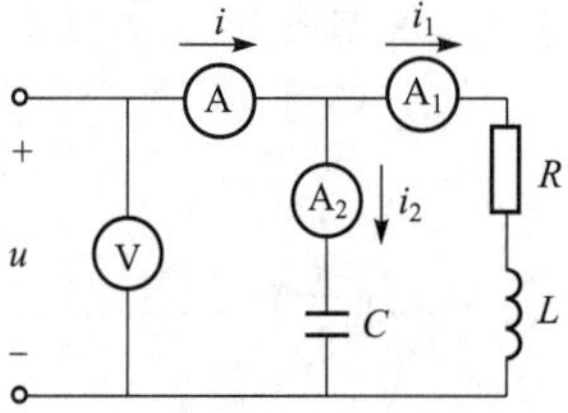

题图 4.19

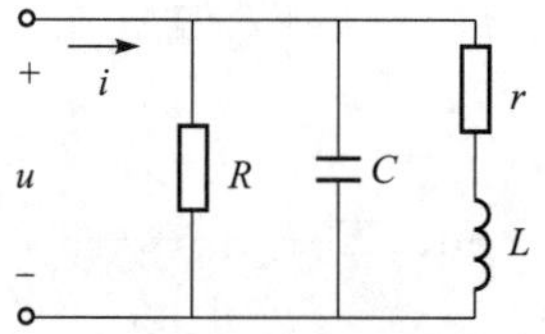

题图 4.20

4.21 在题图 4.21 所示的电路中，为保持负载的 $U_L=110$ V，$P_L=264$ W，$\lambda_L=0.6$，欲将负载接在 220 V、50 Hz 的交流电源上，求开关 S 分别合到 a、b、c 位置时，应分别串联多大的 R、L 和 C。

4.22 将题图 4.22 所示日光灯电路，接于 220 V、50 Hz 的交流电源上工作，测得灯管电压为 100 V，电流为 0.4 A，镇流器的功率为 7 W。试求：（1）灯管的电阻 R 和镇流器的电阻 R_L 及电感 L；（2）灯管消耗的有功功率、电路消耗的总有功功率以及电路的功率因数；（3）欲使电路的功率因数提高到 0.9，需并联多大的电容？（4）画出各电流及电压的相量图。

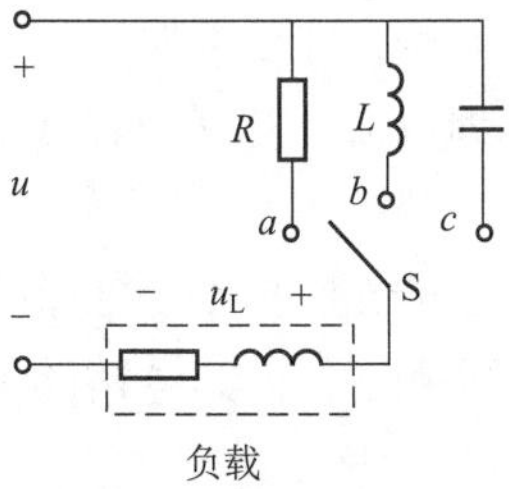

题图 4.21

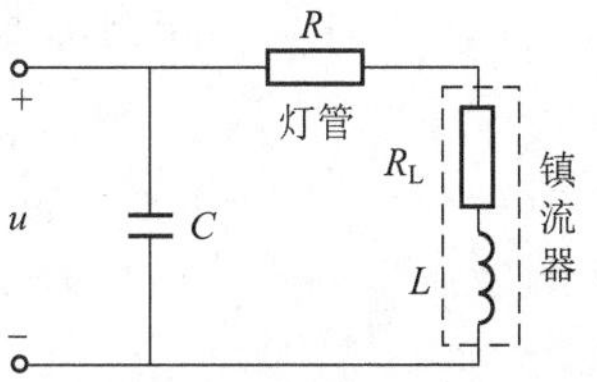

题图 4.22

4.23　题图 4.23 所示为一线性无源二端网络，其输入端的电压和电流分别为 $u=220\sqrt{2}\sin(314t+20^\circ)$ V，$i=4.4\sqrt{2}\sin(314t-33^\circ)$ A。试求此二端网络由两个元件串联的等效电路和元件的参数值，并求二端网络的功率因数及输入的有功功率和无功功率。

4.24　题图 4.24 所示为一移相电路。如果 $C=0.01\ \mu F$，输入电压 $u_1=\sqrt{2}\sin 6\,280t$ V，若欲使输出电压 u_2 在相位上前移 60°，应该选择多大的电阻 R？此时输出电压的有效值 U_2 等于多少？

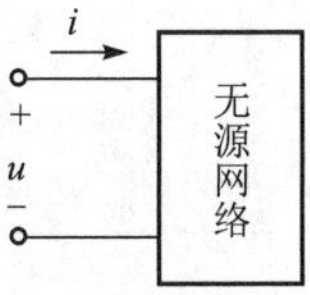

题图 4.23

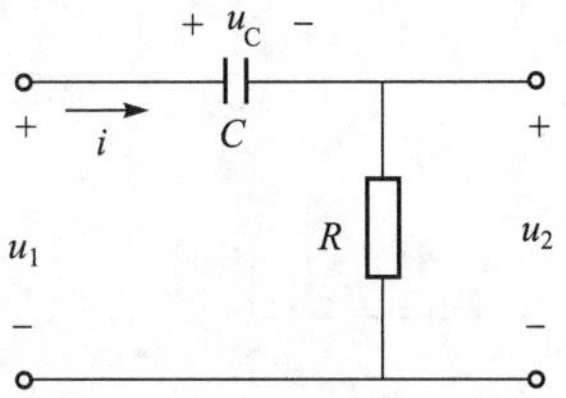

题图 4.24

4.25　有一电感性负载，额定功率 $P_N=40$ kW，额定电压 $U_N=380$ V，额定功率因数 $\lambda_N=0.4$，现将负载接在 380 V、50 Hz 的交流电源上工作。试求：（1）负载的电流、视在功率和无功功率；（2）若与负载并联一电容，使电路总电流降到 120 A，此时电路的功率因数提高到多少？需并联多大的电容？

4.26　试证明题图 4.26（a）是一低通滤波电路，题图 4.26（b）是一高通滤波电路，其中 $\omega_0=\dfrac{R}{L}$。

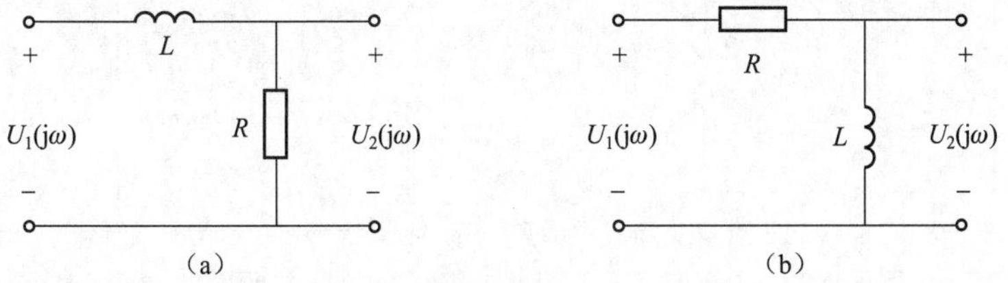

题图 4.26

4.27　某收音机输入电路的电感约为 0.3 mH，可变电容器的调节范围为 25～360 pF。试判断能否满足收听中波段 535～1 605 kHz 的要求。

4.28　有一 R、L、C 串联电路，$R=500\ \Omega$，$L=60$ mH，$C=0.053\ \mu F$。试计算电路的谐振频率、通频带宽度 $f_{BW}=f_2-f_1$ 及谐振时的阻抗。

4.29 有一 R、L、C 串联电路，它在电源频率 $f=500$ Hz 时发生谐振。谐振时电路的电流 $I_0=0.2$ A，容抗 $X_C=314\ \Omega$，并测得电容两端电压 U_C 为电源电压 U 的 20 倍。试求该电路的电阻 R 和电感 L。

4.30 有一 R、L、C 串联电路，$R=10\ \Omega$，$L=0.13$ mH，$C=558$ pF，外加交流电压 $U=5$ mV。试求：（1）电路的谐振角频率和谐振频率；（2）谐振时电路的电流、电路的品质因数和电容两端的电压。

4.31 已知一电感线圈与电容器并联，谐振角频率 $\omega_0=5\times10^6$ rad / s，电路的品质因数 $Q=100$，谐振时电路的阻抗 $Z_0=2$ kΩ。试求电感线圈的电阻 R、电感 L 和电容器的电容 C。

4.32 在题图 4.32 所示电路中，已知：$R=6\ \Omega$，$L=20$ mH。当正弦交流电源频率 $f=500$ Hz 时，$U=U_R=3$ V。试求：（1）电容 C 的容量；（2）电流 i 的有效值。

4.33 正弦交流电路如题图 4.33 所示，已知有效值 $I_1=2\text{A}$，$I_2=3\text{A}$，$U_L=4\text{V}$，电阻 $R=3\ \Omega$。试求电流有效值 I 和电压有效值 U。

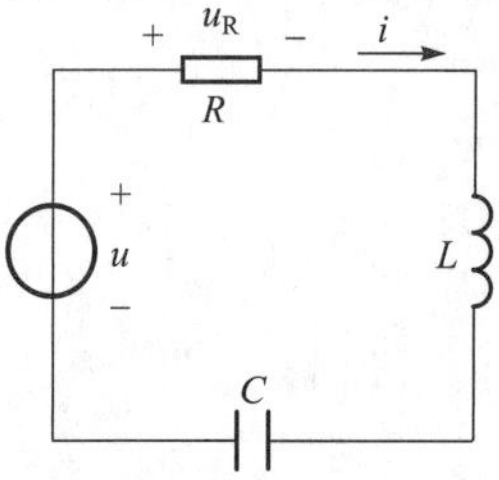

题图 4.32

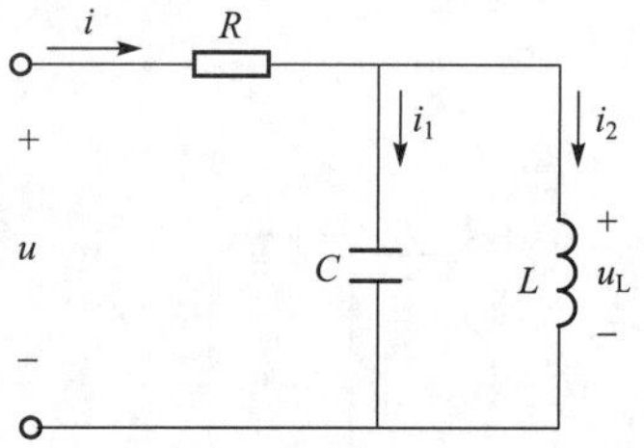

题图 4.33

4.34 题图 4.34 所示 R、L、C 串联电路处于谐振状态，已知 $R=5\ \Omega$，$L=10$ mH。正弦交流电源 u 的角频率 $\omega=5\,000$ rad /s，电压有效值 $U=5$ V。试求：（1）电流 i 的有效值 I；（2）电容和电感上的电压有效值 U_C、U_L；（3）电路的品质因数 Q。

4.35 电路如题图 4.35 所示，已知电压 $u_1=100\sqrt{2}\sin100t$ V，电流 i_1 的有效值为 5 A，元件参数为：$R=5\ \Omega$，$L=0.05$ H，$C_1=0.001\ \mu$F。试求：（1）电流 i 和电压 u；（2）电路的总有功功率和总无功功率。

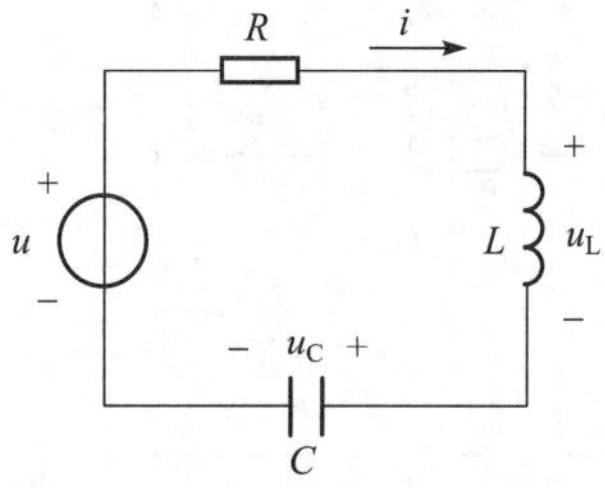

题图 4.34

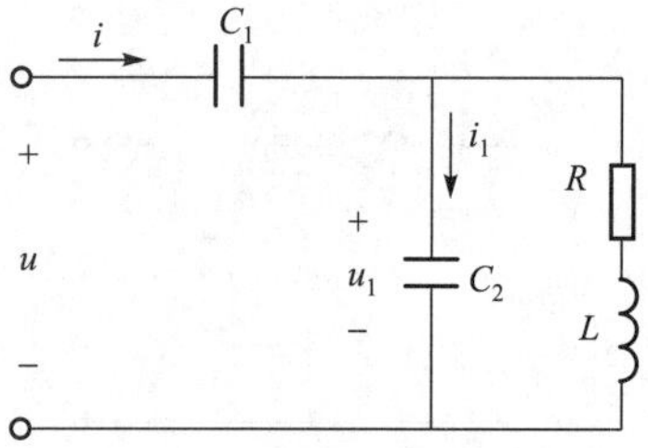

题图 4.35

4.36 正弦交流电路如题图 4.36 所示，已知电压 $u_S=10\sqrt{2}\sin t$ V，$R=3\ \Omega$，$L=4$ H，$C=0.1$ F。（1）求电流 $\dot{I}_1$、$\dot{I}_2$、$\dot{I}$；（2）求电源的有功功率 P、无功功率 Q 和视在功率 S；（3）求电源侧的功率因数 $\lambda=\cos\varphi=$？（4）若将电源侧功率因数提高到 1，电容 C 应取多大？

4.37 电路如题图 4.37 所示，已知 $u=9\cos4t$ V，$R=10\ \Omega$，$C=0.025$ F。（1）求电流 i；（2）求电路的有功功率、无功功率和视在功率。

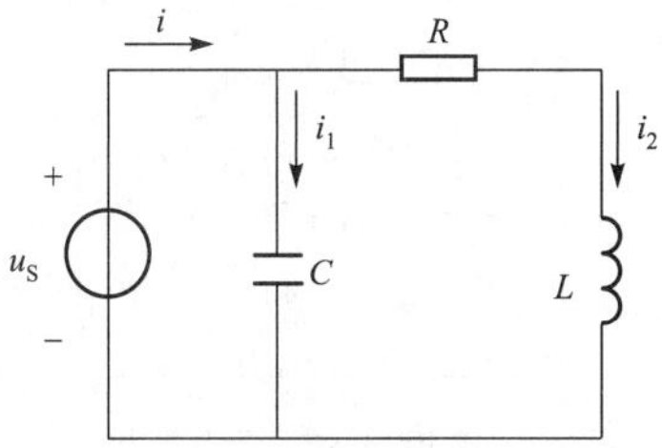

题图 4.36

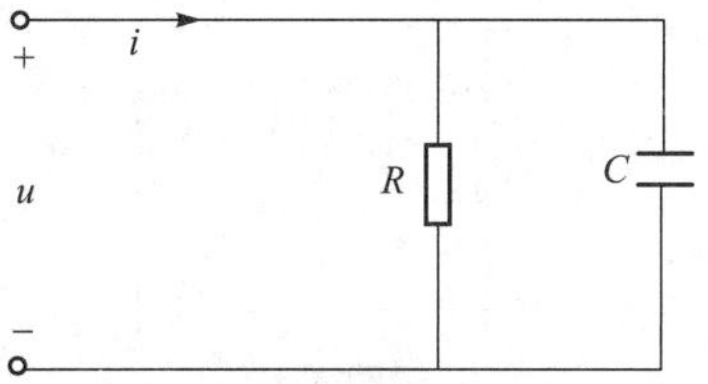

题图 4.37

4.38 电路如题图 4.38 所示，已知 $u(t)=48\sin 2t$ V，$R_1=6\ \Omega$，$L=3$ H，$R_2=2\ \Omega$，$C=0.25$ F。（1）画出题图 4.38 所示电路的相量模型；（2）求 $i_1(t)$、$i_2(t)$和 $i(t)$；（3）求电路的有功功率 P 、无功功率 Q 和视在功率 S；（4）画出相量图。

4.39 电路如题图 4.39 所示，已知 $i_S=4\sqrt{2}\cos 10^4 t$ A，$R=200\ \Omega$，$L=1$ mH，若使电路发生谐振。（1）求电容 C 和电容电压 $u_C(t)$；（2）求电路的品质因数 Q；（3）求通频带 ω_{BW} 和 f_{BW}。

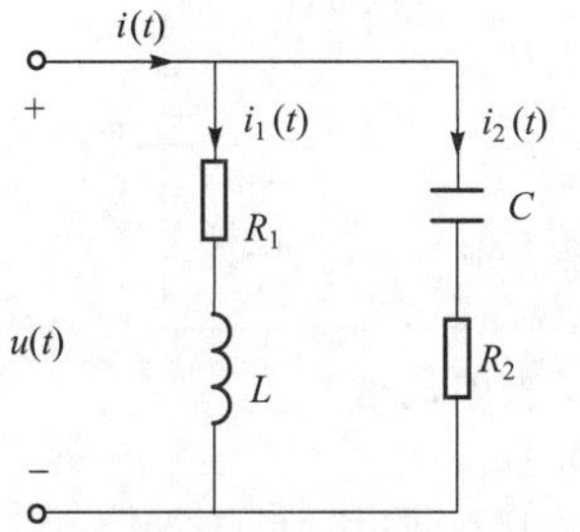

题图 4.38

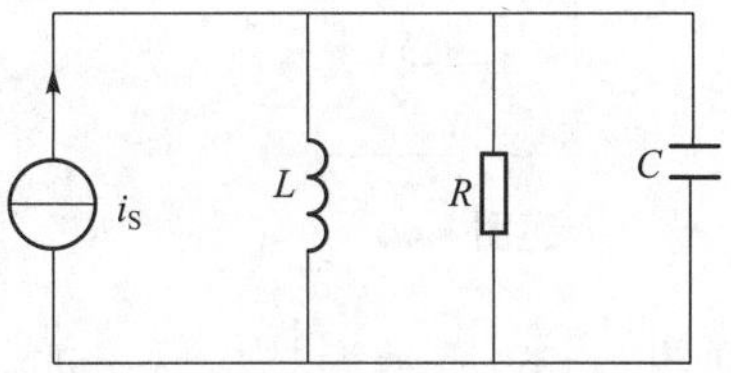

题图 4.39

4.40 串联谐振电路如题图 4.40 所示，已知：$u(t)=20\sin(\omega_0 t+60°)$V，$R=5\ \Omega$，$L=4$ mH，$C=10\ \mu$F。（1）求谐振角频率 ω_0；（2）求谐振时的 $i(t)$和谐振时电路的有功功率。

4.41 无源二端网络 N_0 如题图 4.41 所示。已知：$u=100\sin(2t+45°)$V，$i=10\sin 2t$ A。（1）计算二端网络 N_0 的有功功率 P、无功功率 Q；（2）画出二端网络的最简单的等效电路（计算并标出元件 R、L 或 C 的参数）。

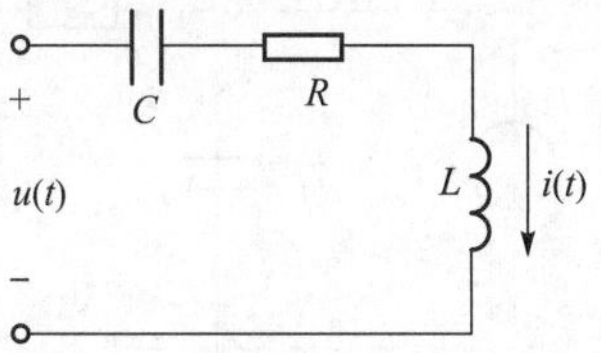

题图 4.40

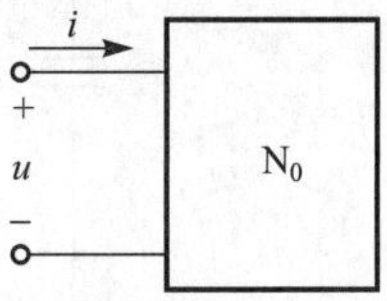

题图 4.41

4.42 在题图 4.42 所示的正弦交流电路中，$L=10$ mH，$C=25\mu$F。（1）若电流有效值 $I_R=5$ A，$I_L=8$ A，$I_C=3$ A，试求电流有效值 I ；（2）若使电流 $I=I_R$，电源 u 的角频率ω应等于多少？

4.43 电路如题图 4.43 所示，已知 $u=50\sqrt{2}\sin(5t+53.1°)$V，$i_C=\sqrt{2}\sin(5t+90°)$A。（1）求元件参数 r 和 L；（2）计算电路的平均功率 P、无功功率 Q 和视在功率 S。

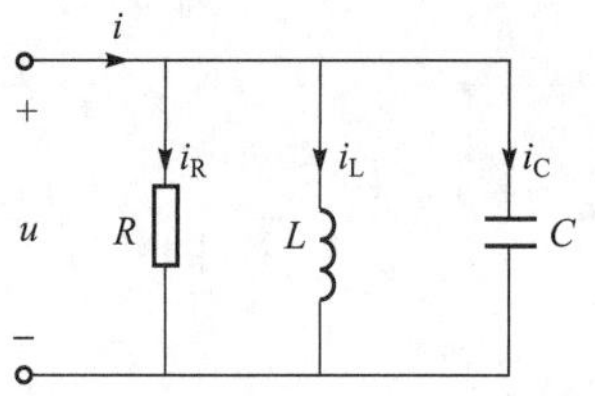

题图 4.42

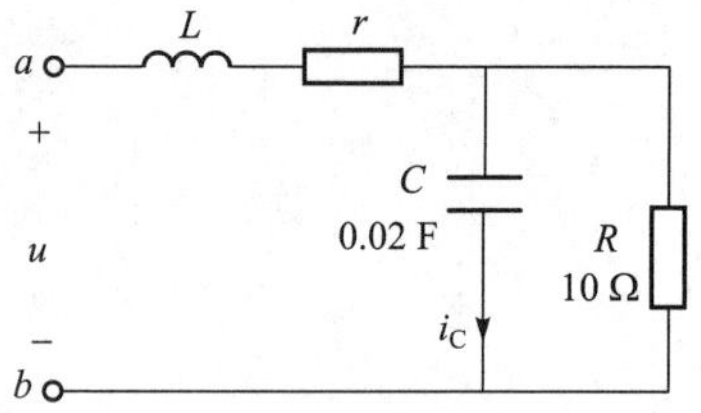

题图 4.43

4.44 已知题图 4.44 所示正弦稳态电路的平均功率为 $P=54$ W，试计算各电压表的读数（有效值）。

4.45 电路如题图 4.45 所示，已知 $u_S(t)=10\sqrt{2}\sin\omega t$ V，$R=5\ \Omega$，$L=40$ mH，$C=100\ \mu$F，且 $u_S(t)$ 与 $i(t)$ 同相位。（1）求电源 $u_S(t)$ 的角频率 ω；（2）求电流 $i(t)$ 的有效值 I；（3）求电压 $u_L(t)$ 的有效值 U_L；（4）求电压 $u_C(t)$ 的有效值 U_C；（5）求电源提供的有功功率 P。

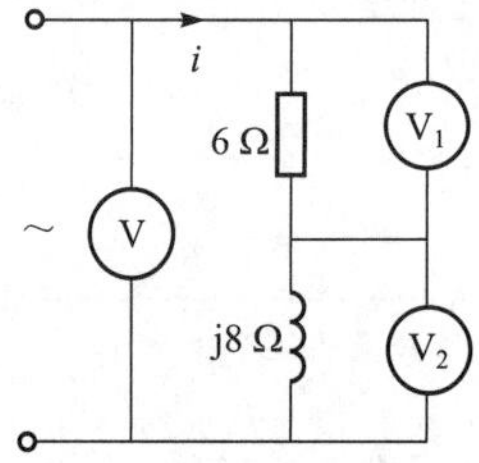

题图 4.44

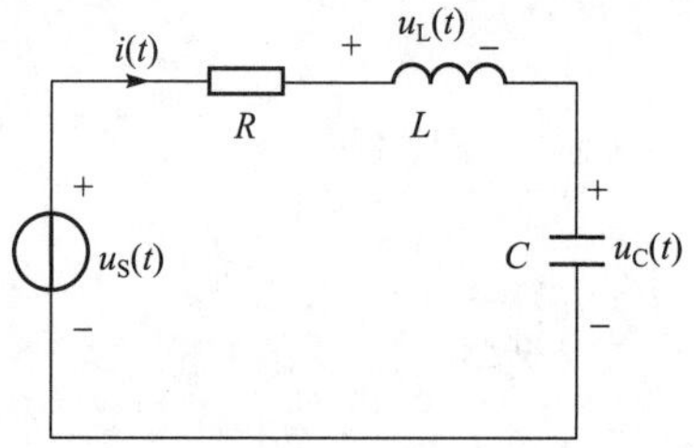

题图 4.45

4.46 题图 4.46 所示为二端网络的相量模型，已知端口电压有效值相量 $\dot{U}=40$ V。（1）求相量 $\dot{I}_1$、$\dot{I}_2$ 和 $\dot{I}$；（2）画出 $\dot{U}$、$\dot{I}_1$、$\dot{I}_2$ 和 $\dot{I}$ 的相量图；（3）求此二端网络的相量模型的等效阻抗 Z；（4）求有功功率、无功功率和视在功率。

4.47 电路如题图 4.47 所示，已知 $u_S(t)=8\sin 2t$ V。（1）求电流 $i_1(t)$；（2）求电流 $i_2(t)$；（3）求电流 $i(t)$；（4）求电源提供的有功功率、无功功率和视在功率。

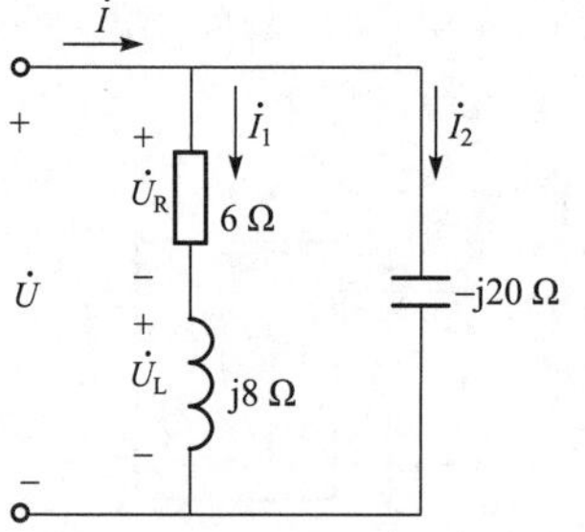

题图 4.46

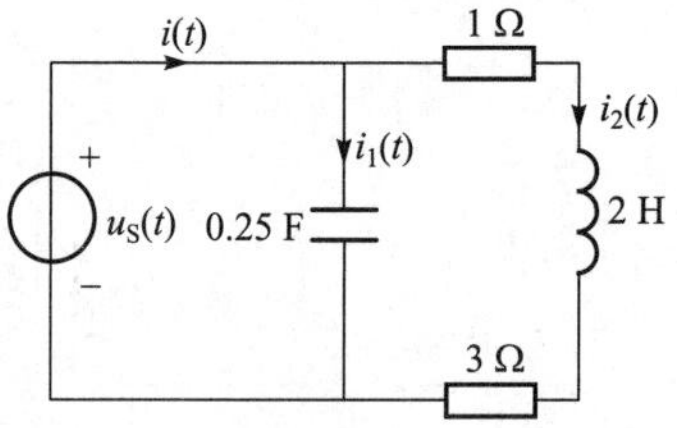

题图 4.47

4.48 电路如题图 4.48 所示，已知 $u_S(t)=20\cos(100t+30^\circ)$V，$i_S(t)=5\cos 100t$ A。（1）求电流 $i(t)$；（2）求电压 $u(t)$；（3）求电压源的瞬时功率 $p(t)$。

4.49 单相电感性负载可等效为电阻和电感元件的串联电路，要提高单相电感性负载电路的功率因数，可并联一个电容元件。电路如题图 4.49 所示，在 $f=50$ Hz 时：（1）求并联多大的电容可使功率因数提高到 1；（2）求并联电容前电源提供的电流 I、电路的有功功率、无功功率和视在功率；（3）求并联电容后电源提供的电流 I、电路的有功功率、无功功率和视在功率。

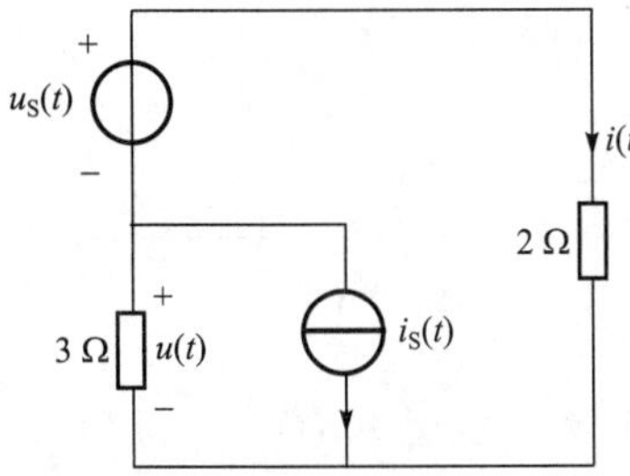

题图 4.48

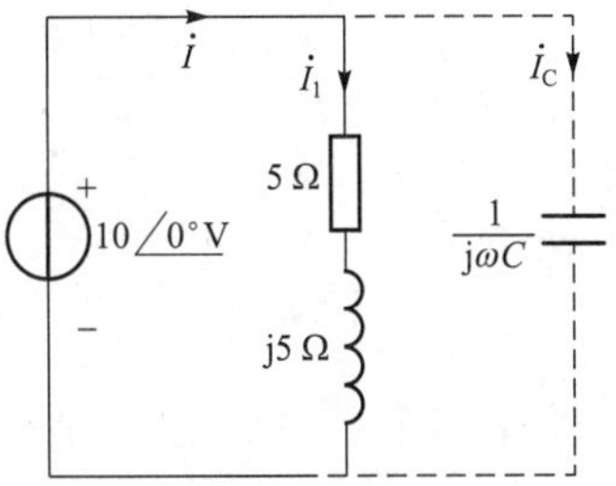

题图 4.49

4.50　求题图 4.50 所示的无源二端网络的等效阻抗。

4.51　电路如题图 4.51 所示，已知 $R_1=6\ \Omega, R_2=4\ \Omega, R_3=2\ \Omega, R_4=2\ \Omega, i_S=6\sin(60t+30°)$ A，$u_S=9\sin(60t+60°)$V，试求各支路电流。

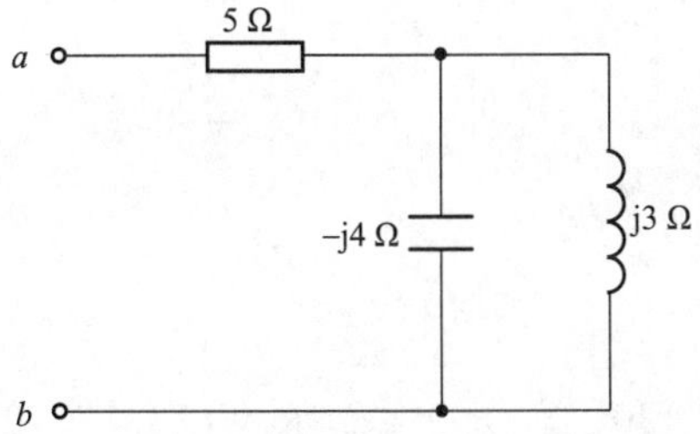

题图 4.50

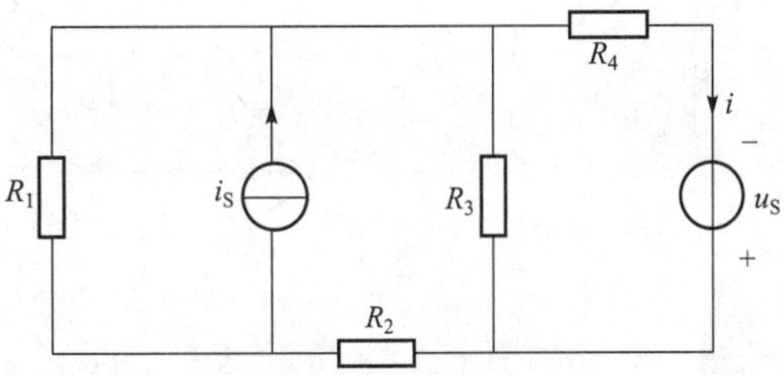

题图 4.51

4.52　电路相量模型如题图 4.52 所示，两电源标示的均为有效值相量，且频率相同。（1）试求各支路电流的有效值相量；（2）求电路的有功功率和无功功率。

4.53　电路相量模型如题图 4.53 所示，已知 $I_1=10$ A，$U_1=100$ V。（1）求 I_0、U_0；（2）求电路的有功功率、无功功率和视在功率。

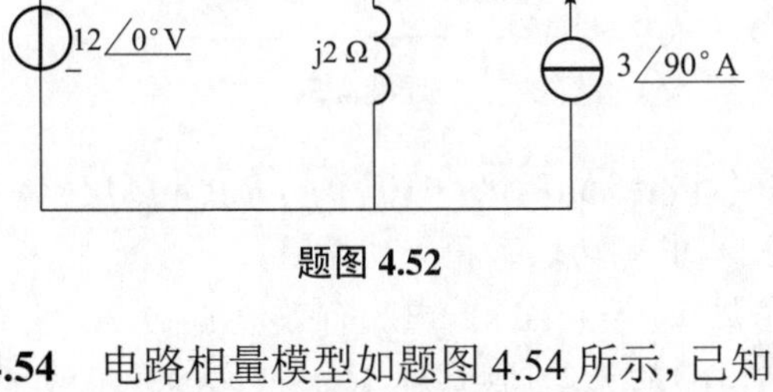

题图 4.52

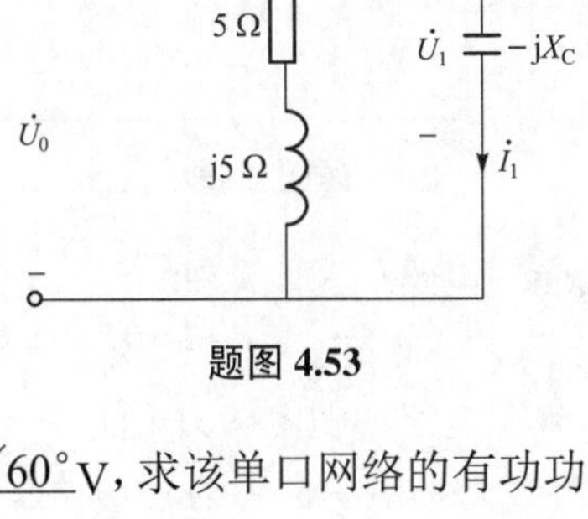

题图 4.53

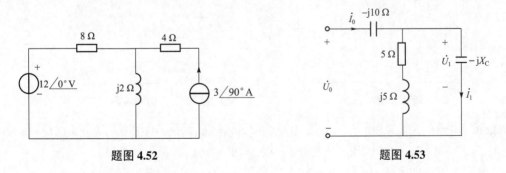

4.54　电路相量模型如题图 4.54 所示，已知 $\dot{U}=11\angle 60°$ V，求该单口网络的有功功率 P、无功功率 Q、视在功率 S 和功率因数 λ。

4.55　电路如题图 4.55 所示，已知 $u_S(t)=12\sin 5t$ V，求电流 $i(t)$、$i_1(t)$ 和 $i_2(t)$。

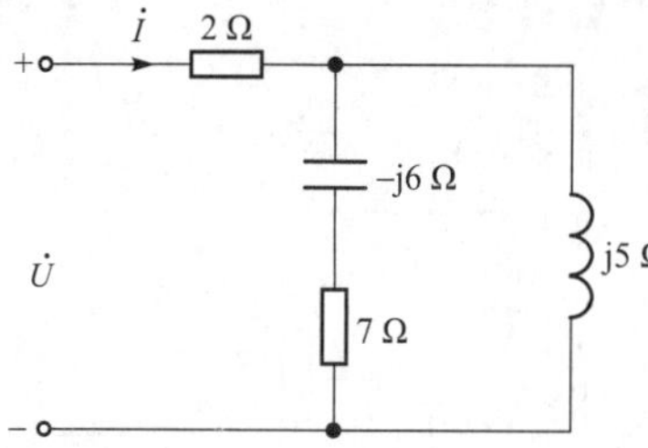

题图 4.54

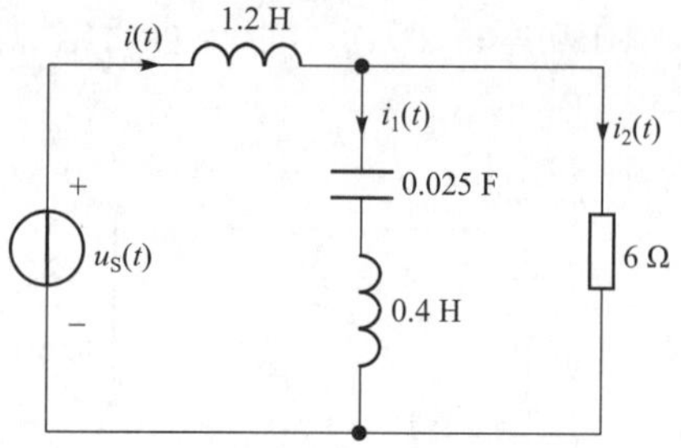

题图 4.55

4.56 电路如题图 4.56 所示，已知 $u_S(t)=20\cos 5t$ V，求电流 $i(t)$、$i_1(t)$ 和 $i_2(t)$。

4.57 电路如题图 4.57 所示，已知 $u_S(t)=10\sin(10^4t+45°)$ V，$i_S(t)=5\sin(10^4t+30°)$ A，求电流 $i(t)$。

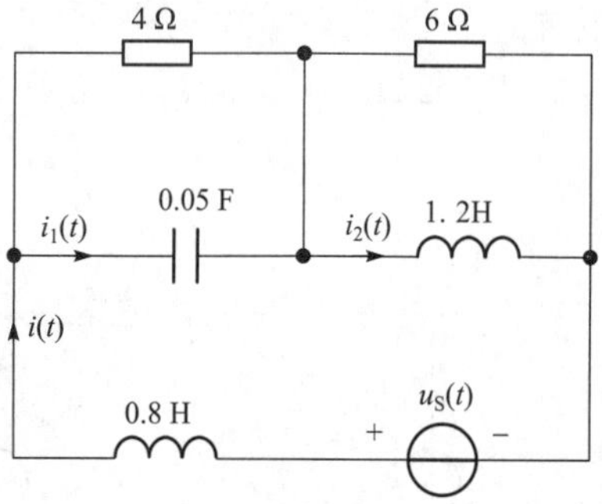

题图 4.56

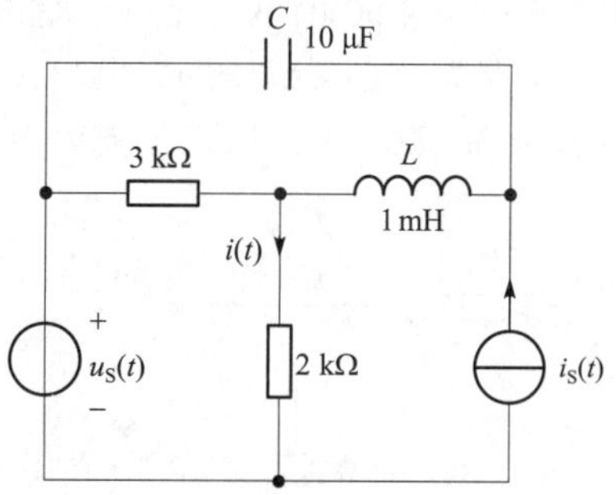

题图 4.57

4.58 电路如题图 4.58 所示，已知 $u_s(t)=32\sin(100t+30°)$V，$R_1=4\ \Omega$，$R_2=12\ \Omega$，$L=2$ H，$C=50\ \mu$F。（1）求电流 $i_1(t)$、$i_2(t)$和 $i_C(t)$；（2）求有功功率、无功功率和视在功率。

4.59 电路如题图 4.59 所示，已知 $u_S(t)=60\cos 4t$ V，$C=0.125$ F，$L=1$ H，$R=2\ \Omega$，$R_L=2\ \Omega$。（1）试求各支路电流；（2）求有功功率、无功功率和视在功率。

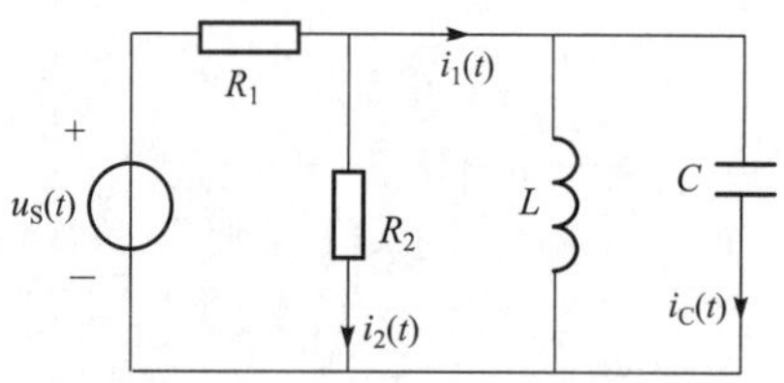

题图 4.58

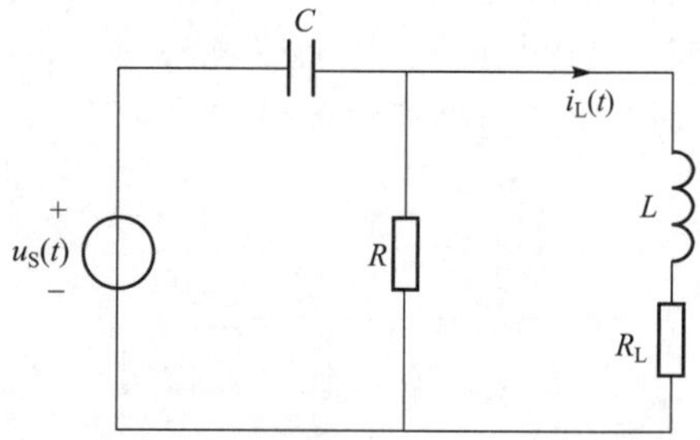

题图 4.59

4.60 电路如题图 4.60 所示，已知电流源 $i_S(t)=5\sin(100t+30°)$A，$R_1=40\ \Omega$，$R_2=60\ \Omega$，$L=1$ H，$C=100\ \mu$F。（1）试求各支路电流；（2）求有功功率和无功功率。

4.61 电路如题图 4.61 所示，已知电源角频率 $\omega=3$ rad/s，电流有效值 $I_R=6$ A，$I_L=2$ A，电阻 $R_1=2\ \Omega$，电源提供的有功功率为 92 W，电路的无功功率为 −56 var。试求：（1）电流有效值 I_S；（2）电阻 R_2、电感 L 和电容 C；（3）电压源电压有效值 U_S。

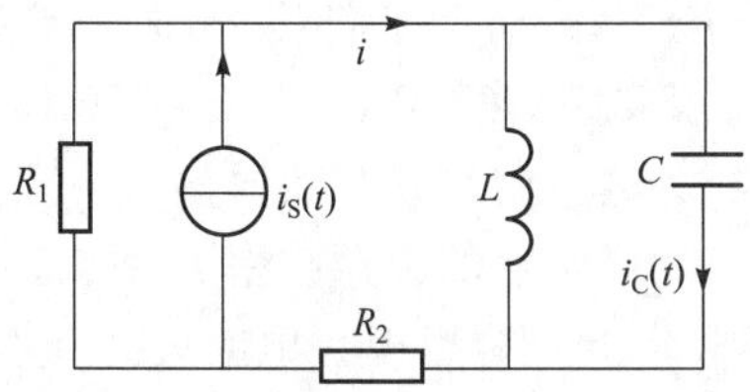

题图 4.60

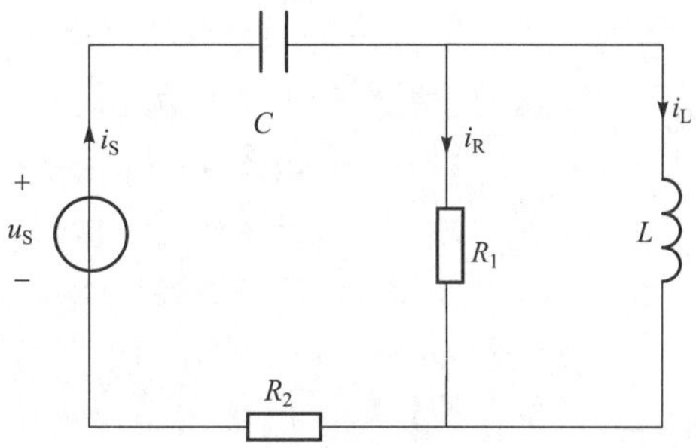

题图 4.61

4.62　正弦交流电路如题图 4.62 所示，已知 $u(t)$的有效值为 20 V。试求：（1）电路谐振角频率 ω_0；（2）该谐振电路的品质因数 Q；（3）谐振时的电流 $i(t)$的有效值；（4）谐振时的有功功率。

4.63　电路相量模型如题图 4.63 所示，已知外加电源电压有效值为 10 V，角频率为 100 rad/s。试求：（1）并联电容 C 之前，电路的有功功率、无功功率、视在功率和功率因数；（2）为了提高功率因数至 1，在电路上并联电容 C，求 C 的容量。

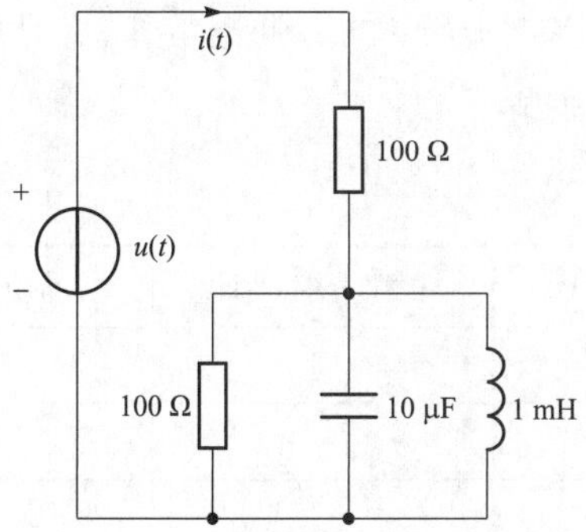

题图 4.62

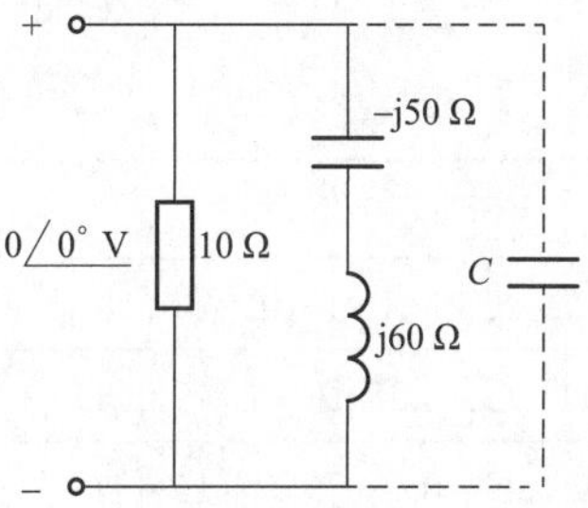

题图 4.63

4.64　电路如题图 4.64 所示，已知电源角频率 ω= 3 rad/s，电流有效值 I_R = 3 A，I_L = 1 A，电阻 R_1 = 3 Ω，R_2 = 2 Ω，电路中的无功功率为 – 14 var。试求：（1）电流源电流有效值 I_S；（2）电感 L 和电容 C；（3）电压有效值 U_S。

4.65　电路如题图 4.65 所示，已知 $u_S = 20\sqrt{2}\cos\omega t$ V，电流表 A_1、A_2 的指示均为有效值，电流表 A_2 读数为 0，u_S 与 i 同相。（1）求 C_1 的值；（2）求电流表 A_1 的读数。

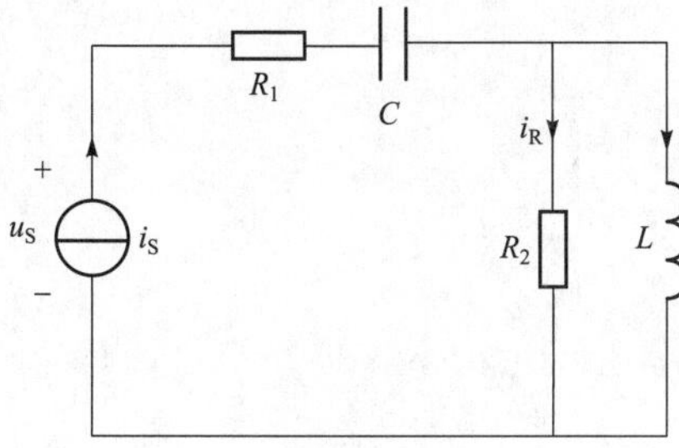

题图 4.64

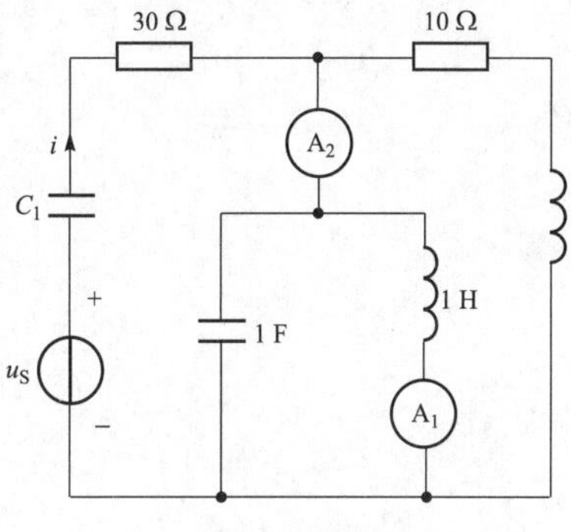

题图 4.65

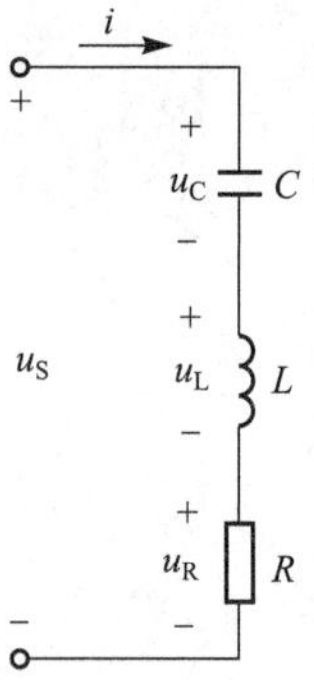

题图 4.66

以下仿真练习目的：熟悉 Multisim 软件中的仪器仪表（信号发生器、示波器、波特图仪）的使用方法，了解基本分析方法。

4.66 按题图 4.66 连接 R、L、C 串联电路（注意将电阻与信号源负极相连，便于用示波器观察波形时共地），电路参数为：$C=0.1\ \mu F$，$L=9\ mH$，$R=10\ \Omega$，利用函数发生器提供正弦激励电压信号 u_S，调整其有效值为 $U_S=1\ V$（幅值为 $U_{Sm}=1.414\ V$）。（1）根据电路参数，计算电路的谐振频率 f_0，调节函数发生器的频率，使 $f=f_0$，用示波器（或瞬态分析）对照观察电路发生谐振时，信号源电压 u_S 和电阻电压 u_R（u_R 与电流 i 同相位）的波形；（2）选择 $f<f_0$ 的某一频率，观察电压 u_S 和 u_R 的相位关系，说明电路呈现什么性质；（3）选择 $f>f_0$ 的某一频率，观察电压 u_S 和 u_R 的相位关系，说明电路呈现什么性质。

注：电路调谐振时，可用交流电压表在 L 和 C 两端监测，从理论上说，电压表显示 $U_X=0$ 时，电路发生谐振，但是实际调整时允许有一定误差。

4.67 电路及参数同题图 4.66 所示。（1）利用波特图仪（或交流分析）测量电阻电压 u_R 的频率特性——幅频特性和相频特性；（2）在测量显示的幅频特性上测出通频带。

4.68 利用参数分析联合交流分析方法，测量题表 4.68 电路参数所对应的四条谐振曲线。根据测量结果说明：（1）电阻参数变化对谐振曲线（谐振频率 f_0、通频带 f_{BW}、品质因数 Q）的影响；（2）电容（电感）参数变化对谐振曲线的影响。

题表 4.68

电路参数	谐振频率 f_0/kHz	通频带 f_{BW}/kHz	品质因数 Q
$R=10\ \Omega$，$C=0.1\ \mu F$，$L=9\ mH$			
$R=10\ \Omega$，$C=0.05\ \mu F$，$L=9\ mH$			
$R=10\ \Omega$，$C=0.1\ \mu F$，$L=15\ mH$			
$R=20\ \Omega$，$C=0.1\ \mu F$，$L=9\ mH$			

4.69 按题图 4.69 连接 R、L、C 混联电路，设电路参数为：$C=2\ \mu F$，$L=1.7\ H$，$R=200\ \Omega$。（1）在开关 S 打开时，测量总电压 U、总电流 I、电感电流 I_L、总有功功率 P，计算电路的功率因数；（2）在开关闭合时，再测量 U、I、I_L、I_C、P，计算电路的功率因数。根据实验测量数据说明：① 对于交流电路，$I\neq I_L+I_C$；② 提高功率因数的意义和方法。

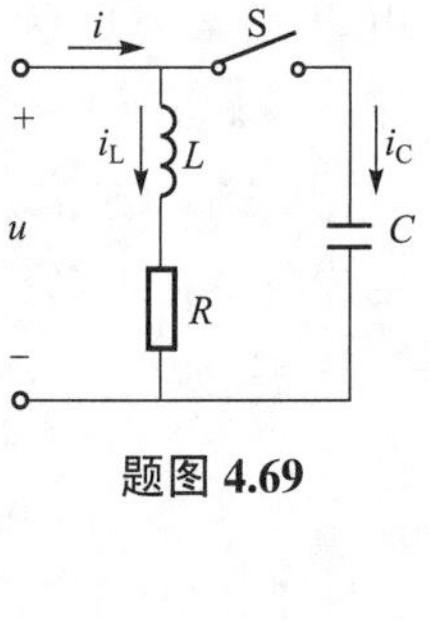

题图 4.69

第 5 章
三相交流电路

现代电力系统中，发电和输配电一般都采用三相制。三相电力系统是由三相电源、负载和输电线路组成的。

三相电源是能产生三相正弦交流电的电源，由三相电源供电的电路称为三相交流电路。第 4 章讨论的正弦交流电路为单相正弦交流电路，单相正弦交流电通常也是由三相电源的一相提供的。三相交流电路实际上是正弦交流电路的一种特殊类型，因此，前面讨论的正弦交流电路的分析方法对三相交流电路完全适用。

5.1 三相电源

5.1.1 三相正弦交流电的产生

三相正弦交流电是由三相交流发电机产生的，图 5.1（a）是一台具有两个磁极的三相交流发电机的结构示意图。发电机的静止部分称为定子，定子包括机座、定子铁芯和定子绕组等几部分。定子铁芯由硅钢片叠成，内壁有均匀分布的槽，槽内对称地镶放着三组完全相同的绕组，每一组称为一相。图中，三相绕组的首端分别用 A、B、C 表示，末端分别用 X、Y、Z 表示。三组绕组的各首端 A、B、C 在空间的位置依次相差 120°，同样，各末端 X、Y、Z 之间的位置也依次相差 120°。图 5.1（b）是绕组的结构示意图。发电机的转动部分称为转子，转子铁芯上安装有励磁绕组，通入直流电励磁。

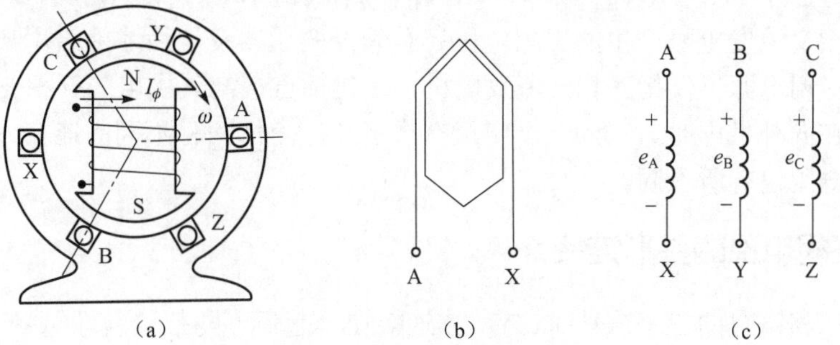

图 5.1 三相交流发电机

（a）结构示意图；（b）绕组示意图；（c）三相电动势

发电机的转子由原动机（汽轮机、水轮机等）带动，沿顺时针方向以 ω 为角速度匀速旋转时，定子三相绕组切割转子磁极的磁场线，分别产生 e_A、e_B 和 e_C 三个正弦感应电动势，其参考方向如图 5.1（c）所示。由于三个绕组的阻抗相等，又是以同一转速切割同一转子磁极的磁场线，只是绕组的位置依次互差 120°，因此，e_A、e_B 和 e_C 是三个频率相同、幅值相等而初相位依次互差 120° 的电动势，称为对称三相电动势。

若以 e_A 为参考正弦量，则对称三相电动势的表达式为

$$\begin{cases} e_A = E_m \sin\omega t \\ e_B = E_m \sin(\omega t - 120^\circ) \\ e_C = E_m \sin(\omega t + 120^\circ) \end{cases} \tag{5.1}$$

式中，E_m 为电动势的幅值，e_A、e_B 和 e_C 的波形如图 5.2（a）所示，若用有效值相量表示则为

$$\begin{cases} \dot{E}_A = E \angle 0^\circ \\ \dot{E}_B = E \angle -120^\circ \\ \dot{E}_C = E \angle 120^\circ \end{cases} \tag{5.2}$$

式中，E 为电动势的有效值。其相量图如图 5.2（b）所示。

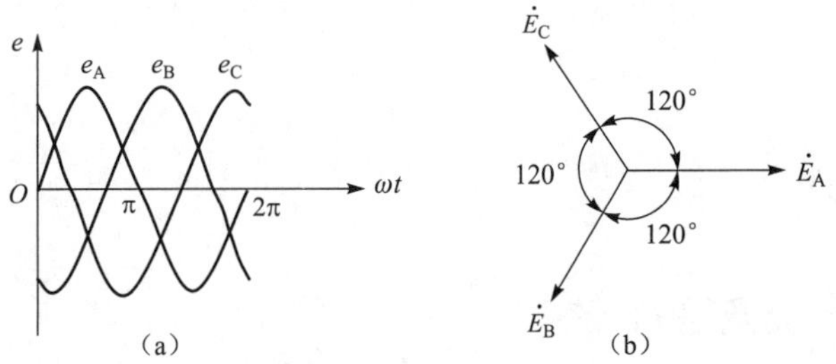

图 5.2 对称三相电动势

（a）波形图；（b）相量图

显然，对称三相电动势的瞬时值之和或相量之和等于零，即

$$\begin{cases} e_A + e_B + e_C = 0 \\ \dot{E}_A + \dot{E}_B + \dot{E}_C = 0 \end{cases} \tag{5.3}$$

三个电动势由超前相到滞后相的轮流顺序，即它们出现正幅值的先后顺序称为相序，在图 5.2 中的三个电动势，e_A 比 e_B 超前 120°，e_B 比 e_C 超前 120°，因此相序为 A→B→C。

通常，三相交流发电机产生的三相电压还必须经变压器变压后才能给用户供电，因此，对用户而言，三相电源不仅指三相交流发电机，还包括直接向其供电的三相变压器。

三相电源在向外供电时，它的三个绕组有星形和三角形两种不同的连接方式。连接方式不同，提供的电压也有所不同。

5.1.2 三相电源的星形连接

将电源的三相绕组的三个末端 X、Y、Z 连接在一起后，与三个首端 A、B、C 一起向外引出四条输电线，如图 5.3（a）所示，或者只从三个首端向外引出三条输电线，这种连接方法称为三相电源的星形连接，记作 Y 连接。

星形连接时，三相绕组末端的连接点 N 称为中性点或零点，由中性点引出的输电线称为中性线或零线，用 NN′ 表示。由三相绕组的首端 A、B、C 引出的三条输电线称为相线或端

线，俗称火线，分别用 L_1、L_2 和 L_3 表示。

由电源引出三条相线和一条中性线向外供电，称为三相四线制供电方式，如图 5.3（a）所示。这种供电方式可以向用户提供两种不同有效值的电压，一种是每相绕组首末端之间的电压，即相线与中性线之间的电压 $\dot{U}_A$ 、$\dot{U}_B$ 和 $\dot{U}_C$ ，称为电源的相电压；另一种是两相绕组首端之间的电压，即每两条相线之间的电压 $\dot{U}_{AB}$ 、$\dot{U}_{BC}$ 和 $\dot{U}_{CA}$ ，称为电源的线电压。

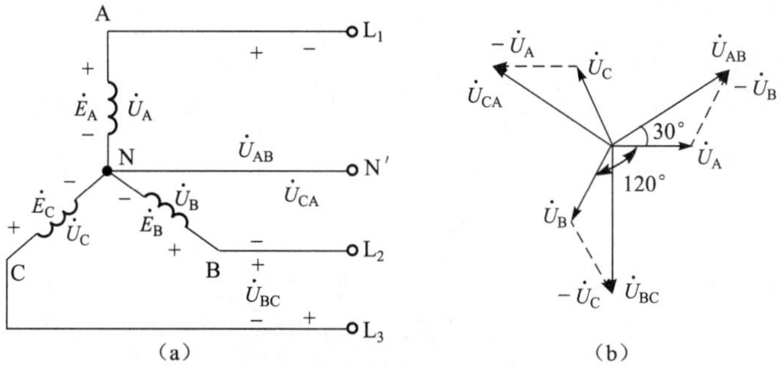

图 5.3　三相电源的星形连接

（a）三相电源的星形连接；（b）相电压与线电压的相量图

由于三相电动势对称，三相绕组的内阻抗一般都很小，因而三个相电压也可以认为是对称的。即三个相电压频率相同，有效值相等，相位依次互差 120°。其有效值用 U_P 表示，若以 $\dot{U}_A$ 为参考相量，依据三相电源的相序，三个相电压的相量表达式为

$$\begin{cases} \dot{U}_A = U_P\angle 0^\circ \\ \dot{U}_B = U_P\angle -120^\circ \\ \dot{U}_C = U_P\angle 120^\circ \end{cases} \tag{5.4}$$

在图 5.3（a）所示参考方向下，根据 KVL，得到线电压与相电压之间的关系为

$$\begin{cases} \dot{U}_{AB} = \dot{U}_A - \dot{U}_B = U_P\angle 0^\circ - U_P\angle -120^\circ = \sqrt{3}\,U_P\angle 30^\circ \\ \dot{U}_{BC} = \dot{U}_B - \dot{U}_C = U_P\angle -120^\circ - U_P\angle 120^\circ = \sqrt{3}\,U_P\angle -90^\circ \\ \dot{U}_{CA} = \dot{U}_C - \dot{U}_A = U_P\angle 120^\circ - U_P\angle 0^\circ = \sqrt{3}\,U_P\angle 150^\circ \end{cases} \tag{5.5}$$

各相电压及线电压的相量图如图 5.3（b）所示。

可见，对称三相电源星形连接时，三个线电压也是对称的。线电压的有效值 U_L 为相电压有效值的 $\sqrt{3}$ 倍，即

$$U_L = \sqrt{3}\,U_P \tag{5.6}$$

在相位上，线电压分别超前于相应的相电压 30°，即 $\dot{U}_{AB}$ 比 $\dot{U}_A$ 超前 30°，$\dot{U}_{BC}$ 比 $\dot{U}_B$ 超前 30°，$\dot{U}_{CA}$ 比 $\dot{U}_C$ 超前 30°。

当三相电源的绕组作星形连接时，不一定都引出中性线。如果只引出三条相线向外供电，称为三相三线制供电方式。这种供电方式只能提供有效值相等的一种电压，即线电压。

5.1.3 三相电源的三角形连接

将三相电源中每相绕组的末端依次与其后一相绕组的首端连接在一起，形成闭合回路，再由三个连接点引出三条输电线，这种连接方法称为三相电源的三角形连接，记作△连接，如图 5.4 所示。三角形连接的电源只能采用三相三线制供电方式。引出的三条输电线称为相线或端线，俗称火线，分别用 L_1、L_2 和 L_3 表示。三角形连接时，线电压就是对应的相电压，即

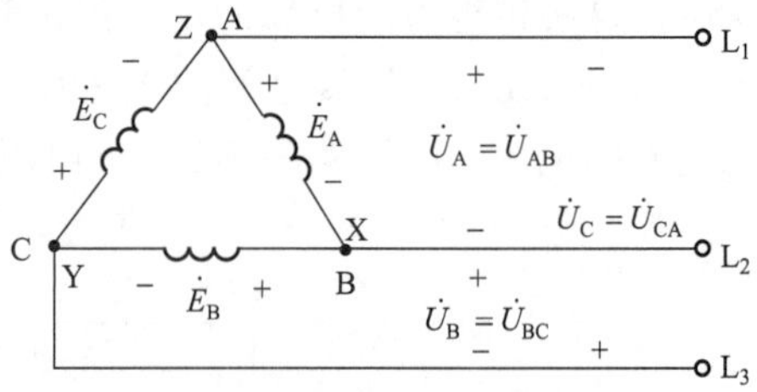

图 5.4 三相电源的三角形连接

$$\begin{cases}\dot{U}_{AB}=\dot{U}_A\\ \dot{U}_{BC}=\dot{U}_B\\ \dot{U}_{CA}=\dot{U}_C\end{cases} \tag{5.7}$$

而且三个相电压和三个线电压都可以认为是对称的。因而在三角形连接的对称三相电源中，线电压的有效值 U_L 等于相电压的有效值 U_P，即

$$U_L=U_P \tag{5.8}$$

在相位上，线电压与对应的相电压相位相同。

三角形连接的电源三相绕组形成闭合回路，由于三相电压对称，三相电压之和为零，即

$$\dot{U}_A+\dot{U}_B+\dot{U}_C=0$$

所以绕组形成的闭合回路中无环流。

通常在三相交流发电机中不采用三角形接法，而在用来变换三相电压的三相变压器中星形接法和三角形接法都常采用。

例 5.1 某三相电源的相电压为 220 V，问该三相电源采用星形接法和三角形接法两种情况下，线电压的有效值分别是多少？

解 星形接法时，

$$U_L=\sqrt{3}\,U_P=1.732\times220=380\text{（V）}$$

三角形接法时，

$$U_L=U_P=220\text{（V）}$$

5.2 三相交流电路的分析

5.2.1 负载的连接

交流用电设备分为三相用电设备和单相用电设备两大类。三相用电设备内部是由三相阻抗相同的电路组成的，称为对称三相负载，如三相交流电动机、大功率三相电阻炉等，这类负载必须接在三相电源上才能工作。单相用电设备如白炽灯、家用电器等，只需由单相交流

电供电即可工作，称为单相负载。但为了使三相电源供电均衡，大量单相负载实际上是大致平均地分配到三相电源的三个相上，对三相电源来讲，这些单相负载的总体构成了一个三相负载。由于三个相的阻抗一般不可能相等，故称为不对称三相负载。

将负载接入电源时应遵守以下两个原则：

① 加在负载上的电压必须等于负载的额定电压；

② 应使三相电源的各相负荷尽可能均衡、对称。

三相四线制电源中有两种电压，即相电压和线电压。单相负载接入电源时，应根据负载的额定电压来确定负载应接上电源的相电压还是线电压。多个单相负载应尽量平均地分接于电源的三个相电压或线电压上。如在 380 V / 220 V 三相四线制供电系统中，多个额定电压为 220 V 的单相负载，如白炽灯，应尽量平均地分接于各相线与中性线之间，从总体看，负载连接成星形，如图 5.5 所示。

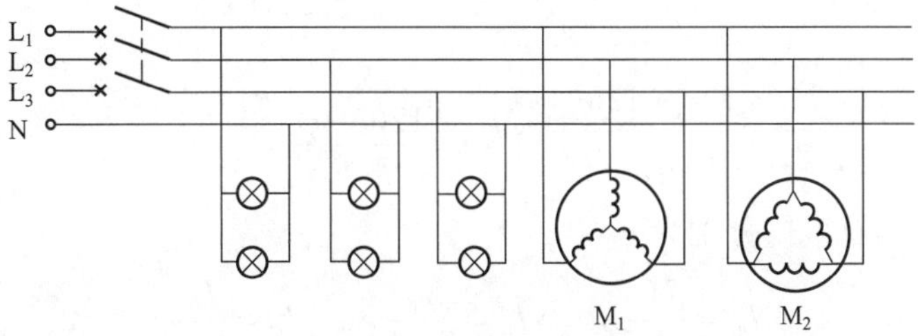

图 5.5　负载的连接

三相对称负载接入电源时，其三个接线端总是与电源的三条相线相连接。三相对称负载的三组阻抗本身应该采用什么连接方式要根据电源的线电压的大小及每相负载额定电压值来确定。当每相负载的额定电压等于电源线电压的 $\frac{1}{\sqrt{3}}$ 时，负载的三相阻抗应采用星形接法，如图 5.5 中的三相对称负载 M_1。当每相负载的额定电压等于电源线电压时，负载的三相阻抗应采用三角形接法，如图 5.5 中的三相对称负载 M_2。实际应用的一些三相对称负载，如三相交流电动机，为了使用方便，它的连接方式已在铭牌上标出，例如标出电压为 380 V/660 V，连接方式为△/Y，则表示当电源线电压为 380 V 时，采用三角形连接；当电源线电压为 660 V 时，采用星形连接。

三相负载的基本连接方式有星形连接和三角形连接两种。无论采用哪种连接方式，每相负载首末端之间的电压称为负载的相电压；每两相负载首端之间的电压称为负载的线电压。每相负载中通过的电流称为负载的相电流；负载从输电线的相线上取用的电流称为负载的线电流。

5.2.2　负载星形连接的三相电路

负载星形连接的三相四线制电路如图 5.6 所示，每相负载的复数阻抗分别为 Z_A、Z_B 和 Z_C，负载的公共连接点为 N'，各电压、电流的参考方向如图 5.6 所示。

由图 5.6 可见，三相负载的三个相电压分别等于三相电源的三个相电压 $\dot{U}_A$ 、$\dot{U}_B$ 和 $\dot{U}_C$。各相负载的相电流等于线电流。若以电压 $\dot{U}_A$ 为参考相量，即 $\dot{U}_A = U_P\angle 0^\circ$，则

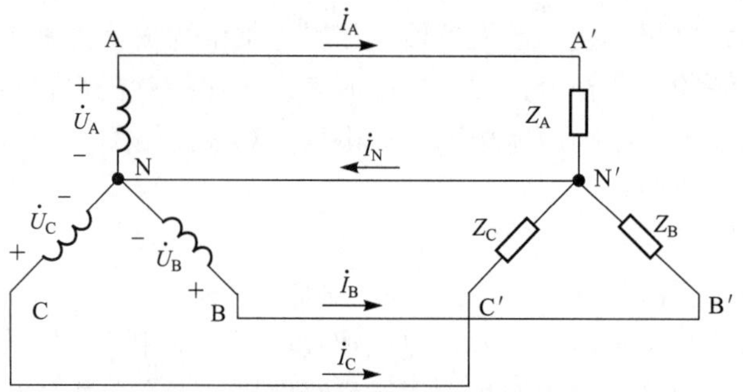

图 5.6　负载星形连接的三相四线制电路

$$\begin{cases} \dot{I}_A = \dfrac{\dot{U}_A}{Z_A} = \dfrac{U_P \angle 0^\circ}{|Z_A| \angle \varphi_A} = I_A \angle -\varphi_A \\ \dot{I}_B = \dfrac{\dot{U}_B}{Z_B} = \dfrac{U_P \angle -120^\circ}{|Z_B| \angle \varphi_B} = I_B \angle -120^\circ - \varphi_B \\ \dot{I}_C = \dfrac{\dot{U}_C}{Z_C} = \dfrac{U_P \angle 120^\circ}{|Z_C| \angle \varphi_C} = I_C \angle 120^\circ - \varphi_C \end{cases} \tag{5.9}$$

式中，三个相电流的有效值分别为

$$I_A = \frac{U_P}{|Z_A|}, \qquad I_B = \frac{U_P}{|Z_B|}, \qquad I_C = \frac{U_P}{|Z_C|}$$

根据 KCL，中性线电流为

$$\dot{I}_N = \dot{I}_A + \dot{I}_B + \dot{I}_C \tag{5.10}$$

1. 对称负载星形连接的三相电路

现在来讨论图 5.6 所示电路中三相负载对称的情况。所谓负载对称是指各相负载的复数阻抗相同，即

$$Z_A = Z_B = Z_C = Z$$

不仅阻抗模相同，而且阻抗角相等，即

$$|Z_A| = |Z_B| = |Z_C| = |Z|$$

$$\varphi_A = \varphi_B = \varphi_C = \varphi$$

由式（5.9）可知，如果三相负载对称，则三个相电流 $\dot{I}_A$ 、$\dot{I}_B$ 和 $\dot{I}_C$ 也是对称的，即它们的有效值相等，相位依次相差 120°。这时，中性线电流等于零，即

$$\dot{I}_N = \dot{I}_A + \dot{I}_B + \dot{I}_C = 0$$

既然中性线中没有电流，中性线便可断开，省去不接。在三相负载对称时，图 5.6 所示电路去掉中性线后就变成了负载星形连接的三相三线制电路。可以证明，在对称负载作 Y 形连接的条件下，图 5.6 所示电路去掉中性线后，电源中性点 N 和负载的公共连接点 N′的电位仍然是相等的，电路中各线电压与相电压、线电流与相电流之间的关系仍然保持不变。

一般来说，由于三相电源提供的线电压和相电压都是对称的，如果负载也是对称的，则负载和电源的相电流及线电流必然都是对称的，这样的三相电路称为对称三相电路。

图 5.7 所示为对称三相感性负载作星形连接时，相电压和相电流的相量图。

分析计算对称负载三相电路，只需分析计算其中一相即可，因为对称负载的电压和电流也都是对称的，由其中一相的电压和电流即可推出其他两相的电压和电流。

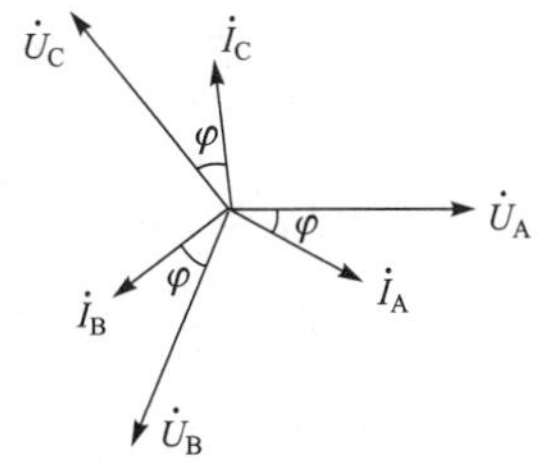

图 5.7　对称负载星形连接时的相量图

2. 不对称负载星形连接的三相电路

当不对称负载作星形连接时，由于各相负载的复数阻抗不相同，负载的三个相电流 $\dot{I}_A$、$\dot{I}_B$ 和 $\dot{I}_C$ 不对称，中性线中的电流 $\dot{I}_N$ 不等于零，中性线是不允许断开或去掉的。

如果不对称负载作星形连接，且中性线断开时，其电路如图 5.8 所示。

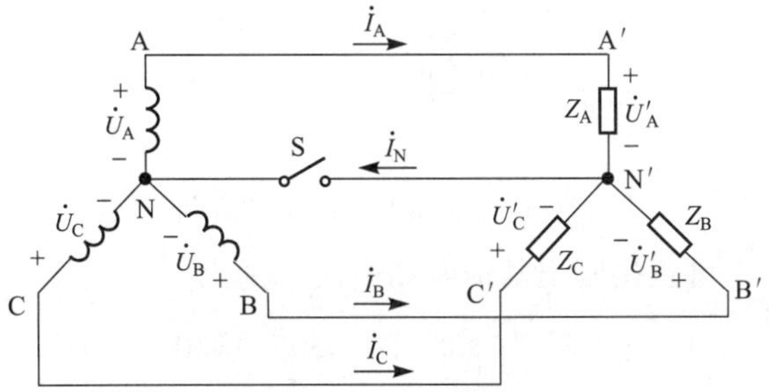

图 5.8　负载星形连接

利用节点电位法可得到负载公共连接点 N′与电源中性点 N 之间的电压为

$$\dot{U}_{N'N}=\frac{\dfrac{\dot{U}_A}{Z_A}+\dfrac{\dot{U}_B}{Z_B}+\dfrac{\dot{U}_C}{Z_C}}{\dfrac{1}{Z_A}+\dfrac{1}{Z_B}+\dfrac{1}{Z_C}} \tag{5.11}$$

根据 KVL，得到各相负载的相电压为

$$\begin{cases}\dot{U}'_A=\dot{U}_A-\dot{U}_{N'N}\\ \dot{U}'_B=\dot{U}_B-\dot{U}_{N'N}\\ \dot{U}'_C=\dot{U}_C-\dot{U}_{N'N}\end{cases} \tag{5.12}$$

式中，$\dot{U}_A$、$\dot{U}_B$ 和 $\dot{U}_C$ 是电源的三个相电压，是一组对称电压。可见，负载的三个相电压 $\dot{U}'_A$、$\dot{U}'_B$ 和 $\dot{U}'_C$ 是不对称的。负载相电压的有效值不等于电源相电压的有效值。虽然所用的每相负载的额定电压与所选用电源的相电压相等，但没有中性线时，实际加在负载上的相电压并不等于其额定电压。如果负载承受的电压偏离其额定电压太多，便不能正常工作，严重时甚至会损坏设备。

中性线的作用就在于能保持负载公共连接点 N′与电源中性点 N 电位相同，从而使星形连接的不对称负载的三个相电压 $\dot{U}'_A$、$\dot{U}'_B$ 和 $\dot{U}'_C$ 对称。

单相用电设备，即单相负载作星形连接的三相电路，例如照明电路，工作时不能保证三相负载对称，因此，必须用有中性线的三相四线制电源供电，中性线不允许断开，也不允许在中性线上接入熔断器或闸刀开关，以保证中性线可靠连接。

例 5.2　有一星形连接的对称三相负载，负载阻抗 $Z=20\angle 30^\circ\,\Omega$，对称三相电源的线电

压 $u_{AB}=380\sqrt{2}\sin(314t+30°)$V，试求各相负载电流 i_A、i_B 和 i_C。

解 线电压 u_{AB} 的相量为 $\dot{U}_{AB}=380\angle 30°$V。

由于对称负载作星形连接时，负载的相电压与对应的电源相电压相等，其有效值等于线电压的 $\frac{1}{\sqrt{3}}$，在相位上滞后于相应的线电压 30°。所以，A 相电压相量为

$$\dot{U}_A=\frac{1}{\sqrt{3}}\times 380\angle 30°-30° =220\angle 0° \text{（V）}$$

A 相电流相量为

$$\dot{I}_A=\frac{\dot{U}_A}{Z}=\frac{220\angle 0°}{20\angle 30°}=11\angle -30° \text{（A）}$$

A 相电流的瞬时值表达式为

$$i_A=11\sqrt{2}\sin(314t-30°)\text{A}$$

由于三相电流对称，可直接写出其他两相电流分别为

$$i_B=11\sqrt{2}\sin(314t-30°-120°)$$
$$=11\sqrt{2}\sin(314t-150°)\text{A}$$

和

$$i_C=11\sqrt{2}\sin(314t-30°+120°)$$
$$=11\sqrt{2}\sin(314t+90°)\text{A}$$

例 5.3 电路如图 5.9(a)所示，已知电源线电压为 380 V，三相负载分别为 $Z_A=5\angle 0°\ \Omega$，$Z_B=5\angle 30°\ \Omega$，$Z_C=5\angle -30°\ \Omega$，每相负载的额定电压均为 $U_N=220$ V。① 当开关 S 闭合时，求各相电流 $\dot{I}_A$、$\dot{I}_B$ 和 $\dot{I}_C$ 及中性线电流 $\dot{I}_N$，并画出相电压和相电流的相量图；② 当开关 S 打开时，求各相负载的相电压 $\dot{U}'_A$、$\dot{U}'_B$ 和 $\dot{U}'_C$。

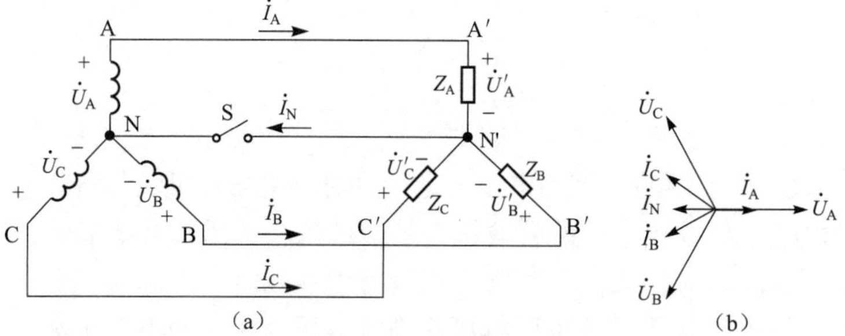

图 5.9 例 5.3 的图

（a）电路图；（b）相电压和电流的相量图

解 由于三相电源采用星形接法，电源线电压为 380 V，则电源相电压为 220 V。设 $\dot{U}_A$ 为参考相量，则电源的三个相电压分别为

$$\dot{U}_A=220\angle 0° \text{（V）}$$

$$\dot{U}_B=220\angle -120° \text{（V）}$$

$$\dot{U}_C = 220\angle 120^\circ \ (\text{V})$$

① 当开关 S 闭合时，负载各相电压分别等于电源各相电压，故负载各相电流分别为

$$\dot{I}_A = \frac{\dot{U}'_A}{Z_A} = \frac{\dot{U}_A}{Z_A} = \frac{220\angle 0^\circ}{5\angle 0^\circ} = 44\angle 0^\circ \ (\text{A})$$

$$\dot{I}_B = \frac{\dot{U}'_B}{Z_B} = \frac{\dot{U}_B}{Z_B} = \frac{220\angle -120^\circ}{5\angle 30^\circ} = 44\angle -150^\circ \ (\text{A})$$

$$\dot{I}_C = \frac{\dot{U}'_C}{Z_C} = \frac{\dot{U}_C}{Z_C} = \frac{220\angle 120^\circ}{5\angle -30^\circ} = 44\angle 150^\circ \ (\text{A})$$

中性线电流为

$$\dot{I}_N = \dot{I}_A + \dot{I}_B + \dot{I}_C = 44\angle 0^\circ + 44\angle -150^\circ + 44\angle 150^\circ = 32.2\angle 180^\circ \ (\text{A})$$

相电压和相电流的相量图如图 5.9（b）所示。

② 当开关 S 打开时，由式（5.11）得到负载公共连接点 N′与电源中性点 N 之间的电压为

$$\dot{U}_{N'N} = \frac{\dfrac{\dot{U}_A}{Z_A} + \dfrac{\dot{U}_B}{Z_B} + \dfrac{\dot{U}_C}{Z_C}}{\dfrac{1}{Z_A} + \dfrac{1}{Z_B} + \dfrac{1}{Z_C}} = \frac{\dfrac{220\angle 0^\circ}{5\angle 0^\circ} + \dfrac{220\angle -120^\circ}{5\angle 30^\circ} + \dfrac{220\angle 120^\circ}{5\angle -30^\circ}}{\dfrac{1}{5\angle 0^\circ} + \dfrac{1}{5\angle 30^\circ} + \dfrac{1}{5\angle -30^\circ}} = 58.9\angle 180^\circ \ (\text{V})$$

根据 KVL，得

$$\dot{U}'_A = \dot{U}_A - \dot{U}'_{N'N} = 220\angle 0^\circ - 58.9\angle 180^\circ = 278.9\angle 0^\circ \ (\text{V})$$

$$\dot{U}'_B = \dot{U}_B - \dot{U}'_{N'N} = 220\angle -120^\circ - 58.9\angle 180^\circ = 197\angle -104.2^\circ \ (\text{V})$$

$$\dot{U}'_C = \dot{U}_C - \dot{U}'_{N'N} = 220\angle 120^\circ - 58.9\angle 180^\circ = 197\angle 104.2^\circ \ (\text{V})$$

可见，不对称负载在星形连接时，如果中性线断开，会造成有的负载相电压高于额定电压 U_N，有的负载相电压低于额定电压 U_N，负载不能正常工作。因此，不对称三相负载作星形连接时，必须要有中性线。

5.2.3　负载三角形连接的三相电路

负载三角形连接的三相电路如图 5.10 所示。每相负载的末端都依次与另一相负载的首端相连，形成闭合回路，然后，将三个连接点分别接到三相电源的三条相线上。每相负载的复数阻抗分别为 Z_{AB}、Z_{BC} 和 Z_{CA}。

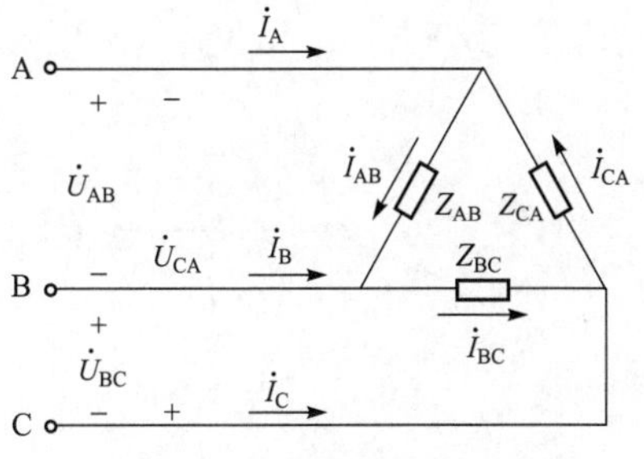

图 5.10　负载的三角形连接

因为每相负载都直接接在三相电源的线电压上，所以每相负载的相电压都与相对应的电源线电压相等。因此，无论三相负载是否对称，其相电压总是对称的。若以 $\dot{U}_{AB}$ 为参考相量，则各相负载的相电流分别为

$$\begin{cases} \dot{I}_{AB} = \dfrac{\dot{U}_{AB}}{Z_{AB}} = \dfrac{U_L \angle 0^\circ}{|Z_{AB}| \angle \varphi_{AB}} = I_{AB} \angle -\varphi_{AB} \\ \dot{I}_{BC} = \dfrac{\dot{U}_{BC}}{Z_{BC}} = \dfrac{U_L \angle -120^\circ}{|Z_{BC}| \angle \varphi_{BC}} = I_{BC} \angle -120^\circ - \varphi_{BC} \\ \dot{I}_{CA} = \dfrac{\dot{U}_{CA}}{Z_{CA}} = \dfrac{U_L \angle 120^\circ}{|Z_{CA}| \angle \varphi_{CA}} = I_{CA} \angle 120^\circ - \varphi_{CA} \end{cases} \tag{5.13}$$

式中，三个相电流的有效值分别为

$$I_{AB} = \frac{U_L}{|Z_{AB}|} \qquad I_{BC} = \frac{U_L}{|Z_{BC}|} \qquad I_{CA} = \frac{U_L}{|Z_{CA}|}$$

根据KCL，可得到负载线电流与相电流的关系为

$$\begin{cases} \dot{I}_A = \dot{I}_{AB} - \dot{I}_{CA} \\ \dot{I}_B = \dot{I}_{BC} - \dot{I}_{AB} \\ \dot{I}_C = \dot{I}_{CA} - \dot{I}_{BC} \end{cases} \tag{5.14}$$

如果三相负载对称，即 $Z_{AB}=Z_{BC}=Z_{CA}=|Z|\angle\varphi$，则由式（5.13）可知，相电流 $\dot{I}_{AB}$、$\dot{I}_{BC}$ 和 $\dot{I}_{CA}$ 是对称的，它们的有效值均为 $I_P = \dfrac{U_L}{|Z|}$，相位依次互差 120°，即

$$\begin{cases} \dot{I}_{AB} = I_P \angle -\varphi \\ \dot{I}_{BC} = I_P \angle -120^\circ - \varphi \\ \dot{I}_{CA} = I_P \angle 120^\circ - \varphi \end{cases} \tag{5.15}$$

将式（5.15）代入式（5.14），得到各线电流为

$$\begin{cases} \dot{I}_A = I_P \angle -\varphi - I_P \angle 120^\circ - \varphi = \sqrt{3} I_P \angle -\varphi - 30^\circ \\ \dot{I}_B = I_P \angle -120^\circ - \varphi - I_P \angle -\varphi = \sqrt{3} I_P \angle -\varphi - 150^\circ \\ \dot{I}_C = I_P \angle 120^\circ - \varphi - I_P \angle -120^\circ - \varphi = \sqrt{3} I_P \angle -\varphi + 90^\circ \end{cases} \tag{5.16}$$

由式（5.16）可知，对称负载三角形连接时，电路中三个线电流 $\dot{I}_A$、$\dot{I}_B$ 和 $\dot{I}_C$ 也是对称的，在数值上，线电流有效值等于相电流有效值的 $\sqrt{3}$ 倍，即 $I_L=\sqrt{3}I_P$；在相位上，$\dot{I}_A$ 比 $\dot{I}_{AB}$ 滞后 30°，$\dot{I}_B$ 比 $\dot{I}_{BC}$ 滞后 30°，$\dot{I}_C$ 比 $\dot{I}_{CA}$ 滞后 30°。对称负载三角形连接时，电压与电流的相量图如图5.11所示。

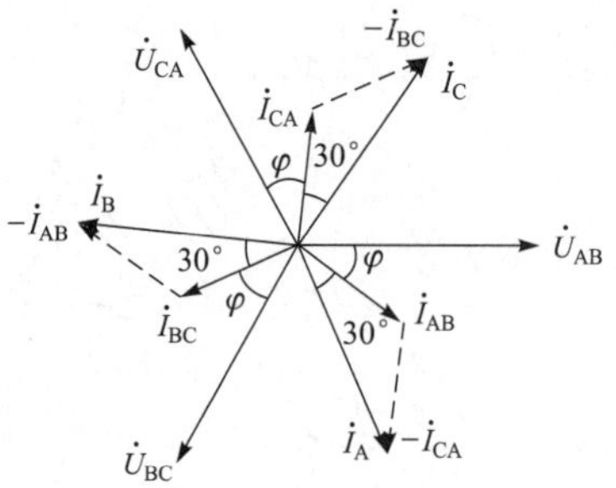

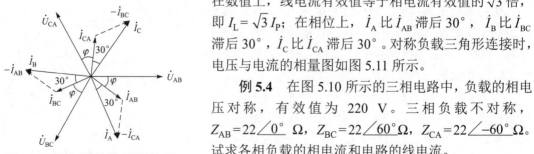

图5.11　对称负载三角形连接时的电压和电流的相量图

例5.4　在图5.10所示的三相电路中，负载的相电压对称，有效值为 220 V。三相负载不对称，$Z_{AB}=22\angle 0^\circ\ \Omega$，$Z_{BC}=22\angle 60^\circ\ \Omega$，$Z_{CA}=22\angle -60^\circ\ \Omega$。试求各相负载的相电流和电路的线电流。

解　设以 $\dot{U}_{AB}$ 为参考相量，由于负载的相电压对

称，故三个相电压分别为

$$\dot{U}_{AB}=220\angle 0^\circ \text{ V}$$

$$\dot{U}_{BC}=220\angle -120^\circ \text{ V}$$

$$\dot{U}_{CA}=220\angle 120^\circ \text{ V}$$

由于三相负载不对称，必须分别计算各相负载的相电流，即

$$\dot{I}_{AB}=\frac{\dot{U}_{AB}}{Z_{AB}}=\frac{220\angle 0^\circ}{22\angle 0^\circ}=10\angle 0^\circ=10\text{（A）}$$

$$\dot{I}_{BC}=\frac{\dot{U}_{BC}}{Z_{BC}}=\frac{220\angle -120^\circ}{22\angle 60^\circ}=10\angle -180^\circ=-10\text{（A）}$$

$$\dot{I}_{CA}=\frac{\dot{U}_{CA}}{Z_{CA}}=\frac{220\angle 120^\circ}{22\angle -60^\circ}=10\angle 180^\circ=-10\text{（A）}$$

电路的线电流为

$$\dot{I}_{A}=\dot{I}_{AB}-\dot{I}_{CA}=10-(-10)=20\text{（A）}$$

$$\dot{I}_{B}=\dot{I}_{BC}-\dot{I}_{AB}=-10-10=-20\text{（A）}$$

$$\dot{I}_{C}=\dot{I}_{CA}-\dot{I}_{BC}=-10-(-10)=0\text{（A）}$$

5.3 三相电路的功率

5.3.1 一般三相电路的功率

无论负载为星形连接还是三角形连接，三相电路总的有功功率都应为各相负载有功功率之和，即

$$\begin{aligned}P&=P_A+P_B+P_C\\&=U_AI_A\cos\varphi_A+U_BI_B\cos\varphi_B+U_CI_C\cos\varphi_C\end{aligned} \tag{5.17}$$

式中，U_A、U_B和U_C分别为三相负载的相电压，I_A、I_B和I_C分别为三相负载的相电流。φ_A、φ_B和φ_C分别为三相负载的阻抗角，即相电压与相电流之间的相位差。

无功功率有电感性和电容性之分。在电感性电路中，Q_L为正值；在电容性电路中，Q_C为负值，无功功率是个代数量。因此，三相电路的无功功率应等于各相负载无功功率的代数和，即

$$\begin{aligned}Q&=Q_A+Q_B+Q_C\\&=U_AI_A\sin\varphi_A+U_BI_B\sin\varphi_B+U_CI_C\sin\varphi_C\end{aligned} \tag{5.18}$$

三相电路的视在功率为

$$S=\sqrt{P^2+Q^2}$$

5.3.2 对称三相电路的功率

在对称三相电路中，每相的有功功率是相等的，因此，三相电路总有功功率为

$$P=3U_PI_P\cos\varphi \quad (5.19)$$

式中，U_P、I_P 分别为负载的相电压和相电流，φ 为负载阻抗的阻抗角。

因为三相电路的线电压和线电流的有效值易于测量，或者有时是已知的，因此，对称三相电路的有功功率通常用线电压 U_L 和线电流 I_L 计算。

当三相对称负载星形连接时，有

$$U_P=\frac{1}{\sqrt{3}}U_L，\ I_P=I_L$$

当三相对称负载三角形连接时

$$U_P=U_L，\ I_P=\frac{1}{\sqrt{3}}I_L$$

不论三相对称负载是采用星形连接或是采用三角形连接，将两种接法的 U_P、I_P 与 U_L、I_L 的关系式分别代入式（5.19）中，得到同一表达式，即

$$P=\sqrt{3}U_LI_L\cos\varphi \quad (5.20)$$

需要注意的是，式（5.20）中的 φ 是负载相电压与相电流间的相位差，而不是线电压与线电流间的相位差。φ 是负载的阻抗角，它只决定于负载的参数及电源的频率，而与负载的连接方式无关。

同理可得，负载对称时三相电路的总无功功率为

$$Q=3U_PI_P\sin\varphi=\sqrt{3}U_LI_L\sin\varphi \quad (5.21)$$

总视在功率为

$$S=\sqrt{P^2+Q^2}=3U_PI_P=\sqrt{3}U_LI_L \quad (5.22)$$

例 5.5 有一台三相电阻加热炉，功率因数等于 1，星形连接。另有一台三相交流电动机，功率因数等于 0.8，三角形连接。它们共同由线电压为 380 V 的三相电源供电，消耗的有功功率分别为 75 kW 和 36 kW，试求电源线电流的有效值。

解 按题意画出电路图如图 5.12 所示。电阻炉的功率因数 $\cos\varphi_1=1$，$\varphi_1=0°$，故无功功率 $Q_1=0$。电动机的功率因数 $\cos\varphi_2=0.8$，$\varphi_2=36.9°$，故无功功率为

$$Q_2=P_2\tan\varphi_2=36\times\tan 36.9°=27\text{（kvar）}$$

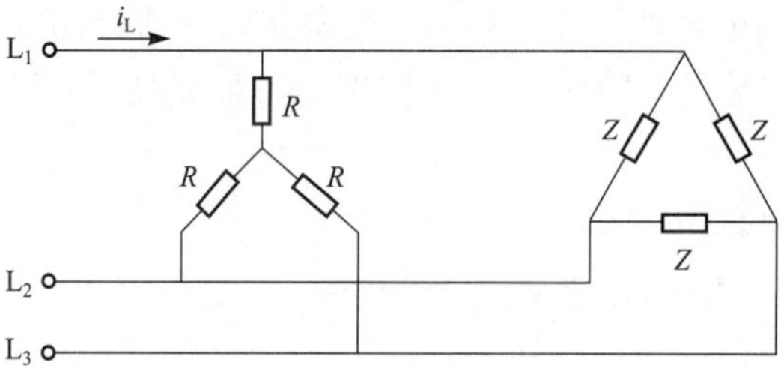

图 5.12 例 5.5 的电路

电源输出的总有功功率、无功功率和视在功率为

$$P=P_1+P_2=75+36=111\text{（kW）}$$

$$Q=Q_1+Q_2=0+27=27\text{（kvar）}$$

$$S=\sqrt{P^2+Q^2}=\sqrt{111^2+27^2}=114\text{（kV·A）}$$

由此求得电源的线电流为

$$I_L=\frac{S}{\sqrt{3}\,U_L}=\frac{114\times10^3}{1.732\times380}=173\text{（A）}$$

5.4 安全用电和静电防护

电能造福人类，但是如果使用不当，又会造成巨大损失，轻者短路起火，重者会夺去人的生命。所以除了掌握用电的基本知识以外，还应掌握必要的用电安全知识，做到安全用电和用好电。用电安全包括三个方面的内容，首先是指人身安全，其次是指供电系统设备的安全，即供电系统要能安全可靠地提供电能；最后一方面是指电气设备本身的安全，即要防止电气火灾或其他事故。

静电是一种电能，它存留于物体表面，是正负电荷在局部范围内失去平衡的结果，是通过电子或离子的转换而形成的。静电现象是电荷在出现和消失过程中产生的电现象的总称。如摩擦起电、人体起电等现象。随着科技发展，静电现象已在静电喷涂、静电纺织、静电分选等领域得到广泛的有效应用。但是，静电的产生在许多领域会带来重大危害和损失，因此，要切实做好静电的防护。

5.4.1 触电方式和预防触电

人体本身就是一个导体，有一定的电阻。当人体触及带电体并且没有防护措施的情况下，电流就可能会对人体造成伤害。如果电流通过人体内部，破坏人的心肺与神经系统，就会引起心室颤动或窒息从而导致电击伤亡。而在某些情况下电流只对人体外部造成局部伤害，如电灼伤、电烙印和皮肤金属化。对于工频交流电，按照人体对所通过大小不同的电流所呈现的反应，可将电流划分为感知电流、摆脱电流、致命电流三级。这三种电流对人体的影响见表 5.1。

表 5.1　三种电流对人体的影响

名称	定义	电流大小/mA	
		成年男子	成年女子
感知电流	引起人体感觉的最小电流	1.1	0.7
摆脱电流	人触电后能自主摆脱电源的最大电流	9	6
致命电流	在较短时间内引起心室颤动、危及生命的电流	与通电时间有关	

当人体直接接触带电部位时或接触设备正常不应带电的部位但由于绝缘损坏等原因出现漏电时，都会有电流通过人体，造成一定的伤害。与电气装置带电部分接触后造成触电事故的，对人的危险程度与人体是怎样触及带电部分的情况有关。一般在低压三相四线制电源中可能发生的触电事故可以分为单相触电和两相触电两种方式。

1. 单相触电

单相触电是指人触及一根相线的触电事故。其危险程度与电源中点是否接地有关。一般来说，有电源中点接地比没有时要危险。

图 5.13（a）为电源中点接地的情况，人体承受了三相电源的相电压。相线、人体和大地构成了电流回路，设人体电阻为 R_r，接地电阻为 R_g，通过人体的电流 I_r 为

$$I_r = \frac{U_P}{R_g + R_r}$$

通常，接地电阻要求不大于 4 Ω，而人体电阻 R_r 在 1 kΩ 左右，人体几乎承受全部电源相电压。所以禁止赤足站在地面接触电气设备，而应当让足部与地面绝缘良好（如穿绝缘鞋或站在绝缘木凳上）。

当电源中点不接地时，如图 5.13（b）所示，人体触及电源一相相线时，初看没有电流流过人体，但若考虑输电线路的对地绝缘电阻和对地电容，则有电流流过人体，同样是危险的。

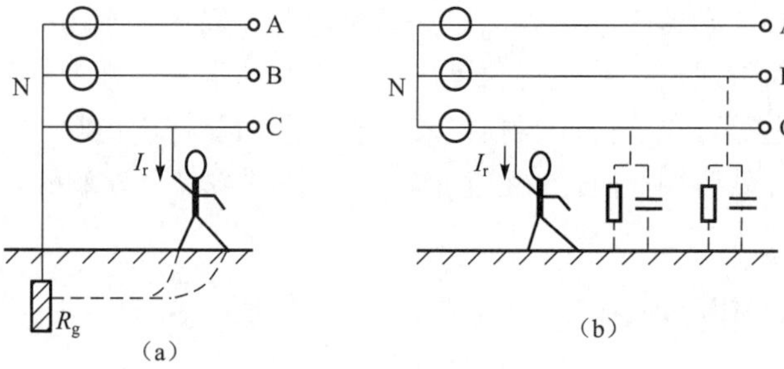

图 5.13 单相触电

（a）单相触电（中点接地）；（b）单相触电（中点不接地）

2. 两相触电

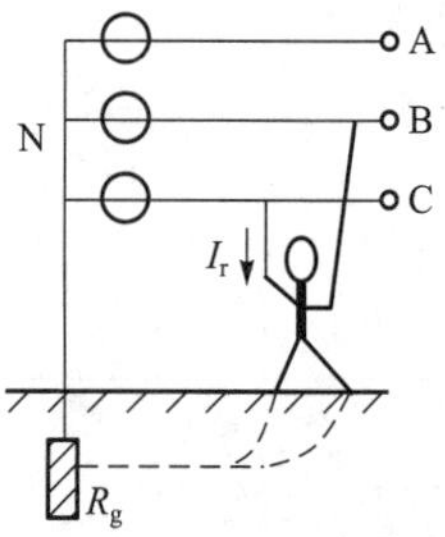

图 5.14 两相触电

两相触电是指人体两处同时接触三相电源的两根相线，如图 5.14 所示。由于人体上作用了电源的线电压，所以具有比较大的危险性。

触电的其他方式还有跨步电压触电，这是指当人的两脚位于不同的电压梯度时，人体就会承受一定的电压。其危险性与跨步电压的大小有关。

触电的原因主要是操作人员没有严格遵守操作规程、电气设备绝缘损坏等。预防触电，须做好以下主要工作：

① 正确使用和安装电气设备。如插座要安装在木质材料上，电灯开关要装在电源的相线上，刀闸开关不能装反，等等。总之，要符合有关规定和规程，遵守当地的电气设备安装规范。

② 防止电气设备的绝缘损坏和受潮。

③ 遵守操作规程，合理使用安全工具。

④ 对人体经常触及的带电设备，要采用安全电压。我国的安全电压有 12 V、24 V、36 V 三个等级。通常在工地上常用 36 V，如手把灯等。如果环境潮湿或危险性大，则使用 12 V 或 24 V，如在煤矿井下等作业场合时。

⑤ 采用合格的接地系统。

5.4.2 电气设备的保护接地和保护接零

1. 我国的配电系统

我国的配电系统有 TT、IT、TN 三种。TT 系统是指变压器低压侧中性点直接接地，网络中所有电气设备的外露可导电部分用保护接地线（PEE）接至电器上与电气系统的接地点无直接关联的接地极上。IT 系统是指变压器低压侧中性点不接地或经高阻抗接地，网络中所有电气设备的外露可导电部分用保护接地线（PEE）单独地接到接地极上。我国地面上低压配电网大多数都采用中性点直接接地的三相四线配电网。在这种配电网中，TN 系统是应用最多的配电及防护方式。TN 系统是三相四线配电网低压中性点直接接地，电气设备金属外壳采取接零措施的系统。字母“T”和“N”分别表示配电网中性点直接接地和电气设备金属外壳接零。设备金属外壳与保护零线连接的方式称为保护接零。典型的 TN 系统如图 5.15 所示，在这种系统中，当某一相线直接连接设备金属外壳时，即形成单相短路。短路电流势必促使线路上的短路保护装置迅速动作，在规定时间内将故障设备断开电源，消除危险。

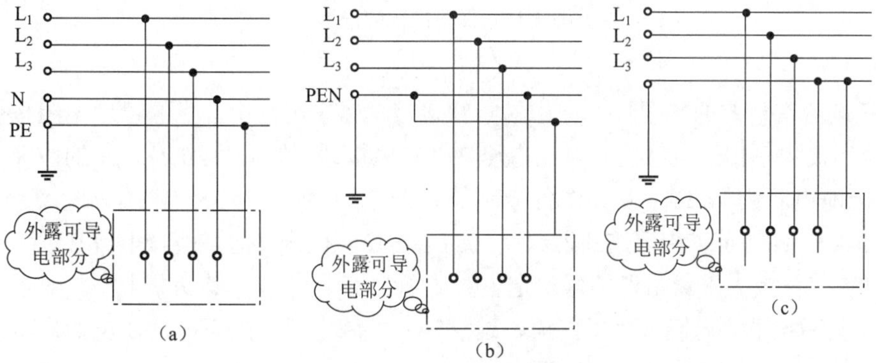

图 5.15　TN 低压配电系统

（a）TN－S 系统；（b）TN－C－S 系统；（c）TN－C 系统

如图 5.15 所示，TN 系统有三种类型，即 TN－S 系统、TN－C－S 系统和 TN－C 系统。其中，TN－S 系统具有专用保护零线（PE 线），即保护零线与工作零线（N 线）完全分开的系统，现推荐使用。TN－C－S 系统是干线部分保护零线与工作零线前部共用（构成 PEN 线）、后部分开的系统。厂区设有变电站，低压进线的车间可采用 TN－C－S 系统。TN－C 系统是干线部分保护零线与工作零线完全共用的系统。

在低压配电系统中，常采用两种保护措施——保护接地和保护接零。当配电系统变压器中点不接地时，采用接地保护。当低压配电系统变压器中点接地时采用接零保护。

2. 保护接地

所谓“地”，是指大地。“接地”是指将电气设备某一部分通过接地装置与大地相连。电气设备的接地，分为工作接地和保护接地两种。

为了保证电气设备在正常和事故情况下都能可靠地工作而接地叫工作接地，如三相四线制电源中性点接地。为了保证人身安全，避免事故的发生，将电气设备在正常情况下不带电的金属部分（如外壳）与接地装置进行良好的金属连接，称为保护接地。如图 5.16 所示中点不接地的三相电源接有两台设备，其中图 5.16（a）没有接地，而图 5.16（b）有接地装置。如果因某种原因，两台设备外壳漏电，有人无意接触了设备的外壳，这样将发生触电事故。在图 5.16（a）中，漏电电流通过人体和电网对地绝缘阻抗。在图 5.16（b）中，因为装有接地装置，则人体电阻与接地电阻并联，漏电电流的大部分被接地电阻分流。这样，极大地降低了触电的危害性。

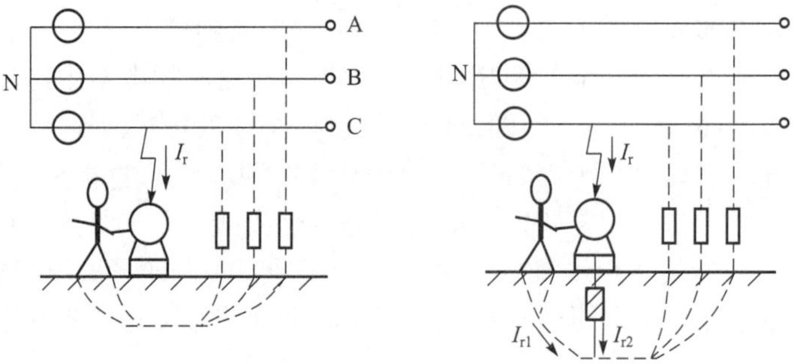

（a）　　　　　　（b）

图 5.16　保护接地的作用

（a）未接保护接地；（b）接保护接地

保护接地也有一定的局限性。在中性点直接接地系统中，中性点的接地电阻按规定不得大于 4 Ω，当发生单相漏电碰壳时，相电压 220 V 经接地电阻产生约 27.5 A 的故障电流（考虑中性点接地电阻为 4 Ω，电气设备接地装置的接地电阻值也为 4 Ω，则故障电流约为 220/8＝27.5 A）。通常可以使用熔断器或空气断路器切断电源，但是故障电流必须大于熔丝额定电流的 2.5 倍，或大于断路保护器整定电流的 1.25 倍，才能使其切断电源。对于大容量的电气设备，其额定电流可能远大于此值，这意味着故障电流可能不能切断电源，所以有必要引进保护接零。

3. 保护接零

保护接零适用于中性点接地系统。保护接零就是把电气设备正常不带电金属部分与电网零线连接起来，如图 5.17 所示。

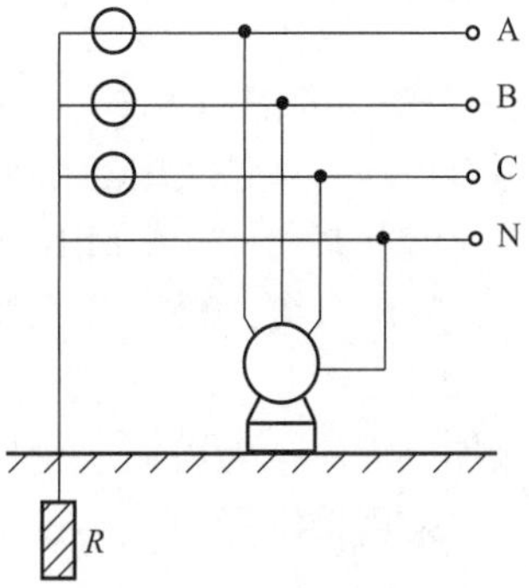

图 5.17　保护接零

当采用了保护接零后，若电气设备发生了绝缘损坏等出现外壳漏电时，因金属外壳与零线相连，就形成了单相电源短路回路。由于此回路并不包含接地装置的接地电阻，因而回路阻抗很小，故障电流很大（远大于 27.5 A），保证该相的保险丝熔断，使设备和电源断开，消除了触电危险，起到了保护作用。

但是，在三相四线制供电系统中，对于照明负载，常常各相负载不对称，因而中线往往有电流，若考虑导线电阻，中线上也就有了压降。为了能使保护更安全可靠，国标规定：采用保护接零时，应将供电系统的中线和保护线分开，即在供电系统中应另外增加一条专门用于保护线的入户线。这就是 TN－S 供电系统。其电源和保护线的接法如图 5.18 所示。

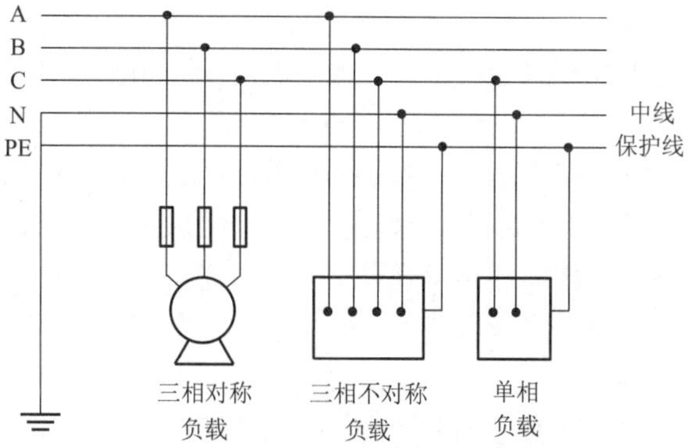

图 5.18　TN－S 系统负载与电源的接线图

5.4.3　电气防火和防爆

电气火灾和爆炸是指由电气原因引起的火灾和爆炸事故。它不仅会直接造成建筑物和设施损坏、人员伤亡，而且可能危及电网，造成大面积停电，带来巨大的损失，因此必须严加防范。

随着生活水平的不断提高，各种照明用具，以及电视机、电冰箱、洗衣机、空调、电风扇、微波炉、电磁炉、电熨斗等家用电器已相当普及，所以需要特别注意家用电器火灾的预防，按照各种家用电器使用说明书正确规范安装、使用电器，采取必要的安全防护措施，以预防为主，防止电气火灾。

1. 电气火灾和爆炸的原因

发生电气火灾和爆炸要具备两个条件：一是电气设备附近存在可燃易爆物质；二是要有引燃引爆条件，即出现电气火源。

（1）具有易燃易爆环境

在各种生活和生产场所中，广泛存在着各种可燃易爆物质，如可燃液体、可燃气体、可燃粉尘和纤维等，这些可燃易爆物质接触到火源就会着火燃烧甚至发生爆炸。

（2）具备引燃引爆条件

照明灯具和电热器具等一些电气设备在正常工作情况下的工作温度常高于易燃物质的引燃温度。如 100 W 的荧光灯管表面温度为 100～120 ℃，100 W 的白炽灯泡表面温度为 170～200 ℃，卤钨灯灯管表面温度为 500～1 000 ℃，高压水银灯的表面温度和白炽灯相近，电热器具的表面温度通常在 800 ℃以上。如果接触到易燃介质，温升达到介质的引燃温度，就可能引起火灾。

电气设备和线路，由于绝缘老化、受潮、积污、化学腐蚀、机械损伤等原因使绝缘失效，导致相间短路或相对地短路，电流剧增使温度急剧增加。电气设备在运行过程中，由于不符合使用条件，如电气设备过负荷、连接点接触不良造成局部电阻增大、铁芯过热、某些电气设备应有的通风散热设施损坏等原因产生危险高温。

有些电气设备运行时会产生电火花和电弧。电火花是电极间的一种击穿放电现象，电弧则是大量电火花汇集而成的。电火花和电弧的产生分为正常状态和事故状态两种情况。

正常状态情况是指有些电气设备在正常工作情况下就能产生电火花和电弧。例如，各种电器开关、接触器和继电器的触点之间，直流电动机的电刷和换向器之间，绕线转子异步电动机的电刷与滑环之间，工作时总会有或大或小的电火花、电弧产生。而电焊机、切割机本身就是利用电弧来工作的。

事故状态情况是指电气线路或电气设备的故障和不合理用电引起的电火花和电弧。例如，发生相间短路或相对地短路、导线连接点接触不良、电动机严重过载或断相运行、因接线错误造成短路、开关自动跳闸、熔断器熔丝熔断、电力系统内部过电压，从而引起电火花、电弧和高温，引起易燃易爆物质燃烧或爆炸。

2. 电气防火防爆的措施

根据发生电气火灾和爆炸要具备的两个条件，电气防火防爆的措施也应该主要从两个方面着手展开。

（1）管控可燃易爆物品

可燃液体、可燃气体、可燃粉尘和纤维等可燃易爆物质的管理、存放、贮运要符合消防安全法规，符合国家标准或行业标准。可燃易爆物品与电气设备的距离要符合安全标准和规定。防止可燃易爆物质泄漏，保证易燃易爆气体的浓度不致引起火灾和爆炸，按规定安装设置安全报警装置和防护设施。

（2）消除电气火源

电气设备的选择、安装、使用要严格遵守有关国家标准、行业标准和有关规范。电线、电气设备的额定值或容量必须合适，电气线路应有相应的保护装置，以便在发生过载、漏电、短路等情况下能自动切断电源。根据使用场所条件，合理选择电气设备的型式，如在矿井等有可能存在爆炸性气体的场所，应采用防爆式电动机。平时要加强对电气设备的运行管理和监督，切实防止电气事故的发生。

3. 电气火灾的扑救

电气火灾不同于其他一般性火灾，在扑救电气火灾时，若不注意或未采取适当的安全措施，可能会导致触电或其他严重事故。

（1）电气火灾的特点

电气火灾的突出特点有3个，一是着火后电气设备可能仍然带电；二是着火后使电气设备绝缘损坏，或带电体断落而形成接地或短路事故，使在一定范围内大地带电，存在着危险的接触电压和跨步电压；三是充油电气设备，如某些变压器、断路器、电容器等，内部的绝缘油属于可燃液体，着火受热后可能喷油燃烧甚至爆炸。

（2）电气火灾的扑灭

发生电气火灾时，应尽可能先切断所有电源，然后再扑救，以防人身触电。切断电源时，应使用绝缘工具操作。剪断相线时，不同相的电线应在不同位置剪断，并分相切断，以免造成短路。

如果发生电气火灾时火势迅猛，情况危急，来不及断电，或由于某种原因不能断电时，为了争取灭火时机，防止火灾扩大，就要带电灭火。带电灭火时，应使用电气火灾灭火器，即使用不导电的灭火剂。而消防用水、泡沫灭火器、水枪等均属于导电灭火器材，一般不能用于带电灭火，只能用于断电后的火灾。电气火灾灭火器有二氧化碳灭火器和干粉灭火器，能够用于带电灭火。

带电灭火时，人体及使用的导电消防器材与带电设施应保持足够的安全距离。如果带电导线断落地面，应划出一定的警戒区，进入警戒区的人员必须穿绝缘靴，戴绝缘手套。如果需要使用水枪进行带电灭火，必须穿绝缘靴，戴绝缘手套，并将水枪金属喷嘴可靠接地。未穿绝缘靴的扑救人员，要防止因地面水渍导电而触电。

充油电气设备着火时，应设法将设备中可燃的绝缘油放至事故蓄油坑或其他安全地方，坑内或地面上的油火可用干沙或灭火器扑灭。要注意地面上的油火不能用水喷射，油比水轻，油漂浮在水面上会使火势蔓延。

对架空线路等高空设备灭火时，人体与带电体之间的仰角不应大于 45°，并站立在线路外侧，以防带电导线断落造成触电。

5.4.4　静电的危害和防护

相对静止的电荷称为静电，它通常是由物体之间的相互摩擦或感应而产生的，生活中和生产中常常有静电产生。随着技术的发展，静电在一些领域得到有效的应用，例如静电复印、静电喷绘、静电植绒、静电纺织、静电除尘、静电分选等。但是，在一定条件下，静电也给生产和生活带来某些危害，必须加以防护。

1. 静电的产生

静止电荷的产生和积聚，原因很多，但主要可以从物质内部特性和物体外部作用两个角度来说明。

从物质内部特性角度来讨论，首先，静电的产生是由于物质的逸出功不同。在正常情况下，由于原子核的束缚，电子不易脱离原子，一般物质都是电中性的。要使电子脱离原子或原子团，必须有外力做功。使一个电子逸出物质所需外力做的功称为逸出功。当逸出功不同的两种物质紧密接触再快速分离后，在接触面上就会发生电子转移，逸出功小的物质失去电子而带正电荷，逸出功大的物质则得到电子而带负电荷。各种物质电子逸出功的不同是产生静电的基础。其次，静电的积聚和物质的导电性能有很大关系，导电性能以电阻率来表示。电阻率越大，物质的导电性能越差，产生的静电一般越不容易泄漏，越容易积聚。因此，电阻率的大小决定静电积聚和泄漏的难易程度。金属虽是良导体，但当它与大地绝缘时，也和绝缘体一样，也会带有静电。另外，物质的介电常数也是影响电荷积聚的一个因素。介电常数也称电容率，是决定电容的一个主要因素。在具体配置条件下，物体的电容与电阻结合起来，决定了静电的积聚特性。

从物体的外部作用角度来讨论静电的产生，主要有四方面情况。一是物体的紧密接触与快速分离，两种不同的物质在紧密接触与快速分离的过程中，由于物质的逸出功不同，可以将外部能量转变为静电能量，并储存于物质之中。紧密接触与快速分离的主要表现形式除摩擦外，还有撕裂、剥离、加捻、撞击、挤压、拉伸、过滤及粉碎等。二是附着带电，某种极性离子或自由电子附着在与大地绝缘的物体上，也能使该物体呈带静电的现象。例如，人在有带电微粒的场所活动后，由于带电微粒吸附于人体，因而也会带静电。三是感应起电，带电物体能使附近与它并不相连接的另一导体表面的不同部位也出现极性相反的电荷，这种现象为感应起电。四是极化起电，绝缘体在静电场内，其内部或表面的分子能产生极化而出现电荷的现象，叫静电极化作用。如在绝缘容器内盛装带有静电的物体时，容器的外壁也具有带电性，就是静电极化作用引起的。

静电主要是由不同物质相互摩擦产生的。两种逸出功不相同的物质互相摩擦时，就可能发生电子的转移。逸出功小的物质容易失去电子而带正电，逸出功大的物质容易得到电子而带负电。产生静电的物体如果与周围绝缘，电荷就会逐渐增多，静电就会逐渐积累。不同种类的固态物体相互摩擦可以产生静电，例如，人穿橡胶底鞋在绝缘材料的地板上行走时可能产生数千伏的静电。液体在流动、过滤、灌注、喷射及剧烈晃动过程中也可产生静电，例如，汽油、苯、乙醚等易燃液体在灌装、输送、运输等过程中，在管道、储罐，罐车中发生冲击和摩擦，都可产生静电。多种气体或粉尘在管道中流动、喷射时也可产生静电。

2. 静电的危害

静电的主要危害是由于静电放电而引起爆炸和火灾，其次还会发生电击事故和妨碍生产。

（1）静电火花引起燃烧爆炸

如果在接地良好的导体上产生静电后，静电会很快泄漏到大地中，但如果是绝缘体上产生静电，则电荷会越聚越多，形成很高的电位。当带电体与不带电体或静电电位很低的物体接近时，如电位差达到一定值，就会发生放电现象，并产生火花。静电放电的火花能量达到或大于周围可燃物的最小点火能量，而且可燃物在空气中的浓度或含量也已在爆炸极限范围以内时，就能引起燃烧或爆炸。例如，一定条件下，矿井下静电能引起瓦斯爆炸，加油站静电能引起油气燃爆，可造成重大事故。

（2）静电电击

当人体与其他物体之间发生静电放电时，人即遭到电击。静电电压虽然很高，有时可达数万伏，但是静电能量并不大，通常不超过几十毫焦。静电电击直接引起人员致伤、致命的可能性不大，但是，由静电电击而引起的二次事故，例如，人在静电电击后突然跌倒在危险场所或从高处坠落等，可能造成严重事故。

（3）静电会干扰正常生产和影响产品质量

静电还可能使通信系统、计算机系统及其他电子系统受到干扰影响而失灵失效，使通信中断，甚至可能引起铁路、航空的自动信号系统失误，这些也可能造成重大事故。

（4）静电会损坏电子元器件

在电子工业中，随着集成度越来越高，集成电路的内绝缘层越来越薄，互连导线宽度与间距越来越小，例如 CMOS 器件绝缘层的典型厚度约为 0.1 μm，其相应耐击穿电压在 80～100 V；VMOS 器件的绝缘层更薄，击穿电压在 30 V。而在电子产品制造中以及运输、储存等过程中所可能产生的静电电压远远超过 MOS 器件的击穿电压，如果防范措施不到位，往往会使器件产生硬击穿或软击穿（器件局部损伤）现象，使其失效或严重影响产品的可靠性。

3. 静电的防护

静电防护，一方面是减小静电的产生和积聚；另一方面是将产生的静电有效地尽快消除。对静电的防护方法主要有以下几类。

（1）减小摩擦法

静电主要是由不同物质相互摩擦产生的，通常，摩擦速度越高、阻力越大、面积越大产生的静电就越多。因此，减小摩擦可以减少静电。例如，液体、气体或粉尘物质在管道内流动时，应使用光滑管道，降低流速；带传动时应保持正常的拉力，防止打滑，或用齿轮传动代替带传动。

（2）自然消散法

易于产生静电的机械零部件应尽可能采用导电材料制作。只能使用橡胶、塑料和化纤等材料时，可在加工工艺或配方中作适当改变，例如掺入导电添加剂，如金属粉、炭黑、导电杂质等，制成导电的橡胶、塑料和化纤，或在绝缘材料表面喷涂金属粉末或导电漆，形成导电薄膜。对于易产生静电的液体，可添加某种溶液，以增加其导电性能。

在不影响生产的情况下，可以适度增加空气的相对湿度，以增加空气中离子的浓度，促进静电的中和，同时也降低了带电绝缘体的电阻率，此方法常用在纺织工业中以降低纤维中产生的静电。

（3）导体接地法

接地是将产生静电的设施连接到能供给或接收大量电荷的物体，如大地、水上船舶等。接地是消除静电的重要措施，能将静电导入大地，简单易行，十分有效。凡用来加工、储存、运输各种易燃的液体、气体和粉料的金属容器、管道和设备均应接地。加油站台、油品车辆等浮动设备也应接地，例如，油罐车上应装设金属链条拖在地面上，让行驶中产生的静电经金属链条导入大地。具有爆炸危险的场所，地面应该由导电材料制成，例如用导电混凝土铺设，门把手也应该接地，使人身上带的静电在进入危险的场所前先导入大地。同一场所两个以上产生静电的设备和装置，如工厂车间的氢气、乙炔管道等应连接成一个整体予以接地，以防止相互间存在电位差而放电。接地防静电的方法只能用于导体，如果管道是由绝缘材料制成的，则可在管道内壁加衬金属丝网，在管外缠绕金属丝，再将其内外进行接地，接地连接必须可靠。

（4）静电中和法

静电中和法是用静电消除器产生相反极性的电荷去中和物体上所带的静电。常见的静电消除器有感应式、高压式、放射性式及离子流式等。

感应静电消除器由多组尾端接地的金属针及其支架组成，可使生产物料上产生的静电在金属针尖上感应出相反的电荷，在针尖附近形成很强的电场，将空气电离而形成电晕放电，使正、负离子分别向生产物料和针尖移动，从而将静电中和。高压静电消除器带有外加高压电源，使针尖附近发生电晕放电，产生正、负离子，在电场力作用下，一部分极性相反的离子飞向带电体，使带电体上的电荷得到中和。放射性静电消除器用放射性元素放射 α、β 粒子，使空气电离，以消除静电。离子流静电消除器将电离了的离子空气，用送风装置吹到带电体上，以消除静电。

（5）静电序列法

按照物质逸出功的大小，不同物质相互摩擦时的带电极性可排列成一些静电序列。例如：（+）玻璃—锦纶—羊毛—丝绸—粘胶纤维—棉—纸—麻—钢铁—硬橡胶—醋酯纤维—合成橡胶—涤纶—腈纶—氯纶—聚乙烯—赛璐珞—玻璃纸—聚氯乙烯—聚四氟乙烯（–）。

在同一静电序列中，前后两种物质互相摩擦时，前者带正电，后者带负电。因此，选择适当的材料和工序可以控制或抵消静电的产生。例如玻璃和合成橡胶摩擦，玻璃带正电，合成橡胶带负电。而合成橡胶和聚氯乙烯摩擦，合成橡胶带正电，聚氯乙烯带负电。如果工序设计成合成橡胶先后与玻璃、聚氯乙烯产生摩擦，则合成橡胶上产生的静电荷能够被中和。

（6）静电屏蔽法

静电敏感电子组件在储存或运输过程中会暴露于有静电的区域中，可能损坏电子组件。用静电屏蔽的方法可削弱外界静电对电子组件的影响，最通常的方法是用静电屏蔽袋和防静电周转箱作为保护。另外防静电衣对人穿的衣服具有一定的屏蔽作用，可防范人体静电。

习题

5.1 某三相发电机，三相绕组连接成星形时的线电压为 10.5 kV，若将它连接成三角形，则线电压是多少？若连接成星形时，BY 相绕组的首末端接反了，则三个线电压的有效值 U_{AB}、U_{BC}、U_{CA} 各是多少？

5.2 有一台三相发电机，其绕组连成星形，每相绕组额定电压为 220 V。在一次实验中，用电压表测得相电压 $U_A=U_B=U_C=220$ V，而线电压却为 $U_{AB}=U_{CA}=220$ V，$U_{BC}=380$ V，试解释这种现象是如何造成的。

5.3 有一电源和负载都是星形连接的对称三相电路，已知电源相电压为 220 V，负载每相阻抗模 $|Z|=10\,\Omega$，试求负载的相电流和线电流、电源的相电流和线电流。

5.4 有一电源和负载都是三角形连接的对称三相电路，已知电源相电压为 220 V，每相负载的阻抗模为 10 Ω，试求负载的相电流和线电流、电源的相电流和线电流。

5.5 有一电源为三角形连接，而负载为星形连接的对称三相电路，已知电源相电压为 220 V，每相负载的阻抗模为 10 Ω，试求负载的相电流和线电流、电源的相电流和线电流。

5.6 题图 5.6 所示为三相四线制电路，电源线电压 $U_L=380$ V。三个电阻性负载连接成星形，其电阻为 $R_A=11\,\Omega$，$R_B=R_C=22\,\Omega$。（1）试求负载的相电压、相电流及中性线电流，并作出它们的相量图；（2）如无中性线，当 A 相短路时求各相电压和电流，并作出它们的相量图；（3）如无中性线，当 C 相断路时求另外两相的电压和电流；（4）在（2）、（3）中如有中性线，则又如何？

5.7 在题图 5.7 所示的三相电路中，负载接于线电压为 220 V 的对称三相电源上，电源频率为 50 Hz，已知 $R=X_C=X_L=25\,\Omega$，是否可以说负载是对称的？试求各相负载的相电流和三条相线中的线电流。

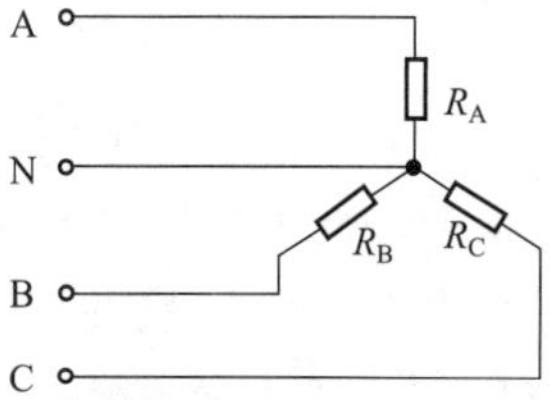

题图 5.6

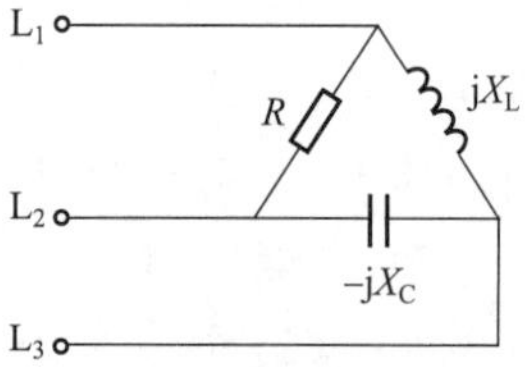

题图 5.7

5.8 有一个三相四线制照明电路，相电压为 220 V，已知三个相的照明灯组分别由 34、45、56 只白炽灯并联组成，每只白炽灯的功率都是 100 W，试求三个线电流和中性线电流的有效值。

5.9 某三相负载，额定相电压为 220 V，每相负载的电阻为 4 Ω，感抗为 3 Ω，接于线电压为 380 V 的对称三相电源上，试问该负载应采用什么连接方式？并计算该三相负载的有功功率、无功功率和视在功率。

5.10　有三个相同的电感性单相负载，额定电压为 380 V，功率因数为 0.8，在此电压下每相负载消耗的有功功率为 1.5 kW。若将它们接到线电压为 380 V 的对称三相电源上，试问应采用什么连接方法？负载的 R 和 X_L 各是多少？

5.11　在题图 5.11 所示的电路中，三相四线制电源电压为 380 V / 220 V，接有对称星形连接的白炽灯负载，其总功率为 180 W。此外，在 C 相上接有额定电压为 220 V、功率为 40 W、功率因数为 0.5 的日光灯一只。试求电流 $\dot{I}_A$、$\dot{I}_B$、$\dot{I}_C$ 及 $\dot{I}_N$。设 $\dot{U}_A = 220\angle 0° \text{V}$。

5.12　电路如题图 5.12 所示，三相四线制电源电压为 380 V / 220 V，在电路中分别接有 30 只日光灯和一台三相电动机，已知每只日光灯的额定值为：U_N=220 V，P_N=40 W，$\lambda_N = \cos\varphi_N$=0.5，日光灯分三组均匀接入三相电源。电动机的额定电压为 380 V，输入功率为 3 kW，功率因数为 0.8，三角形连接，试求电源供给的线电流。

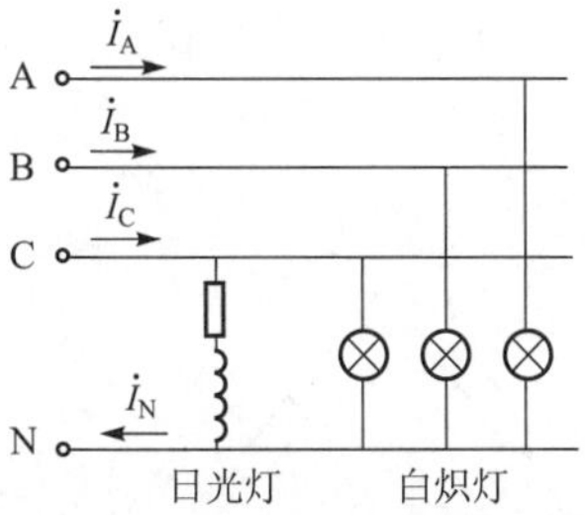

题图 5.11

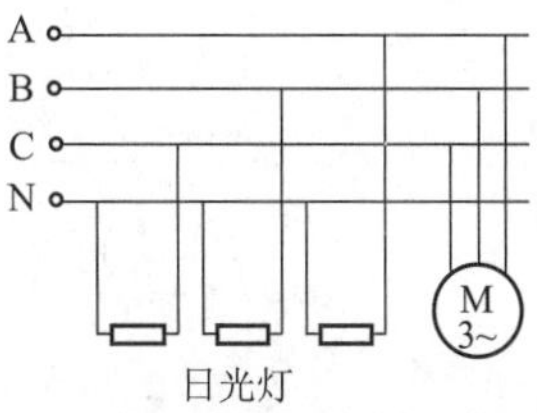

题图 5.12

5.13　在题图 5.13 所示的电路中，电源线电压为 380 V。(1) 如果图中各相负载的阻抗模都等于 10 Ω，是否可以说负载是对称的？(2) 试求各相电流，并用电压与电流的相量图计算中性线电流。如果中性线电流的参考方向选定的同电路图上所示的方向相反，则结果有何不同？(3) 试求三相负载的有功功率和无功功率。

5.14　在线电压为 380 V 的三相电源上，接入两组电阻性对称负载，如题图 5.14 所示，试求线电流 i 的有效值。

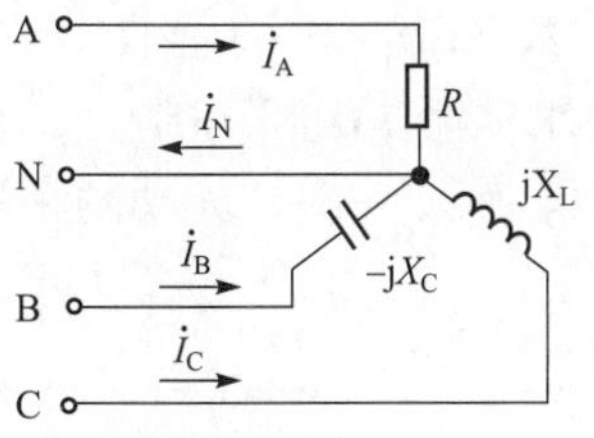

题图 5.13

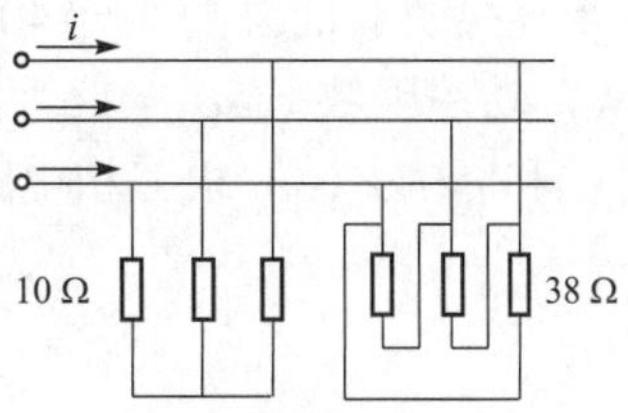

题图 5.14

5.15　一个星形连接的不对称三相负载，接于三相四线制电源上，已知电源线电压为 380 V，各相的阻抗分别为 Z_A=6+j8 Ω，Z_B=−j 20 Ω，Z_C=10 Ω。试求各相电流及中性线电流，并画出电压和电流的相量图。

5.16　在题图 5.16 所示的电路中，三相四线制电源电压为 380 V / 220 V，电源频率为 50 Hz，$\dot{U}_A = 220\angle 30° \text{V}$。电路中接有对称三相白炽灯负载，其总功率为 240 W。此外，在 A 相上接有额定电压为 220 V、功率为 20 W、功率因数为 0.5 的日光灯一只，试求电流 i_A、i_B、i_C 和 i。

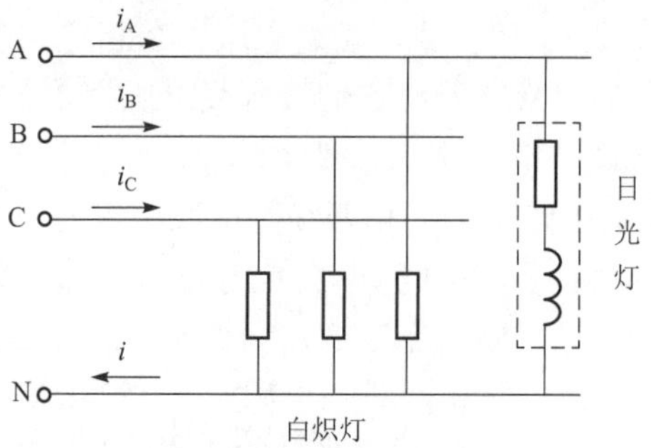

题图 5.16

5.17 三相四线制交流电路如题图 5.17 所示，设电源相电压 $u_{AN}=220\sqrt{2}\sin(314t+15°)$ V，相序为 A–B–C，电路中接有对称三相负载 $Z=30+j40\ \Omega$。（1）分别求开关 S 闭合和打开时的电流 i_A、i_B 和 i_C；（2）分别求开关 S 闭合和打开时三相电路的有功功率、无功功率。

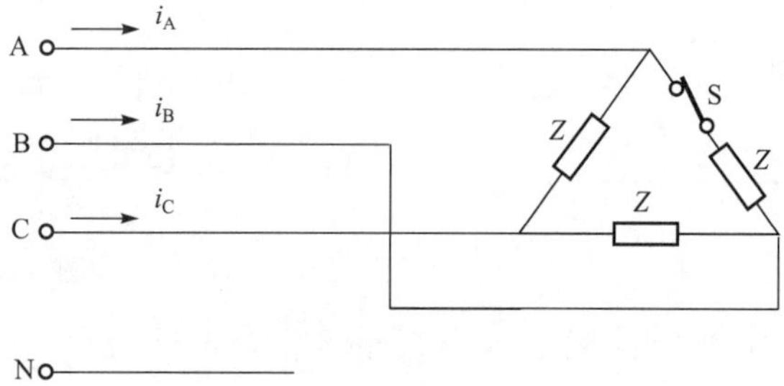

题图 5.17

5.18 三相交流电路如题图 5.18 所示，已知电压 $\dot{U}_{AB}=200\angle 30°$ V，电源频率为 50 Hz，负载 $Z_1=50\ \Omega$、$Z_2=20-j20\ \Omega$、$Z_3=40+j30\ \Omega$。（1）试求各相电流及各线电流，并画出电压和电流的相量图；（2）试求三相负载的有功功率、无功功率和视在功率。

5.19 电路如题图 5.19 所示，已知：三相对称电源线电压为 $\dot{U}_{AB}=380\angle 30°$ V，电源频率为 50 Hz，△形连接负载的总功率为 40 kW，功率因数 $\cos\varphi_1=0.8$（感性），Y 形连接负载的总功率为 10 kW，功率因数 $\cos\varphi_2=0.6$（容性）。（1）求电流 $i_1(t)$ 和 $i_2(t)$；（2）求三相电源的线电流 $i_A(t)$、$i_B(t)$ 和 $i_C(t)$；（3）求三相电路的视在功率、有功功率、无功功率及功率因数。

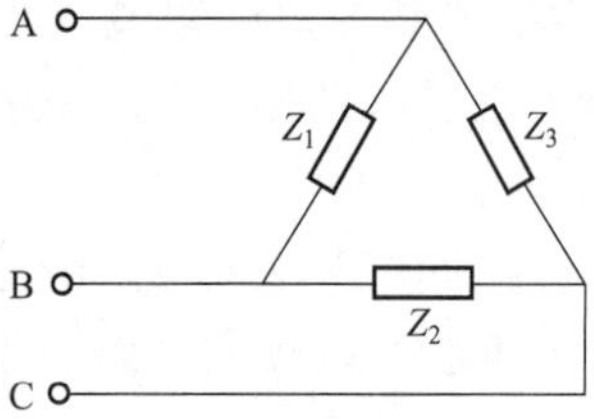

题图 5.18

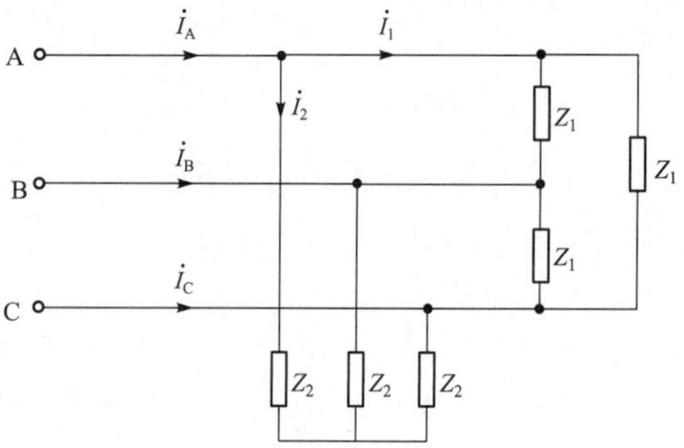

题图 5.19

5.20　已知 Y 形连接的三相对称电源的线电压为 380 V，电源频率为 50 Hz，Y 形连接的三相对称负载吸收的总功率为 2 400 W，功率因数为 0.4（感性）。（1）若要在不改变负载工作状况的条件下提高功率因数，应接入什么补偿元件？应如何连接？画出接入补偿元件的三相电路；（2）欲使功率因数提高到 0.9（感性），补偿元件的参数应为多少？

5.21　对称 Y－Y 三相电路，已知线电压为 380 V，三相负载的有功功率为 90 kW，负载的功率因数为$\lambda=\cos\phi=0.6$（电感性）。（1）求电路中的线电流 I；（2）求负载每相的阻抗 Z。

5.22　题图 5.22 所示对称三相电路，已知 $u_{ab}=380\sqrt{2}\sin(10\,t+30^\circ)$ V，三相负载总功率为 8.1 kW。（1）求电感 L；（2）求流过负载的电流 i_R；（3）欲使功率因数提高到 0.9，需并联多大的电容 C，并求此时电源提供的电流 i_a。

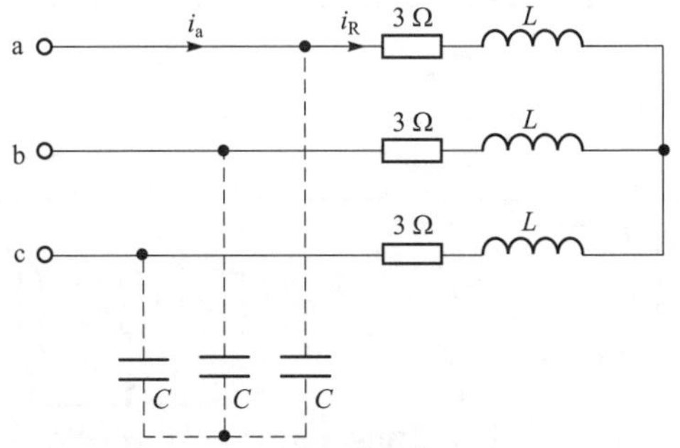

题图 5.22

5.23　已知三相四线制电源线电压为 $\dot{U}_{AB}=380\angle 30^\circ$ V，三相负载的额定电压均为 $U_N=220$ V，三相负载阻抗分别为 $Z_1=20\angle 60^\circ\ \Omega$、$Z_2=20\ \Omega$、$Z_3=\mathrm{j}10\ \Omega$。（1）按负载 U_N 的要求连接电路，画出电路接线图，并标出电流方向；（2）计算电路的各线电流和中性线电流的相量；（3）画出各相电压和所求各电流的相量图。

5.24　在题图 5.24 所示电路中，已知 $\dot{U}_{AB}=240\angle 60^\circ$ V，三相电源的相序为 A—B—C，三相负载 $R=80\ \Omega$，$X_L=60\ \Omega$，$X_C=120\ \Omega$。（1）试求三相负载的相电流 $\dot{I}_{AB}$、$\dot{I}_{BC}$、$\dot{I}_{CA}$；（2）求电路的线电流 $\dot{I}_A$；（3）画出电压 $\dot{U}_{AB}$、$\dot{U}_{BC}$、$\dot{U}_{CA}$ 和所求各电流的相量图。

5.25　三相四线制电路如题图 5.25 所示，已知 $\dot{U}_{AB}=38\angle 0^\circ$ V，三相电源的相序为 A—B—C，三相负载 $Z_1=-\mathrm{j}60\ \Omega$、$Z_2=30-\mathrm{j}40\ \Omega$、$Z_3=40+\mathrm{j}40\ \Omega$。（1）试求电流 $\dot{I}_A$、$\dot{I}_B$、$\dot{I}_C$、$\dot{I}_N$；（2）求此三相电路的有功功率、无功功率和视在功率；（3）说明电路中每相负载的性质（电阻性、电感性、电容性）；（4）画出电压 $\dot{U}_{AB}$、$\dot{U}_{BC}$、$\dot{U}_{CA}$ 和所求各电流的相量图。

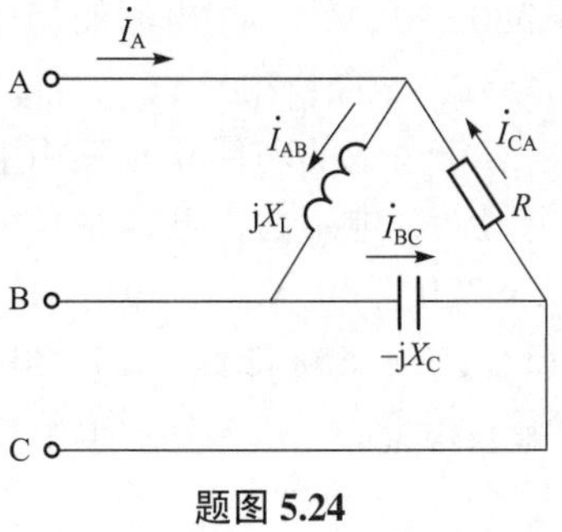

题图 5.24

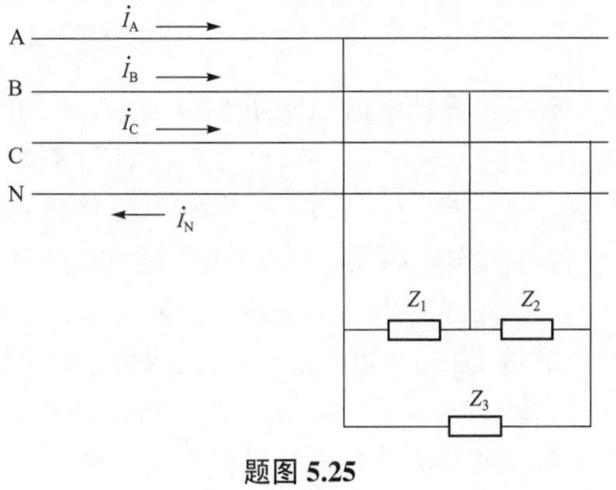

题图 5.25

5.26 三相四线制电路如题图5.25所示，已知$\dot{U}_{AB}=380\angle 30^\circ$ V，三相电源的相序为A—B—C，三相对称负载$Z_1=Z_2=Z_3=190+j190\ \Omega$。（1）试求电流$\dot{I}_A$、$\dot{I}_B$、$\dot{I}_C$、$\dot{I}_N$；（2）求此三相电路的有功功率、无功功率和视在功率；（3）画出电压$\dot{U}_{AB}$、$\dot{U}_{BC}$、$\dot{U}_{CA}$和所求各电流的相量图。

5.27 在题图5.27所示三相交流电路中，已知$\dot{U}_{AN}=220\angle 45^\circ$V，三相电源的相序为A—B—C，三相对称负载$Z_1=Z_2=Z_3=50+j50\ \Omega$。（1）试求电流$\dot{I}_A$、$\dot{I}_B$、$\dot{I}_C$、$\dot{I}_N$；（2）求此三相电路的有功功率、无功功率和视在功率；（3）画出电压$\dot{U}_{AN}$、$\dot{U}_{BN}$、$\dot{U}_{CN}$和所求各电流的相量图。

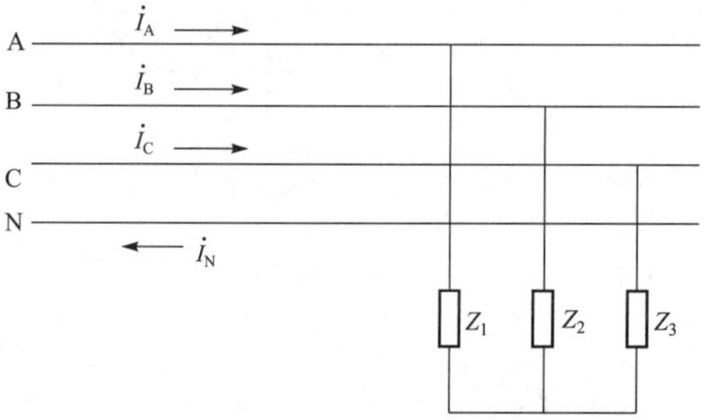

题图 5.27

5.28 三相四线制电路如题图5.28所示，已知$\dot{U}_{AB}=38\angle 30^\circ$ V，三相电源的相序为A—B—C，三相负载 $Z_1=50\ \Omega$、$Z_2=30-j40\ \Omega$、$Z_3=40+j30\ \Omega$。（1）试求电流$\dot{I}_A$、$\dot{I}_B$、$\dot{I}_C$、$\dot{I}_N$；（2）求此三相电路的有功功率、无功功率和视在功率；（3）说明电路中每相负载的性质（电阻性、电感性、电容性）；（4）画出电压$\dot{U}_{AN}$、$\dot{U}_{BN}$、$\dot{U}_{CN}$和所求各电流的相量图。

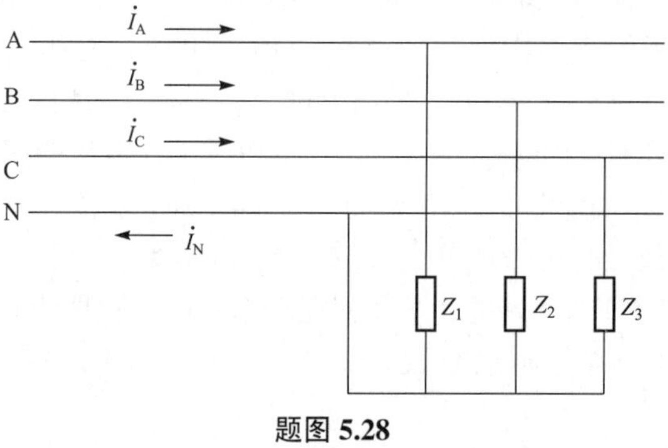

题图 5.28

5.29 三相四线制电路如题图5.29所示，已知$\dot{U}_{AB}=380\angle 30^\circ$ V，三相电源的相序为A—B—C，单相负载 $Z=400+j300\ \Omega$，三相对称负载 $Z_1=Z_2=Z_3=200-j200\ \Omega$。（1）试求电流$\dot{I}_{A1}$、$\dot{I}_{A2}$、$\dot{I}_A$、$\dot{I}_B$、$\dot{I}_C$、$\dot{I}_N$；（2）分别求单相负载的功率、三相负载的功率和此三相电路的有功功率；（3）说明电路中单相负载和三相负载的性质（电阻性、电感性、电容性）。

5.30 三相四线制电路如题图 5.29 所示，已知$\dot{U}_{AN}=220\angle 60^\circ$V，三相电源的相序为A—B—C，单相负载$Z=40-j50\ \Omega$，三相负载$Z_1=30-j40\ \Omega$、$Z_2=60+j20\ \Omega$、$Z_3=20+j60\ \Omega$。（1）试求电流$\dot{I}_{A1}$、$\dot{I}_{A2}$、$\dot{I}_A$、$\dot{I}_B$、$\dot{I}_C$、$\dot{I}_N$，并画出这6个电流的相量图；（2）分别求单相负载的功率、三相负载的功率和三相电路的有功功率。

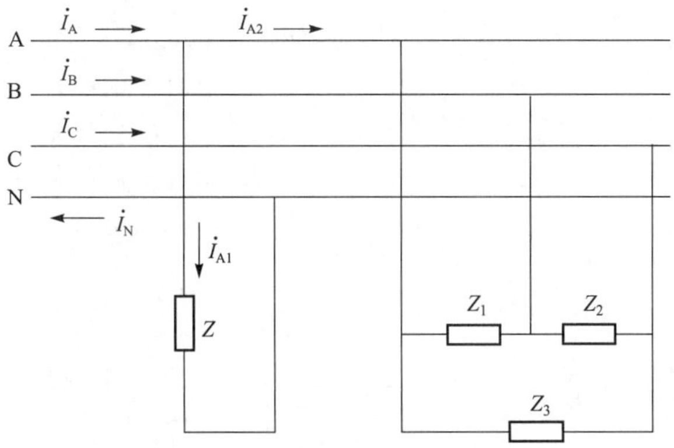

题图 5.29

5.31　三相四线制电路如题图 5.31 所示，已知电源线电压 $U_{AB}=380$ V，$Z_1=Z_2=Z_3=22\ \Omega$，$Z_4=Z_5=Z_6=66\ \Omega$。（1）求电流 i_1 的有效值 I_1；（2）求电流 i_4 的有效值 I_4；（3）求中性线电流；（4）求此三相电路的有功功率、无功功率；（5）求电流 i 的有效值 I。

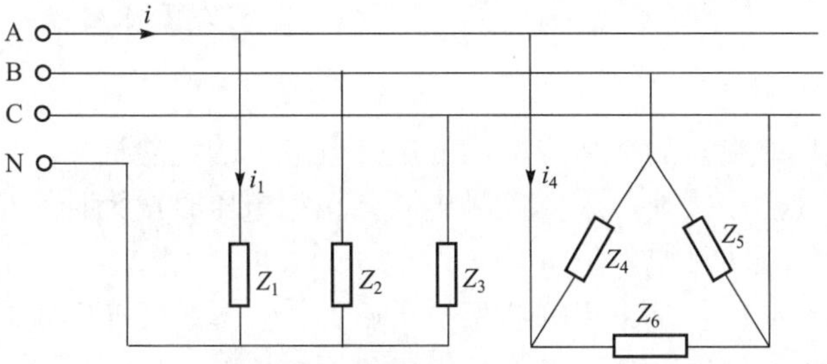

题图 5.31

5.32　三相四线制电路如题图 5.31 所示，已知 $u_{AB}=380\sqrt{2}\sin(314t+30°)$V，$Z_1=Z_4=50\ \Omega$、$Z_2=Z_5=30-\mathrm{j}40\ \Omega$、$Z_3=Z_6=30+\mathrm{j}30\ \Omega$。（1）求电流 i_1；（2）求电流 i_4；（3）求电流 i；（4）求中性线电流；（5）求此三相电路的有功功率、无功功率。

5.33　三相四线制电路如题图 5.33 所示，设电源线电压 $u_{AB}=100\sin314t$ V，相序为 A—B—C，每相负载的阻抗为 $Z_1=50\ \Omega$、$Z_2=45-\mathrm{j}34\ \Omega$、$Z_3=23+\mathrm{j}56\ \Omega$。（1）求开关 S 闭合时的电流 i_A、i_B、i_C 和三相电路的有功功率、无功功率；（2）求开关 S 断开时的电流 i_A、i_B、i_C 和三相电路的有功功率、无功功率。

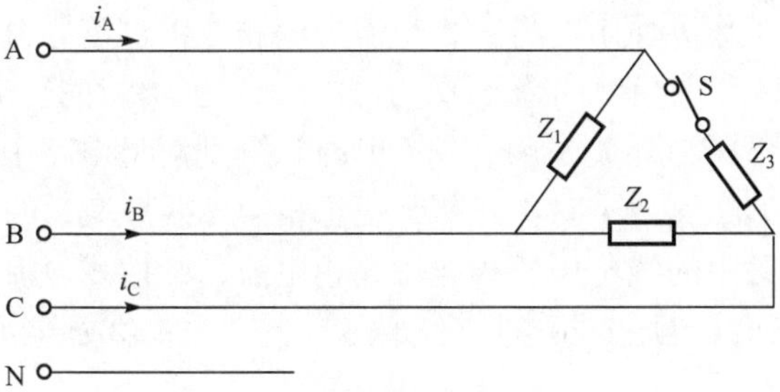

题图 5.33

5.34　三相四线制电路如题图 5.34 所示，已知：$\dot{U}_{AB}=380\angle 0°$V，三相电源的相序为 A—B—C，中性线为 N，三相电阻炉每相负载 $R=38\ \Omega$。（1）请在题图 5.34 电路中接入一个

$P=1\ 100$ W、$\cos\varphi=0.5$（感性）、$U_N=220$ V 的单相负载；（2）求三相电阻炉的相电流 $\dot{I}_{AB}$、$\dot{I}_{BC}$、$\dot{I}_{CA}$；（3）求三相电路的线电流 $\dot{I}_A$、$\dot{I}_B$、$\dot{I}_C$；（4）画出各电压、电流的相量图。

5.35 三相三线制电路如题图 5.35 所示，已知线电压 $U_{12}=380$ V，$R=50\ \Omega$，$Z=-\mathrm{j}66\ \Omega$。（1）求电流 i_1 的有效值 I_1，电流 i_2 的有效值 I_2；（2）求此三相电路的有功功率、无功功率；（3）求电流 i 的有效值 I。

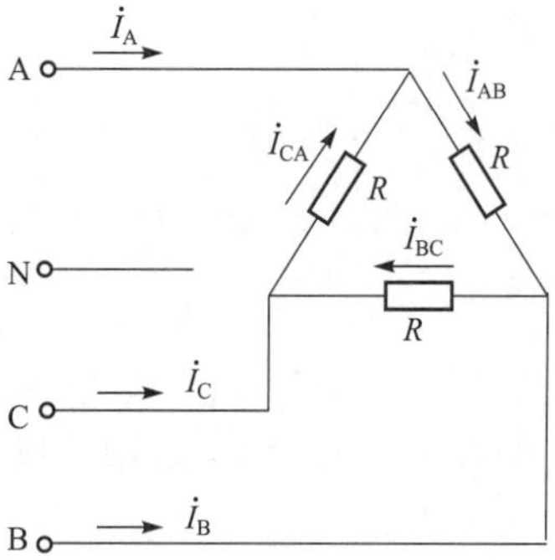

题图 5.34

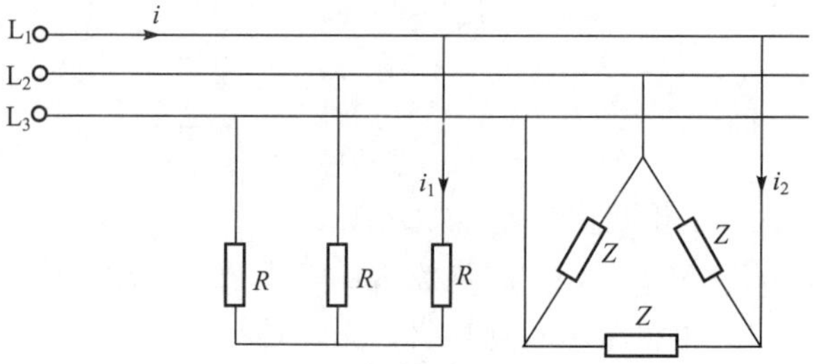

题图 5.35

5.36 什么是单相触电？

5.37 什么是两相触电？为什么说两相触电具有较大的危险性？

5.38 当电源中性点不接地，人体接触电源一相相电压时，为什么会有危险？

5.39 试叙述如何预防触电。

5.40 低压配电系统中，常采用哪些保护措施？

5.41 什么是保护接地？在什么条件下采用保护接地？

5.42 什么是保护接零？在什么条件下采用保护接零？

5.43 发生电气火灾或爆炸通常要具备哪些条件？

5.44 防范电气火灾、爆炸通常有哪些措施？

5.45 电气火灾有哪些特点？扑救电气火灾有哪些注意事项？

5.46 什么是静电？产生静电的原因是什么？

5.47 静电可能产生的危害有哪些？

5.48 通常防护静电的措施有哪些？

以下仿真练习目的：熟悉三相电路中负载的两种基本连接方式。

5.49 在 Multisim 工作界面中，将三相交流电源和 6 盏灯泡（分为三组，每组两盏）作 Y 形连接，在中性线上串接一个单刀单掷开关 S，并接入适当数量的交流电压表和交流电流表。（1）在负载对称的条件下，当开关 S 闭合和断开时，分别测量电路中的线电压、相电压、相电流、中性线电流；（2）在负载不对称（断开任意相的一盏灯泡）的条件下，当开关 S 闭合和断开时，分别测量电路中的线电压、相电压、相电流、中性线电流；（3）根据（1）、（2）所得测量数据，验证：①线电压与相电压之间 $\sqrt{3}$ 倍的关系；②各电流间符合 KCL 关系，说明中性线的作用。

5.50 将 5.49 题中的电源和负载作△连接，并接入适当数量的交流电压表和交流电流表。（1）在负载对称和不对称的条件下，分别测量电路中的相电压、线电流、相电流；（2）根据所得测量数据，说明线电流与相电流之间符合 $\sqrt{3}$ 倍关系的条件。

第 6 章

非正弦周期信号电路和双口网络

前两章讨论的都是正弦交流电路的分析方法，电路中的电压和电流均为正弦量。但在实际电路中，除了正弦交流电外，还会遇到一些非正弦周期电压和电流，其电路称为非正弦周期信号电路。因为非正弦周期信号可以通过傅里叶级数分解为恒定分量和一系列频率不同的正弦分量，所以直流电路和正弦交流电路的分析方法可以作为非正弦周期信号电路分析的基础。

如果从网络的一个端钮流入的电流总是等于从另一个端钮流出的电流，则这两个端钮构成一个端口，双口网络是指具有两个端口的电路网络。双口网络理论主要研究其两对端口之间电压、电流的关系。

6.1 非正弦周期信号电路

在实际电路中，会用到一些非正弦周期电压和电流。例如数字电路中的方波，扫描电路中的锯齿波，整流电路中的全波整流波形等都是常见的非正弦周期信号，如图 6.1 所示。

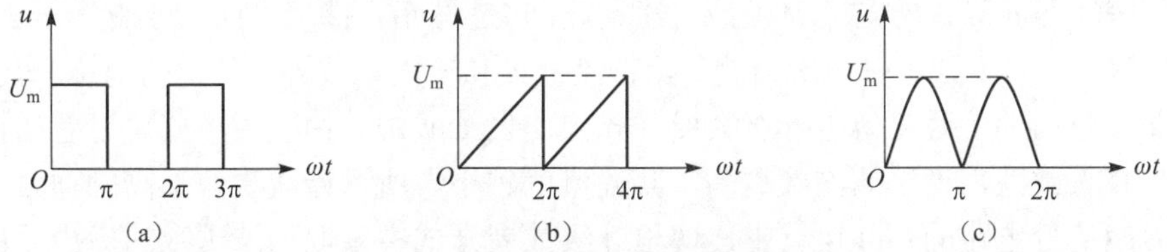

图 6.1　几种非正弦周期信号

（a）方波；（b）锯齿波；（c）全波整流波形

在本节中将分析线性电路在非正弦周期信号激励下的响应，分析的方法是，先运用数学中傅里叶级数将非正弦周期信号分解为恒定分量和一系列频率不同的正弦分量之和，再分别求出电路对各个分量的响应，最后利用叠加定理求总的响应。

6.1.1 非正弦周期信号的分解

非正弦周期信号分解的依据是高等数学中的傅里叶级数。任何周期函数只要满足狄里赫利条件（即周期函数在一个周期内除了有限个第一类间断点外是连续的，且在一个周期内只有有限个最大值和最小值），都可以展开为傅里叶级数。满足狄里赫利条件的函数是极为广泛的一类函数，电工和电子技术中的非正弦周期信号通常都能满足这个条件，因此通常都可分解为傅里叶级数。

设周期为 T 的非正弦函数 $f(t)$满足狄里赫利条件，则 $f(t)$可展开为傅里叶级数

$$f(t)=A_0+\sum_{k=1}^{\infty}(a_k\cos k\omega t+b_k\sin k\omega t) \tag{6.1}$$

式中，$\omega=\dfrac{2\pi}{T}$，k 为 1～∞的正整数。系数 A_0、a_k 和 b_k 的计算公式为

$$A_0=\frac{1}{T}\int_0^T f(t)\,\mathrm{d}t$$

$$a_k=\frac{2}{T}\int_0^T f(t)\cos k\omega t\,\mathrm{d}t$$

$$b_k=\frac{2}{T}\int_0^T f(t)\sin k\omega t\,\mathrm{d}t$$

为了与正弦波形的一般表达式相对应，可将式（6.1）中的同频率项合并，得到傅里叶级数的另一种形式

$$f(t)=A_0+\sum_{k=1}^{\infty}A_{k\mathrm{m}}\sin(k\omega t+\psi_k) \tag{6.2}$$

式中

$$A_{k\mathrm{m}}=\sqrt{a_k^2+b_k^2}$$

$$\psi_k=\arctan\frac{a_k}{b_k}$$

式（6.2）中 A_0 为 $f(t)$在一个周期内的平均值，称为直流分量或恒定分量。求和号下的各项是一系列正弦量，这些正弦量称为谐波分量。$A_{k\mathrm{m}}$ 为各谐波分量的幅值，ψ_k 为其初相位角。$k=1$ 时的谐波分量 $A_{1\mathrm{m}}\sin(\omega t+\psi_1)$称为基波或一次谐波，它是与 $f(t)$同频率的正弦分量。$k=2, 3, 4, \cdots$ 的项分别称为二、三、四、……次谐波，除直流分量和一次谐波外，其余的均称为高次谐波。

常见非正弦周期信号的傅里叶级数展开式列于表 6.1 中。由表中各式可以看出，由于傅里叶级数具有收敛性，谐波的次数越高，其幅值就越小，所以谐波次数很高的项可以忽略。在非正弦周期信号电路的实际运算中，傅里叶级数展开式中截取谐波项数的多少，应视具体问题要求的精确度而定。

非正弦周期信号有效值即方均根值，计算公式见式（4.4）。将周期电流 $i(t)$的傅里叶级数代入式（4.4）得到非正弦周期电流的有效值为

$$\begin{aligned}I&=\sqrt{\frac{1}{T}\int_0^T i^2\,\mathrm{d}t}=\sqrt{\frac{1}{T}\int_0^T\left[I_0+\sum_{k=1}^{\infty}I_{k\mathrm{m}}\sin(k\omega t+\psi_k)\right]^2\mathrm{d}t}\\&=\sqrt{I_0^2+\sum_{k=1}^{\infty}\frac{1}{2}I_{k\mathrm{m}}^2}=\sqrt{I_0^2+I_1^2+I_2^2+\cdots}\end{aligned} \tag{6.3}$$

同样，非正弦周期电压的有效值为

$$U=\sqrt{U_0^2+U_1^2+U_2^2+\cdots} \tag{6.4}$$

式中，I_0、U_0 为直流分量；I_1、U_1 为基波的有效值；I_2、U_2 为二次谐波的有效值。其余依次

类推。可见，周期信号的有效值等于其直流分量和各次谐波有效值平方和的平方根，而与各次谐波的初相位 ψ_k 无关。非正弦周期信号的最大值（即幅值）一般不等于有效值的 $\sqrt{2}$ 倍，最大值与有效值之间的关系随信号波形的不同而不同。而非正弦周期信号的各次谐波都是正弦量，它们的最大值与对应的有效值之间都有 $\sqrt{2}$ 倍的关系。

表 6.1　几种常用非正弦周期信号的傅里叶级数展开式

$f(t)$的波形图	$f(t)$的傅里叶级数展开式
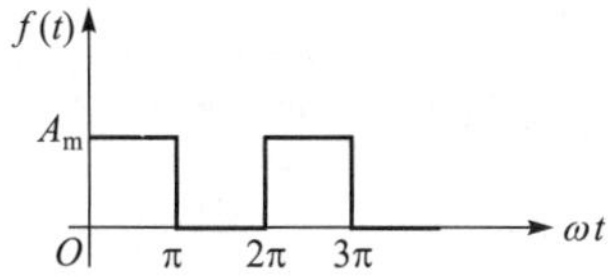	$f(t)=\frac{A_\mathrm{m}}{2}+\frac{2A_\mathrm{m}}{\pi}\left(\sin\omega t+\frac{1}{3}\sin 3\omega t+\frac{1}{5}\sin 5\omega t+\cdots\right)$
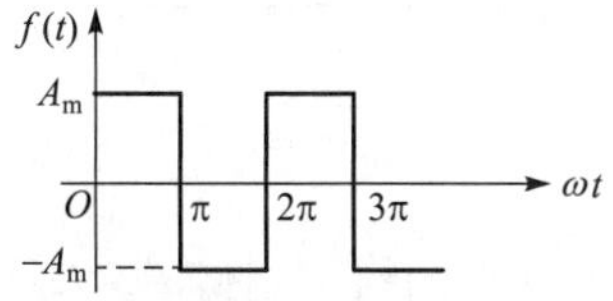	$f(t)=\frac{4}{\pi}A_\mathrm{m}\left(\sin\omega t+\frac{1}{3}\sin 3\omega t+\frac{1}{5}\sin 5\omega t+\cdots\right)$
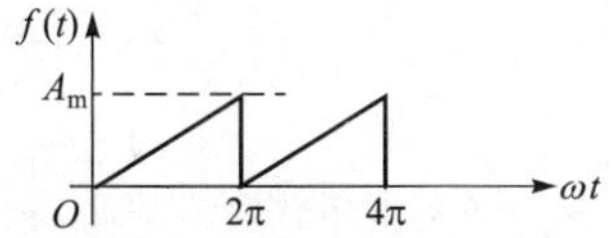	$f(t)=A_\mathrm{m}\left[\frac{1}{2}-\frac{1}{\pi}\left(\sin\omega t+\frac{1}{2}\sin 2\omega t+\frac{1}{3}\sin 3\omega t+\cdots\right)\right]$
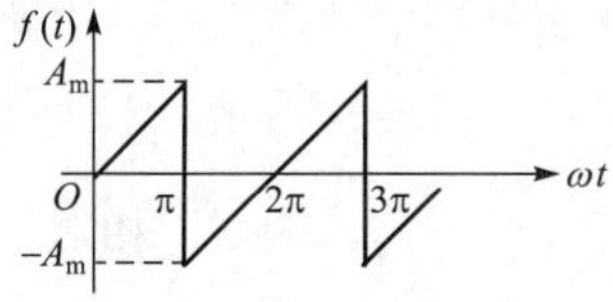	$f(t)=\frac{2}{\pi}A_\mathrm{m}\left(\sin\omega t-\frac{1}{2}\sin 2\omega t+\frac{1}{3}\sin 3\omega t-\cdots\right)$
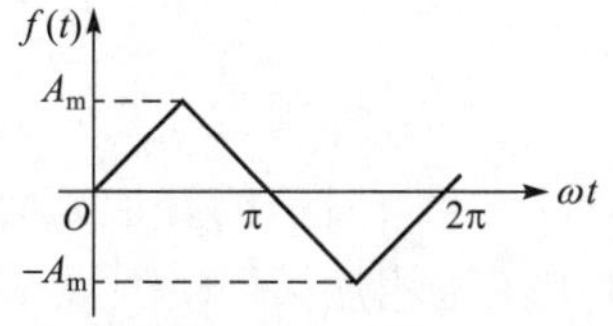	$f(t)=\frac{8}{\pi^2}A_\mathrm{m}\left(\sin\omega t-\frac{1}{3^2}\sin 3\omega t+\frac{1}{5^2}\sin 5\omega t-\cdots\right)$
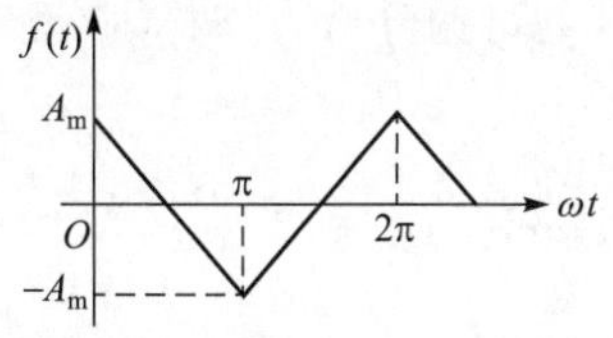	$f(t)=\frac{8}{\pi^2}A_\mathrm{m}\left(\cos\omega t+\frac{1}{3^2}\cos 3\omega t+\frac{1}{5^2}\cos 5\omega t+\cdots\right)$
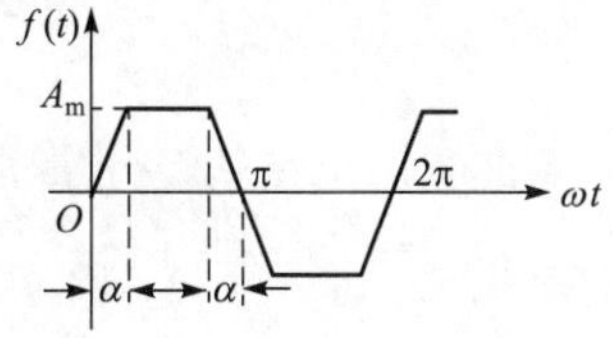	$f(t)=\frac{4}{\alpha\pi}A_\mathrm{m}\left(\sin\alpha\sin\omega t+\frac{1}{3^2}\sin 3\alpha\sin 3\omega t+\frac{1}{5^2}\sin 5\alpha\sin 5\omega t+\cdots\right)$
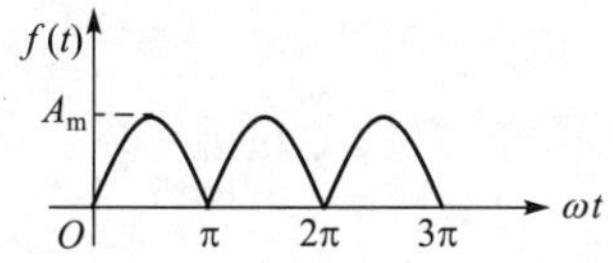	$f(t)=\frac{2}{\pi}A_\mathrm{m}\left(1-\frac{2}{1\times 3}\cos 2\omega t-\frac{2}{3\times 5}\cos 4\omega t-\frac{2}{5\times 7}\cos 6\omega t-\cdots\right)$

续表

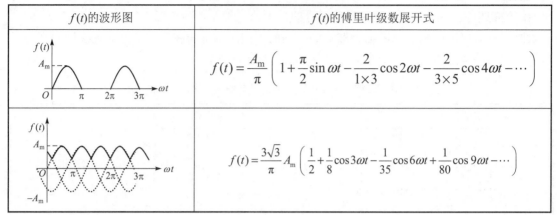

$f(t)$的波形图	$f(t)$的傅里叶级数展开式
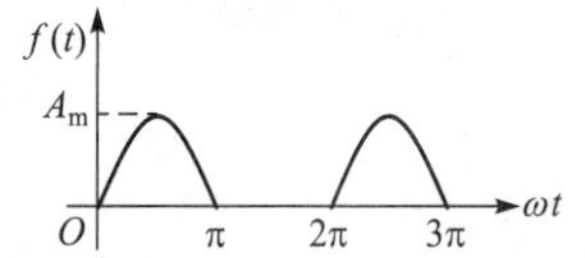	$f(t)=\frac{A_m}{\pi}\left(1+\frac{\pi}{2}\sin\omega t-\frac{2}{1\times 3}\cos 2\omega t-\frac{2}{3\times 5}\cos 4\omega t-\cdots\right)$
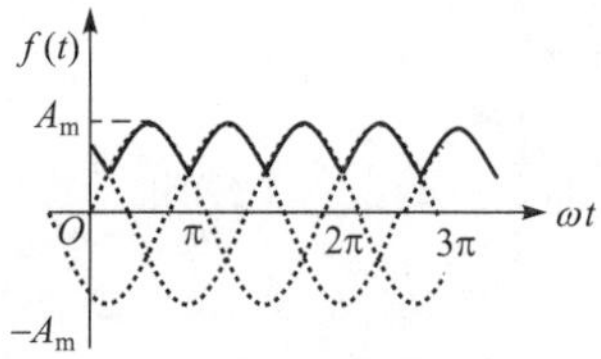	$f(t)=\frac{3\sqrt{3}}{\pi}A_m\left(\frac{1}{2}+\frac{1}{8}\cos 3\omega t-\frac{1}{35}\cos 6\omega t+\frac{1}{80}\cos 9\omega t-\cdots\right)$

6.1.2　非正弦周期信号电路的谐波分析法

线性电路在非正弦周期信号激励下的响应可用叠加定理进行分析计算，具体步骤为：

① 应用数学中的傅里叶级数对激励信号进行谐波分析，将非正弦周期信号分解为直流分量和一系列频率不同的正弦分量之和。

② 将非正弦周期信号的直流分量和各正弦分量分别单独作用于所分析的线性电路，并利用直流电路和交流电路的分析方法分别求出各分量的响应。当直流分量单独作用时，电路中的电感相当于短路，电容相当于开路。当各次谐波分量单独作用时，可分别用相量法进行计算，但应注意，由于感抗和容抗是与频率有关的，即 $X_L=k\omega L$，$X_C=\frac{1}{k\omega C}$，因此，相对于各次谐波，感抗、容抗是不同的。

③ 将直流分量和各正弦分量单独作用时所产生的响应分量进行叠加，即得到非正弦周期信号激励下线性电路的响应。应该注意，这里的叠加指的是在时间域上瞬时值的叠加，而不是复数域上相量的叠加，由于各次谐波的频率不同，因此不能利用相量相加。

上述建立在傅里叶级数和叠加定理基础上的非正弦周期信号电路的分析方法称为谐波分析法。

例 6.1　电路如图 6.2（a）所示，已知电源电压为 $u=20+20\sin\omega t+10\sin\left(3\omega t+\frac{\pi}{2}\right)$ V，电源基波频率 $f=50$ Hz，$R=10\ \Omega$，$L=0.1$ H，$C=200\ \mu$F。① 求电路中的电流 i；② 求电压 u 的有效值 U 和电流 i 的有效值 I。

解　电源电压可以看作是三个分量叠加而成，即直流分量 $U_0=20$ V，正弦基波分量 $u_1=20\sin\omega t$ V 和三次谐波分量 $u_3=10\sin\left(3\omega t+\frac{\pi}{2}\right)$ V，如图 6.2（b）所示。

（1）求电路中的电流 i

当直流分量 U_0 单独作用时，电路中的电容相当于开路，故电流的直流分量 $I_0=0$。

基波电压 u_1 单独作用时，

$$\dot{U}_1=\frac{20}{\sqrt{2}}\angle 0^\circ=10\sqrt{2}\angle 0^\circ \text{（V）}$$

$$X_{L1}=\omega L=2\pi\times 50\times 0.1=31.4\text{（}\Omega\text{）}$$

$$X_{C1}=\frac{1}{\omega C}=\frac{1}{100\pi\times 200\times 10^{-6}}=15.9\text{（}\Omega\text{）}$$

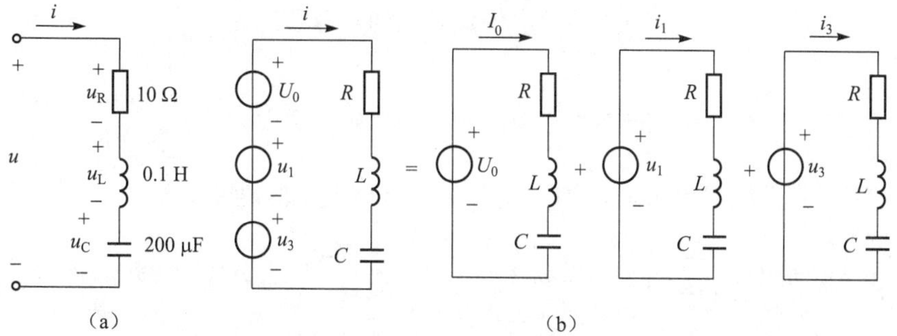

图 6.2　例 6.1 的图

则

$$\dot{I}_1=\frac{\dot{U}_1}{R+\mathrm{j}(X_{L1}-X_{C1})}=\frac{10\sqrt{2}\angle 0^\circ}{10+\mathrm{j}(31.4-15.9)}=\frac{10\sqrt{2}\angle 0^\circ}{18.45\angle 57.2^\circ}=0.766\,6\angle -57.2^\circ \text{（A）}$$

基波电流的瞬时表达式为

$$i_1=0.766\sqrt{2}\sin(\omega t-57.2^\circ)\text{A}$$

三次谐波电压 u_3 单独作用时，

$$\dot{U}_3=\frac{10}{\sqrt{2}}\angle 90^\circ=5\sqrt{2}\angle 90^\circ \text{（V）}$$

$$X_{L3}=3\omega L=3X_{L1}=3\times 31.4=94.2\text{（}\Omega\text{）}$$

$$X_{C3}=\frac{1}{3\omega C}=\frac{X_{C1}}{3}=\frac{15.9}{3}=5.3\text{（}\Omega\text{）}$$

则

$$\dot{I}_3=\frac{\dot{U}_3}{R+\mathrm{j}(X_{L3}-X_{C3})}=\frac{5\sqrt{2}\angle 90^\circ}{10+\mathrm{j}(94.2-5.3)}=\frac{5\sqrt{2}\angle 90^\circ}{89.46\angle 83.6^\circ}=0.079\angle 6.4^\circ \text{（A）}$$

三次谐波电流的瞬时表达式为

$$i_3=0.079\sqrt{2}\sin(3\omega t+6.4^\circ)\text{A}$$

依据叠加定理，将瞬时值进行叠加，得

$$i=I_0+i_1+i_3=0.766\sqrt{2}\sin(\omega t-57.2^\circ)+0.079\sqrt{2}\sin(3\omega t+6.4^\circ)\text{A}$$

式中，$\omega=2\pi f=314$ rad/s。

（2）电压的有效值为

$$U=\sqrt{U_0^2+U_1^2+U_3^2}=\sqrt{20^2+(10\sqrt{2})^2+(5\sqrt{2})^2}=25.5\text{（V）}$$

电流的有效值为

$$I=\sqrt{I_0^2+I_1^2+I_3^2}=\sqrt{0+0.766^2+0.079^2}=0.77\ (\mathrm{A})$$

若某无源二端网络端口处的电压 u 和电流 i 为同基波频率的非正弦周期函数，其相应的傅里叶级数展开式分别为

$$u=U_0+\sum_{k=1}^{\infty}U_{km}\sin(k\omega t+\psi_k)$$

$$i=I_0+\sum_{k=1}^{\infty}I_{km}\sin(k\omega t+\psi_k-\varphi_k)$$

若电压 u 和电流 i 为关联参考方向，则该无源二端网络的瞬时功率为

$$p=ui=\left[U_0+\sum_{k=1}^{\infty}U_{km}\sin(k\omega t+\psi_k)\right]\times\left[I_0+\sum_{k=1}^{\infty}I_{km}\sin(k\omega t+\psi_k-\varphi_k)\right]$$

根据平均功率（有功功率）的定义，得

$$P=\frac{1}{T}\int_0^T p\,\mathrm{d}t=\frac{1}{T}\int_0^T ui\,\mathrm{d}t=U_0I_0+\sum_{k=1}^{\infty}U_kI_k\cos\varphi_k=P_0+\sum_{k=1}^{\infty}P_k=P_0+P_1+P_2+\cdots$$

上式表明，非正弦周期信号电路的平均功率等于恒定分量和各正弦谐波分量的平均功率之和。

例 6.2 已知施加于某二端网络的电压为 $u(t)=100+20\sqrt{2}\sin\omega t+10\sqrt{2}\sin(3\omega t-45^\circ)\mathrm{V}$，流入端口的电流为 $i(t)=25+50\sqrt{2}\sin(\omega t+60^\circ)+30\sqrt{2}\sin(3\omega t+30^\circ)\mathrm{A}$，且电压 u 和电流 i 为关联参考方向，试求二端网络的平均功率 P。

解

$$\begin{aligned}P&=U_0I_0+U_1I_1\cos\varphi_1+U_3I_3\cos\varphi_3\\&=100\times25+20\times50\cos(0^\circ-60^\circ)+10\times30\cos(-45^\circ-30^\circ)\\&=2\,500+1\,000\times0.5+300\times0.258\,8=3\,077.6\ (\mathrm{W})\end{aligned}$$

6.2 双口网络

如果从网络的一个端钮流入的电流总是等于从另一个端钮流出的电流，则这两个端钮构成一个端口。双口网络是指具有两个端口的网络。若双口网络中含有非线性元件，则称为非线性双口网络；若双口网络中仅含有线性元件，则称为线性双口网络。双口网络按其内部是否含有电源，分别称为含源双口网络和无源双口网络。这里只讨论线性无源双口网络，将介绍几种双口网络参数方程及其等效电路。

6.2.1 双口网络及其端口条件

实际应用的一些双口网络，如图 6.3 所示。图 6.3（a）为传输线，图 6.3（b）为变压器，图 6.3（c）为晶体三极管共射极电路、图 6.3（d）为滤波器。这些网络都具有四个向外伸出的端钮，均称为四端网络，通常用图 6.3（e）所示的方框来表示。一般情况下，这四个端钮可与外部电路任意连接。在正弦电源作用下，四个端钮的电流分别用相量 $\dot{I}_1$、$\dot{I}_1'$、$\dot{I}_2$ 和 $\dot{I}_2'$ 表示，如图 6.3（e）所示。如果网络与外部电路连接时，两端的电流分别相等，即

$$\begin{cases} \dot{I}_1 = \dot{I}_1' \\ \dot{I}_2 = \dot{I}_2' \end{cases} \tag{6.5}$$

说明该网络只与两部分电路相连接，或者说是通过两对端钮即两个端口与外部电路相联系，这种网络称为双口网络。式（6.5）称为双口网络的端口条件。由此可见，双口网络是四端网络的一种特殊情形。

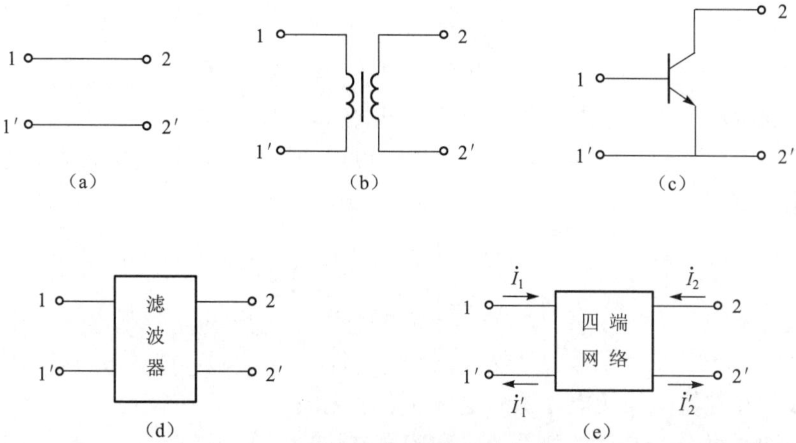

图 6.3　四端网络

通常将双口网络的一对端钮 1、1′ 接至电源，而将另一对端钮 2、2′ 接至负载，如图 6.4 所示。接电源的一个端口称为输入端口，简称入口。接负载的另一个端口则称为输出端口，简称出口。

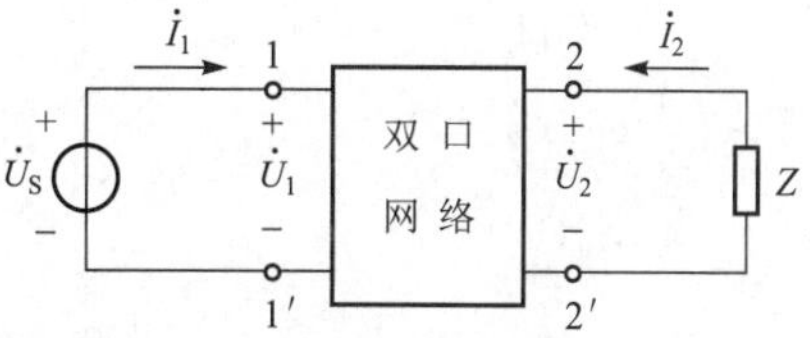

图 6.4　双口网络

双口网络在系统中的主要功能是传输信号，因此通常主要关注的是网络入口和出口的电压、电流之间的关系，至于网络内部的组成结构一般可不予考虑。分析双口网络时，不管网络内部的结构如何复杂，均可以通过输入端口电压 $\dot{U}_1$、电流 $\dot{I}_1$ 和输出端口电压 $\dot{U}_2$、电流 $\dot{I}_2$ 这四个相关物理量之间的关系，把一个复杂网络的分析问题变成研究端口外部输入、输出量之间的关系。

6.2.2　双口网络参数方程及其等效电路

在双口网络的输入端口电压 $\dot{U}_1$、电流 $\dot{I}_1$ 和输出端口电压 $\dot{U}_2$、电流 $\dot{I}_2$ 这四个变量中，一般只有两个变量是独立的。当四个变量中的任意两个变量根据网络外部条件确定后，另外两个变量也就随之确定了。为计算方便，对双口网络的端口电压和电流的参考方向统一规定为如图 6.4 所示，即双口网络的入口和出口的电流参考方向均指向网络端口，而电压与电流为关联参考方向。

下面将以导纳参数为例，做较详细的分析，其他参数的分析方法与之相似。

1. 导纳参数

（1）Y 参数方程

若双口网络入口和出口同时由电压源激励，如图 6.5 所示，则两端口电流与电压的关

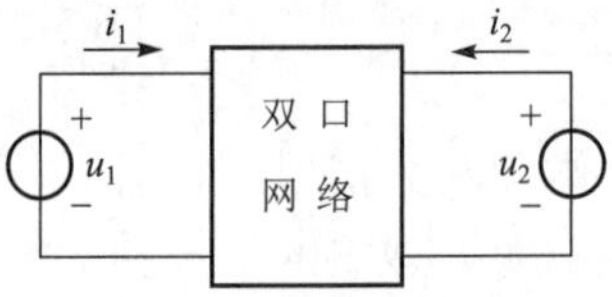

图 6.5　计算 *Y* 参数的双口网络

系为

$$\begin{cases} i_1 = f_1(u_1, u_2) \\ i_2 = f_2(u_1, u_2) \end{cases}$$

根据叠加定理，在线性电路中电流 i_1 和 i_2 应分别等于两个电压源 u_1 和 u_2 单独作用时产生的电流的代数和。上式函数关系应有如下线性方程组

$$\begin{cases} i_1 = K_{11}u_1 + K_{12}u_2 \\ i_2 = K_{21}u_1 + K_{22}u_2 \end{cases}$$

式中，K 是比例系数，其下标表示前量受后量影响的顺序。

对于正弦激励的电压源，端口电压和电流可以用相量表示，则比例系数 K 是复数，此处用导纳 Y 表示，则有

$$\begin{cases} \dot{I}_1 = Y_{11}\dot{U}_1 + Y_{12}\dot{U}_2 \\ \dot{I}_2 = Y_{21}\dot{U}_1 + Y_{22}\dot{U}_2 \end{cases} \tag{6.6}$$

式（6.6）称为双口网络的 Y 参数方程。式中 Y_{11}、Y_{12}、Y_{21} 和 Y_{22} 都是由网络结构及元件参数所确定的常数，其数值与外接电压源的电压的大小无关。

下面分别说明每个 Y 参数的物理意义和确定方法。

$Y_{11} = \left.\dfrac{\dot{I}_1}{\dot{U}_1}\right|_{\dot{U}_2=0}$——出口短接时从入口测得的输入导纳；

$Y_{21} = \left.\dfrac{\dot{I}_2}{\dot{U}_1}\right|_{\dot{U}_2=0}$——出口短接时的互导纳，又称为正向转移导纳；

$Y_{12} = \left.\dfrac{\dot{I}_1}{\dot{U}_2}\right|_{\dot{U}_1=0}$——入口短接时的互导纳，又称为反向转移导纳；

$Y_{22} = \left.\dfrac{\dot{I}_2}{\dot{U}_2}\right|_{\dot{U}_1=0}$——入口短接时从出口测得的输出导纳。

由上可知，Y 参数是在分别将入口或出口短路的情况下得到的，因此，Y 参数又称为短路导纳参数。

双口网络的 Y 参数确定以后，就可根据式（6.6）列出该双口网络的基本方程式。将方程式（6.6）写成矩阵形式，则为

$$\begin{bmatrix} \dot{I}_1 \\ \dot{I}_2 \end{bmatrix} = \begin{bmatrix} Y_{11} & Y_{12} \\ Y_{21} & Y_{22} \end{bmatrix} \begin{bmatrix} \dot{U}_1 \\ \dot{U}_2 \end{bmatrix} \tag{6.7}$$

例 6.3　图 6.6（a）所示为 Π 形双口网络模型，试求其 Y 参数矩阵方程。

解　根据 Y 参数定义，先将出口短路，如图 6.6（b）所示。由式（6.6）可知，$\dot{U}_2 = 0$ 时，$\dot{I}_1 = Y_{11}\dot{U}_1$。由图 6.6（b）所示电路可见，$\dot{I}_1 = (Y_1 + Y_3)\dot{U}_1$，故

$$Y_{11} = \left.\frac{\dot{I}_1}{\dot{U}_1}\right|_{\dot{U}_2=0} = Y_1 + Y_3$$

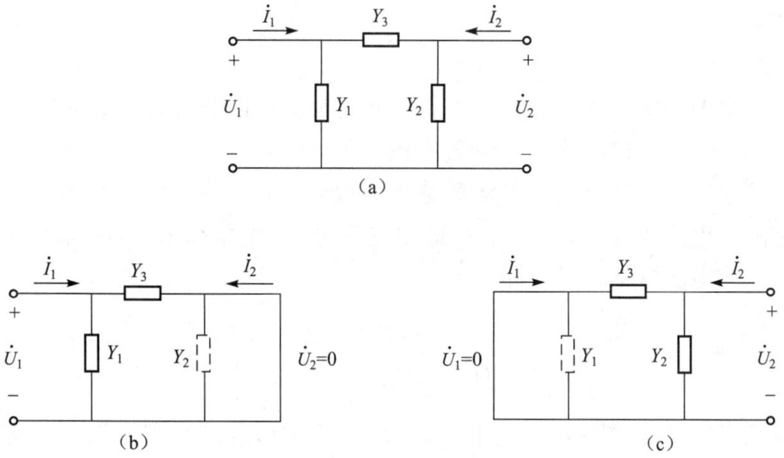

图 6.6　例 6.3 的电路

Y_2 被短路时，通过 Y_3 的电流 $\dot{I}_2=-Y_3\dot{U}_1$，故

$$Y_{21}=\frac{\dot{I}_2}{\dot{U}_1}\bigg|_{\dot{U}_2=0}=-Y_3$$

同理，将入口短路，如图 6.6（c）所示，在出口处加电压 $\dot{U}_2$，则有 $\dot{I}_1=-Y_3\dot{U}_2$ 和 $\dot{I}_2=(Y_2+Y_3)\dot{U}_2$，故

$$Y_{12}=\frac{\dot{I}_1}{\dot{U}_2}\bigg|_{\dot{U}_1=0}=-Y_3$$

$$Y_{22}=\frac{\dot{I}_2}{\dot{U}_2}\bigg|_{\dot{U}_1=0}=Y_2+Y_3$$

根据式（6.7），得到图 6.6（a）所示 Π 形双口网络模型的 Y 参数矩阵方程为

$$\begin{bmatrix}\dot{I}_1\\ \dot{I}_2\end{bmatrix}=\begin{bmatrix}Y_1+Y_3 & -Y_3\\ -Y_3 & Y_2+Y_3\end{bmatrix}\begin{bmatrix}\dot{U}_1\\ \dot{U}_2\end{bmatrix}$$

（2）Y 参数等效电路

当确定出任一线性双口网络的 Y 参数方程后，即可画出其 Y 参数表示的等效电路，并可用分析一般线性电路的方法简化对双口网络的分析。

由式（6.6）可知，入口电流 $\dot{I}_1$ 由 $Y_{11}\dot{U}_1$ 和 $Y_{12}\dot{U}_2$ 两部分组成，出口电流 $\dot{I}_2$ 由 $Y_{21}\dot{U}_1$ 和 $Y_{22}\dot{U}_2$ 两部分组成，由此根据基尔霍夫电流定律可直接画出含受控电流源的等效电路，如图 6.7 所示。

图 6.7 所示含受控源的双口网络是用 Y 参数表示的双口网络等效电路，以后讨论端口电压和电流时，就可对照该电路中注明的参数关系，直接求解 Y 参数或列出这个双口网络的 Y 参数方程。

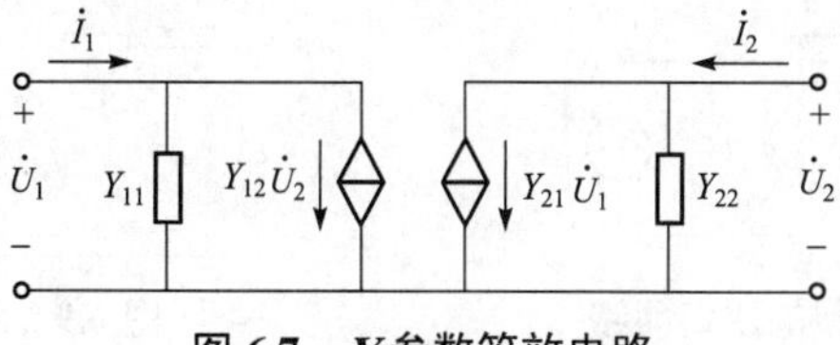

图 6.7　Y 参数等效电路

2. 阻抗参数

（1）Z 参数方程

并联支路较多的网络应用导纳参数方程比较方便，串联元件较多的网络应用阻抗参数方程比较方便。下面分析双口网络的 Z 参数方程。

设图 6.8 所示双口网络端口处的激励是电流源 $\dot{I}_1$ 和 $\dot{I}_2$，由于研究的均为线性电路，因此端口电压与这两个电流成线性关系，根据叠加定理，端口电压 $\dot{U}_1$ 和 $\dot{U}_2$ 应等于电流源 $\dot{I}_1$ 和 $\dot{I}_2$ 单独作用时所产生的电压分量之和，即

$$\begin{cases}\dot{U}_1 = Z_{11}\dot{I}_1 + Z_{12}\dot{I}_2 \\ \dot{U}_2 = Z_{21}\dot{I}_1 + Z_{22}\dot{I}_2\end{cases} \tag{6.8}$$

上式称为双口网络的 Z 参数方程。式中 Z_{11}、Z_{12}、Z_{21} 和 Z_{22} 是比例系数，为复数阻抗，是由网络结构及元件参数所确定的常数，其数值与外接电流源的电流大小无关。

下面分别说明每个 Z 参数的物理意义和确定方法。

$Z_{11} = \left.\dfrac{\dot{U}_1}{\dot{I}_1}\right|_{\dot{I}_2=0}$——出口开路时从入口得到的输入阻抗；

$Z_{21} = \left.\dfrac{\dot{U}_2}{\dot{I}_1}\right|_{\dot{I}_2=0}$——出口开路时的互阻抗，又称为正向转移阻抗；

$Z_{12} = \left.\dfrac{\dot{U}_1}{\dot{I}_2}\right|_{\dot{I}_1=0}$——入口开路时的互阻抗，又称为反向转移阻抗；

$Z_{22} = \left.\dfrac{\dot{U}_2}{\dot{I}_2}\right|_{\dot{I}_1=0}$——入口开路时从出口得到的输出阻抗。

由上可知，Z 参数是在分别将入口或出口开路的情况下得到的，因此，Z 参数又称为开路阻抗参数。

双口网络的 Z 参数确定以后，就可根据式（6.8）列出该双口网络的基本方程式。将方程式（6.8）写成矩阵形式，则为

$$\begin{bmatrix}\dot{U}_1 \\ \dot{U}_2\end{bmatrix} = \begin{bmatrix}Z_{11} & Z_{12} \\ Z_{21} & Z_{22}\end{bmatrix}\begin{bmatrix}\dot{I}_1 \\ \dot{I}_2\end{bmatrix} \tag{6.9}$$

（2）Z 参数等效电路

当确定出任一线性双口网络的 Z 参数方程后，即可画出其 Z 参数表示的等效电路。由式（6.8）可知，入口电压 $\dot{U}_1$ 由 $Z_{11}\dot{I}_1$ 和 $Z_{12}\dot{I}_2$ 两部分组成，出口电压 $\dot{U}_2$ 由 $Z_{21}\dot{I}_1$ 和 $Z_{22}\dot{I}_2$ 两部分组成，由此根据基尔霍夫电压定律可直接画出含受控电压源的等效电路，如图 6.9 所示。

图 6.8　计算 Z 参数的双口网络

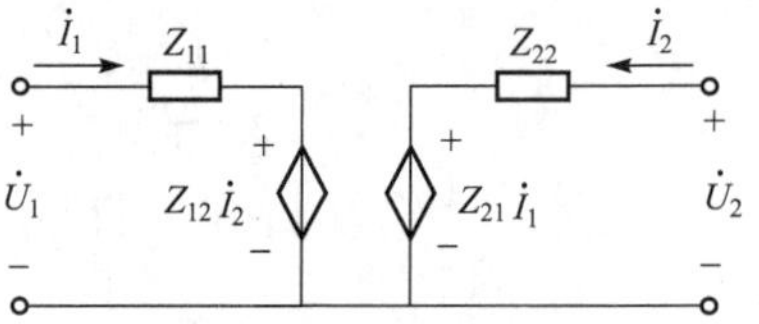

图 6.9　Z 参数等效电路

例 6.4　图 6.10 所示为 T 形双口网络模型，试求其 Z 参数矩阵方程。

解　由图 6.10 可知，当出口开路，即 $\dot{I}_2 = 0$ 时，有

$$\dot{U}_1 = (Z_1 + Z_3)\dot{I}_1$$

$$\dot{U}_2 = Z_3\dot{I}_1$$

根据 Z 参数定义，得

$$Z_{11} = \frac{\dot{U}_1}{\dot{I}_1}\Big|_{\dot{I}_2=0} = Z_1 + Z_3$$

$$Z_{21} = \frac{\dot{U}_2}{\dot{I}_1}\Big|_{\dot{I}_2=0} = Z_3$$

同理，当入口开路，即 $\dot{I}_1 = 0$ 时，有

$$\dot{U}_1 = Z_3\dot{I}_2$$

$$\dot{U}_2 = (Z_2 + Z_3)\dot{I}_2$$

根据 Z 参数定义，得

$$Z_{12} = \frac{\dot{U}_1}{\dot{I}_2}\Big|_{\dot{I}_1=0} = Z_3$$

$$Z_{22} = \frac{\dot{U}_2}{\dot{I}_2}\Big|_{\dot{I}_1=0} = Z_2 + Z_3$$

根据式（6.9），得到图 6.10 所示 T 形双口网络模型的 Z 参数矩阵方程为

$$\begin{bmatrix} \dot{U}_1 \\ \dot{U}_2 \end{bmatrix} = \begin{bmatrix} Z_1 + Z_3 & Z_3 \\ Z_3 & Z_2 + Z_3 \end{bmatrix} \begin{bmatrix} \dot{I}_1 \\ \dot{I}_2 \end{bmatrix}$$

3. 混合参数

（1）H 参数方程

图 6.11 所示双口网络中 $\dot{I}_1$ 和 $\dot{U}_2$ 为独立变量，即双口网络中激励为电流源 $\dot{I}_1$ 和电压源 $\dot{U}_2$，待求量为入口电压 $\dot{U}_1$ 和出口电流 $\dot{I}_2$。由于是线性双口网络，根据叠加定理可得一组 H 参数方程为

$$\begin{cases} \dot{U}_1 = H_{11}\dot{I}_1 + H_{12}\dot{U}_2 \\ \dot{I}_2 = H_{21}\dot{I}_1 + H_{22}\dot{U}_2 \end{cases} \tag{6.10}$$

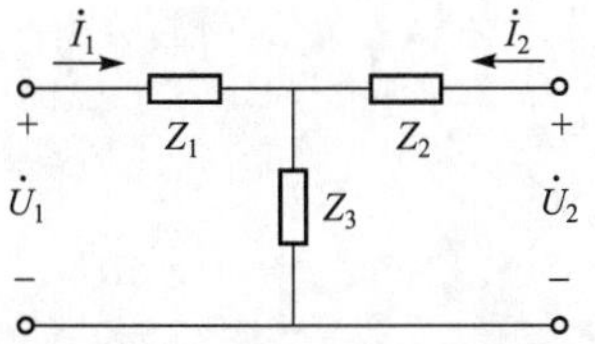

图 6.10　T 形双口网络模型

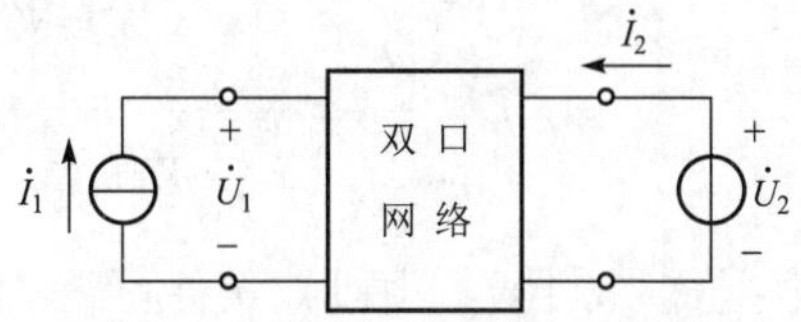

图 6.11　计算 H 参数的双口网络模型

式中 H_{11}、H_{12}、H_{21} 和 H_{22} 是比例系数，又称为 H 参数，它们的物理意义和确定方法如下

$H_{11}=\left.\dfrac{\dot{U}_1}{\dot{I}_1}\right|_{\dot{U}_2=0}$——表示出口短路时，入口的输入阻抗；

$H_{21}=\left.\dfrac{\dot{I}_2}{\dot{I}_1}\right|_{\dot{U}_2=0}$——表示出口短路时，出口电流与入口电流的比值，又称为正向电流增益；

$H_{12}=\left.\dfrac{\dot{U}_1}{\dot{U}_2}\right|_{\dot{I}_1=0}$——表示入口开路时，入口电压与出口电压的比值，又称为反向电压增益；

$H_{22}=\left.\dfrac{\dot{I}_2}{\dot{U}_2}\right|_{\dot{I}_1=0}$——表示入口开路时，出口的输出导纳。

这里要注意，H_{11} 和 Z_{11} 的定义条件是不同的，H_{22} 和 Y_{22} 的定义条件也是有区别的，应用时不要混淆。

在 H 参数中，H_{11} 具有阻抗的量纲，H_{22} 具有导纳的量纲，而 H_{12} 和 H_{21} 分别是电压增益和电流增益，无量纲。因此，将 H 参数称为混合参数。

将式（6.10）的混合参数方程写成矩阵形式，则为

$$\begin{bmatrix}\dot{U}_1\\ \dot{I}_2\end{bmatrix}=\begin{bmatrix}H_{11} & H_{12}\\ H_{21} & H_{22}\end{bmatrix}\begin{bmatrix}\dot{I}_1\\ \dot{U}_2\end{bmatrix} \tag{6.11}$$

（2）H 参数等效电路

当确定出任一线性双口网络的 H 参数方程后，即可画出其 H 参数表示的等效电路。由式（6.10）可知，入口电压 $\dot{U}_1$ 由 $H_{11}\dot{I}_1$ 和 $H_{12}\dot{U}_2$ 两部分组成。出口电流 $\dot{I}_2$ 由 $H_{21}\dot{I}_1$ 和 $H_{22}\dot{U}_2$ 两部分组成。由此根据基尔霍夫定律可直接画出含受控电压源和受控电流源的等效电路，如图 6.12 所示。

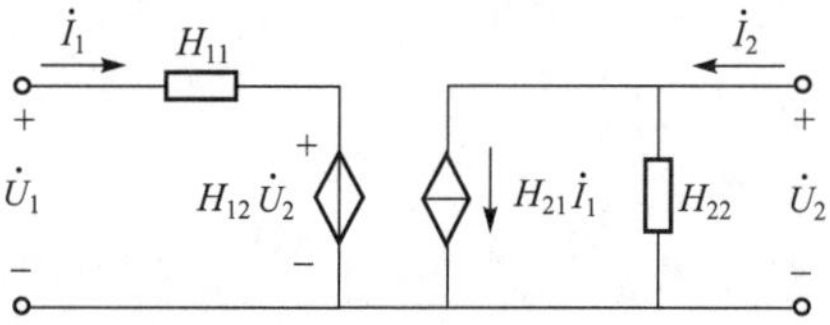

图 6.12　*H* 参数等效电路

图 6.12 所示 H 参数等效电路实际上就是晶体管微变等效电路，H 参数中的每个参数均对应表征晶体管的某一特性，并且具有确切的物理意义，因此，H 参数等效电路在分析晶体管电路时经常用到。

例 6.5　图 6.13 为共发射极晶体管放大器的 H 参数等效电路。已知 $H_{11}=1\,200\ \Omega$，$H_{12}=2\times10^{-4}$，$H_{21}=50$，$H_{22}=5\times10^{-5}$ S。设入口端信号源电压 $U_S=1\times10^{-3}$ V，信号源内阻 $R_i=800\ \Omega$，出口端负载 $R_L=5\,000\ \Omega$。试求入口和出口两端的电压和电流。

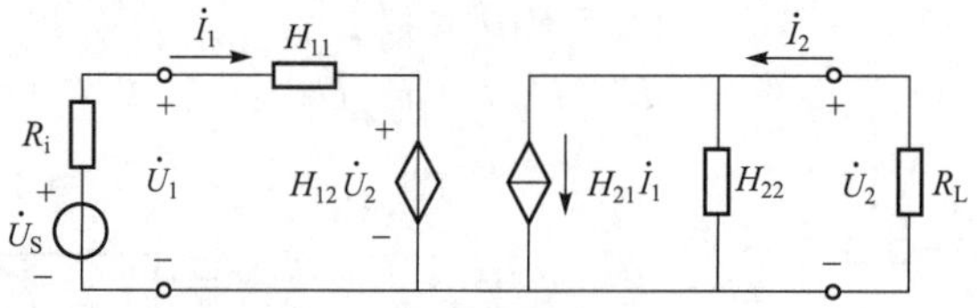

图 6.13　例 6.5 的电路

解　根据式（6.10），由已知条件可得 H 参数方程为

$$\dot{U}_1=1\,200\dot{I}_1+2\times10^{-4}\dot{U}_2$$

$$\dot{I}_2=50\dot{I}_1+5\times10^{-5}\dot{U}_2$$

由入口端可得

$$\dot{U}_1 = \dot{U}_S - R_i\dot{I}_1 = 1\times10^{-3} - 800\dot{I}_1$$

由出口端可得

$$\dot{U}_2 = -R_L\dot{I}_2 = -5\,000\dot{I}_2$$

将上列四式联立求解，得

$$\dot{I}_1 = 0.51\ \mu A \quad \dot{U}_1 = 0.59\ mV \quad \dot{I}_2 = 20\ \mu A \quad \dot{U}_2 = -102\ mV$$

习题

6.1　有一个非正弦周期电压为 $u(t) = 10 + 141.4\sin(300t + 30°) + 70.7\sin(600t - 90°)$ V，试求其有效值。

6.2　题图 6.2 所示为全波整流电压波形，试求其平均值和有效值。

6.3　已知周期电流 $i(t)$ 的波形如题图 6.3 所示，试求其平均值和有效值。

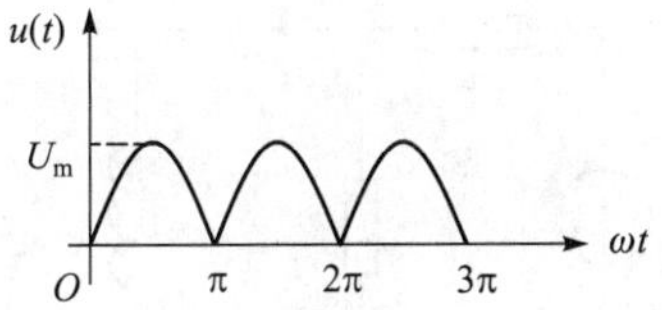

题图 6.2

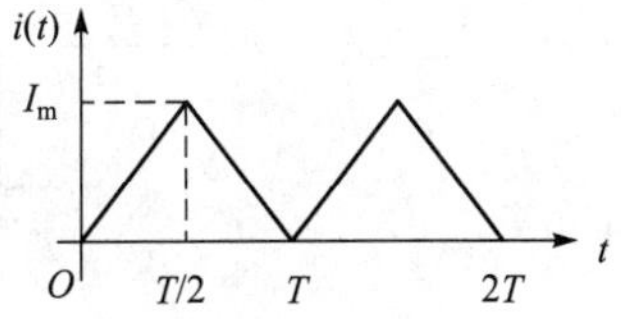

题图 6.3

6.4　在题图 6.4 所示电路中，已知 $u(t) = 200 + 50\sin 1\,000t + 10\sin 2\,000t$　mV，$R = 20\ \Omega$，$C = 50\ \mu F$，$L = 10$ mH。试求电流 $i(t)$ 及其有效值。

6.5　在题图 6.5 所示电路中，直流理想电流源的电流 $I_S = 2$ A，交流理想电压源的电压 $u_S = 12\sqrt{2}\sin 314\,t$ V，此频率时的 $X_C = 3\ \Omega$，$X_L = 6\ \Omega$，$R = 4\ \Omega$。试求通过电阻 R 的电流的瞬时值和有效值，并求电路消耗的有功功率。

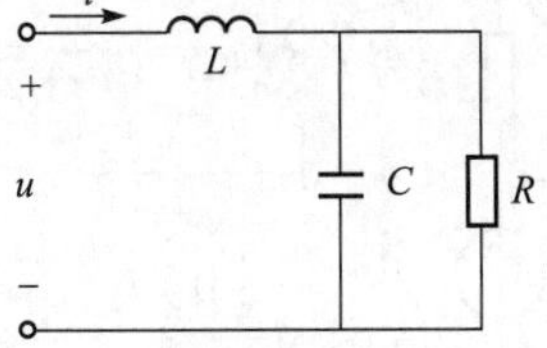

题图 6.4

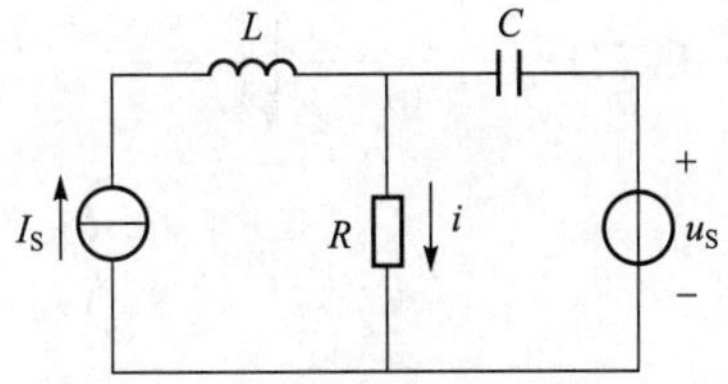

题图 6.5

6.6　题图 6.6 所示无源单口网络 N_0 的电压为 $u_{ab} = 20 + 10\cos\omega t + 6\cos(3\omega t - 30°)$ V，流入 a 端电流为 $i = 8\cos(\omega t - 45°) + 3\cos(3\omega t - 60°)$ A。（1）求 u_{ab} 的有效值 U_{ab}；（2）求网络的平均功率 P。

6.7　电路如题图 6.7 所示，已知 $u_S(t) = 60 + 60\sqrt{2}\sin(10t - 30°)$V。（1）求 $i_1(t)$；（2）求 $u_C(t)$。

6.8　电路如题图 6.8 所示，已知 $I_S = 5$ mA，$u_S(t) = 10\sqrt{2}\sin(10^4t - 45°)$V。（1）求电流 $i(t)$；（2）求电流 $i(t)$ 的有效值 I。

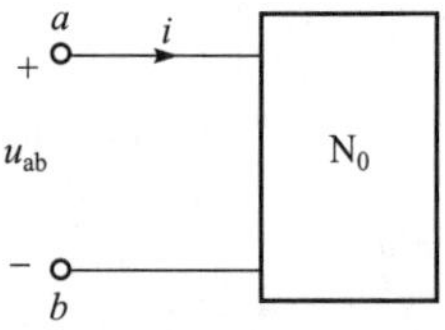

题图 6.6

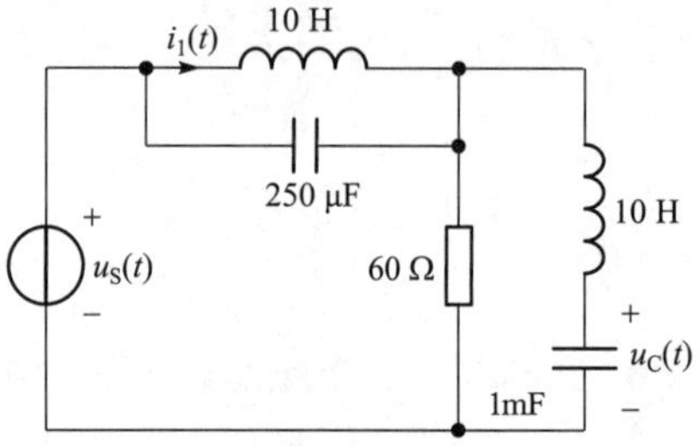

题图 6.7

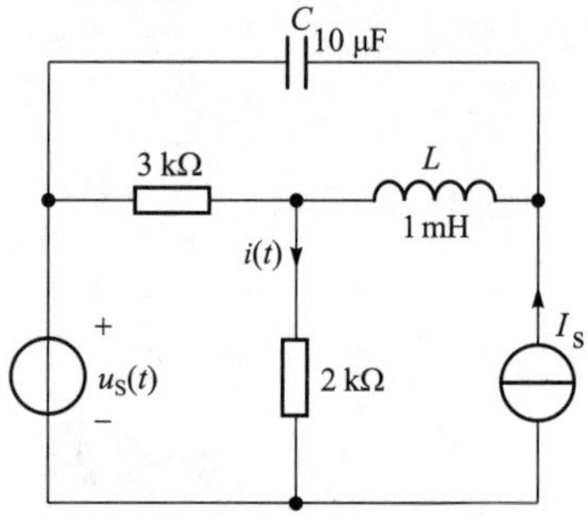

题图 6.8

6.9 电路如题图 6.9 所示，已知电压源 $u_S(t)=36+80\sin(\omega t+60°)+16\sin 2\omega t$ V，$R=4\ \Omega$，$\omega L=6\ \Omega$，$\dfrac{1}{\omega C}=6\ \Omega$，电路已处于稳态。（1）试求电流 $i(t)$；（2）求电压源 $u_S(t)$提供的平均功率。

6.10 电路如题图 6.10 所示，已知 $u_S(t)=8+32\sqrt{2}\cos(100t+30°)+40\sqrt{2}\sin(200t-60°)$V，$R_1=4\ \Omega$，$R_2=12\ \Omega$，$L=2$ H，$C=50\ \mu$F。试求：电流 $i_1(t)$、$i_2(t)$和 $i_C(t)$。

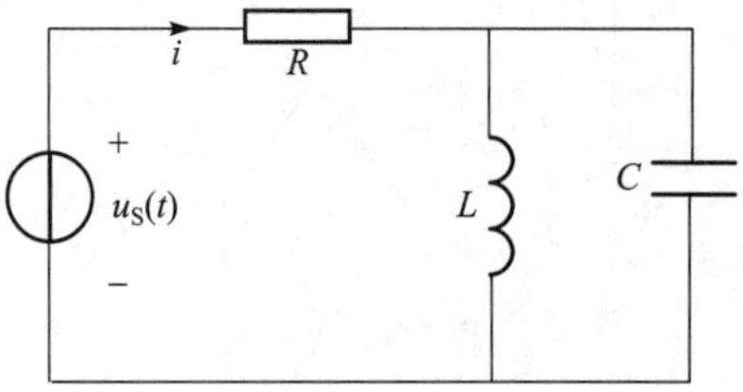

题图 6.9

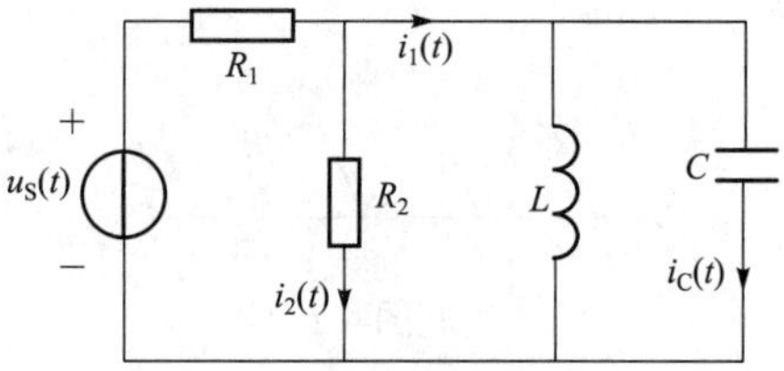

题图 6.10

6.11 电路如题图 6.11 所示，已知 $u_S(t)=36+90\sin(\omega t+60°)+18\sin 2\omega t$ V，$R=9\ \Omega$，$\omega L=3\ \Omega$，$\dfrac{1}{\omega C}=12\ \Omega$，$\omega=100$ rad/s。（1）试求电流 $i(t)$；（2）求电压源 $u_S(t)$提供的平均功率。

6.12 电路如题图 6.12 所示，已知 $u_S(t)=10+10\sin 2t$V，求电流 $i(t)$及其有效值。

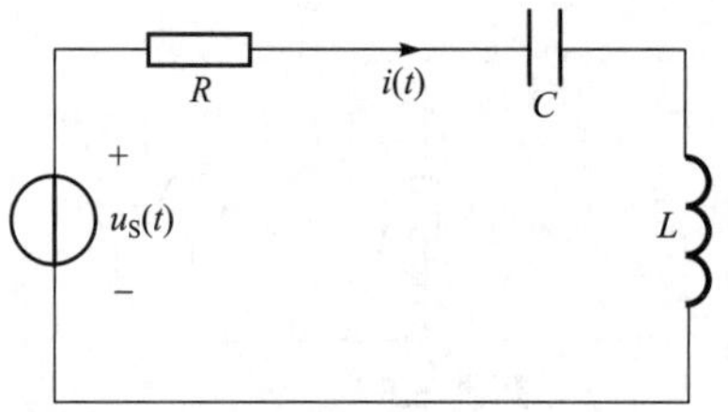

题图 6.11

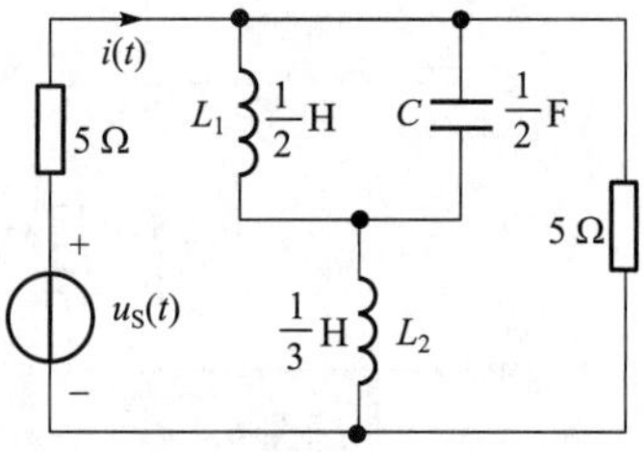

题图 6.12

6.13 题图 6.13 所示二端网络中，若 $u(t)=2\sqrt{2}\cos(100t)$ V。（1）画出二端网络的相量模型；（2）求此二端网络的戴维宁等效电路；（3）若此二端网络端口接一个负载电阻 $R_L=1.414\ \Omega$，求此负载电阻的电流和功率；（4）若 $u(t)=1+\sqrt{2}+2\sqrt{2}\cos(100t)$ V，再求二端网络端口接的负载电阻 $R_L=1.414\ \Omega$ 的电流和功率。

6.14 电路如题图 6.14 所示，已知 $u_1(t)=10+20\sin 1\,000t$ V。$u_2(t)=10\sin 2\,000t$ V。（1）求开关 S 处于打开状态且电路已达稳态时的电流 $i_1(t)$、$i_2(t)$和 $i_3(t)$；（2）求开关 S 处于闭合状态且电路已达稳态时的电流 $i_1(t)$、$i_2(t)$和 $i_3(t)$。

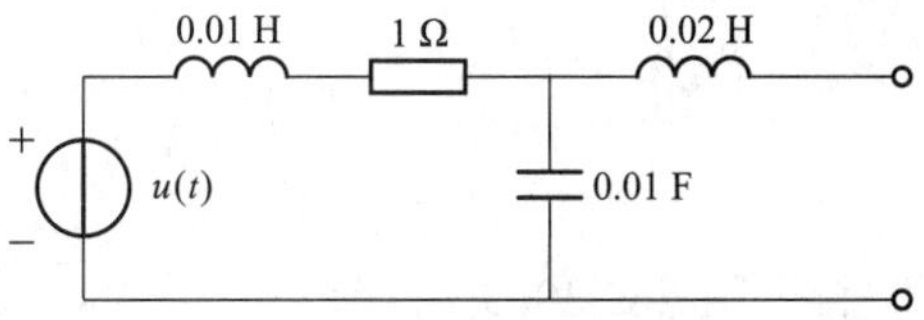

题图 6.13

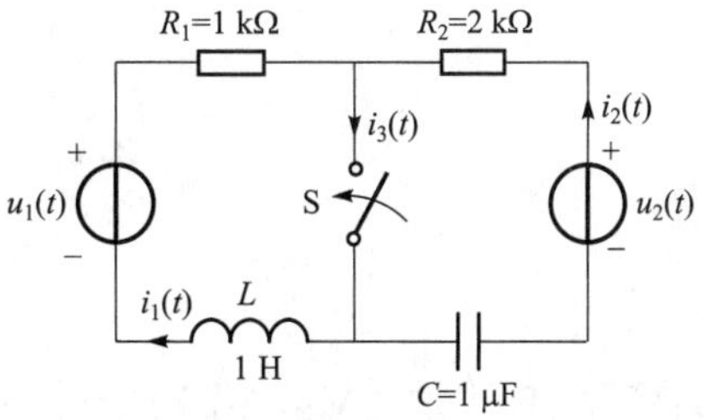

题图 6.14

6.15　电路如题图 6.15 所示，已知 $u_S(t)=16+24\sin t+18\sin 2t$ V。（1）求开关 S 处于打开状态且电路已达稳态时的电流 $i_L(t)$和 $i_C(t)$；（2）求开关 S 处于闭合状态且电路已达稳态时的电流 $i_L(t)$和 $i_C(t)$。

6.16　电路如题图 6.16 所示，已知 $R_1=500\ \Omega$，$R_2=2\ \text{k}\Omega$，$R_3=10\ \text{k}\Omega$，$\dot{I}=0.039\,5\dot{U}_1$，试求题图 6.16 所示网络的 Y 参数方程，并画出其 Y 参数等效电路。

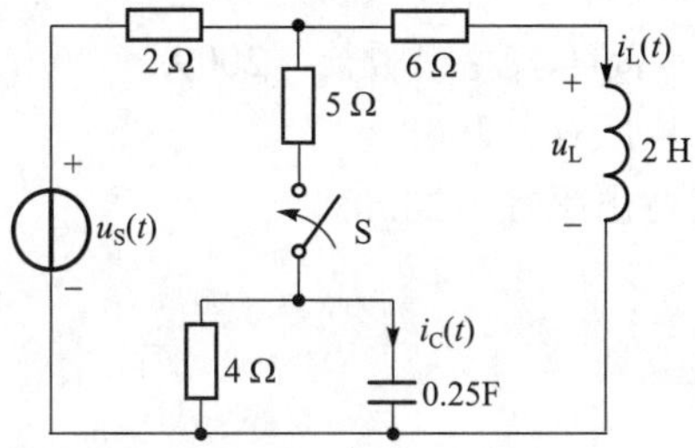

题图 6.15

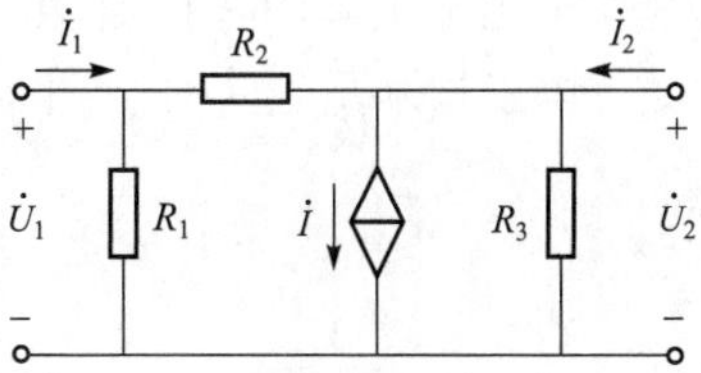

题图 6.16

6.17　电路如题图 6.17 所示，已知 $R_1=10\ \Omega$，$R_2=3\ \Omega$，$\dot{I}=2\dot{I}_2$，试求题图 6.17 所示网络的 Z 参数矩阵方程，并画出 Z 参数等效电路。

6.18　试求题图 6.18 所示网络的 H 参数方程。

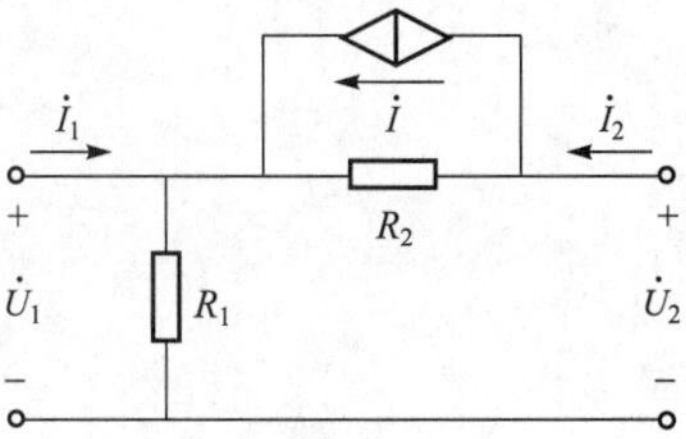

题图 6.17

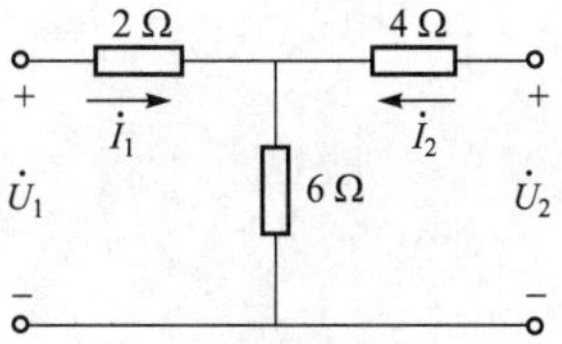

题图 6.18

6.19　试求题图 6.19 所示网络的 H 参数方程。

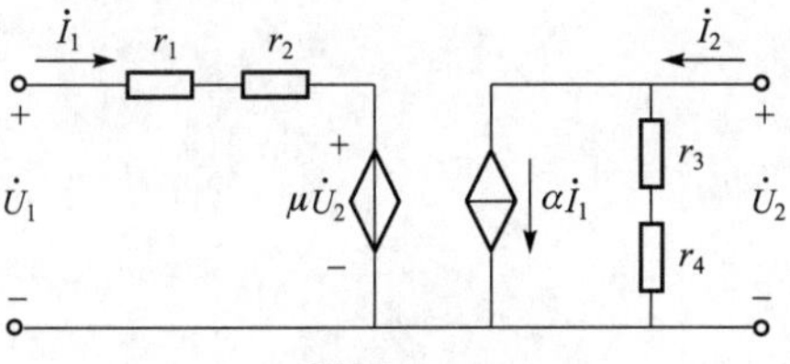

题图 6.19

参 考 文 献

[1] 秦曾煌. 电工学［M］. 第 7 版. 北京：高等教育出版社，2009.
[2] 李瀚荪. 电路分析基础［M］. 第 5 版. 北京：高等教育出版社，2017.
[3] 邱关源. 电路［M］. 第 5 版. 北京：高等教育出版社，2006.
[4] 李燕民. 电路和电子技术［M］. 第 2 版. 北京：北京理工大学出版社，2010.
[5] 王鸿明. 电工与电子技术［M］. 第 2 版. 北京：高等教育出版社，2009.
[6] 姚海彬. 电工技术（电工学 I）［M］. 第 3 版. 北京：高等教育出版社，2009.
[7] 江缉光，刘秀成. 电路原理［M］. 第 2 版. 北京：清华大学出版社，2007.
[8] 周守昌. 电路原理［M］. 第 2 版. 北京：高等教育出版社，2009.
[9] 唐介. 电工学（少学时）［M］. 第 3 版. 北京：高等教育出版社，2009.
[10] 叶挺秀. 电工电子学［M］. 北京：高等教育出版社，2008.
[11] 席时达. 电工技术基础［M］. 北京：机械工业出版社，2000.